全国第四次中药资源普查（河北省）系列丛书

河北省野生重点药用植物潜在分布区预测及其生态适宜性评价

赵建成　裴林　李琳　主编

Prediction of Potential Distribution Areas and Ecological Suitability Evaluation of Wild Key Medicinal Plants in Hebei Province

中医药公共卫生专项“国家基本药物所需中药原料资源调查和监测项目”（财社［2011］76号）
中医药行业科研专项“我国代表性区域特色中药资源保护利用”（201207002）
项目资助

中国医药科技出版社

图书在版编目（CIP）数据

河北省野生重点药用植物潜在分布区预测及其生态适宜性评价 / 赵建成，裴林，李琳主编 . — 北京：中国医药科技出版社，2018.1

（全国第四次中药资源普查（河北省）系列丛书）

ISBN 978-7-5067-9684-2

Ⅰ . ①河…　Ⅱ . ①赵… ②裴… ③李…　Ⅲ . ①野生植物—药用植物—分布区—河北　Ⅳ . ① Q949.95

中国版本图书馆 CIP 数据核字（2017）第 265056 号

美术编辑　陈君杞
版式设计　锋尚设计

出版　中国医药科技出版社
地址　北京市海淀区文慧园北路甲 22 号
邮编　100082
电话　发行：010-62227427　邮购：010-62236938
网址　www.cmstp.com
规格　787 × 1092mm　1/16
印张　19
字数　328 千字
版次　2018 年 1 月第 1 版
印次　2018 年 1 月第 1 次印刷
印刷　北京瑞禾彩色印刷有限公司
经销　全国各地新华书店
书号　ISBN 978-7-5067-9684-2
定价　78.00 元

本书编委会

主　编　赵建成　裴　林　李　琳

副主编　张　涛　蒋红军　于树宏

编　委（按姓氏笔画排序）

丁明惠　于宁宁　于树宏　万萍萍　王晓莎　王晓蕊
牛玉璐　牛敬媛　石　硕　石露露　田明霞　丛明旸
刘　瑞　刘永英　刘凯良　闫小敏　米凤贤　孙国强
芦　净　李　敏　李　琳　李　颖　李　慧　李大庆
李玉鑫　李军利　李利博　李倩芸　李梦飞　李路勤
李潇潇　杨佳丽　肖明轩　何　培　宋慧媛　张　乐
张　涛　张玉芹　陈　倩　陈　霜　武美杰　周昌明
周鹏鹏　赵　旭　赵　涛　赵　耀　赵建成　赵恒成
赵胜辉　段绪红　秦　梦　耿　静　耿江婷　索晓娜
高文学　郭晓峰　黄士良　曹　珍　康　英　梁红柱
蒋红军　鲍远毅　蔡百惠　裴　林

摄　影　赵建成

前言

Preface

中药的原料来源于大自然，主要由植物药、动物药及矿物药所组成。药用植物资源在整个中药资源中占据最主要的地位，尤以多年生植物资源总数最多，是中医药事业和中药产业赖以生存发展的物质基础，是国家重要的战略性资源。保护好药用植物资源在继承和保存中医药文化及其发展过程中具有非常重要的作用。

近几十年来，随着社会的迅速发展，生态环境的压力不断增加，野生药用植物的栖息地日益缩小，导致资源储量不断减少。与此同时，人类对中药材的需求量却越来越大，人类的过度利用，使许多野生药用植物资源面临严重威胁，甚至濒临灭绝或资源枯竭。野生药用植物资源多样性的保护和开发利用面临极大的挑战。

为促进中药资源的保护、开发和合理利用，国家中医药管理局启动了第四次全国中药资源普查工作。河北省作为全国第二批启动的15个试点省份之一，于2012年底启动了国家中医药公共卫生专项“国家基本药物所需中药原料资源调查和监测项目”及中医药行业科研专项“我国代表性区域特色中药资源保护利用”。近六年来，河北省40个项目县野生药材及栽培药材的种类、分布、蕴藏量以及资源变化情况等得到了较为详细系统的调查。河北师范大学生命科学学院系统与进化植物学实验室长期以来对河北省植物资源多样性的调查，各类自然保护区、风景名胜区、国家森林公园的生物多样性考察，以及近年来承担的“河北省生物多样性保护优先区域的调查与评估”和“河北省珍稀濒危植物资源调查”等项目的研究过程中，获得了河北省野生药用植物资源分布现状的第一手资料、植物标本和大量数据，也为本书的编写积累了大量的素材。

野生药用植物资源的分布与地理环境有着密切的联系，是在特定空间下的产物，具有空间信息特征。因此，对药用植物空间信息的研究和利用已成为中药资源保护和利用的关键点。生态位模型可利用物种已知的分布数据和相关环境变量，根据统计学的运算方法推算被研究物种的生态位需求，将此运算结果投射至不同的空间和时间中用以预测被研究物种的潜在分布。近年来，生态位模型越来越多地应用于生物多样性保护、入侵生物学、气候变化对物种分布的影响以及传染病空间传播等研究领域中。但是，目前利用生态位模型对野生药用植物的潜在分布研究较少，该方向的研究是野生药用植物资源保护和开发利用中的一项短板。当前，许多生态位模型被开发成易操作的软件，可通过结合地理信息系统预测物种的潜在分布，评估生境适宜性。河北省野生重点药用植物潜在分布区预测及其生态适宜性评价就是在以上研究背景下开展的。

本研究通过运用最大熵模型（MaxEnt）和地理信息系统（ArcGIS），并结合河北省87种（隶属于43科、77属）野生重点药用植物的分布数据和环境数据，预测它们在河北省的潜在分布区，并分析其生态适宜性。本书的编写是对河北省野生药用植物资源潜在分布区预测及其生态适宜性评价的初步尝试。本次预测和评价的结果不仅阐释了87种野生重点药用植物生长的生境适宜性，对药用植物资源多样性的保护和开发利用提供理论支持，而且也为河北省野生药用植物的种植区划、野生抚育提供科学依据；有助于挖掘野生药用植物资源潜力，旨在为建设规模化和规范化的药用植物栽培基地，促进河北中药产业化发展，发展山区特色经济做出贡献，这对于生态文明建设、植被恢复和经济发展具有十分重要的现实意义。

本书共分五章。主要由河北师范大学生命科学学院赵建成、李琳、张涛（现工作单位：河北省中医药科学院）、蒋红军、石硕和河北省中医药科学院裴林、孙国强、何培、段绪红等执笔编写，河北师范大学梁红柱、牛玉璐、曹珍、李敏、李慧、李梦飞、李玉鑫、杨佳丽、陈倩、耿江婷、索晓娜、万萍萍、北方学院赵恒成等参加野外调查和标本整理工作。河北医科大学于树宏、河北师范大学社会科学处赵涛、唐山职业技术学院张玉芹、李利博参加部分数据处理工作。抚宁县卫计局周昌明、青龙县卫计局李大庆、昌黎县卫计局李军利、赞皇县卫计局郭晓峰、李路勤等项目县领导以及各普查小组成员给予大力协助。在此一并表示诚挚的谢意！

本书的出版得到中医药公共卫生专项“国家基本药物所需中药原料资源调查和监测项目”（财社［2011］76号）中医药行业科研专项“我国代表性区域特色中药资源保护利用”（201207002）、河北省环境保护公益性行业科研专项“河北省生物多样性保护优先区域的调查与评估”（15gy07）的经费支持。在编辑、出版过程中，得到了河北省中医药管理局有关领导、河北省中药资源普查试点工作领导小组办公室和河北师范大学生命科学学院、科学技术处的大力支持和帮助，在此致以衷心的感谢！对于书中存在的缺点和错误，敬请读者给予批评指正。

编　者

2018年1月

目 录

Contents

第一章

药用植物资源研究概况

纵观人类社会发展历史，自然资源是制约其发展的重要因素，其中植物资源最为重要。植物是人类生存和发展必不可少的物质基础，人类的衣食住行以及医疗保健等诸多方面都离不开植物[1]。当前，地球上大约生存着40万种植物资源，人类可以直接利用的约有30万种，占总量的75%。植物资源中药用植物的需求量仅次于可用于食用的植物资源量[2]。自然界中可用于开发药物，具有对人类直接或间接医疗作用的植物统称为药用植物，各种药用植物及其蕴藏量的总和称为药用植物资源[3]。随着全球范围内“回归自然”的呼声日益高涨，以及中医药在世界疑难疾病治疗上的显著疗效，中国传统医药受到全世界人们的青睐，药材用量也不断增长；长期以来，传统中医药多以野生植物资源入药，而受到多种原因影响，当前野生药用植物资源日趋减少，已出现部分药材资源濒临衰退和灭绝的处境[4-6]。中医药的传承与发展需要丰富的中药资源的支撑，因此中药资源业已成为中药产业和中医药事业发展至关重要的物质基础和国家战略性资源[7]。药用植物资源占中药资源达80%以上，绝大部分药用植物依赖野生资源。故而野生药用植物资源的储备成了中药产业和中医药事业存在、发展的物质基础[8]。新中国成立以来，党和政府高度重视中医药卫生事业，先后于1958年、1966年以及1983年在全国范围内进行了三次中药资源的全国性普查，获得了大量的基础数据资料，为我国中药产业发展和中医药事业提供了重要的依据。2009年4月《国务院关于扶持和促进中医药事业发展的若干意见》(国发〔2009〕22号)，指出“开展全国中药资源普查，加强中药资源监测和信息网络化建设”，强调了中药资源信息化工作的重要性[7]。2011年，国家中医药管理局主持开展了覆盖全国31个省市、自治区的第四次全国中药资源普查试点工作[9]。几千年来，中医药为中华民族的繁衍昌盛作出巨大贡献，同时也对世界文明产生了深远的影响。如青蒿素治疗疟疾、针灸的确切疗效等，对全世界人类的贡献有目共睹。随着人类维护健康与防病治病需求的不断增加，中医药走向世界成为历史的必然[10]。

1.1 世界药用植物资源研究概况

当前，植物药已成为世界药物市场上一个重要组成部分，植物药成为研究新药的源泉。全球高等植物大约有25万种，但是开发利用或者研究过的不超过10%，到2050年，全球常用植物药达6000种[11]。目前，全世界范围内已形成三个主要的国际天然药物市场，即北美和西欧的西方植物药市场；以日本、朝鲜、韩国为代表的传统汉方药和韩药市场；中国以及华裔社区为中心的传统中药市场[12]。亚洲是目前世界上对药用植物资源开发利用最为广泛的地区，而中国的中医中药又在亚洲雄居统治地位[13]。日本学者对人参(*Panax ginseng* C. A. Mey.)、三七[*Panax notoginseng* (Burkill) F. H. Chen ex C. H. Chow]、杜仲(*Eucommia ulmoides* Oliver)、黄芪[*Astragalus membranaceus* (Fisch.) Bunge]、甘草(*Glycyrrhiza uralensis* Fisch.)、酸枣仁[*Ziziphus jujuba* Mill. var. *spinosa*

(Bunge) Hu ex H. F. Chow]、地黄[*Rehmannia glutinosa* (Gaetn.) Libosch. ex Fisch. et Mey.]、柴胡（*Bupleurum chinense* DC.）、升麻（*Cimicifuga foetida* L.）、当归[*Angelica sinensis* (Oliv.) Diels]、大枣（*Ziziphus jujuba* Mill.）等一批常用中药的有效成分进行了较为深入的研究，并编著了《药用天然物质》《和汉药物学》等著作。朝鲜半岛地形复杂，药用植物资源十分丰富，据文献记载，韩国境内生长的药用植物大约4500种，但仅有300多种被利用，其中种植面积较广的有当归[*Angelica sinensis* (Oliv.) Diels]、桔梗[*Platycodon grandiflorus* (Jacq.) A. DC.]、芍药（*Paeonia lactiflora* Pall.）、黄芪[*Astragalus membranaceus* (Fisch.) Bunge]、沙参（*Adenophora stricta* Miq.）、杜仲（*Eucommia ulmoides* Oliver）以及高丽参（*Panax ginseng* C. A. Mey.）等35个品种[14]。北美洲和中美洲有约22 000种显花植物，其中25%可以入药[15]。巴基斯坦研究人员从345种药用植物中筛选出具有抗癌活性的成分。俄罗斯学者对人参（*Panax ginseng* C. A. Mey.）、刺五加[*Acanthopanax senticosus* (Rupr. Maxim.) Harms]、红景天（*Rhodiola rosea* L.）、北五味子（*Schisandra chinensis*）、鹿茸（*Cervus nipport* Temminck）等进行了较为深入的研究，并著述代表作《人与生物活性物质》。美国对药用植物资源开发利用的重点是寻找抗癌、抗艾滋病新药，对新药的使用以纯有效成分为主。2000年版《美国药典》将45种药用植物及其提取物记录在册。拉丁美洲的传统医药文明有着悠久历史和独特优势，且物种资源极其丰富，应用的药用植物有5000多种。仅墨西哥药用植物就有2500多种[16]。墨西哥药用植物研究所对南美及本国的药用植物进行了系统的调查，编印了《墨西哥药用植物的名称目录Ⅰ》和《墨西哥药用植物的效用Ⅱ》[13]。匈牙利中医法案在2015年底已正式生效，成为欧洲第一个实施中医立法的国家。这样一个标志性的事件对中医全球化发展具有积极的引领作用[17]。德国在药用植物资源状况研究上取得较大成就。据文献记载，1984年德国药用植物品种就多达600个。1994年德国E委员会整理出版了《草药实证药典》，记录了254种获得认证的药用植物，并分析其用法和疗效。截至1998年德国编纂并出版草药专著集多达380篇[12]。

1.2 中国药用植物资源研究概况

世界生物资源分布极不均匀，生物多样性丰富的地区主要集中在部分热带地区、亚热带地区。中国是全世界生物多样性最丰富的国家之一[18]，是世界上拥有药用植物资源最丰富的国家。据不完全统计，现有药用植物资源11 146种，隶属于383科，2309属。药用植物的主体是种子植物，常用的药用植物达700种[19, 20]。药用植物资源区域化分布存在以下三大特点：经向地带性分布、纬向地带性分布和不同海拔高度的垂直分布，即东部季风区域呈纬向分布、西北干旱区域呈经向分布、青藏高原呈垂直分布[21]。我国药用植物年总资源约850万吨，不同分布区的不同药用部位的药用植物蕴藏量存在较大差异，根和根茎类药材蕴藏量和常量最多[22]。传统药用植物以野生资源为主，但是野生药用植物资源蕴藏量有限，随着自然灾害和人类的肆意开发利用已对许多资源种类的生存构成了极大的威胁，导致野生药用植物资源急剧减少甚至灭绝的境地。例如目前我国很难找到野生人参（*Panax ginseng*）、三七（*Panax pseudoginseng*）和云南红豆杉（*Taxus yunnanensis*），168种药用植物被列入《中国珍稀濒危保护植物名录》[23]。

中医中药是中华民族五千年文明历史的宝库和文化结晶，我国古代劳动人民在长期的生产生活实践中逐步形成了对中草药药物的认识和传承。早在三千年前的《诗经》《尔雅》中就有关于药用植物的记载。中医著述灿若星河，先后产生《神农本草经》《名医别录》《本草经集注》《唐本草》《蜀本草》《开宝本草》《木草图经》《证类本草》《本草品汇精要》《本草纲目》《救荒本草》《本草纲目拾遗》《植物名实图考》《中国药用植物志》《中华本草》等本草学著作。

新中国成立后，国家对于中医中药的研究给予高度重视，开设《药用植物学》等一系列相关课程，培养了一大批药用植物相关专业人才，出版相关专著。自1960年以来，我国先后完成了三次全国范围内的中药资源普查。1960～1962年的第一次全国中药资源普查共收录了500多种中药材，出版的《中药志》成为当时我国第一部针对中药材的学术书籍。1969～1973年的第二次全国中药资源普查进一步将全国中药材进行整理分类，出版了《全国中草药汇编》。而1983～1987年的第三次全国中药资源普查规模较前两次最大，总结整理我国中药材12 807种，并出版《中国常用中药材》《中国中药资源志要》《中国中药资源》等系列丛书，为我国中药产业的发展奠定了坚实基础。2008年12月国家中医药管理局开始筹备第四次全国中药资源普查试点相关工作，2009年国务院发布文件正式拉开第四次全国中药资源普查的序幕[7]。2015年4月国务院发布《中药材保护和发展规划纲要（2015—2020年）》，指出加强对濒危野生药用动植物的保护工作，实施优质中药材生产工程和中药材技术创新行动。2016年2月国务院发布《中医药发展战略规划纲要（2016—2030年）》，指出要全面提升中药产业发展水平，加强中药资源的保护利用，推进中药材规范化种植养殖，促进中药工业转型升级，构建现代中药材流通体系。

1987年，国务院发布《野生药材资源保护管理条例》，这是我国第一部将药材资源保护通过法律形式确定下来的专业性法规。1988年国家环境保护局主持编写的《中国珍稀濒危植物》，收录保护物种388种，药用植物约102种，其中33种为常用中药。1992年，《中国植物红皮书》中包含药用植物168种。1995年，《中国生物多样性保护行动计划》中规定了急需保护的植物151种，其中包含药用植物19种。1999年黄璐琦等人提出应该把资源保护工作放到战略地位加以考虑[24]。1992年王年鹤、袁昌齐等从药用价值、分类学意义、野生资源数量和减少速率、栽培情况、保护现状以及综合开发现状提出药用植物初步定量化的评价标准[25]。1995年贾敏如提出药用植物濒危程度的评价标准[26]。我国港澳地区中药资源多为野生种，药材的分散性很强，群生植物较少[27]，

2004年版《香港植物名录》收载了3164种植物，根据潘永权估计，该地区可开发利用的药用植物有1600余种，《香港中草药》和《澳门中草药》中记载了800种。近年来港澳地区政府大力支持中医药事业的发展，进而推动了该地中药资源的调查和研究，使得人们对港澳地区的植物和药用植物资源有了更进一步的了解[28]。

台湾地区的复杂地形及特殊的地理位置，形成境内植物种类的多样性。根据记载，台湾原生维管束植物有4477种，药用植物占80%以上。根据初步估计台湾特有植物约有1254种，其中有药效记载的品种约375种，目前常用的种类约有100种，已经开发成商品的种类约有50种，而做成医疗保健药品上市的则不到10种[29]。

1.3 河北省药用植物资源研究进展

河北省自然地理环境复杂，地貌类型齐全，包括高原、山地、丘陵、盆地、海滨和平原等多种类型。植被类型多样，具明显的地域性和垂直分布特点，有高等植物213科、1002属、3071 种[30]。

近些年来，河北省加快了对药用植物资源的研究步伐，许多相关方面的学者专家针对省内的野生药用植物资源进行了长期的野外实地调查，使省内药用植物资源得到了有效的保护，受威胁程度得到缓解。2008年尹秀玲等人经多年的调查与采集，对秦皇岛市野生药用植物资源进行了全面系统调查和统计，得知秦皇岛市有主要野生药用植物70科219种，其中蕨类药用植物6科10种、裸子药用植物2科2种、单子叶药用植物16科28种、双子叶药用植物46科179种[31]。2009年徐景贤、张玉芹等对菩提岛被子植物进行了调查研究，结果表明，菩提岛物种多样性较丰富，共有被子植物230种，隶属于52科145属[32]。2015年包雪英通过分析承德市第四次全国中药资源普查数据，发现承德市野生中药材品种多达670种，其中有道地药材70余种，名贵药材20多种，并提出了承德市中药资源保护的建议和对策，通过对承德中药产业现状及其制约因素的分析，提出了承德中药产业的发展策略[33]。2015年王浩、郑玉光等人通过查阅文献、踏查以及样地调查相结合的方法对平山县药用植物资源进行研究，发现平山县内分布各类野生药用植物达273种，隶属于72科17属，其中19种具有较大的开发潜力[34]。2015年孔增科、贺伟丽等人在对邯郸武安地区青崖寨进行调查研究，统计药用植物791种，隶属于115科416属，其中马鞭草科植物莸（*Caryopteris divaricata*）和石竹科植物荷莲豆草（*Drymaria diandra*）等12科14属16种植物系河北省新纪录[35]。刘代媛、杨太新等通过文献检索、药用植物资源调查和内业整理，对阜平县野生药用植物的种类、分布、蕴藏量和保护缓急程度，栽培药用植物的种类、分布、面积和产量进行分析，提出阜平县药用植物资源保护和可持续利用的建议[36]。常辉、贺学礼等人通过对安国药材种植基地实地考察和查阅文献，总结了河北省药用植物的种质资源，发现河北省蕴藏中药资源1716种，药用植物1442种，绘制了河北省大宗道地药材药用植物的种植分布图，并分析了河北省药用植物GAP基地建设情况和种植模式[37]。2007年彭献军、赵建成等运用二级模糊综合评判方法对河北省211种珍稀濒危植物进行了初步评价，并提出了具体的保护对策[38]。2010年赵建成、郭晓莉等对河北省珍稀濒危药用植物资源进行研究，利用相关方法进行评估，结果显示一级药用植物、二级药用植物、三级药用植物分别为33种、46种、42种，并在此基础上系统分析其药用部位和价值，针对当时现状提出保护建议[39]。2011年米凤贤、赵建成等通过多年来对河北省野外考察数据的分析，应用植物分类学、植物地理学、生物统计学、模糊数学等研究方法，对河北省珍稀濒危药用植物进行研究分析，对珍稀濒危药用植物资源保护提供理论基础[40]。2013～2015年赵建成等人通过大量的野外实地调查，详细记录药用植物资源的分布和蕴藏量，并针对河北省萝藦科（Asclepiadaceae）、伞形科（Umbelliferae）、委陵菜属（*Potentilla* L.）、狗尾草属（*Setaria* Beauv.）、蓼属（*Polygonum* L.）、风毛菊属（*Saussurea* DC.）、远志属（*Polygala* L.）进行了系统的分类学和地理分布研究[41-47]。

传统药用植物资源调查主要集中在野生植物资源多样性、资源分布及储量预测分析等方面。采用药材的收购量进行推算、人为主观估算以及样地实地踏查相结合。这些方法存在诸多弊端，如调查时间长、受人为因素影响大、准确性和客观性较差，难以满足和适应快速发展的现代中药产业发展需求；调查结果限于静态文字描述和地图展示，不能反映其动态变化情况[48, 49]。因此，对药用植物蕴藏量及其潜在分布区进行实时动态监测将成为中药资源保护、研究以及利用的先决条件。

药用植物资源的分布、产量以及质量与地理环境有着直接的关系，是在特定空间下的产物，具有空间信息特征。因此，对药用植物空间信息的研究和利用将成为中药资源保护和利用的关键点[4]。3S一体化技术自20世纪90年代提出以来发展迅速，目前已达到成熟应用阶段，广泛应用于地质、矿产、农业、交通、国防、资源监测与保护、环境保护、灾害预警和检测等诸多领域，表现出巨大优势和潜力[50]。

物种潜在分布及适宜性评价研究概况

2.1 地理信息系统概述

地理信息系统（Geographic Information Systerm，GIS）是集成计算机软件和硬件，旨在采集、存储、管理、计算、显示、分析和表达部分或整体地球表层空间的相关地理分布数据的技术系统。GIS处理和管理的对象是诸如空间定位数据、属性数据、图形数据、遥感数据以及图像数据等地理空间的实体数据和它们间的关系，是一种用来处理和分析指定区域内地理分布的一系列现象和过程，解决位置、条件、变化趋势、模式和模型等空间问题的方法和技术。GIS可应用于工程、规划、管理、运输、物流、商业、保险、电信、测量学、地图学、地理学等诸多领域[51]。

ArcGIS是一款功能强大的、可伸缩的地理信息系统平台，由美国环境系统研究所（Environment System Research Institute Inc.，ESRI）推出。ArcGIS的基础模块包括ArcMap、ArcCatalog以及Geoprocessing。ArcMap可以实现显示、查询、制作和分析地图数据的高级任务。ArcCatalog是以数据为核心的空间数据资源管理器，用来定位、搜索、浏览、创建和管理空间数据库。Geoprocessing模块包含了功能复杂、强大的地理处理工具集合以及模型构建器等空间分析和处理工具。近年来国内外众多相关学者广泛应用ArcGIS进行物种的分布区预测以及物种气候适宜性的研究[51]。

2.2 生态位模型概述

生态位一词最早由Joseph Grinnell于1917年在研究“加利福尼亚嘲鸦（Californiatrasher）的生态位关系”中提出，他认为生态位是物种能够生存和繁衍后代的所有条件的总和，是定义物种的最小分布单元，强调的是宏观尺度的气候生态空间[52-54]。Elton在1927年提出生态位的另一种概念，即物种的生态位是其在所处群落中所扮演的角色，强调的是微观尺度的物种间营养关系[53, 54]。1957年Hutchinson总结各方观点提出超体积生态位概念，即所有的能够允许物种无限期存在的变量集合（concluding remarks）。进而引出基础生态位概念，即维持物种生存所必需的所有非生物条件的总和，在该条件下物种表现为正增长，由于不同物种间的相互作用，基础生态位在特定区域往往不能完全表现出来，所以Hutchinson在表述基础生态位在某地理区域的反映时使用了现实生态位这一概念[54]。生态位模型模拟的生态位一般是基础生态位，大于模拟物种的现实分布。

生态位模型（ecological niche model，ENM）在广义上被定义为基于生态位理论所建立的数学统计或推断模型。生态位模型是以生态位理论作为基础的新兴研究领域，通常可分为两类：机理性模型和关联性模型[55]。

机理性模型不需要物种分布点数据，但在建模之前必须准确掌握物种生态位需求，根据其生态位特征，结合先验知识进行判断，建立物种和环境之间相应的评价准则，进而对目标物种生态位进行模拟和预测[56]，常用的模型软件有：CLIMEX模型和SDM模型等。尹子丽等利用CLIMEX模型对大理藜芦（*Veratrum taliense*）进行适生区的预测分析研究，对大理藜芦GAP基地选址提供了更多的适宜区。虽然机理模型生态学意义明确、可操作性强、建模途径简单易用，但是该类模型在计算生态位参数时任务艰巨，而且在环境因子等级划分和权重的确定多依赖操作者的主观性，故存在一定的局限性[57]。

关联性模型是目前狭义上的生态位模型[54]。生态位模型狭义地定义为以已知样本分布数据为基础，分析物种在环境空间或生态位空间中的特征，进而研究物种对环境的耐受能力。

生态位模型通过对研究对象已知分布点及其相关环境数据的采集来组成训练样本，利用机器学习理论和数理统计方法分析数据，构建特征函数来表征物种在生态位空间的实际生态位。狭义生态位模型在近100年的发展历程中经历了概念确立、分化与统一以及量化建模3个发展阶段，近30年间取得了长足的发展，现已成为生态学、生物地理学以及进化生物学等学科的重要研究方向[53]。当前较流行的生态位模型有生物气候分析系统（BIOCLIM）、生态因子分析模型（ENFA）、基于规则集的遗传算法模型（GARP）、最大熵模型（MaxEnt）等多个模型算法。

生态位模型被广泛应用于时空分布格局、外来物种入侵预警、疾病传播方式与途径以及全球气候变换对物种分布或多样性格局的影响等众多研究领域，并已延伸到生态学、生物地理学以及进化生物学以外的相关领域。

关联性模型又可分为框架模型（profile model）和组判别模型（group discrimination model）。框架模型通过对目标物种已知分布点位置信息进行整理归纳，从而得到目标物种的生态位需要，以此来预测物种分布，常用的模型有BIOCLIM模型、主域分析模型（DOMAIN）以及生态位因子分析模型（ENFA）、最大熵模型（MaxEnt）等。该类模型在植物适宜生境评价中得到了较广泛的应用。框架模型仅需要物种的生态位信息，但是其生态位信息是从分布信息中总结概括而来，在实际操作过程中极有可能出现偏差或不完整情况，导致模型预测经度降低[57]。组判别模型需要同时用目标物种分布信息与非分布信息参与模型建立，构造一个能够将两种数据准确分开的规则，从而达到目标物种的适宜生境的模拟和预测。总体上说，组判别模型目标物种数据完整，故模型预测经度较高[57]。

2.3 最大熵模型在物种分布与适宜性评价中的应用

最大熵原理（the principle of maximum entropy）起源于信息科学，由著名数学家、物理学家E.T.Jaynes在1957年根据Shannon的信息熵提出，在信息科学、物理学、天文学、经济学、神经科学等诸多领域有着广泛的应用[58-60]。

最大熵模型基于热力学第二定律。按照该定律，一个非平衡的生命系统通过与周围环境的物质和能量进行交换从而保持其存在。即一个实测存在的生命系统具有“耗散”的特征，“耗散”使系统的熵不断增加，直至该生命系统与环境的熵值达到最大的状态，也是系统与环境之间的关系达到最终平衡的状态。在物种潜在分布的相关研究中，可将物种与其赖以生长的环境视为一个系统，通过计算系统达到最大熵时的状态参数来确定物种和环境之间的稳定关系，并以此估计物种的潜在分布[59]。最大熵模型在已知样本数据和对应环境变量的基础上，通过拟合具有熵值最大的概率分布来对物种的潜在分布作出无偏差推断。自2006年被开发以来，最大熵模型得到了非常广泛的应用，现已被众多相关研究所采用。

Elith等人在2006年使用BIOCLIM、GAM、GLM、GARP、MaxEnt等17种生态位模型，分别在澳大利亚、新西兰、加拿大、瑞士等国家的不同地区对226种生物的生态位进行了模拟研究。研究结果表明最大熵模型所得结果的精度较高，GAM、GARP和GLM模型效果次于最大熵模型，但优于DOMAIN和BIOCLIM模型[61]。Hernandez等人2006年利用BIOCLIM、DOMAIN、GARP和MaxEnt四种模型进行性能评价。他们利用6个样本大小各不相同的18个物种分别对四种模型进行潜在分布预测，发现最大熵模型在分布点较少的情况下也能得到较满意的预测效果[62]。曹向锋等人2010年利用GARP、MAXENT、ENFA、BIOCLIM、DOMAIN五种生态位模型预测我国境内黄顶菊（*Flaveria bidentis*）的潜在分布，得出最大熵模型是最稳定的预测模型，并采用最大熵模型进行了细致的分析与研究[63]。

最大熵模型有以下优点：第一，所需输入信息较少，仅具有物种分布点位置信息和实际分布区与研究区域的环境变量信息即可进行无偏差预测；第二，整合不同变量间的相互作用时不但可以使用连续性数据，也可以使用离散型数据；第三，利用有效的最大熵算法来确保物种的最优潜在分布预测；第四，运算结果易于分析[64]。由于预测精度较高，目前已经广泛应用到珍稀濒危植物保护区规划、入侵植物的潜在分布与风险评估以及气候变化对生物分布的影响。

徐军等人结合64份独叶草（*Kingdonia uniflora*）标本地理分布信息和14个环境因子参数，应用最大熵模型和地理信息系统，对独叶草在全国的潜在分布区以及影响其分布的主导环境因子进行预测，受试者工作曲线分析得AUC值为0.990。预测结果显示，独叶草最潜在的分布区在陕西秦岭北坡、四川省的邛崃山和大凉山、云南东北部和贵州西北部的大娄山和乌蒙山部分地区。适生区环境参数分析表明，独叶草最适宜生长在海拔1646～2810m、年降水量856mm、一月最低温适中-7.2℃和土壤pH值为6.89的偏酸性地区[65]。王雷宏等人利用最大熵模型分析金钱松（*Pseudolarix amabilis*）在中国的潜在分布区以及影响其分布的主导环境因子，精确反映出金钱松的地理分布范围，并阐明主导其分布的3个生物气候因子[66]。高蓓等人基于最大熵模型与地理信息系统空间分析构建秦岭冷杉（*Abies chensiensis*）的潜在地理分布区，对我国秦岭冷杉适宜生长区做出科学的区划，为秦岭冷杉资源的保护和管理提供科学依据[67]。近年来众多学者专家应用最大熵模型和地理信息系统研究入侵物种的潜在适生区和风险评估，如北美刺龙葵（*Solanum carolinense*）、黄顶菊（*Flaveria bidentis*）、麦穗鱼（*Pseudorasbora parva*）、刺轴含羞草（*Mimosa pigra*）、五爪金龙（*Ipomoea cairica*）、白花鬼针草（*Bidens alba*）、豚草（*Ambrosia artemisiifolia*）、齿裂大戟（*Euphorbia dentate*）、春飞蓬（*Erigeron annuus*）、新疆千里光（*Senecio jacobaea*）、毒莴苣（*Lactuca serriola*）等[68–78]。还有一些学者致力于研究农作物和经济作物的病虫害，如亮壮异蝽（*Urochela distinct*）、青檀绵叶蚜（*Shivaphis pteroceltis*）、花生豆象（*Caryedon serratus*）、维氏粒线虫（*Angulina wevelli*）、油松毛虫（*Dendrolimus tabulaeformis*）、神农架华山松大小蠹（*Dendroctonus armandi*）、大洋臀纹粉蚧（*Planococcus minor*）和南洋臀纹粉蚧（*Planococcus lilacinus*）、玉米霜霉病（*Peronosclerospora maydis*、*P. sacchari*、*P. philippinensis*、*P. sorghi*和*Sclerophthora raysiae* var. *zeae*）、小麦的麦温病（*Magnaporthe grisea*）、印度腥黑穗病（*Tilletia indica*）、香蕉细菌性枯萎病菌（*Ralstonia solanacearun*）、橡胶树孢棒霉落叶病（*Corynespora cassiicola*）、橡胶南美叶疫病菌（*Microcyclus ulei*）以及油菜茎基溃疡病（*Leptosphaeria maculans*）等[79–91]。有些学者专注于动物的生态适宜性，如吴庆明等人利用最大熵模型分析了扎龙保护区丹顶鹤（*Grus japonensis*）营巢的生境适宜性[92]，刘振声等人利用最大熵模型分析贺兰山岩羊（*Pseudois nayaur*）的生境适宜性[93]，齐增湘等人分析评价了秦岭山系黑熊（*Ursus thibetanus*）的生境[94]，吴文等人集合调查分析评价小兴安岭南麓马鹿（*Cervus elaphus*）冬季的生境适宜性[95]，徐卫华应用最大熵模型对秦岭川金丝猴（*Rhinopithecus roxllanae*）的生境适宜性进行了评价[96]。在风险评估方面，孙瑜等人基于最大熵模型预测评价了黑龙江大兴安岭森林雷击火险[97]。

药用植物资源的分布受到诸多环境因子的制约，以及人类活动的影响。自然环境中的温度、光照、水分、土壤是制约药用植物生存和发展的直接因素。温度、光照、水分、土壤的分配和特征受到地理地形和地貌的影响。因此，气候、土壤、地貌是制约药用植物资源形成和分布的三大非生物因素。

肖小河等人利用年均气温、最热月均温、年均降水、海拔、年均日照时数5个生态气候要素建立了模糊隶属函数模型，综合评价分析了四川乌头和附子（*Aconitum carmichaelii*）的生态适宜性，并划分了不同的适生区[98]。郝朝运等人利用24个种群位点和27个环境图层，运用最大熵模型在地理和环境空间上模拟了我国药用植物海南蒟（*Piper hainanense*）的潜在地理分布，结果发现海南蒟的潜在分布区主要集中在海南、广东南部和广西部分地区，与已知的实际分布联系密切，并根据留一法检验和环境因子分析，揭示了决定海南蒟潜在地理分布的环境因子[99]。龚晔、景鹏飞等人利用最大熵模型和地理信息系统预测了中国珍稀药用植物白及（*Bletilla striata*）的潜在分布与其气候特征，结果发现中国白及的潜在分布区主要位于秦岭、淮河以南的大部分地区，主要适生省份是云南省、湖北省、四川省、湖南省、江西省、浙江省。刀切法测试表明，4月和10月最低温、年温度变化范围、11月平均降水量为影响白及潜在分布的主导气候因子[100]。车乐、曹博、白成科等人利用最大熵模型和地理信息系统，结合89个太白米（*Notholirion bulbuliferum*）地理分布数据、28个气候因子和6个土壤因子，对太白米在我国的潜在分布和适宜等级进行了预测。结果表明：太白米的最适合生区主要集中在四川省、云南省、山西省、甘肃省和西藏自治区。影响太白米分布的主要环境因素有年均降水量、海拔、1月最低温、1月降水量、土壤pH等[101]。张琳琳、白成科等人基于GIS技术并结合Fuzzy隶属函数和最大熵模型，重点预测了黄芩（*Scutellaria baicalensis*）在中国的潜在分布区及其生态适宜性评价，揭示了影响黄芩生态适宜性和有效成分含量的关键性环境因子，并对陕西省进行了初步的黄芩种植区划分[102]。景鹏飞、武坤毅等人应用最大熵模型和地理信息系统，结合3种细辛属（*Asarum*）植物在中国的126个地理分布记录、6大类28项环境因子，定量预测细辛属在我国的潜在适生区和适生等级。结果发现，3种细辛属药用植物在中国的潜在适生区分布广泛，年降水量、最干季节降水量和最暖季节降水量是影响细辛属药用植物分布的主导环境因子[103]。郭顺星等人从全国12个省区采集到40个猪苓（*Polyporus umbellatus*）分布数据，结合当前气候数据，利用最大熵模型模拟其地理分布，从宏观上划分了猪苓的地理分布格局，并揭示了温暖季节平均降雨量、最干季度平均温度及年平均温是影响其分布的主导气候因子[104]。白成科、吴永梅、曹博、徐军利用山茱萸（*Cornus officinalis*）28份实地调查及标本馆的地理分布数据，应用最大熵模型和地理信息系统结合33个环境变量，预测陕西省境内山茱萸气候适宜性分布概况。结果发现，山茱萸最适宜分布于3月最低温-3.0～9.8℃，3月平均降水量在7～185mm，年平均气温在6.7～17.6℃，年平均降水量在558～1817mm，海拔在98～1620m的地区。并依据山茱萸的最适宜分布参数在陕西省划分了4个最适宜种植亚区[105]。杨超、梁存柱等人利用19个气候数据和海拔共20个环境因子，通过最大熵模型和ArcGIS空间分析构建出10种针茅属（*Stipa*）植物在蒙古高原和青藏高原的不同等级的气候适宜分布区，并对影响针茅属植物分布的主导环境因子在数值范围上进行了详细的定量描述，深入揭示了针茅属植物替代分布及针茅草原的形成与适应机制[106]。应凌霄、沈泽昊等人利用野外调查的165个清香木（*Pistacia weinmannifolia*）分布点信息以及22个环境变量，基于最大熵模型构建其分布的适宜生境预测模型，并据此模拟清香木在我国西南地区的适宜分布区，以及在历史和未来不同气候情景下的分布格局变化。结果表明，温度季节性变化、极端低温和降水量是限制清香木分布的主要气候因子[107]。蒋红军、赵建成等利用最大熵模型和地理信息系统，结合中国当前气候数据和未来3种不同模式下气候情景预测药用植物远志（*Polygala tenuifolia*）在我国的当前和未来的潜在分布，发现高度适生区域会随时间慢慢缩小，揭示最暖季节降水量、年平均温和海拔是影响远志生态适宜性的主导气候因子[108]。胡忠俊等人利用最大熵模型和地理信息系统模拟了青藏高原紫花针茅（*Stipa purpurea*）的分布格局[109]，陈丽娜等人则模拟了野生樱（*Cerasus*）在浙江的适生区[110]。

第三章

河北省野生重点药用植物评价方法

自然资源是人类文明赖以生存的基础，人类经济和社会的发展取决于对自然资源的不断利用[111]。但是，随着环境的不断恶化及人为活动的干扰，导致野生生物资源的数量急剧下降，尤其是野生药用植物资源的生存更是面临着极大的威胁，生物多样性研究的保护及持续利用的研究已成为全球的焦点问题，人类需要采取必要的有效措施，对其实施保护。在对野生药用植物资源进行保护之前，首先需要对其进行合理有效的评估[112]。

本研究剔除掉87种药用植物的分布数据中地点记录不详细和范围过大的信息，筛选出记录清晰具有详细地点的分布信息，通过查询经纬度，结合最大熵模型和地理信息系统技术，开展药用植物在河北省的潜在地理分布区预测。通过对87种药用植物地理分布的预测，并结合环境变量，获取研究对象的适宜区的气候特征，找到影响其地理分布的主导因子。

3.1 河北省野生重点药用植物名录的确定

首先，汇总了河北省第四次中药资源普查试点工作（2012年启动）40个项目县数据，以及编者对河北省及周围地区进行了多次的药用植物多样性野外考察所积累的大量数据。汇总得到了河北省野生药用植物物种的地理分布、生长状况、受威胁因素、生存环境等指标。另外，对华北地区最大的药材市场河北安国药材市场进行调研，对野生药用植物的采集、销售情况进行寻访，得到了河北省药材市场所流通的大宗药材名录[113，114]。

其次，文献资料的整理。主要是针对多年来河北地区相关的药用植物资源调查及生物多样性研究数据进行分析统计，查阅馆藏标本及相关文献，如《中国植物志》《河北植物志》《河北植被》《河北高等植物名录》《滦平县中药资源研究与图谱》。同时，参照近年来出版的河北及周边地区生物多样性研究的重要著作，以及各自然保护区或风景名胜区的考察报告，如《木兰围场自然保护区科学考察集》《河北茅荆坝自然保护区科学考察与生物多样性研究》《河北辽河自然保护区科学考察和生物多样性研究》《滦河上游自然保护区种子植物物种多样性及其保护研究》《河北驼梁自然保护区科学考察与生物多样性研究》《北京地区珍稀濒危植物资源》等，以及河北小五台山国家级自然保护区的科考数据《小五台山植物志》等进行对照和分析。对国家和相邻省市历次公布的珍稀濒危保护植物名录、每个分类群的相关研究文献等进行了详尽的考证，以确定拟评估物种的系统位置、地理分布、生存状况和保护价值[115-128]。

第三，对照《中国药典》2015年版一部。《中国药典》由国家药典委员会组织制定与修订，是具有国家法律效力的、记载药品标准及规格的法典。《中国药典》收载的品种须经过严格的医药学专家委员会进行遴选，主要收载我国临床常用、疗效肯定、质量稳定（工艺成熟）、质控标准较完善的品种。根据《中国药典》2015年版一部、《中华本草》《中国珍稀濒危植物名录》《中国物种红色名录》中河北分布的植物物种及目前已经发表的河北珍稀濒危植物种类，在此基础上结合河北省（含京津地区）的植物多样性现状的考察结果，确定评估药用植物种类总计87种，分别隶属于43科，77属。其中蕨类植物3种，裸子植物2种，被子植物82种[129-132]，如表3-1所示。

表3-1　河北省重点药用植物名录

Table 3-1 List of Key Medicinal Plants in Hebei

药材名 Medicinal Name	原植物名 Species	科名 Family	属名 Genus	拉丁名 Scientific Name	生活型 Life Form
卷柏	卷柏	卷柏科	卷柏属	*Selaginella tamariscina*	草本
木贼	木贼	木贼科	木贼属	*Equisetum hyemale*	草本
石韦	有柄石韦	水龙骨科	石韦属	*Pyrrosia petiolosa*	草本
柏子仁、侧柏叶	侧柏	柏科	侧柏属	*Platycladus orientalis*	乔木
麻黄、麻黄根	草麻黄	麻黄科	麻黄属	*Ephedra sinica*	草本
天仙藤	北马兜铃	马兜铃科	马兜铃属	*Aristolochia contorta*	草质藤本
萹蓄	萹蓄	蓼科	蓼属	*Polygonum aviculare*	草本
拳参	拳参	蓼科	蓼属	*Polygonum bistorta*	草本
水红花子	红蓼	蓼科	蓼属	*Polygonum orientale*	草本
牛膝	牛膝	苋科	牛膝属	*Achyranthes bidentata*	草本
瞿麦	石竹	石竹科	石竹属	*Dianthus chinensis*	草本
王不留行	麦蓝菜	石竹科	麦蓝菜属	*Vaccaria hispanica*	草本
赤芍、白芍	芍药	毛茛科	芍药属	*Paeonia lactiflora*	草本
草乌、草乌叶	北乌头	毛茛科	乌头属	*Aconitum kusnezoffii*	草本
升麻	兴安升麻	毛茛科	升麻属	*Cimicifuga dahurica*	草本

续表

药材名 Medicinal Name	原植物名 Species	科名 Family	属名 Genus	拉丁名 Scientific Name	生活型 Life Form
白头翁	白头翁	毛茛科	白头翁属	*Pulsatilla chinensis*	草本
北豆根	蝙蝠葛	防己科	蝙蝠葛属	*Menispermum dauricum*	草质
五味子	五味子	木兰科	五味子属	*Schisandra chinensis*	木质藤本
白屈菜	白屈菜	罂粟科	白屈菜属	*Chelidonium majus*	草本
芥子	芥	十字花科	芸苔属	*Brassica juncea*	草本
南葶苈子	播娘蒿	十字花科	播娘蒿属	*Descurainia sophia*	草本
北葶苈子	独行菜	十字花科	独行菜属	*Lepidium apetalum*	草本
板蓝根、大青叶	菘蓝	十字花科	菘蓝属	*Isatis tinctoria*	草本
沙苑子	背扁黄耆	豆科	黄耆属	*Astragalus complanatus*	草本
甘草	甘草	豆科	甘草属	*Glycyrrhiza uralensis*	草本
葛根	葛	豆科	葛属	*Pueraria montana* var. *lobata*	粗壮藤本
苦参	苦参	豆科	槐属	*Sophora flavescens*	草本或亚灌木
亚麻子	亚麻	亚麻科	亚麻属	*Sophora flavescens*	草本
苦楝皮	楝	楝科	楝属	*Melia azedarach*	落叶乔木
远志	远志	远志科	远志属	*Polygala tenuifolia*	草本
远志	西伯利亚远志	远志科	远志属	*Polygala sibirica*	草本
京大戟	大戟	大戟科	大戟属	*Euphorbia pekinensis*	草本
狼毒	狼毒	大戟科	大戟属	*Euphorbia fischeriana*	草本
干漆	漆	漆树科	漆属	*Toxicodendron vernicifluum*	落叶乔木
酸枣仁	酸枣	鼠李科	枣属	*Ziziphus jujube* Mill. var. *spinosa*	落叶小乔木
白蔹	白蔹	葡萄科	蛇葡萄属	*Ampelopsis japonica*	木质藤本

续表

药材名 Medicinal Name	原植物名 Species	科名 Family	属名 Genus	拉丁名 Scientific Name	生活型 Life Form
苘麻子	苘麻	锦葵科	苘麻属	*Abutilon theophrasti*	草本
沙棘	沙棘	胡颓子科	沙棘属	*Hippophae rhamnoides*	落叶灌木或乔木
刺五加	刺五加	五加科	五加属	*Eleatherococcus senticosus*	灌木
白芷	白芷	伞形科	当归属	*Angelica dahurica*	草本
北柴胡	北柴胡	伞形科	柴胡属	*Bupleurum chinense*	草本
南柴胡	红柴胡	伞形科	柴胡属	*Bupleurum scorzonerifolium*	草本
蛇床子	蛇床	伞形科	蛇床属	*Cnidium monnieri*	草本
北沙参	珊瑚菜	伞形科	珊瑚菜属	*Glehnia littoralis*	草本
防风	防风	伞形科	防风属	*Saposhnikovia divaricata*	草本
藁本	辽藁本	伞形科	藁本属	*Ligusticum jeholense*	草本
连翘	连翘	木犀科	连翘属	*Forsythia suspense*	灌木
秦皮	花曲柳	木犀科	梣属	*Fraxinus chinensis* subsp. *rhgnchophylla*	乔木
当药	瘤毛獐牙菜	龙胆科	獐牙菜属	*Swertia pseudochinensis*	草本
白薇	白薇	萝藦科	白前属	*Cynanchum atratum*	草本
白薇	变色白前	萝藦科	白前属	*Cynanchum versicolor*	草本
徐长卿	徐长卿	萝藦科	白前属	*Cynanchum paniculatum*	草本
香加皮	杠柳	萝藦科	杠柳属	*Periploca sepium*	藤本
薄荷	薄荷	唇形科	薄荷属	*Mentha canadensis*	草本
荆芥	裂叶荆芥	唇形科	裂叶荆芥属	*Nepeta tenuifolia*	草本
丹参	丹参	唇形科	鼠尾草属	*Salvia miltiorrhiza*	草本

续表

药材名 Medicinal Name	原植物名 Species	科名 Family	属名 Genus	拉丁名 Scientific Name	生活型 Life Form
黄芩	黄芩	唇形科	黄芩属	*Scutellaria baicalensis*	草本
枸杞子	宁夏枸杞	茄科	枸杞属	*Lycium barbarum*	灌木
天仙子	天仙子	茄科	天仙子属	*Hyoscyamus niger*	草本
地黄	地黄	玄参科	地黄属	*Rehmannia glutinosa*	草本
玄参	玄参	玄参科	玄参属	*Scrophularia ningpoensis*	草本
北刘寄奴	阴行草	玄参科	阴行草属	*Siphonostegia chinensis*	草本
金银花	忍冬	忍冬科	忍冬属	*Lonicera japonica*	藤本
土贝母	假贝母	葫芦科	假贝母属	*Bolbostemma paniculatum*	草本
瓜蒌、瓜蒌皮、瓜蒌子、天花粉	栝楼	葫芦科	栝楼属	*Trichosanthes kirilowii*	攀援藤本
南沙参	轮叶沙参	桔梗科	沙参属	*Adenophora tetraphylla*	草本
党参	党参	桔梗科	党参属	*Codonopsis pilosula*	草本
桔梗	桔梗	桔梗科	桔梗属	*Platycodon grandiflorum*	草本
紫菀	紫菀	菊科	紫菀属	*Aster tataricus*	草本
苍术	苍术	菊科	苍术属	*Atractylodes lancea*	草本
白术	白术	菊科	苍术属	*Atractylodes macrocephala*	草本
禹州漏芦	驴欺口	菊科	蓝刺头属	*Echinops latifolius*	草本
漏芦	漏卢	菊科	漏芦属	*Stemmacantha uniflora*	草本
款冬花	款冬	菊科	款冬属	*Tussilago farfara*	草本
泽泻	东方泽泻	泽泻科	泽泻属	*Alisma orientale*	水生或沼生草本
薏苡仁	薏苡	禾本科	薏苡属	*Coix lacryma-jobi*	草本

续表

药材名 Medicinal Name	原植物名 Species	科名 Family	属名 Genus	拉丁名 Scientific Name	生活型 Life Form
白茅根	白茅	禾本科	白茅属	*Imperata cylindrical*	草本
香附子	香附子	莎草科	莎草属	*Cyperus rotundus*	草本
天南星	东北南星	天南星科	天南星属	*Arisaema amurense*	草本
天南星	天南星	天南星科	天南星属	*Arisaema heterophyllum*	草本
半夏	半夏	天南星科	半夏属	*Pinellia ternata*	草本
知母	知母	百合科	知母属	*Anemarrhena asphodeloides*	草本
百合	山丹	百合科	百合属	*Lilium pumilum*	草本
玉竹	玉竹	百合科	黄精属	*Polygonatum odoratum*	草本
黄精	黄精	百合科	黄精属	*Polygonatum sibiricum*	草本
穿山龙	穿龙薯蓣	薯蓣科	薯蓣属	*Dioscorea nipponica*	缠绕草质藤本
射干	射干	鸢尾科	鸢尾属	*Belamcanda chinensis*	草本

3.2 数据来源

3.2.1 物种分布数据

通过汇总87种目标物种在第四次中药资源普查野外调查样方表中的数据和文献记载数据，得到87种物种的采集时间、采集地点、经纬度值、采集人、海拔、生境特征等信息。

3.2.2 环境数据

共收集了包括气候数据、土壤数据、地理数据、土地利用类型、植被覆盖率等59种环境因子，所有环境因子均采用30弧秒的空间分辨率（表3-2）。

其中19个当前（1960~1990年）气候因子在WorldClim网站http://worldclim.org/下

载；土壤数据由联合国粮农组织、中国科学院等多家研究机构合作完成的Harmonized World Soil Database，通过ArcGIS按掩模提取到河北省的数据，再通过查找表得到18个表层土壤数据和17个底层土壤数据；海拔、土地利用类型、植被覆盖率下载于https://globalmaps.github.io/；坡度、坡向数据来源于中国科学院计算机网络信息中心国际科学数据镜像网站http://www.gscloud.cn。

表3-2　建模所采用的59个环境因子

Table3-2 59 environmental factors used in modeling

变量 Variable	描述 Description
BIO1	年平均气温 Annual Mean Temperature
BIO2	平均日较差 Mean Diurnal Range
BIO3	等温性 Isothermality（BIO2/BIO7）（* 100）
BIO4	温度季节性变动系数 Temperature Seasonality（Standard Deviation *100）
BIO5	最热月最高温 Max Temperature of Warmest Month
BIO6	最冷月最低温 Min Temperature of Coldest Month
BIO7	温度年较差 Temperature Annual Range（BIO5-BIO6）
BIO8	最温季平均温 Mean Temperature of Wettest Quarter
BIO9	最干季平均温 Mean Temperature of Driest Quarter
BIO10	最热季平均温 Mean Temperature of Warmest Quarter
BIO11	最冷季平均温 Mean Temperature of Coldest Quarter
BIO12	年降水量 Annual Precipitation
BIO13	最湿月降水量 Precipitation of Wettest Month

续表

变量 Variable	描述 Description
BIO14	最干月降水量 Precipitation of Driest Month
BIO15	降水量季节性变动系数 Precipitation Seasonality
BIO16	最湿季降水量 Precipitation of Wettest Quarter
BIO17	最干季降水量 Precipitation of Driest Quarter
BIO18	最热季降水量 Precipitation of Warmest Quarter
BIO19	最冷季降水量 Precipitation of Coldest Quarter
Ele	海拔 Elevation
SLOPE	坡度 Slope
ASPECT	坡向 Aspect
LC	土地利用类型 Land cover
VE	植被覆盖率 Vegetation Coverage
T-BS	表层土壤基础饱和度 Topsoil Base Saturation
T-BULK-DENSITY	表层土壤容积密度 Topsoil Bulk Density
T-$CACO_3$	表层土壤碳酸钙含量 Topsoil Calcium Carbonate
T-$CASO_4$	表层土壤中硫酸钙含量 Topsoil Gypsum
T-CEC-CLAY	表层土壤中黏粒组的阳离子交换能力 Topsoil CEC (Clay)
T-CEC-SOIL	表层土壤的阳离子交换能力 Topsoil CEC (Soil)

续表

变量 Variable	描述 Description
T-CLAY	表层土壤中的黏土比例 Topsoil Clay Fraction
T-ECE	表层土壤盐度 Topsoil Salinity（Elco）
T-ESP	表层土壤碱度 Topsoil Sodicity（ESP）
T-GRABVEL	表层土壤砾石含量 Topsoil Gravel Content
T-OC	表层土壤中有机碳比例 Topsoil Organic Carbon
T-pH-H_2O	表层土壤pH值 Topsoil pH（H_2O）
T-REF-BULK-DENSITY	表层土壤参考体积密度 Topsoil Reference Bulk Density
T-SAND	表层土壤沙子比例 Topsoil Sand Fraction
T-SILT	表层土壤泥沙比例 Topsoil Silt Fraction
T-TEB	表层土壤阳离子交换总量 Topsoil TEB
T-TEXTURE	表层土壤质地 Topsoil Texture
T-USDA-TEX-CLASS	表层土壤纹理分类 Topsoil USDA Texture Classification
S-BS	底层土壤基础饱合度 Subsoil Base Saturation
S-BULK-DENSITY	底层土壤容积密度 Subsoil Bulk Density
S-$CACO_3$	底层土壤中碳酸钙含量 Subsoil Calcium Carbonate
S-$CASO_4$	底层土壤中硫酸钙含量 Subsoil Gypsum

续表

变量 Variable	描述 Description
S-CEC-CLAY	底层土壤中黏粒组的阳离子交换能力 Subsoil CEC (clay)
S-CEC-SOIL	底层土壤的阳离子交换能力 Subsoil CEC (soil)
S-CLAY	底层土壤中的黏土比例 Subsoil Clay Fraction
S-ECE	底层土壤盐度 Subsoil Salinity (ECe)
S-ESP	底层土壤碱度 Subsoil Sodicity (ESP)
S-GRAVEL	底层土壤砾石含量 Subsoil Gravel Content
S-OC	底层土壤中有机碳比例 Subsoil Organic Carbon
S-pH-H_2O	底层土壤pH值 Subsoil pH (H_2O)
S-REF-BULK	底层土壤参考体积密度 Subsoil Reference Bulk Density
S-SAND	底层土壤沙子比例 Subsoil Sand Fraction
S-SILT	底层土壤泥沙比例 Subsoil Silt Fraction
S-TEB	底层土壤阳离子交换总量 Subsoil TEB
S-USDA-TEXTURE	底层土壤纹理分类 Subsoil USDA Texture Classification

3.2.3 基础地理地图

从http://www.diva-gis.org/下载中国1：400万地理地图数据，通过ArcGIS按属性选择出来河北省地理地图数据。

3.3 数据处理与分析

将处理好的87种药用植物物种分布数据（CSV格式）和59个环境变量数据（ASCII格式）分别导入最大熵模型中，开启刀切法（do jackknife to measure variable importance）和响应曲线（create respon curves）的绘制，环境因子模式选择continuous，输出格式为Logistic，结果文件为ASCII的栅格图层，将随机测试百分数（random test percentage）设置为25%，生成测试集（testing data）用于检验模型的准确度，剩下的75%作为训练集（tranining data），用于构建各物种潜在分布的预测模型。勾选Random seed，去掉Write clamp grid when projecting和Write output grids，最大迭代次数设置为5000，重复运行15次，重复运行模式选择Subsample，其他参数设置为默认值。

以侧柏为例阐述基于最大熵模型和地理信息系统软件相结合的方式预测侧柏在河北省的地理分布方法，具体流程如下。

3.3.1 物种分布信息和环境因子的准备

将收集到的侧柏实际分布样点信息按照名称、经度、纬度输入到Excel表格中，再将Excel表格转换为CSV格式的文件，输入到最大熵模型的sample file中，从中国国家基础地理信息中心下载栅格格式的中国行政地区图，利用ArcGIS按属性选择出河北省行政区划图，地理坐标系设置为WGS1984另存，再在ArcGIS中的按掩模提取功能从下载好的各个世界环境因子中提取河北省对应的环境因子，再把提取好的栅格环境因子转换成ASCII格式的环境因子，导入到最大熵模型中。最大熵模型运行界面如图3-1所示。

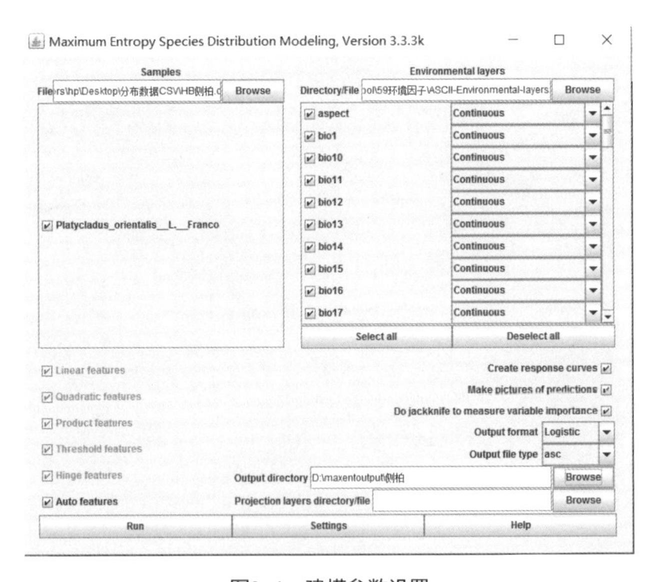

图3-1　建模参数设置

Fig3-1 modeling parameter settings

3.3.2 模型精准度评估

运行最大熵模型，构建河北省侧柏的潜在分布的最大熵模型，模型性能评价采用阈值无关法（threshold-independent）中的受试者工作特征曲线（receiver operating characteristic curve, ROC）下的面积，即AUC值（area under curve）。利用AUC值评价模型的模拟精度可操作性较强。AUC值为0～1，根据Phillips等人2006年研究，随机预测的AUC值为0.5，模型性能评价标准为：AUC值在0.5～0.6，模型准确度比较差；AUC值在0.6～0.7，模型准确度一般；AUC值在0.7～0.8，模型准确度较好；AUC值在0.8～0.9，模型准确度很好；AUC值在0.9～1，模型准确度极好[59]。

3.3.3 环境适宜区划分

最大熵模型输出的环境适宜区文件是ASCII格式，可通过ArcGIS转化为栅格格式的文件，ArcGIS每个栅格点对应一个存在的概率，存在概率P的取值范围是0～1，通过结合统计学原理中利用存在概率评估可能性的划分标准以及政府间气候变化专门委员会（IPCC）在2007年发布的第四次评估报告，可将生境适宜区划分为四个等级（表3–3）。利用ArcGIS软件可将最大熵输出结果转化为可视化的栅格（Raster）格式，打开空间分析工具（Spatial analyst tool）中的重分类（reclassify），输入要处理的Raster图层，选择Manual Method和4Classes，并将Break Values分别改为0.05、0.33、0.66、1。选择地图的颜色、增加比例尺、图例和指北针，生成侧柏适宜性生境潜在分布图。打开生成图层的属性表，利用Field Calculator工具计算各适宜性生境的面积。

表3–3　适生级别划分标准

Table3–3 suitable classification standard level

存在概率范围 Range of Probability Presence	分布区 Distribution Region
$0 \le P < 0.05$	非适生区unsuitable region
$0.05 \le P < 0.33$	低适生区low suitable region
$0.33 \le P < 0.66$	中适生区middle suitable region
$0.66 \le P \le 1.00$	高适生区high suitable region

3.3.4 影响分布的环境主导因子选取

通过最大熵模型可以计算出参与构建模型的各个环境因子对预测的贡献率大小，筛选出影响87种药用植物物种潜在分布的主导因子。通常认为累计贡献率在85%～95%的特征值所对应的环境因子为主导因子。本研究采用贡献率由高到低排序，累计在90%～95%的环境因子视为影响本研究物种的潜在分布的主导环境因子。同时参考刀切法单一因子建模后规则化训练增益值排在前10的环境因子，两者取并集。去除相关性较高的气候因子时优先保留贡献率较高的一个。

3.3.5 潜在分布区的气候特征

为了进一步描述各个物种的生境适宜区的气候特征，通过最大熵模型绘制响应曲线，选取$P \geqslant 0.33$为“事件可能出现”的存在概率。每个主导环境因子的响应曲线其纵坐标$P \geqslant 0.33$时的横坐标的取值范围即为该物种在其生境适宜区的气候特征值。

3.3.6 对比潜在分布与现实分布

在ArcGIS中加载预测结果的潜在分布的栅格图层和实地调查的分布数据，分析两者之间的相关性，查看实地调查的集中分布数据是否落在了预测结果的高度适生区。

第四章 模型运算结果与分析各论

87种药用植物按不同生活型选取合适的环境因子构建模型，进行地理分布区的预测，研究它们在河北省的潜在分布区和生态适宜性。潜在分布区气候适宜性分析通过以下途径进行：首先，根据药用植物的生活型、根系长度选择环境因子。根系较短的草本选择包含气候因子、海拔、植被覆盖率、土地利用类型、坡度、坡向、表层土壤等42项环境因子；根系较发达且长的灌木和乔木选择包含气候因子、海拔、植被覆盖率、土地利用类型、坡度、坡向、表层土壤、底层土壤等59项环境因子。其次，加载物种分布数据和对应物种的环境数据到最大熵模型中，设置好建模参数，运行最大熵模型。再次，分析首次运行最大熵模型的结果，将42或者59种环境因子按照贡献率由大到小排序，选取累计贡献率大于90%的环境因子和刀切法增益值显著的前10项环境因子的并集，去除相关性较高的环境变量，用筛选后的环境变量和物种分布数据进行二次建模。最后，选取第二次建模累计贡献率大于90%的环境因子和刀切法增益值显著的环境因子的并集，该并集视为相应物种生态适宜性的主导环境因子。利用最大熵模型生成的物种环境变量响应曲线归纳分析得到影响该物种潜在分布的各主导环境变量的取值范围（$P \geqslant 0.33$）、最佳取值以及贡献率。各物种详述如下。

4.1 卷柏 *Selaginella tamariscina*（P. Beauv.）Spring

卷柏始载于《神农本草经》，列为上品，又称万岁、豹足、交时、老虎爪。多生山坡石缝处，干燥时植物拳卷似枯死，雨天湿润后又开展复苏，有长生不死草之称，又名还魂草、九死还魂草。水分充足的地方也适宜卷柏生长，且枝叶舒展，翠绿可人。可一旦干旱缺水，卷柏能自己将根从土壤中挣脱出来，枝叶拳曲抱团，缩成一个草球，随风移动，遇上水多的地方，草球就会舒展开并恢复原状，在土壤中扎下根来。卷柏在含水降低到4%以下，几乎已成了“干草”时，它全身细胞都处在休眠状态之中，新陈代谢几乎全部停顿。这种“潜伏”状态甚至可以持续数十年，直至得水而生，因此它能够长期忍受恶劣的环境。全草入药，生用破血，炒炭可以用于止血。《河北植物志》记载分布在山海关、青龙县、宽城县、蔚县、涞源县、徐水县、曲阳县、阜平县、平山县、井陉县、邢台市、邯郸市。

通过MaxEnt模型运算得到表征模型精确度的ROC曲线，如图4–1所示，红线代表模型运算的平均值，蓝色的条带表示模型重复运算15次，AUC值的波动范围。图4–1a为首次运行，重复15次AUC的平均值为0.932；图4–1b为二次建模，重复15次AUC平均值为0.928。两次模型运行预测效果极好，预测结果准确可靠。

图4–2a是用来建模的371个样本的分布图，通过MaxEnt模型运算和ArcGIS中进行可视化处理，得到如图4–2b所示的卷柏在河北省的潜在地理分布区，生境适生性概率P取值范围为0～1，图4–2b中颜色越亮代表分布概率越高，蓝色表示几乎没有分布。从图

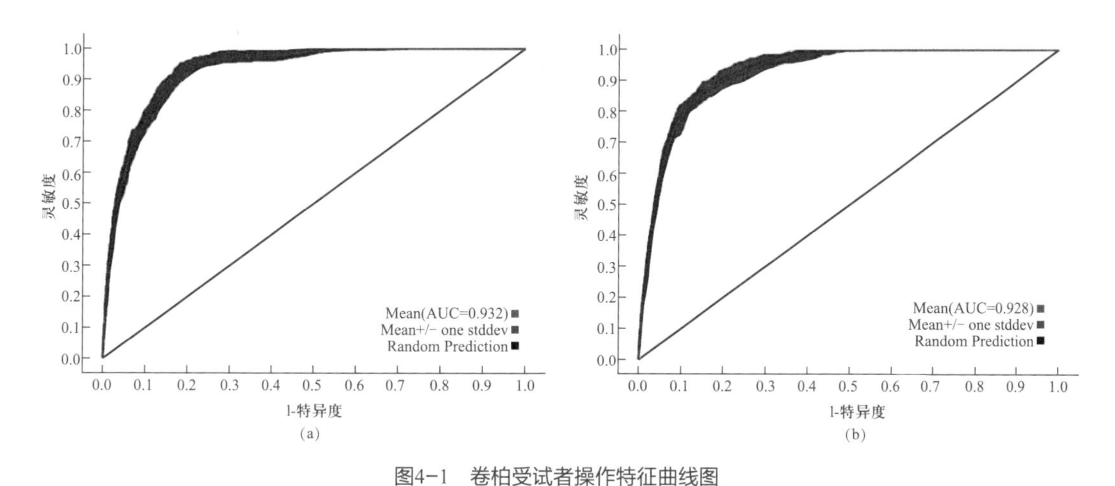

图4-1　卷柏受试者操作特征曲线图

Fig4-1 Receiver operating characteristic curve of *Selaginella tamariscina*

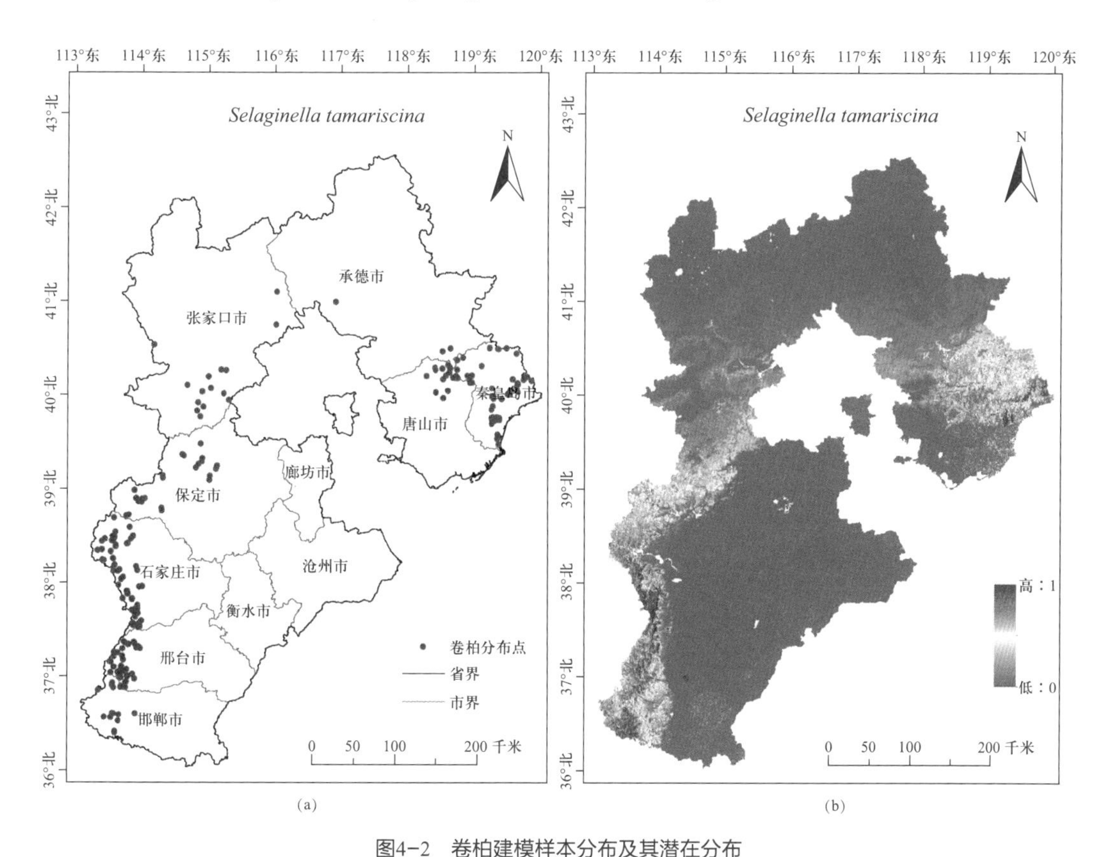

图4-2　卷柏建模样本分布及其潜在分布

Fig4-2 Specimen Occurrences and potential distribution of *Selaginella tamariscina*

4-2b可知，卷柏的高适生区主要分布在昌黎县、抚宁县、井陉县、赞皇县、内丘县、沙河市、武安市、磁县。预测结果与河北植物志记载相符。通过ArcGIS中进行重分类计算得到各适生等级的面积，其中高度适生区总面积为2720.83km^2，中度适生区面积为15 356.25km^2，低适合生区面积为37 924.31km^2。

首次建模选取42项环境因子进行模型运算，然后从首次建模的结果分析筛选11项环境因子（bio4、slope、bio3、bio8、bio12、VC、bio2、bio15、t-caso4、ele、LC）进行二次建模。选取第二次建模累计贡献率大于90%的环境因子和刀切法增益值显著的环境因子的并集共5项环境因子：bio4、slope、bio3、bio8、bio12、VC，视为卷柏生态适宜性的主导环境因子。表4-1是利用最大熵模型生成的卷柏环境变量响应曲线，归纳分析得到影响卷柏潜在分布的各主导环境变量的取值范围（$P \geqslant 0.33$）、最佳取值以及贡献率。由表4-1可知与温度相关的气候因子累计贡献率为63.6%，与地形因子累计贡献率为22.7%，与降雨量相关的气候因子累计贡献率为7%。所以影响卷柏分布最为显著的变量为温度变量，其中bio（温度季节性变化系数）的作用最为显著。

表4-1　影响卷柏潜在地理分布的主导因子、数值范围、最优值及贡献率

Table 4-1 Dominant factors affecting potential distribution of *Selaginella tamariscina*,their range,optimal value and percent contribution

变量 Variable	单位 Unit	数值范围 Value range	最优值 Optimal value	贡献率（%） Percent contribution
bio4	—	9.5～10.5， 11.2～11.3	10.1	29.1
slope	°	4～60	31	22
bio3	—	0.294～0.315	0.315	18.3
bio8	℃	20.5～25	23.5	16.2
bio12	mm	540～800	660	7.0
ele	m	90～900	400	0.7

温度bio4（季节性变化标准差）、slope（坡度）、bio3（等温性）、bio8（最湿季度平均温）等四个因子的贡献率最大。响应曲线如图4-3所示。由图可知，温度季节性标准差越小卷柏适生性越高，最优值为10.1。坡度最优值为30°。等温性越高卷柏适生性越高，最优值为0.315。最湿季节平均温适生性取值范围为20.5～25℃，在该范围内适生性先升高后降低，最优值为16.2℃。这与其喜阳，具有很强的抗旱能力，在20℃左右正常生长的生境特征相一致。

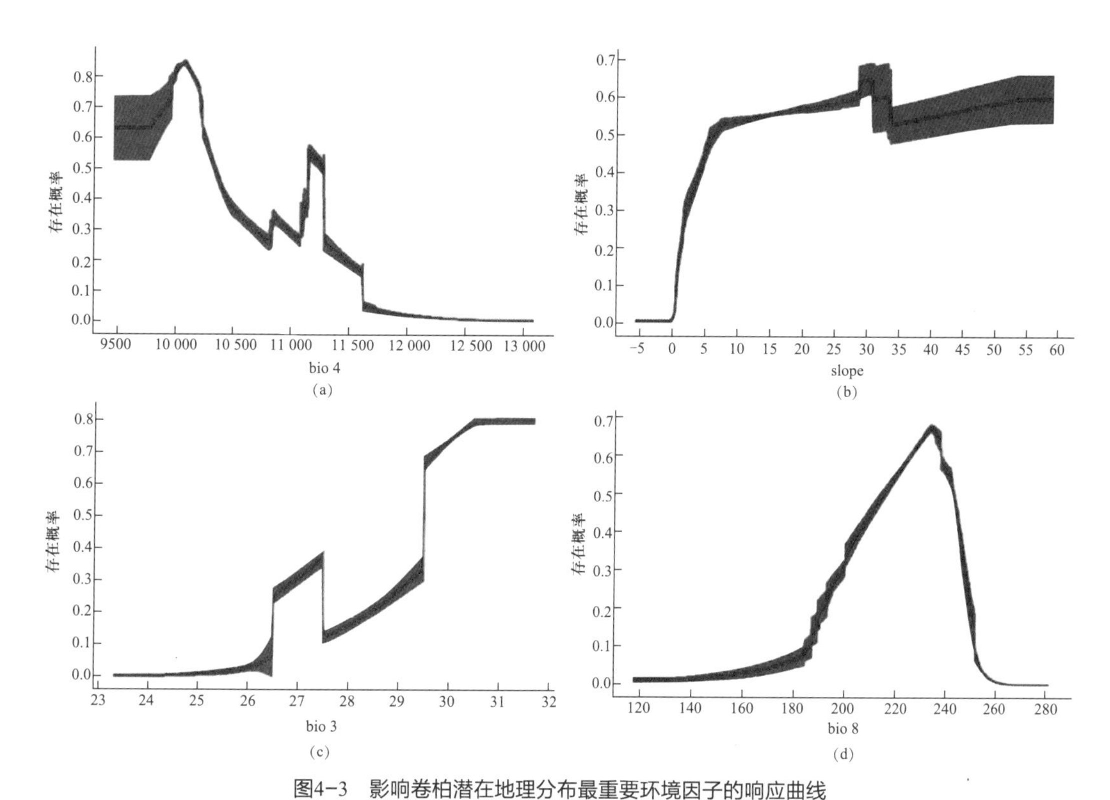

图4-3 影响卷柏潜在地理分布最重要环境因子的响应曲线
Fig4-3 Response curves of the most important environmental variables in modeling habitat distribution for *Selaginella tamariscina*

4.2 木贼 *Equisetum hyemale* L.

木贼始著录于《嘉祐本草》，又称木贼草、锉草、节节草。根茎横走或直立，草本，喜潮湿，喜阳，生山坡湿地、疏林下或河岸沙地。全草药用，能收敛止血，利尿，发汗，并治眼疾；还可用作金工、木工的磨光材料。《河北植物志》记载产围场县、青龙县、秦皇岛、迁安、涿鹿西灵山、蔚县、阳原县、涞源县白石山、衡水、元氏县、沙河市、武安市；北京门头沟、密云、怀柔等地。分布与东北、华北、西北和四川。自北美西部，经日本、朝鲜、俄罗斯西伯利亚到欧洲均有分布。

通过MaxEnt模型运算得到表征模型运算准确度的ROC曲线，如图4-4所示，红线代表模型运算的平均值，蓝色的条带表示模型重复运算15次AUC值的波动范围。如图4-4a为首次运行重复15次，AUC的平均值为0.731；如图4-4b为二次建模重复15次，AUC平均值为0.737。模型预测效果较好。

图4-5a是用来建模的13个样本数据分布图，通过MaxEnt模型运算和ArcGIS可视化操作，得到如图4-5b所示的木贼在河北省的潜在地理分布区，生境适生性概率P取值范围为0～1，图4-5b中颜色越亮代表分布概率越高，蓝色表示几乎没有分布。从图4-5b可知，木贼的高适生区主要分布在围场县、丰宁县、赤城县、涿鹿县。预测结果与《河北

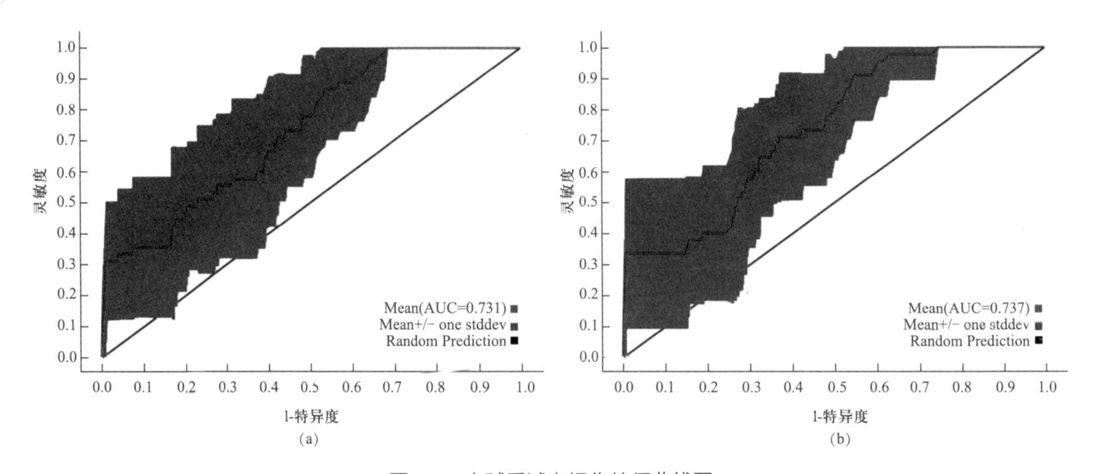

图4-4　木贼受试者操作特征曲线图

Fig4-4 Receiver operating characteristic curve of *Equisetum hyemale*

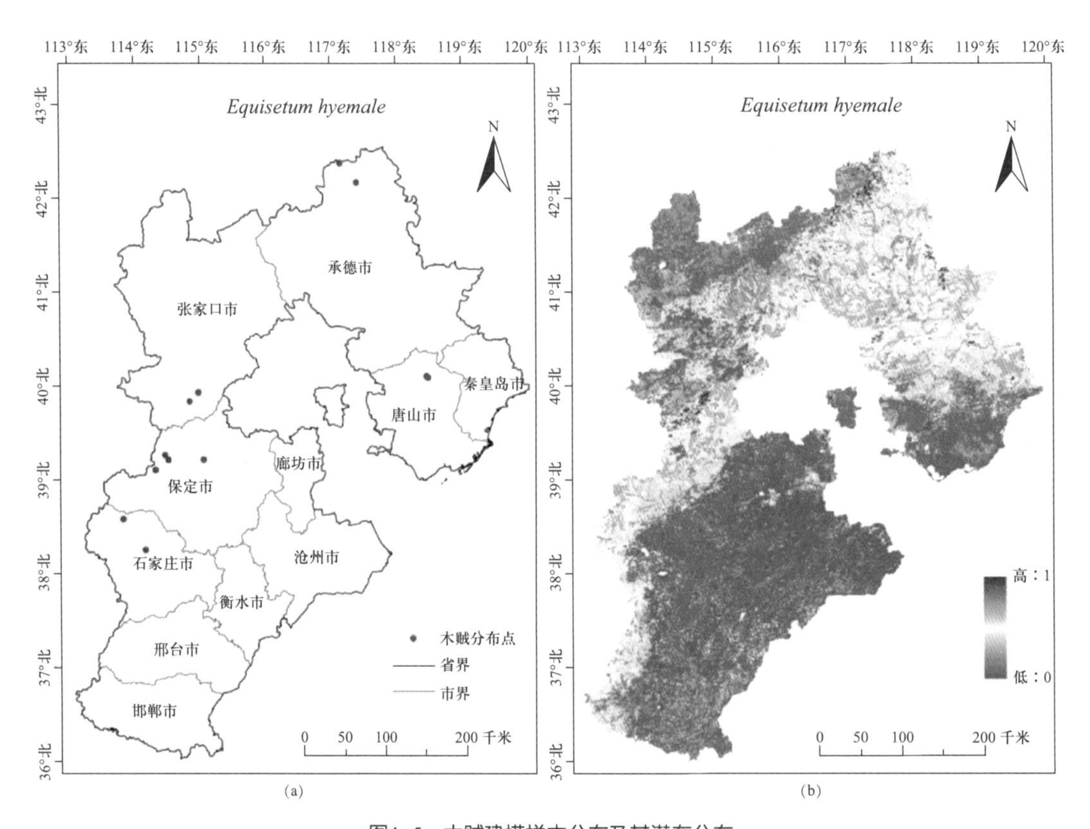

图4-5　木贼建模样本分布及其潜在分布

Fig4-5 Specimen Occurrences and potential distribution of *Equisetum hyemale*

植物志》记载相符。通过ArcGIS重分类计算得到各适生等级的面积，其中高适生区面积为2103.47km^2，中度适生区面积为65 390.29km^2，低度适生区面积为72 246.54km^2。

首次建模选取42项环境因子进行模型运算，然后从首次建模的结果分析筛选10项环境因子（LC、t-texture、bio10、t-es、VC、ele、t-cec-clay、t-caso4、bio2、t-ece）进行二次建模。

选取第二次建模累计贡献率大于90%的环境因子和刀切法增益值显著的环境因子的并集共6项环境因子：LC、t-texture、bio10、t-esp、VC、ele，视为木贼生态适宜性的主导环境因子。表4-2是利用最大熵模型生成的物种环境变量响应曲线归纳分析得到影响木贼潜在分布的各主导环境变量的取值范围（$P \geq 0.33$）、最佳取值以及贡献率。由表4-2可知土地利用类型的贡献率高达72.9%，土壤因子累计贡献类11.3%，最热季节平均温贡献率4.8%，植被覆盖率贡献率4.1%，海拔贡献率3%，所以影响木贼潜在地理分布最显著的主导因子是土地利用类型。

表4-2　影响木贼潜在地理分布的主导因子、数值范围、最优值及贡献率

Table4-2 Dominant factors affecting potential distribution of *Equisetum hyemale*,their range,optimal value and percent contribution

变量 Variable	单位 Unit	数值范围 Value range	最优值 Optimal value	贡献率 Percent contribution
LC	name	2~7	2	72.9
t-texture	code	0.8~3.2	3~3.2	7.1
bio10	℃	6~24.1	6~11	4.8
t-esp	%	0~2	0.1	4.2
VC	%	0~100	100	4.1
ele	m	240~2500	2500	3

所以，木贼潜在地理分布主要受土地利用类型的影响最大，其响应曲线如图4-6所示，木贼适宜分布的土地利用类型有落叶阔叶林有偏好性、常绿针叶林、落叶针叶林、混交林、Tree Open、灌木丛等。其中在落叶阔叶林的适生性最高，这与其喜潮湿、喜阳、生山坡湿地、疏林下或河岸沙地的生境特征相一致。

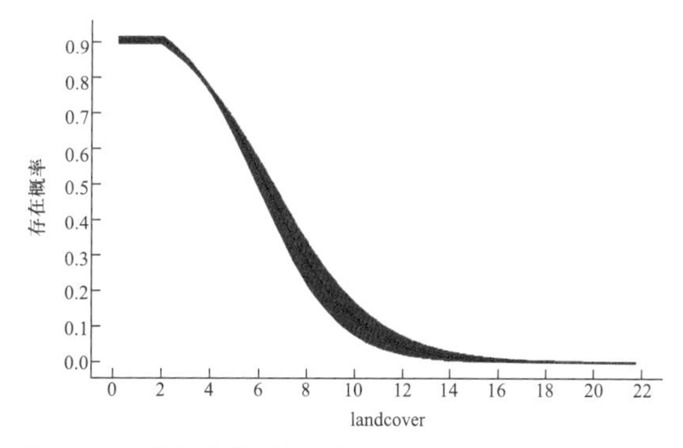

图4-6　影响木贼潜在地理分布最重要环境因子的响应曲线

Fig4-6 Response curves of the most important environmental variables in modeling habitat distribution for *Equisetum hyemale*

4.3 有柄石韦 *Pyrrosia petiolosa*（Christ）Ching

有柄石韦始载于《神农本草经》，列为中品，别名石皮、石韉。根状茎细长横走，草本，药用，有利尿、通淋、清湿热之效。生裸露的岩石上。《河北植物志》记载产河北、

北京、天津，分布相当普遍。分布于东北、华中、西北和西南各省。朝鲜也有分布。

通过MaxEnt模型运算得到代表模型精确度的ROC曲线，如图4-7所示，图4-7a为首次运行结果，重复15次AUC的平均值为0.886；图4-7b为二次建模的结果，重复15次AUC平均值为0.905。模型预测效果极好。

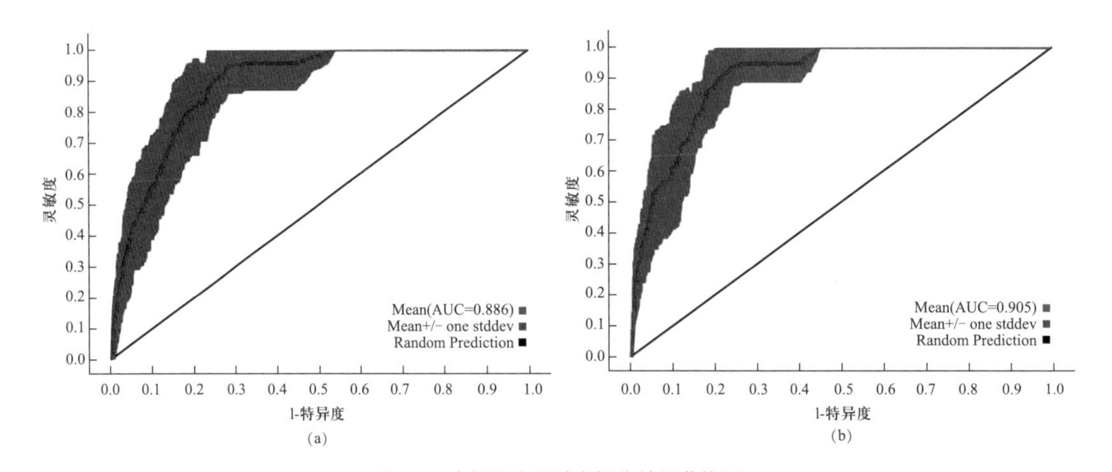

图4-7　有柄石韦受试者操作特征曲线图

Fig 4-7 Receiver operating characteristic curve of *Pyrrosia petiolosa*

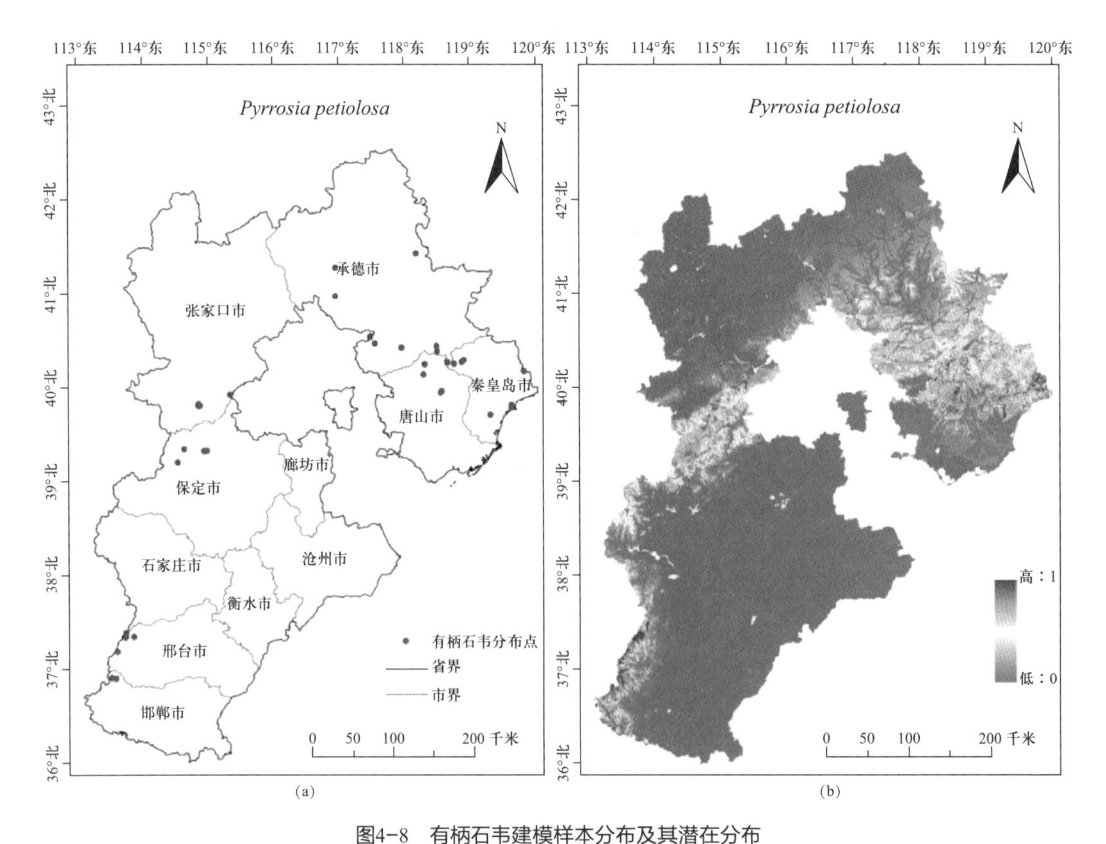

图4-8　有柄石韦建模样本分布及其潜在分布

Fig4-8 Specimen Occurrences and potential distribution of *Pyrrosia petiolosa*

图4-8a是用来建模的36个样本数据分布图，通过MaxEnt模型运算和ArcGIS可视化处理得到如图4-8b所示的有柄石韦在河北省的潜在地理分布区，生境适生性概率*P*取值范围为0～1，图4-8b中颜色越亮代表分布概率越高，蓝色表示几乎没有分布。从图4-8b可知，有柄石韦的高适生区主要分布在山海关、抚宁县、迁西县、宽城县、涿鹿县、赞皇县、内丘县、涉县；预测结果与《河北植物志》记载相符。通过ArcGIS重分类计算得到各适生度的面积，其中高度适生区面积为2804.86km^2，中度适生区面积为17 395.84km^2，低度适生区面积为47 110.42km^2。

首次建模选取42项环境因子进行模型运算，然后从首次建模的结果分析筛选19项环境因子（slope、bio12、bio4、bio5、t-caco3、t-bulk-density、bio14、t-caso4、bio18、ele、t-silt、t-usda-tex-class、aspect、bio3、LC、bio15、t-ece、VC、t-gravel）进行二次建模。选取第二次建模累计贡献率大于90%的环境因子和刀切法增益值显著的环境因子的并集共9项环境因子：slope、bio12、bio4、bio5、t-caco3、t-bulk-density、bio14、bio18、ele，视为有柄石韦生态适宜性的主导环境因子。表4-3是利用最大熵模型生成的物种环境变量响应曲线归纳分析得到影响有柄石韦潜在分布的各主导环境变量的取值范围（$P \geqslant 0.33$）、最佳取值以及贡献率。由表4-3可知地形因子对有柄石韦的贡献率为33.2%，降水量累计贡献率为25.6%，温度累计贡献率为23.3%，土壤因子累计贡献率为9.8%。所以影响有柄石韦潜在地理分布最显著的主导因子是地形因子、降水变量和温度变量。

表4-3　影响有柄石韦潜在地理分布的主导因子、数值范围、最优值及贡献率

Table4-3 Dominant factors affecting potential distribution of *Pyrrosia petiolosa*,their range,optimal value and percent contribution

变量 Variable	单位 Unit	数值范围 Value range	最优值 Optimal value	贡献率 Percent contribution
slope	°	8～56	51～56	31.7
bio12	mm	550～800	670	20.1
bio4	—	9.5～10.1,10.8～11.6	9.5～9.65	14
bio5	℃	23.2～29.8	28.7	9.3
t-caco3	%weight	5.1～7.2,14.3～16	0	5.8
t-bulk-density	kg/dm^3	1.36～1.61	1.56～1.61	4
bio14	mm	2.1～8.6	8.6	3
bio18	mm	330～550	520～550	2.5
ele	m	100～2500	110	1.5

有柄石韦潜在地理分布最重要的主导环境因子是坡度和年降水量的贡献率比重较大，其响应曲线如图4-9所示，slope（坡度）的适生范围是8°～56°，且在51°～56°适生性最高。陡峭的山坡上土层薄，石砾含量高，一般植物生长差，这与有柄石韦多生长在裸露的石头上的生境特征相一致。bio12（年降水量）的适生范围为550～800mm，且年降水量在670mm时适生度最高，说明有柄石韦对水分要求较高。

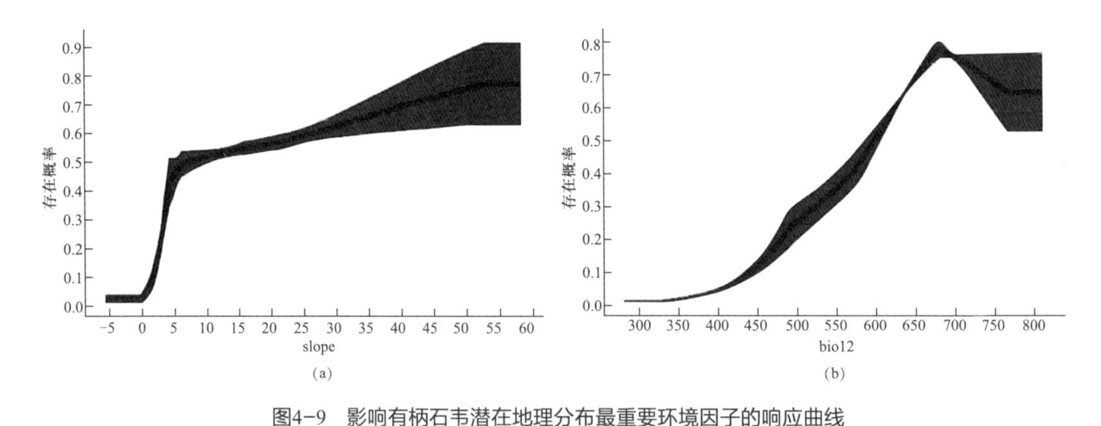

图4-9 影响有柄石韦潜在地理分布最重要环境因子的响应曲线

Fig4-9 Response curves of the most important environmental variables in modeling habitat distribution for *Pyrrosia petiolosa*

4.4 侧柏 *Platycladus orientalis*（L.）Franco

阳性树种，深根，侧根发达，喜钙质土，在贫瘠山地能生长，但生长不良，要求湿润深厚土壤。木材淡黄色，致密，极耐腐朽，有香气，供建筑，细木工、雕刻等用材；叶和种子药用。《河北植物志》记载产河北邢台县西黄村乡、张尔庄乡，涞源县釜山有天然林。人工林在500m以下山地为零星分布，易县西陵等地有大片柏树林，四旁绿化广泛栽培。分布自内蒙古、东北地区，南到两广，西到西藏。朝鲜也有分布。

通过MaxEnt模型运算得到表征模型精确度的ROC曲线，如图4-10所示，图4-10a为首次运行结果，重复15次AUC的平均值为0.850；图4-10b为二次建模的结果，重复15次AUC平均值为0.888。模型预测效果很好。

图4-11a是用来建模的139个样本数据分布图，通过MaxEnt模型运算和ArcGIS可视化操作处理得到如图4-11b所示的侧柏在河北省的潜在地理分布区，生境适宜性概率*P*取值范围为0～1，图4-11b中颜色越亮代表分布概率越高，蓝色表示几乎没有分布。从图4-11b可知，侧柏的高适生区主要分布赞皇县、内丘县、邢台县、沙河市、武安市、磁县。预测结果与河北植物志记载相符。通过ArcGIS重分类计算得到各适生区面积，其中高适生区面积为4475.00km^2，中度适生区面积11 804.86km^2，低度适生区面积69 825.01km^2。

首次建模选取59项环境因子进行模型运算，然后从首次建模的结果分析筛选12项环境因子（bio4、slope、bio3、bio12、bio8、ele、LC、t-ece、aspect、t-caso4、t-caco3、

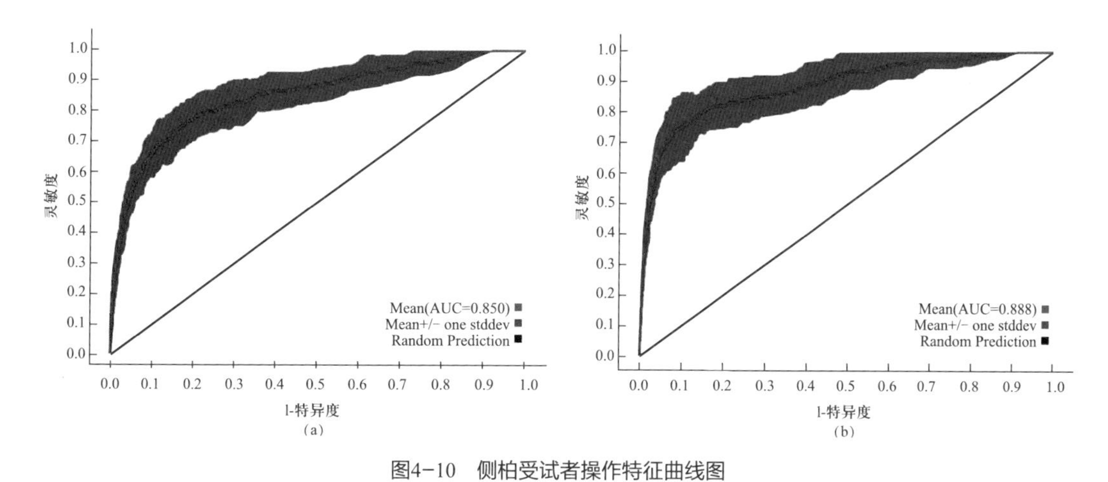

图4-10 侧柏受试者操作特征曲线图

Fig4-10 Receiver operating characteristic curve of *Platycladus orientalis*

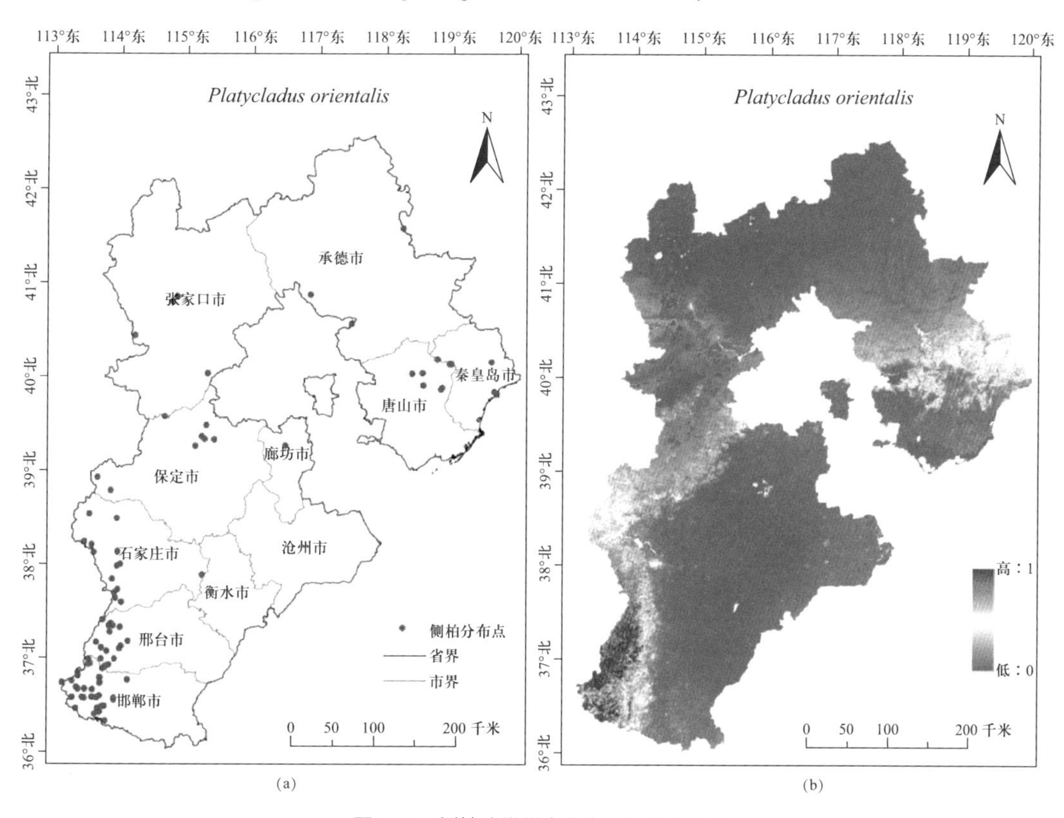

图4-11 侧柏建模样本分布及其潜在分布

Fig4-11 Specimen Occurrences and potential distribution of *Platycladus orientalis*

s-teb）进行二次建模。选取第二次建模累计贡献率大于90%的环境因子和刀切法增益值显著的环境因子的并集共8项环境因子：bio4、slope、bio3、bio12、bio8、ele、LC、t-ece，视为侧柏生态适宜性的主导环境因子。表4-4是利用最大熵模型生成的物种环境变量响应曲线归纳分析得到影响侧柏潜在分布的各主导环境变量的取值范围（$P \geq 0.33$）、最佳取值以及贡献率。由表4-4可知与温度相关的气候因子累计贡献率为70.4%，与地形因子相关的因子贡献率为23.4%，年降水量贡献率2.4%，植被覆盖率和表层土壤盐度的贡献率均为1%。所以影响侧柏潜在地理分布最显著的主导因子是温度变量。

表4-4　影响侧柏潜在地理分布的主导因子、数值范围、最优值及贡献率

Table4-4 Dominant factors affecting potential distribution of *Platycladus orientalis*,their range,optimal value and percent contribution

变量 Variable	单位 Unit	数值范围 Value range	最优值 Optimal value	贡献率（%）Percent contribution
bio4	—	9.5~10.4	9.5~9.8	59.3
slope	°	3~50	7	21.8
bio3	—	0.289~0.318	0.31~0.318	8.8
bio12	mm	510~770	740~770	2.4
bio8	℃	19.2~25.1	22.5	2.3
ele	m	150~1200	300	1.6
LC	%	5~9,17、18	6、7	1
t-ece	ds/m	0~1	0.5	1

由表4-4可知影响侧柏潜在地理分布的环境主导因子bio4（温度季节性变动系数）和slope（坡度）的贡献率比重较大，其响应曲线如图4-12所示，温度季节性变动系数的适生范围为9.5～10.4，适生性最高的取值为9.5～9.8；坡度的适生性取值范围为3°～50°，适生性最高的取值为7°。这与其贫瘠山地能生长，但生长不良，要求湿润深厚土壤的生境相一致。

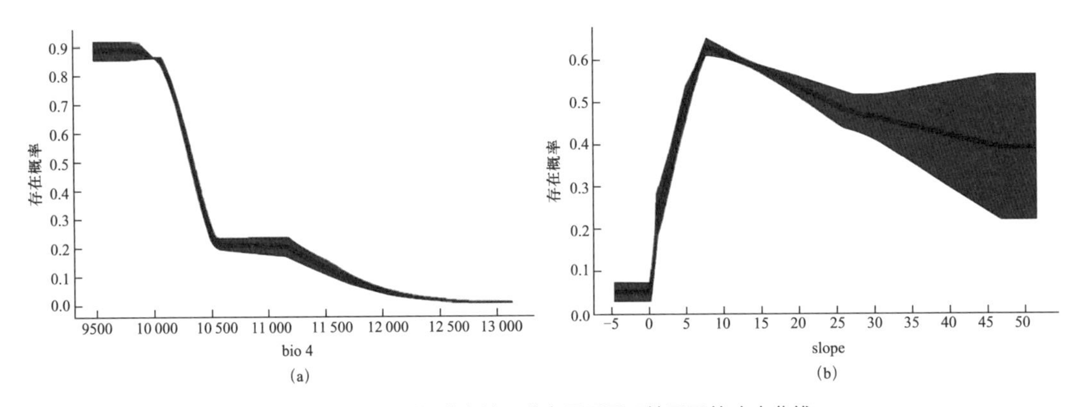

图4-12　影响侧柏潜在地理分布最重要环境因子的响应曲线

Fig4-12 Response curves of the most important environmental variables in modeling habitat distribution for *Platycladus orientalis*

4.5 草麻黄 *Ephedra sinica* Stapf

草麻黄，始载于《神农本草经》，列为中品。草本状灌木，适应性强，习见于山坡、平原、干燥荒地、河床及草原等处，常成大面积的单纯群落。重要的药用植物，生物碱含量丰富，仅次于木贼麻黄。枝和根入药，枝能平喘、发汗、利尿，根有止汗之效。《河北植物志》记载产河北省西部，由北京延庆青龙桥起，经怀来县，宣化县至张家口。分布于辽宁、吉林、山西、内蒙古、河南、陕西等省区，蒙古人民共和国亦有分布。

通过MaxEnt模型运算得到如图4–13所示的ROC曲线。图4–13a为首次运行重复15次的ROC曲线，AUC的平均值为0.940；图4–13b为二次建模重复15次的ROC曲线，AUC平均值为0.939。模型预测效果极好。

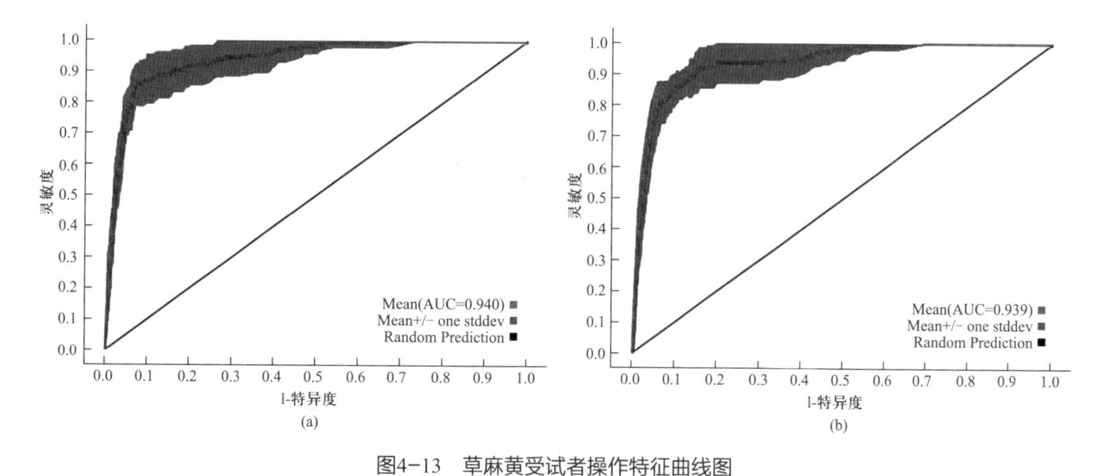

图4–13 草麻黄受试者操作特征曲线图
Fig4–13 Receiver operating characteristic curve of *Ephedra sinica*

图4–14a是用来建模的所有样本共65个数据的分布图，通过MaxEnt模型运算和ArcGIS可视化处理得到如图4–14b所示的草麻黄在河北省的潜在地理分布区，生境适生性概率*P*取值范围为0～1，图4–14b中颜色越亮代表分布概率越高，蓝色表示几乎没有分布。从图4–14b可知，草麻黄的高适生区主要分布在万全县、怀安县、宣化县、怀来县。预测结果与河北植物志记载相符。通过ArcGIS重分类计算得到各种适生区面积，其中高度适生区面积为2858.33km^2，中度适生区面积为6747.22km^2，低度适生区面积为32 532.64km^2。

首次建模选取42项环境因子进行模型运算，然后从首次建模的结果分析筛选11项环境因子（bio16、slope、ele、bio4、bio2、bio3、t–ece、bio8、bio15、LC、bio14）进行二次建模。选取第二次建模累计贡献率大于90%的环境因子和刀切法增益值显著的环境因子的并集共8项环境因子：bio16、slope、ele、bio4、bio2、bio3、bio8、bio15，视为草麻

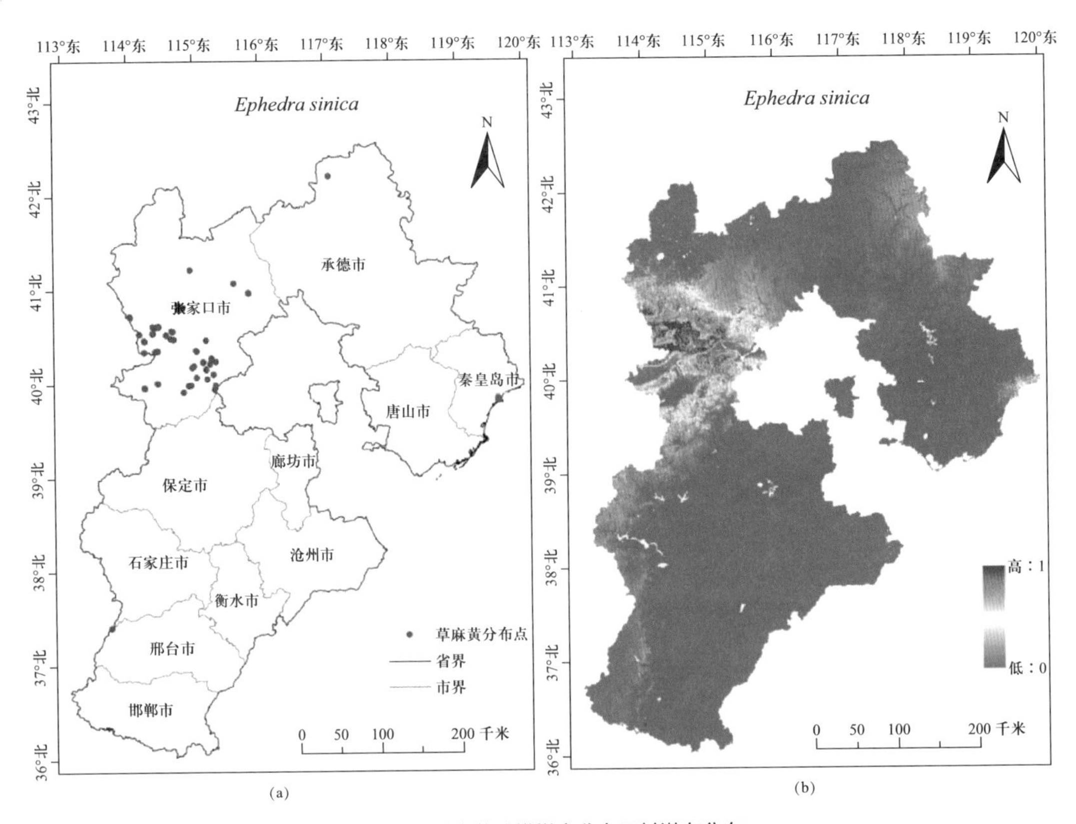

图4-14 草麻黄建模样本分布及其潜在分布

Fig4-14 Specimen Occurrences and potential distribution of *Ephedra sinica*

黄生态适宜性的主导环境因子。表4-5是利用最大熵模型生成的物种环境变量响应曲线归纳分析得到影响草麻黄潜在分布的各主导环境变量的取值范围（$P \geqslant 0.33$）、最佳取值以及贡献率。由表4-5可知地形因子的累计贡献率38.8%，与降水量相关的气候因子贡献率30%，与温度先关的气候因子累计贡献率26.7%。所以影响草麻黄潜在地理分布最显著的主导因子是地形因子、温度变量、降水变量。

表4-5 影响草麻黄潜在地理分布的主导因子、数值范围、最优值及贡献率

Table4-5 Dominant factors affecting potential distribution of *Ephedra sinica*, their range,optimal value and percent contribution

变量 Variable	单位 Unit	数值范围 Value range	最优值 Optimal value	贡献率（%）Percent contribution
bio16	mm	230~310	260	29.1
slope	°	3~27	7	21.6
ele	m	700~1 800	1 200	17.2
bio4	—	11.25~11.9	11.55	16.1

续表

变量 Variable	单位 Unit	数值范围 Value range	最优值 Optimal value	贡献率（%） Percent contribution
bio2	℃	11.5～12.7	12.1～12.2	4.5
bio3	—	0.257～0.284	0.265	3.9
bio8	℃	16.1～23.7	20	2.2
bio15	—	0.6～1.1	1	0.9

由表4-5可知bio16（最湿季节降雨量）、slope（坡度）、ele（海拔）、bio4（温度季节性变动系数）的贡献率比重最大，其响应曲线如图4-15所示，最湿季节降雨量的最优值为260mm，小于260mm时随着降雨量增加适宜性增加，大于260mm适宜性降低。坡度最佳适宜值为7°，小于7°随坡度增加适宜性增加，大于7°时随坡度增加适宜性降低。海拔适宜性取值范围为700～1800m，700～1200m随海拔增加适宜性增加，1200～1800m随海拔增加适宜性降低。温度季节性变动系数适宜性取值范围为11.25～11.9，在11.25到11.55之间随着系数增加适应性增加，11.55到11.9之间随着系数增加适应性降低。这与其习于山坡、平原、干燥荒地、河床及草原的生境特征相一致。

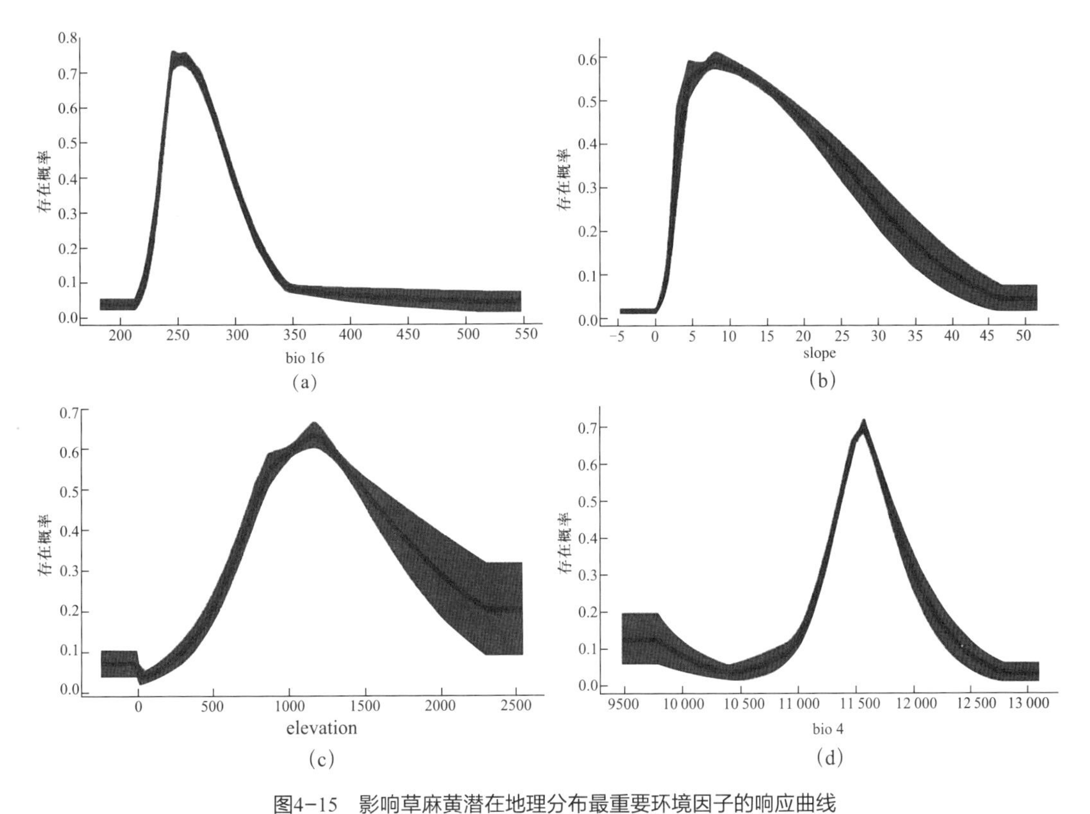

图4-15　影响草麻黄潜在地理分布最重要环境因子的响应曲线
Fig4-15 Response curves of the most important environmental variables in modeling habitat distribution for *Ephedra sinica*

4.6 北马兜铃 *Aristolochia contorta* Bunge

始载于《雷公炮炙论》，草质藤本，生于海拔500~1200m的山坡灌丛、沟谷两旁以及林缘，喜气候较温暖，湿润、肥沃、腐殖质丰富的砂壤中。茎叶称天仙藤，有行气治血、止痛、利尿之效。果实称马兜铃，有清热降气、止咳平喘之效。根称青木香，有小毒，具健胃、理气止痛之效，并有降血压作用。产河北各地。东北至华北，朝鲜、俄罗斯、日本也有分布。

通过MaxEnt模型运算得到ROC曲线，如图4-16所示。图4-16a为首次运行结果，重复15次AUC的平均值为0.894；图4-16b为二次建模的结果，重复15次AUC平均值为0.925。模型预测效果极好。

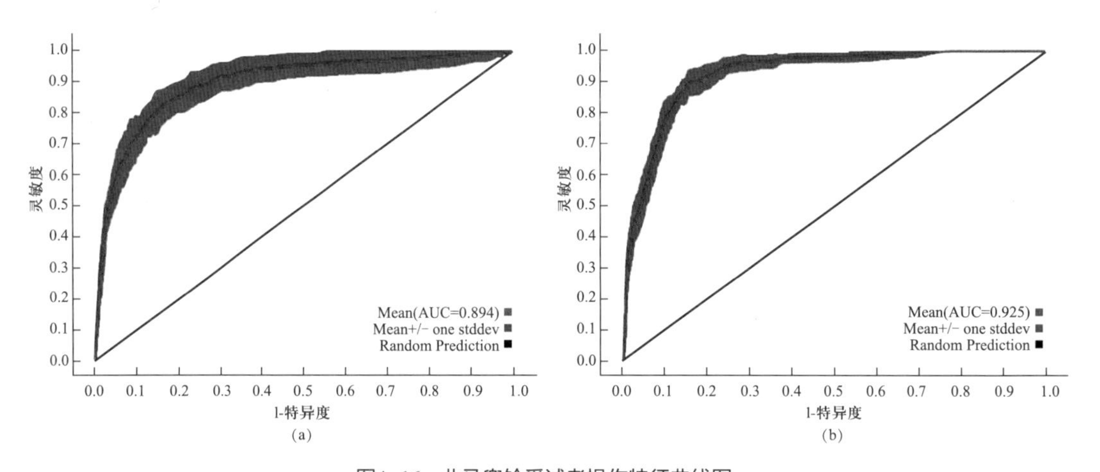

图4-16 北马兜铃受试者操作特征曲线图
Fig4-16 Receiver operating characteristic curve of *Aristolochia contorta*

图4-17a是用来建模的所有样本164个数据的分布图，通过MaxEnt模型运算和ArcGIS操作得到如图4-17b所示的北马兜铃在河北省的潜在地理分布区，生境适生性概率P取值范围为0～1，图4-17b中颜色越亮代表分布概率越高，蓝色表示几乎没有分布。从图4-17可知，北马兜铃的高适生区主要分布于赞皇县、邢台县、沙河市。预测结果与《河北植物志》记载相符。通过ArcGIS重分类计算得到各适生区面积，其中高度适生区面积为2415.28km^2，中度适生区面积11 874.31km^2，低度适生区面积37 836.81km^2。

首次建模选取42项环境因子进行模型运算，然后从首次建模的结果分析筛选13项环境因子（bio3、slope、bio4、VC、bio8、ele、LC、aspect、bio12、t-caco3、bio15、bio2、bio14）进行二次建模。选取第二次建模累计贡献率大于90%的环境因子和刀切法增益值显著的环境因子的并集共8项环境因子：bio3、slope、bio4、VC、bio8、ele、LC、aspect，视为北马兜铃生态适宜性的主导环境因子。表4-6是利用最大熵模型生成

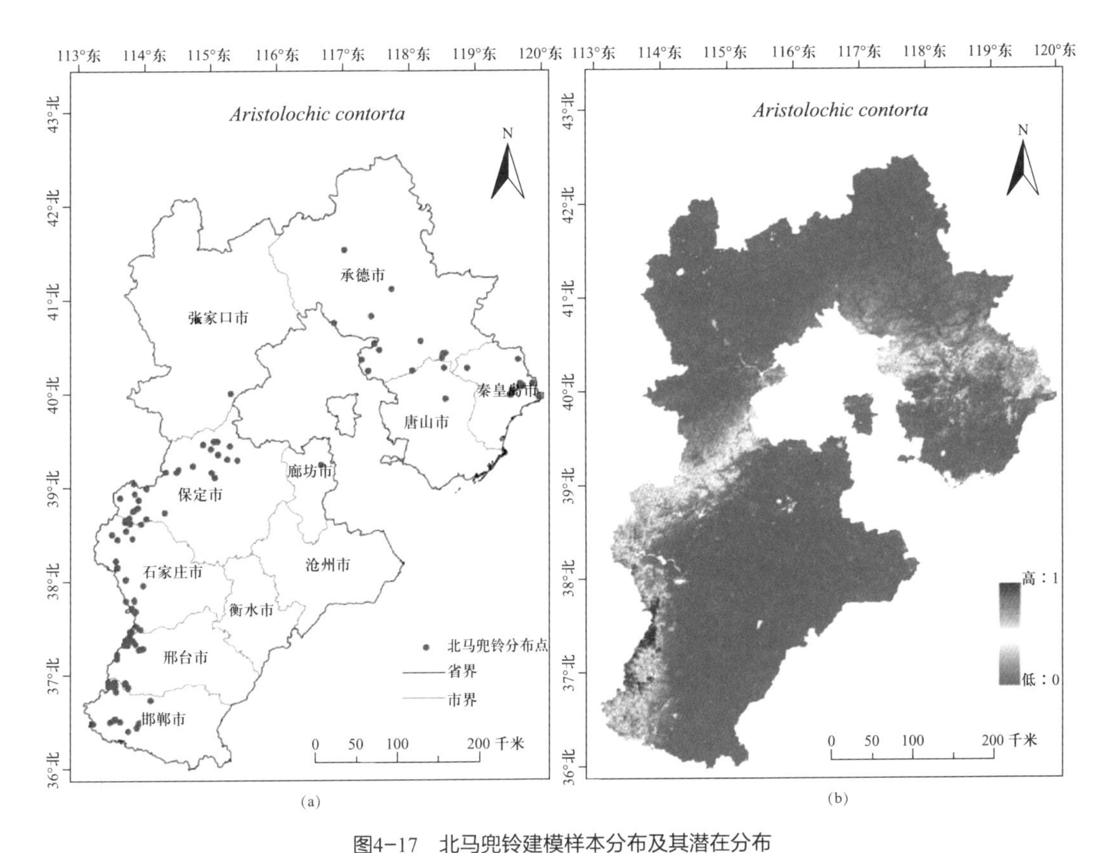

图4-17　北马兜铃建模样本分布及其潜在分布
Fig4-17 Specimen Occurrences and potential distribution of *Aristolochia contorta*

的环境变量响应曲线归纳分析得到影响北马兜铃潜在分布的各主导环境变量的取值范围（$P \geq 0.33$）、最佳取值以及贡献率。由表4-6可知，与温度相关的气候因子累计贡献率为55.1%，与地形相关的环境变量累计贡献率为32.2%，植被覆盖率贡献率5.5%，土地利用类型贡献率2.5%。所以影响北马兜铃潜在地理分布最显著的主导因子是温度变量和地形变量。

表4-6　影响北马兜铃潜在地理分布的主导因子、数值范围、最优值及贡献率
Table4-6 Dominant factors affecting potential distribution of *Aristolochia contorta*,their range,optimal value and percent contribution

变量 Variable	单位 Unit	数值范围 Value range	最优值 Optimal value	贡献率（%）Percent contribution
bio3	—	0.291～0.318	0.305	31.4
slope	°	7～56	51～55	26.4
bio4	—	9.6～10.4,11.1～11.3	9.8	18.3

续表

变量 Variable	单位 Unit	数值范围 Value range	最优值 Optimal value	贡献率（%）Percent contribution
VC	%	28～100	75	5.5
bio8	℃	18.2～24.1	22.5	5.4
ele	m	150～1250	650	4.1
LC	name	5～7	7	2.5
aspect	—	0～360	355	1.7

由表4–6可知bio3（等温性）和slope（坡度）两个环境因子的贡献率最大，其响应曲线如图4–18所示。等温性的适宜性取值范围为0.29到0.32，呈增长趋势，适宜性最高的取值为0.305。坡度的适宜性取值范围为7°～56°，呈缓慢增长趋势，适宜性最高的取值为51°～55°。植被覆盖率在75%，最湿季节平均温在22.5℃，土地利用类型适宜灌丛，坡向为西北坡。这与其多生山坡灌丛、沟谷两旁以及林缘，喜气候较温暖，湿润、肥沃、腐殖质丰富的砂壤中的生境相一致。

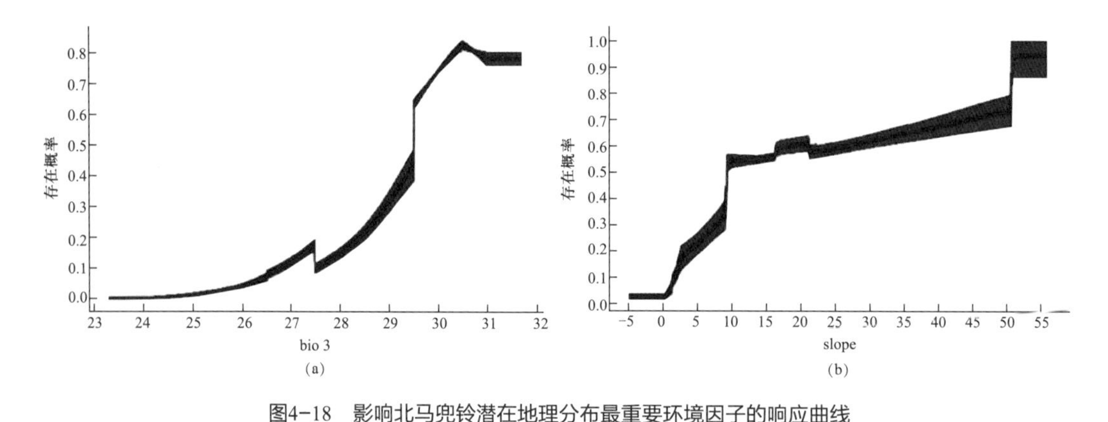

图4–18　影响北马兜铃潜在地理分布最重要环境因子的响应曲线

Fig4–18 Response curves of the most important environmental variables in modeling habitat distribution for *Aristolochia contorta*

4.7 萹蓄 *Polygonum aviculare* L.

始载于《神农本草经》，列为下品，别名萹辩、萹蔓、蓄竹、萹蓄蓼。一年生草本，全草供药用，有通经利尿、清热解毒功效。产河北各地，南北各省。常生路边，荒地，田边以及沟边湿地。

通过MaxEnt模型运算得到ROC曲线，如图4–19所示。图4–19a为首次运行结果，重复15次AUC的平均值为0.783；图4-19b为二次建模的结果，重复15次AUC平均值为0.772。模型预测效果较好。

图4-20a是用来建模的所有样本共354条数据的分布图，通过MaxEnt模型运算和ArcGIS处理得到如图4-20b所示的萹蓄在河北省的潜在地理分布区，生境适生性概率

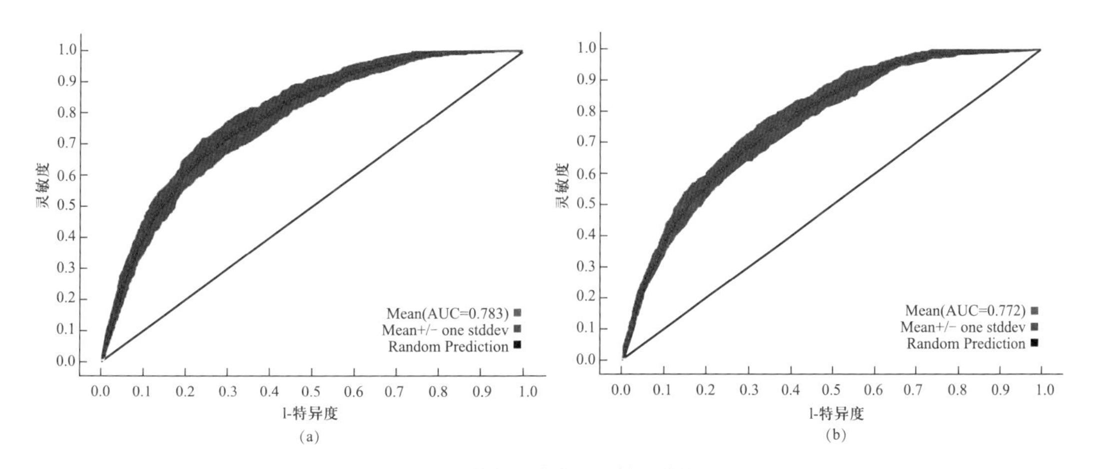

图4-19　萹蓄受试者操作特征曲线图

Fig4-19 Receiver operating characteristic curve of *Polygonum aviculare*

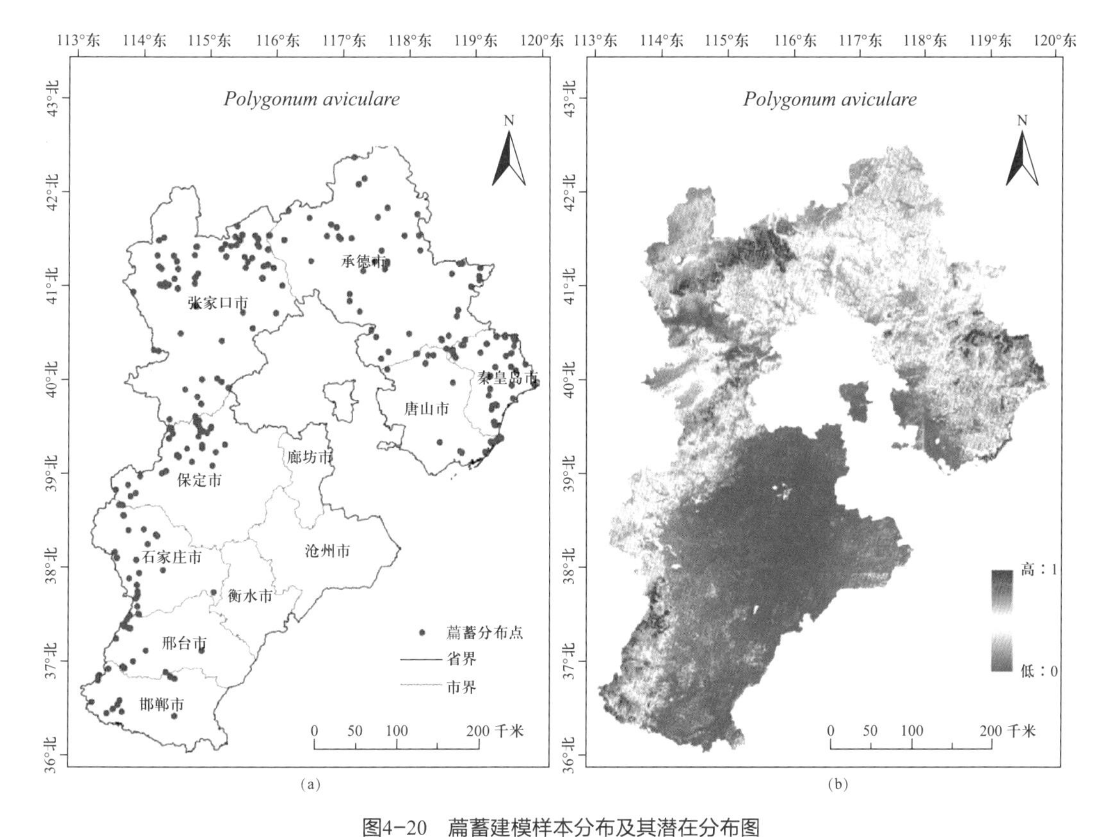

图4-20　萹蓄建模样本分布及其潜在分布图

Fig4-20 Specimen Occurrences and potential distribution of *Polygonum aviculare*

P取值范围为0～1，图4-20b中颜色越亮代表分布概率越高，蓝色表示几乎没有分布。从图4-20b可知，萹蓄的高适生区主要分布于沽源县、张北县、宽城县、青龙县、赞皇县、内丘县。预测结果与《河北植物志》记载相符。通过ArcGIS重分类计算得到每种适生区面积，其中高适生区面积为7407.64km^2，中度适生区面积为52 834.73km^2，低度适生区面积88 861.81km^2。

首次建模选取42项环境因子进行模型运算，然后从首次建模的结果分析筛选17项环境因子（bio10、bio12、bio15、ele、bio14、t-oc、t-caso4、aspect、bio2、slope、t-cec-clay、LC、t-caco3、t-bulk-density、t-silt、t-sand、t-gravel）进行二次建模。选取第二次建模累计贡献率大于90%的环境因子和刀切法增益值显著的环境因子的并集共10项环境因子：bio10、bio12、bio15、ele、bio14、t-oc、t-caso4、aspect、bio2、slope，视为萹蓄生态适宜性的主导环境因子。表4-7是利用最大熵模型生成的物种环境变量响应曲线归纳分析得到影响萹蓄潜在分布的各主导环境变量的取值范围（$P \geqslant 0.33$）、最佳取值以及贡献率。由表4-7可知，与温度相关的气候因子累计贡献率为40%，与降水量相关的气候因子累计贡献率为28.3%，与地形相关环境因子累计贡献率为14.4%，土壤因子累计贡献率为9.1%。所以影响萹蓄潜在地理分布最显著的主导因子是温度和降水变量。

表4-7 影响萹蓄潜在地理分布的主导因子、数值范围、最优值及贡献率

Table4-7 Dominant factors affecting potential distribution of *Polygonum aviculare*, their range,optimal value and percent contribution

变量 Variable	单位 Unit	数值范围 Value range	最优值 Optimal value	贡献率（%）Percent contribution
bio10	℃	10.2～24.8	15.1	37.1
bio12	mm	360～820	700	11
bio15	—	0.92～1.22	0.95	8.9
ele	m	100～2800	2400～2800	8.7
bio14	mm	2～5.9	2.5	8.4
t-oc	%weight	0.05～0.3,0.4～0.50.6～3.25	1.4	4.9
t-caso4	%weight	0～0.1,2.3～5	4.5～5	4.2
aspect	—	0～360	350	3.4
bio2	℃	10.8～13.6	12	2.9
slope	°	1～55	50～55	2.3

由表4-7可知bio10（最热季节平均温）和bio12（年降水量）两个环境因子的贡献率最大，其响应曲线如图4-21所示。最热季节平均温适宜性取值范围为10.2～24.8℃，随着温度的增加，萹蓄的生境适宜性降低。年降水量的适宜性取值范围为360～820mm，在该范围内，随降雨量的增加萹蓄的生境适宜性先降低后升高。

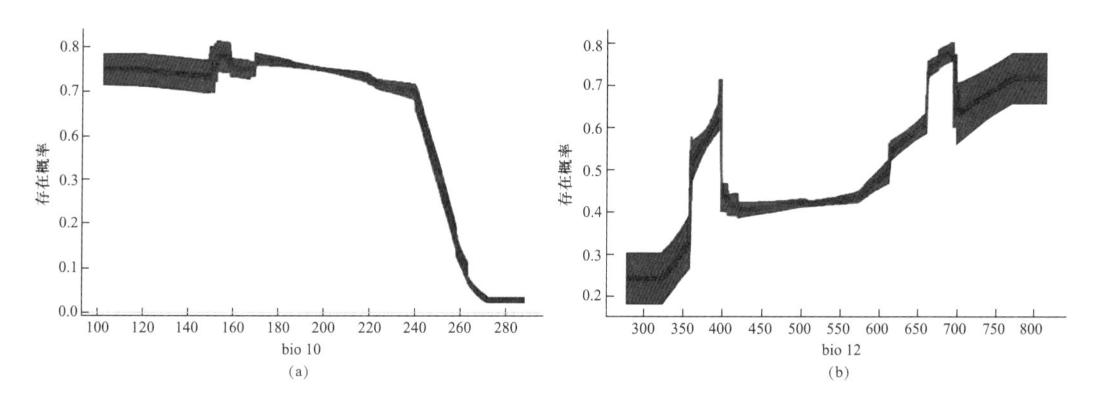

图4-21　影响萹蓄潜在地理分布最重要环境因子的响应曲线
Fig4-21 Response curves of the most important environmental variables in modeling habitat distribution for *Polygonum aviculare*

4.8 拳参 *Polygonum bistorta* L.

拳参之名始见于宋代《本草图经》，别名紫参、杜蒙。多年生草本。根状茎肥厚，根状茎入药，清热解毒，散结消肿。喜凉爽气候，耐寒，耐旱。生海拔800～2800m的高山草甸或林下，常成群落。产河北蔚县小五台山、兴隆雾灵山、平山、太行山区；北京百花山、东灵山、妙峰山、怀柔喇叭沟门。分布于东北、华北、西北和山东、湖北、江苏、浙江等省。俄罗斯、日本也有分布。

通过MaxEnt模型运算得到ROC曲线，如图4-22所示。图4-22a为首次运行结果，重复15次AUC的平均值为0.915；图4-22b为二次建模的结果，重复15次AUC平均值为0.925。模型预测效果极好。

图4-23a是用来建模的所有样本共167条数据的分布图，通过MaxEnt模型运算和ArcGIS处理得到如图4-23b所示的萹蓄在河北省的潜在地理分布区，生境适生性概率P取值范围为0～1，图4-23b中颜色越亮代表分布概率越高，蓝色表示几乎没有分布。从图4-23b可知，拳参的高适生区主要分布于张家口北部大马群山，青龙县桃林水库，蔚县小五台山。预测结果与河北植物志记载相符。通过ArcGIS重分类计算得到各适生区面积，其中高度适生区面积为1976.39km^2，中度适生区面积8870.14km^2，低度适生区面积43 387.50km^2。

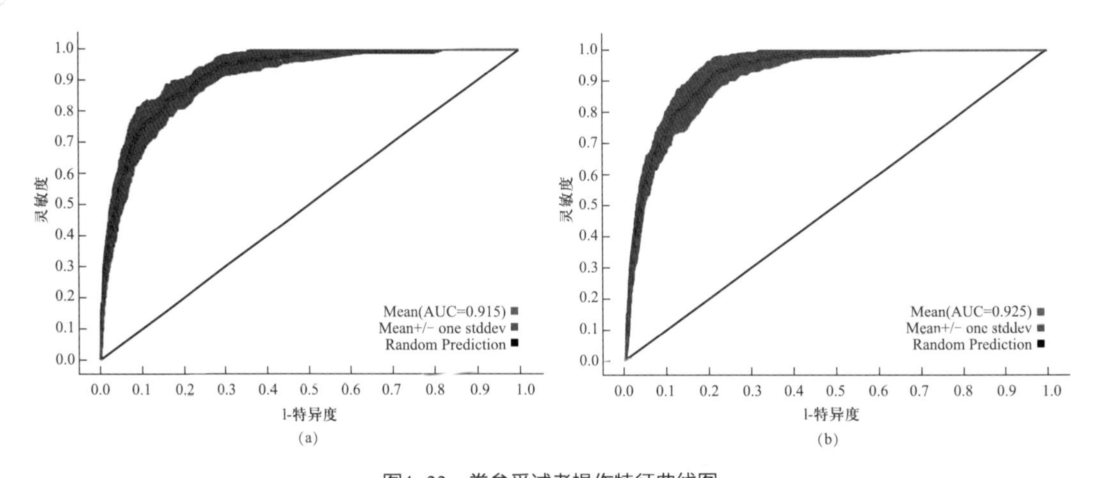

图4-22 拳参受试者操作特征曲线图

Fig4-22 Receiver operating characteristic curve of *Polygonum bistorta*

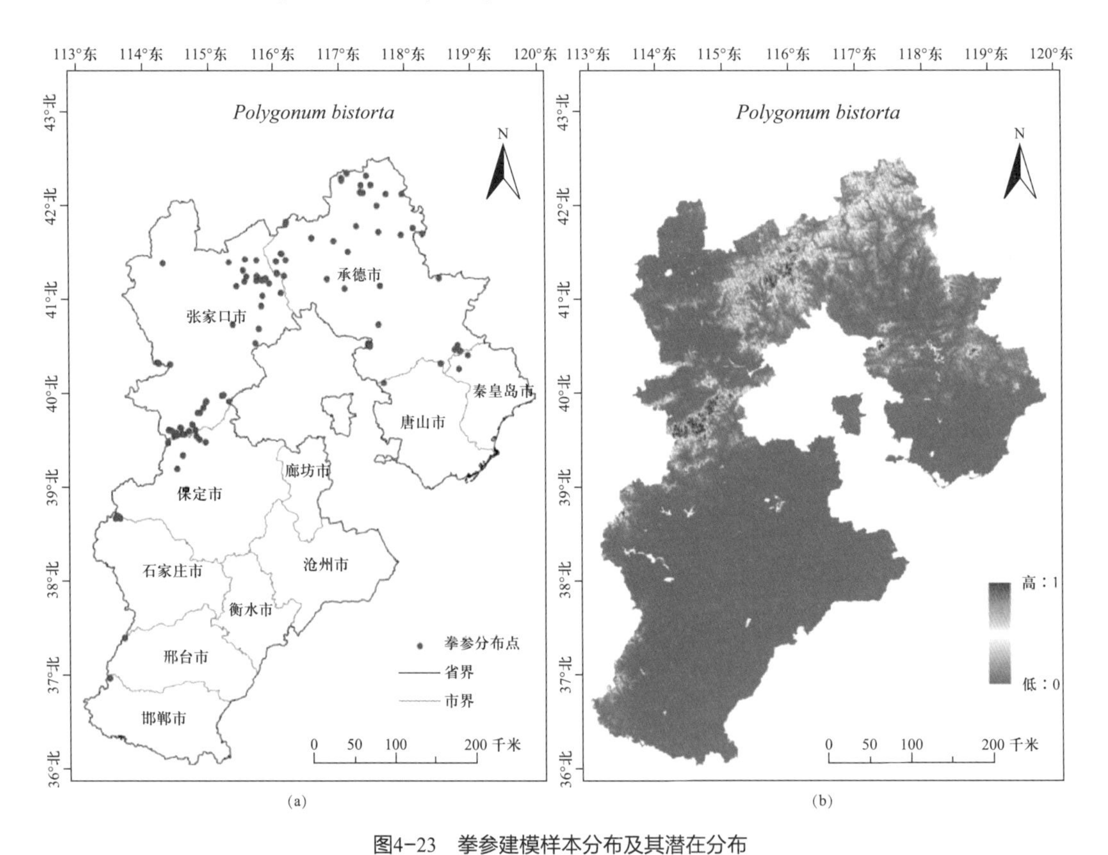

图4-23 拳参建模样本分布及其潜在分布

Fig4-23 Specimen Occurrences and potential distribution of *Polygonum bistorta*

首次建模选取42项环境因子进行模型运算，然后从首次建模的结果分析筛选16项环境因子（bio5、ele、slope、VC、bio12、bio4、bio2、bio15、bio14、aspect、t-bulk-density、t-clay、t-bs、t-silt、t-cec-clay、t-sand）进行二次建模。选取第二次建模累计贡献率大于90%的环境因子和刀切法增益值显著的环境因子的并集共

10项环境因子：bio5、ele、slope、VC、bio12、bio4、bio2、bio15、bio14、aspect，视为拳参生态适宜性的主导环境因子。表4-8是利用最大熵模型生成的物种环境变量响应曲线归纳分析得到影响该物种潜在分布的各主导环境变量的取值范围（$P \geqslant 0.33$）、最佳取值以及贡献率。由表4-8可知与温度相关的气候因子累计贡献率48.3%，与地形相关的环境变量累计贡献率32.3%，与降水量相关的气候因子累计贡献率7.5%，植被覆盖率贡献率6.8%。所以影响拳参潜在地理分布最显著的主导因子是温度变量和地形变量。

表4-8　影响拳参潜在地理分布的主导因子、数值范围、最优值及贡献率

Table4-8 Dominant factors affecting potential distribution of *Polygonum bistorta*,their range,optimal value and percent contribution

变量 Variable	单位 Unit	数值范围 Value range	最优值 Optimal value	贡献率（%）Percent contribution
bio5	℃	16.5～24.2	19.7	43.5
ele	m	1450～2750	2200	23.7
slope	°	2.5～54	48～54	7.3
VC	%	10～280	100	6.8
bio12	mm	420～770	740～770	4
bio4	—	9.51～9.8,11.1～13.2	9.51～9.9	2.4
bio2	℃	11.5～13.1	12	2.4
bio15	—	0.82～1.08	9.4	1.9
bio14	mm	0.2～8.7	6.5	1.6
aspect	—	0～360	360	1.3

由表4-8可知bio5（最热月最高温）和ele（海拔）两个环境变量的贡献率最大，其响应曲线如图4-24所示。最热月的最高温生境适宜性取值范围为16.5～24.2℃，最优值为19.7℃，在适宜性范围内随温度升高适宜性降低。海拔的生境适宜性取值范围为1450～2750m，最优值为2200m，在该适宜性范围内随海拔升高适宜性升高。预测结果与拳参的喜凉爽气候、耐寒、耐旱的生境特征相一致。

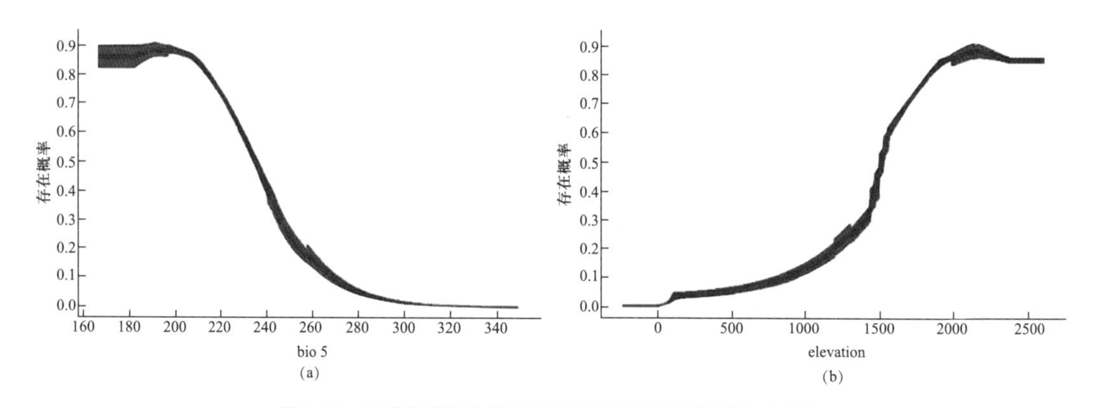

图4-24 影响拳参潜在地理分布最重要环境因子的响应曲线

Fig4-24 Response curves of the most important environmental variables in modeling habitat distribution for *Polygonum bistorta*

4.9 红蓼 *Polygonum orientale* L.

红蓼始见于《名医别录》，别名游龙、天蓼、石龙、水红。一年生草本，果实入药，有活血、止痛、消积、利尿之功效。喜温暖湿润环境，土壤要求湿润、疏松。生荒地、水沟边或住房附近。产河北各地，较常见，多栽培，也有野生。分布于东北、华北、华南、西南。由于植株高大，花密集红艳，多栽培观赏。果实入药，名“水红花子”，有活血、消积、止痛、利尿之功效。

通过MaxEnt模型运算得到ROC曲线，如图4-25所示。图4-25a为首次运行结果，重复15次AUC的平均值为0.764；图4-25b为二次建模的结果，重复15次AUC平均值为0.799。模型预测效果较好。

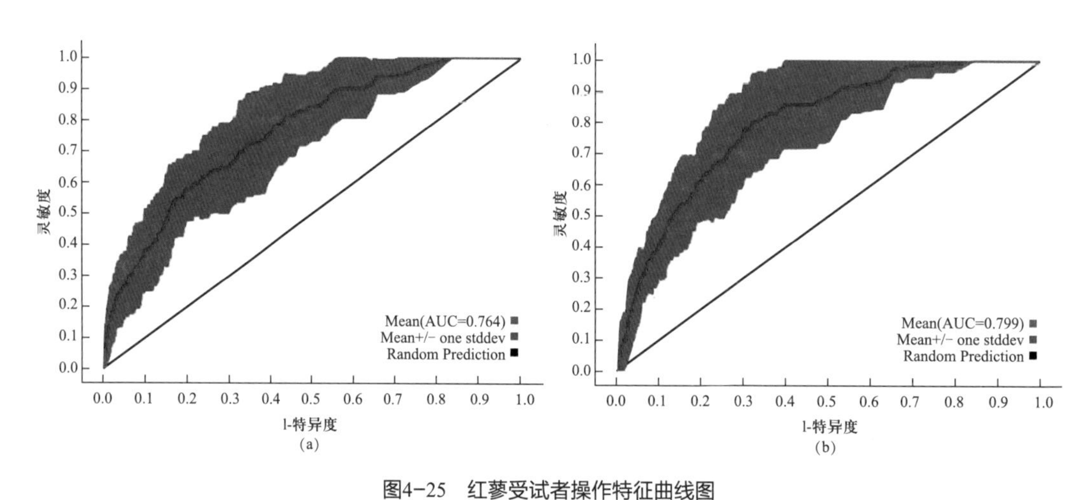

图4-25 红蓼受试者操作特征曲线图

Fig4-25 Receiver operating characteristic curve of *Polygonum orientale*

图4-26a是用来建模的样本共45条数据分布图，通过MaxEnt模型运算和ArcGIS处理得到如图4-26b所示的红蓼在河北省的潜在地理分布区，生境适生性概率P取值范围为0~1，图4-26b中颜色越亮代表分布概率越高，蓝色表示几乎没有分布。从图4-26b可知，红蓼的高适生区主要分布在抚宁县、内丘县、邢台县、沙河市、武安市、永年县、魏县。预测结果与河北植物志记载相符。通过ArcGIS重分类的适生度图可以计算出，红蓼潜在地理分布遍布全省各地。其中高度适生区面积4531.25km^2。中度适生区面积33 515.28km^2，主要分布于秦皇岛、石家庄、邢台、邯郸；低度适生区面积96 561.81km^2，几乎遍布全省。

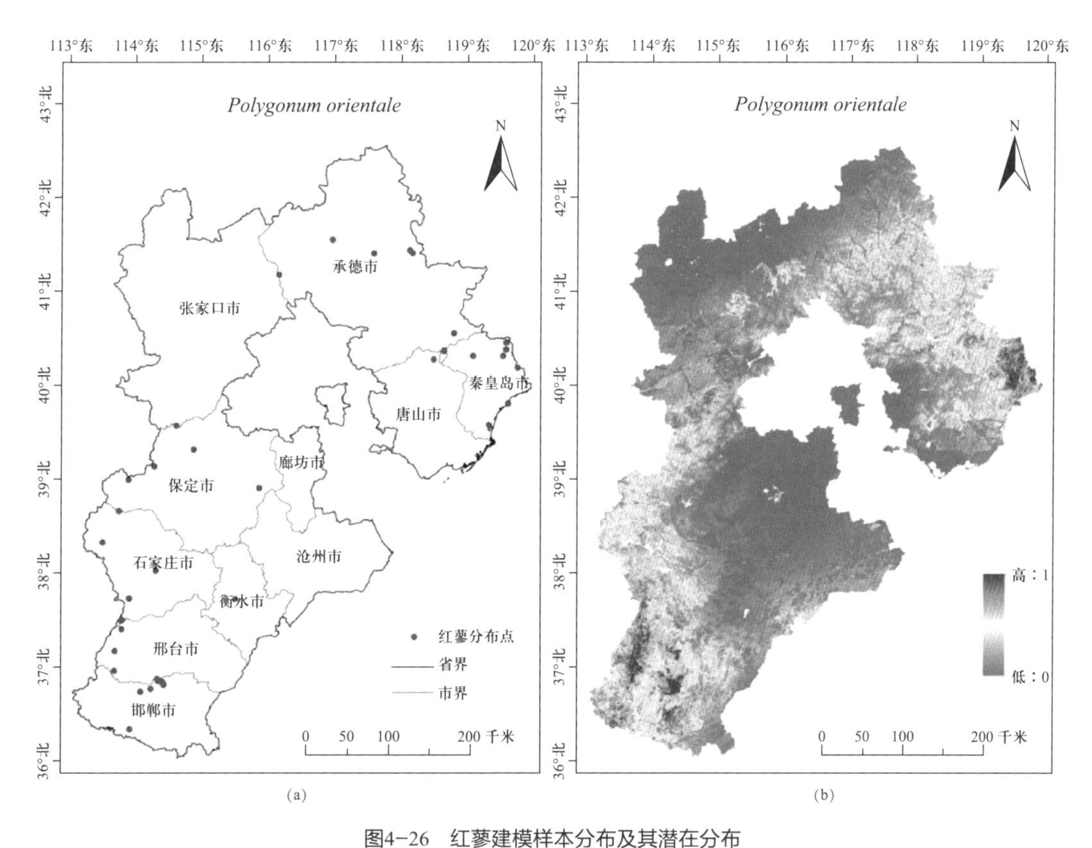

图4-26 红蓼建模样本分布及其潜在分布

Fig4-26 Specimen Occurrences and potential distribution of *Polygonum orientale*

首次建模选取42项环境因子进行模型运算，然后从首次建模的结果分析筛选19项环境因子（bio4、bio12、bio15、VC、t-bs、aspect、ele、bio3、bio17、bio8、t-oc、slope、t-caco3、t-esp、t-bulk-density、t-cec-clay、t-silt、t-gravel、t-ece）进行二次建模。选取第二次建模累计贡献率大于90%的环境因子和刀切法增益值显著的环境因子的并集共12项环境因子：bio4、bio12、bio15、VC、t-bs、aspect、ele、bio3、bio17、bio8、t-oc、slope，视为红蓼生态适宜性的主导环境因子。表4-9是利用最大熵模型生成的物种环境变量响应曲线归纳分析得到影响红蓼潜在分布的各主导环境变量的取值范围（$P \geq 0.33$）、最佳取值以及贡献率。由表4-9可知，与降水相关的气候因子的累计贡献率为32.2%，与温度相关的气候因子累计贡献率24.6%，土壤因子累计贡献率13.8%，地形因子累计贡献率11.7%，植被覆盖率贡献率11.2%。所以影响红蓼潜在地理分布最显著的主导因子是降水变量和温度变量。

表4-9　影响红蓼潜在地理分布的主导因子、数值范围、最优值及贡献率

Table4-9 Dominant factors affecting potential distribution of *Polygonum orientale*, their range,optimal value and percent contribution

变量 Variable	单位 Unit	数值范围 Value range	最优值 Optimal value	贡献率（%） Percent contribution
bio4	—	0.94～1.16	0.94～0.97	18.3
bio12	mm	470～810	760～810	16.4
bio15	—	101～121	108	12.3
VC	%	8～100	65	11.2
t-bs	%	31～108	31	11.2
aspect	—	0～360	360	6.1
ele	m	0～1250	420	3.7
bio3	—	26.9～31.7	30.4	3.6
bio17	mm	4～27	4～6	3.5
bio8	℃	17.8～28.8	21.5	2.7
t-oc	%weight	0.45～1.25	0.65	2.6
slope	°	0～47	19	1.9

由表4-9可知bio4（温度季节性变动系数）和bio12（年降水量）的贡献率最大，其响应曲线如图4-27所示。温度季节性变动系数的生境适宜性取值范围为0.94～1.16，在该适宜范围内随着系数增加适宜性降低。年降水量的生境适宜性取值范围为470～810mm，在该适宜范围内随着降水量的增加适宜性增加。这与其喜温暖湿润环境，土壤要求湿润、疏松的生境特征相一致。

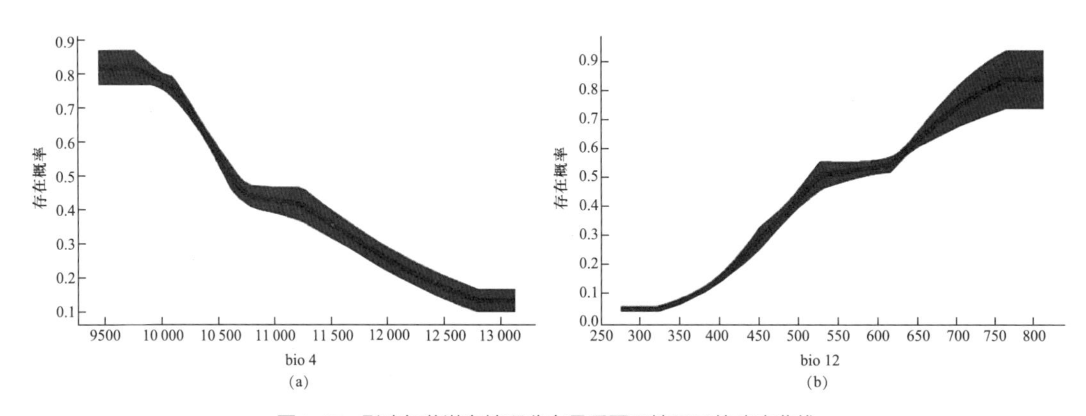

图4-27　影响红蓼潜在地理分布最重要环境因子的响应曲线

Fig4-27 Response curves of the most important environmental variables in modeling habitat distribution for *Polygonum orientale*

4.10 牛膝 *Achyranthes bidentata* Blume

始载于《神农本草经》，列为上品。别名百倍、脚斯蹬。多年生草本，生溪边、山脚阴湿处。根入药，生用活血通经；熟用补肝肾，强腰膝；治腰膝酸痛，肝肾亏虚，跌打瘀痛。喜温暖潮湿气候，不耐严寒，在气温—17℃时植株易冻死。黏土及碱性土不宜生长。产河北青龙，迁西，蔚县小五台山；北京上方山、樱桃沟等地。河北各地普遍栽培。除东北外，全国几皆有分布。朝鲜、俄罗斯、印度、越南、菲律宾、马来西亚及非洲均有分布。

通过MaxEnt模型运算得到ROC曲线，如图4–28所示。图4–28a为首次运行结果，重复15次AUC的平均值为0.937；图4–28b为二次建模的结果，重复15次AUC平均值为0.953。模型预测效果极好。

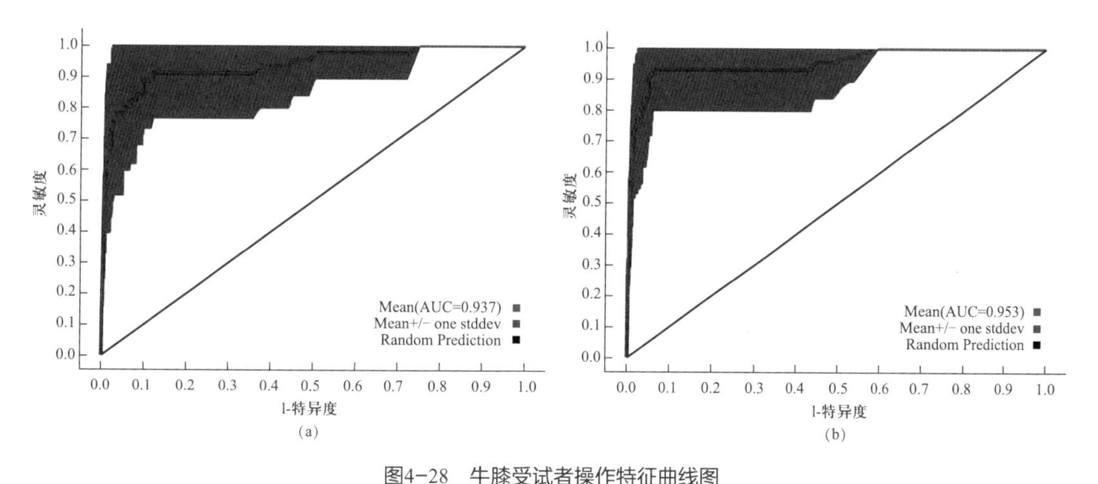

图4–28 牛膝受试者操作特征曲线图

Fig4–28 Receiver operating characteristic curve of *Achyranthes bidentata*

图4–29a是用来建模所有样本共23条数据的分布图，通过MaxEnt模型运算和ArcGIS处理得到如图4–29b所示的牛膝在河北省的潜在地理分布区，生境适生性概率*P*取值范围为0~1，图4–29b中颜色越亮代表分布概率越高，蓝色表示几乎没有分布。从图4–29b可知，牛膝高度适生区主要分布在内丘县、邢台县、沙河市、武安市西部太行山区；预测结果与《河北植物志》记载相符。从ArcGIS重分类的适生度图可以计算出，牛膝高度适生区面积2552.78km^2，主要分布在内丘县、邢台县、沙河市、武安市西部太行山区；中度适生区面积5447.22km^2，主要分布在内丘县、邢台县、沙河市、武安市西部太行山区以及抚宁县；低度适生区面积45 265.28km^2，主要分布在秦皇岛、唐山的大部分地区，廊坊北部的固安县和永清县，沧州的黄骅市和海兴县，石家庄大部分地区，以及邢台邯郸的中部平原地区。

首次建模选取42项环境因子进行模型运算，然后从首次建模的结果分析筛选15项环境因子（bio4、bio12、bio3、slope、aspect、bio8、t-cec-soil、t-caco3、t-esp、t-cec-clay、ele、VC、t-gravel、t-bulk-density、bio14）进行二次建模。选取第二次建模累

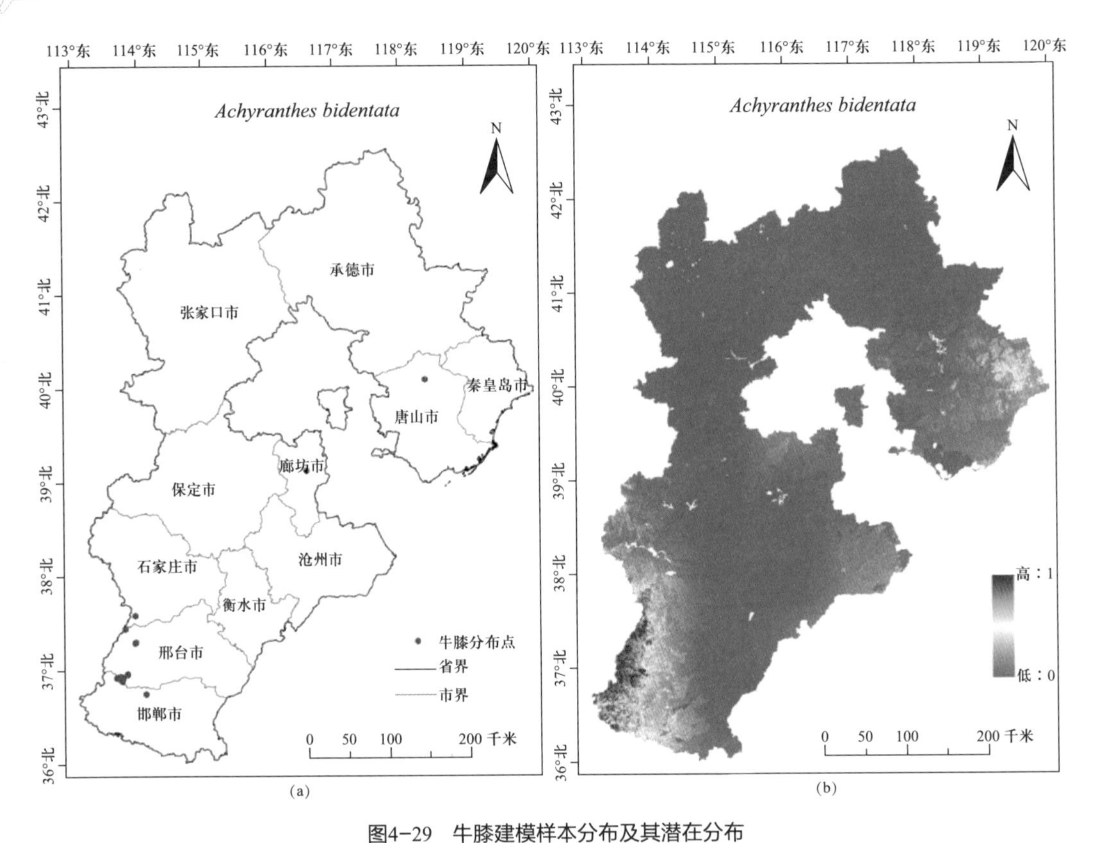

图4-29　牛膝建模样本分布及其潜在分布

Fig4-29 Specimen Occurrences and potential distribution of *Achyranthes bidentata*

计贡献率大于90%的环境因子和刀切法增益值显著的环境因子的并集共6项环境因子：bio4、bio12、bio3、slope、aspect、bio8，视为牛膝生态适宜性的主导环境因子。表4-10是利用最大熵模型生成的物种环境变量响应曲线归纳分析得到影响该物种潜在分布的各主导环境变量的取值范围（$P \geq 0.33$）、最佳取值以及贡献率。由表4-10可知与温度相关的气候因子累计贡献率为74.4%，年降水量贡献率9.7%，地形因子贡献率7.4%。所以影响牛膝潜在地理分布最显著的主导因子是温度变量。

表4-10　影响牛膝潜在地理分布的主导因子、数值范围、最优值及贡献率

Table 4-10 Dominant factors affecting potential distribution of *Achyranthes bidentata*,their range,optimal value and percent contribution

变量 Variable	单位 Unit	数值范围 Value range	最优值 Optimal value	贡献率（%） Percent contribution
bio4	—	9.25～10.45	9.25～9.65	62.9
bio12	mm	540～810	760～810	9.7
bio3	—	0.287～0.318	0.31～0.318	8.9

续表

变量 Variable	单位 Unit	数值范围 Value range	最优值 Optimal value	贡献率（%） Percent contribution
slope	°	2～56	51～56	4.5
aspect	—	10～360	360	2.9
bio8	℃	9～29	9～10.5	2.6

由表4-10可知，bio4（温度季节性变动系数）的贡献率最大，其响应曲线如图4-30所示。温度季节性变动系数生境适宜性取值范围为9.25～10.45，在适宜范围内随着系数的增加生境适宜性降低。年降水量要求540~810mm，最优值为760~810mm，符合牛膝喜温暖潮湿气候，不耐严寒的生境特征。

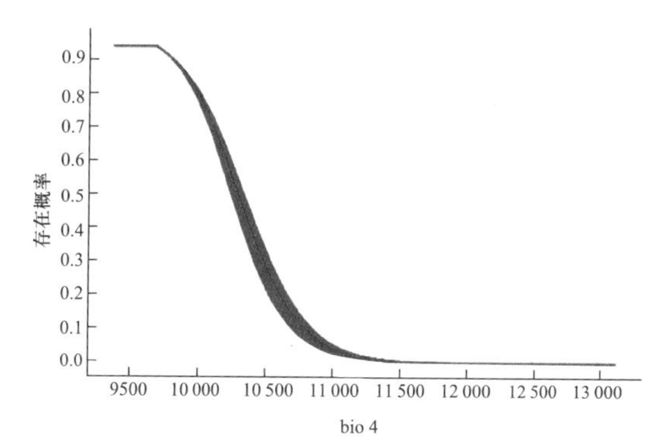

图4-30　影响牛膝潜在地理分布最重要环境因子的响应曲线

Fig4-30 Response curves of the most important environmental variables in modeling habitat distribution for *Achyranthes bidentata*

4.11 石竹 *Dianthus chinensis* L.

入药称瞿麦，始载于《神农本草经》，列为中品。别名巨句麦、大兰、山瞿麦、麦句姜。多年生草本，根和全草入药，清热利尿，破血通经，散瘀消肿。生向阳山坡草地、丘陵坡地、林缘、灌丛间，极常见。耐寒，喜潮湿，忌干旱，产河北承德、兴隆雾灵山、北戴河、遵化东陵、涿鹿、蔚县小五台山、易县、涞源、阜平、井陉、邢台，北京百花山、上方山、南口、戒台寺、西山。分布于我国北部及中部。朝鲜、日本、印度也有。

通过MaxEnt模型运算得到ROC曲线，如图4-31所示。图4-31a为首次运行结果，重复15次AUC的平均值为0.816；图4-31b为二次建模的结果，重复15次AUC平均值为0.815。模型预测效果很好。

图4-32a是用来建模的所有样本共822条数据分布图，通过MaxEnt模型运算和ArcGIS处理得到如图4-32b所示的石竹在河北省的潜在地理分布区，生境适生性概率*P*取值范围为0～1，图4-32b中颜色越亮代表分布概率越高，蓝色表示几乎没有分布。从图4-32b可知，石竹的高度适生区主要分布在赤城县，抚宁县、涿鹿县、蔚县、赞皇县内丘县；预测结果与河北植物志记载相符。从ArcGIS重分类的适生度图可以统计出石竹高度适生区面积4163.20km^2，主要分布在赤城县、抚宁县、涿鹿县、蔚县、赞皇县内丘

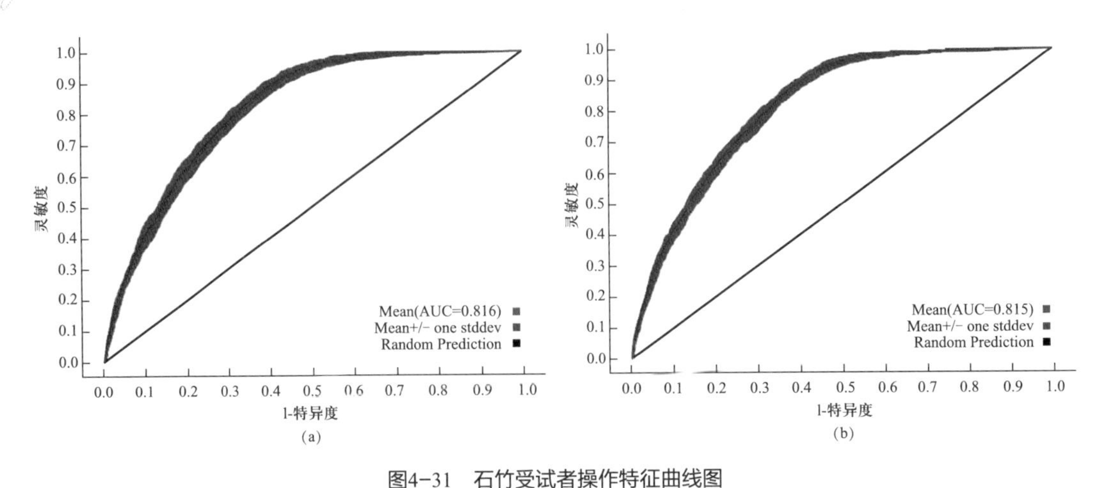

图4-31　石竹受试者操作特征曲线图

Fig4-31 Receiver operating characteristic curve of *Dianthus chinensis*

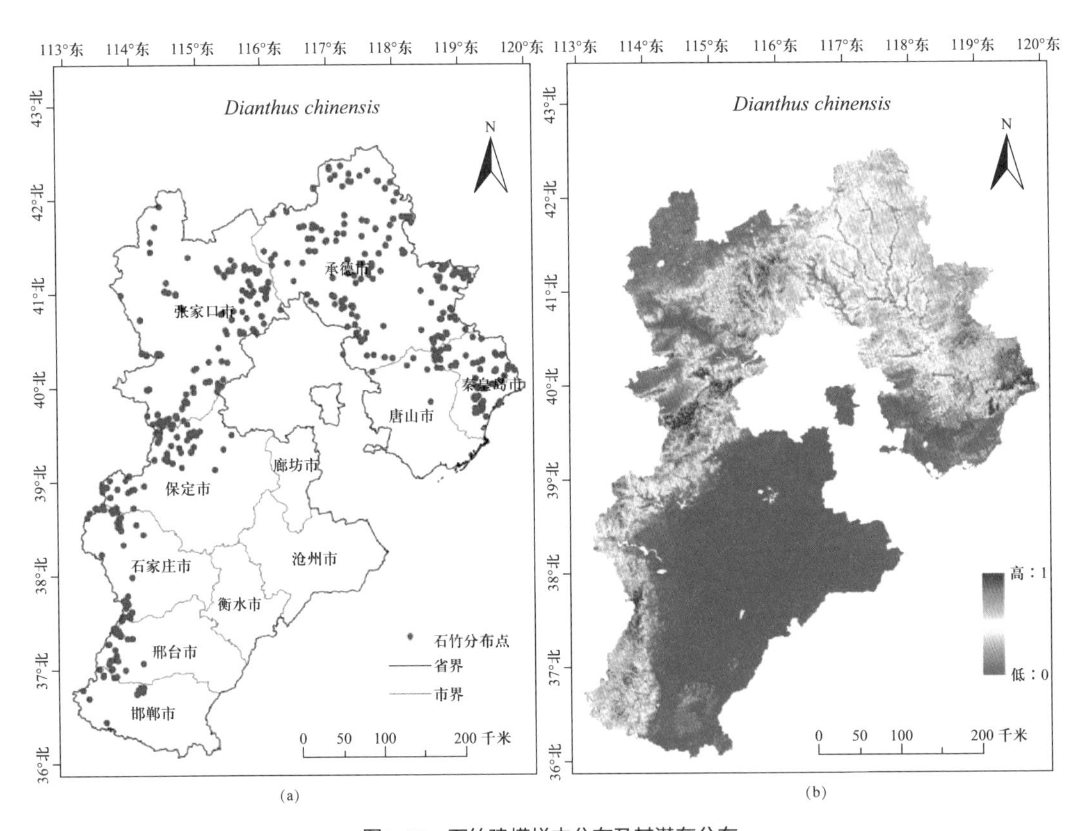

图4-32　石竹建模样本分布及其潜在分布

Fig4-32 Specimen Occurrences and potential distribution of *Dianthus chinensis*

县；中度适生区面积为62 734.04km^2，分布于赤城县、承德市各县、秦皇岛市各县以及太行沿线各县；低度适生区面积52 900.01km^2，主要分布在张家口西北部各县以及唐山市的遵化县、迁西县、迁安县。

首次建模选取42项环境因子进行模型运算，然后从首次建模的结果分析筛选17项环境因子（slope、bio8、bio12、LC、bio17、VC、t-caco3、bio15、bio2、ele、t-cec-clay、bio4、t-silt、aspect、t-gravel、bio3、t-sand）进行二次建模。选取第二次建模累计贡献率大于90%的环境因子和刀切法增益值显著的环境因子的并集共10项环境因子：slope、bio8、bio12、LC、bio17、VC、t-caco3、bio15、bio2、ele，视为石竹生态适宜性的主导环境因子。表4-11是利用最大熵模型生成的物种环境变量响应曲线归纳分析得到影响该物种潜在分布的各主导环境变量的取值范围（$P \geqslant 0.33$）、最佳取值以及贡献率。由表4-11可知，地形因子累计贡献率41.4%，与温度相关的气候因子累计贡献率29.4%，与降水量相关的气候因子累计贡献率13.2%，土地利用类型贡献率3.4%，植被覆盖率贡献率2.8%贡献率。所以影响石竹潜在地理分布最显著的主导因子是地形变量和温度变量。

表4-11　影响石竹潜在地理分布的主导因子、数值范围、最优值及贡献率

Table4-11 Dominant factors affecting potential distribution of *Dianthus chinensis*,their range,optimal value and percent contribution

变量 Variable	单位 Unit	数值范围 Value range	最优值 Optimal value	贡献率（%） Percent contribution
slope	°	3~55	15~19	39.2
bio8	℃	9~24.2	15.2	27.1
bio12	mm	420~795	720	7.6
LC	name	2~8	6、7	3.4
bio17	mm	4~20.5	19.5	2.9
VC	%	5~190	80	2.8
t-caco3	%weight	0~7.5,15~16.5	0	2.8
bio15	—	0.91~1.22	0.95	2.7
bio2	℃	11.1~11.2,11.7~13.4	12.0~12.5	2.3
ele	m	100~2 800	2 600~2 800	2.2

由表4-11可知solpe（坡度）和bio8（最暖季节平均温度）的贡献率最大，其响应曲线如图4-33所示。坡度的生境适宜性取值范围为3°～55°，在适宜范围内随坡度增加适宜性升高。最暖季节平均温的生境适宜性取值范围为9°～24.2℃，在适宜范围内，石竹的生境适宜性先升高再降低。预测结果符合石竹的耐寒、喜潮湿、忌干旱的生境特征。

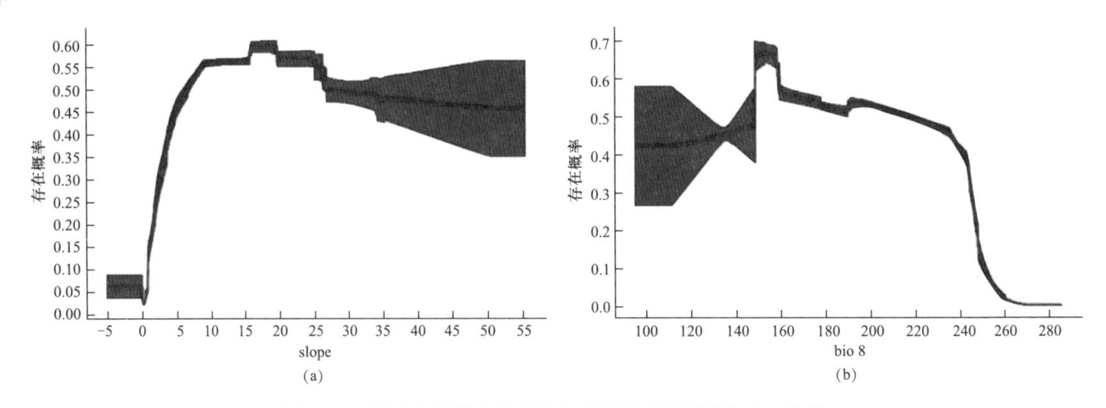

图4-33 影响石竹潜在地理分布最重要环境因子的响应曲线

Fig4-33 Response curves of the most important environmental variables in modeling habitat distribution for *Dianthus chinensis*

4.12 麦蓝菜 *Vaccaria hispanica*（Mill.）Rauschert

药材名王不留行，始载于《神农本草经》。《名医别录》《救荒本草》《本草纲目》均有记载。一年生或二年生草本，常逸生麦田或农田附近成杂草。种子入药，治经闭、乳汁不通、乳腺炎和痈疖肿痛。广布于欧洲和亚洲。我国除华南外，全国都产。喜温暖湿润气候，耐旱，对土壤选择不严，但在排水良好的砂质土壤最适宜生长。

通过MaxEnt模型运算得到ROC曲线，如图4-34所示。图4-34a为首次运行重复15次结果，AUC的平均值为0.741；图4-34b为二次建模的结果，重复15次AUC平均值为0.719。模型预测效果较好。

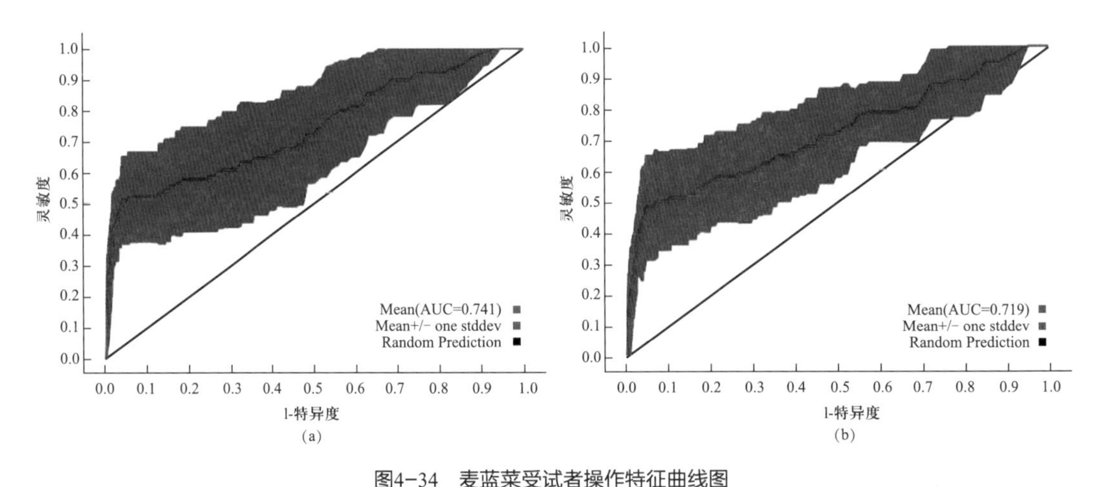

图4-34 麦蓝菜受试者操作特征曲线图

Fig4-34 Receiver operating characteristic curve of *Vaccaria hispanica*

图4-35a是用来建模的所有样本共16条数据分布图，通过MaxEnt模型运算和ArcGIS处理得到如图4-35b所示的石竹在河北省的潜在地理分布区，生境适生性概率*P*取值范

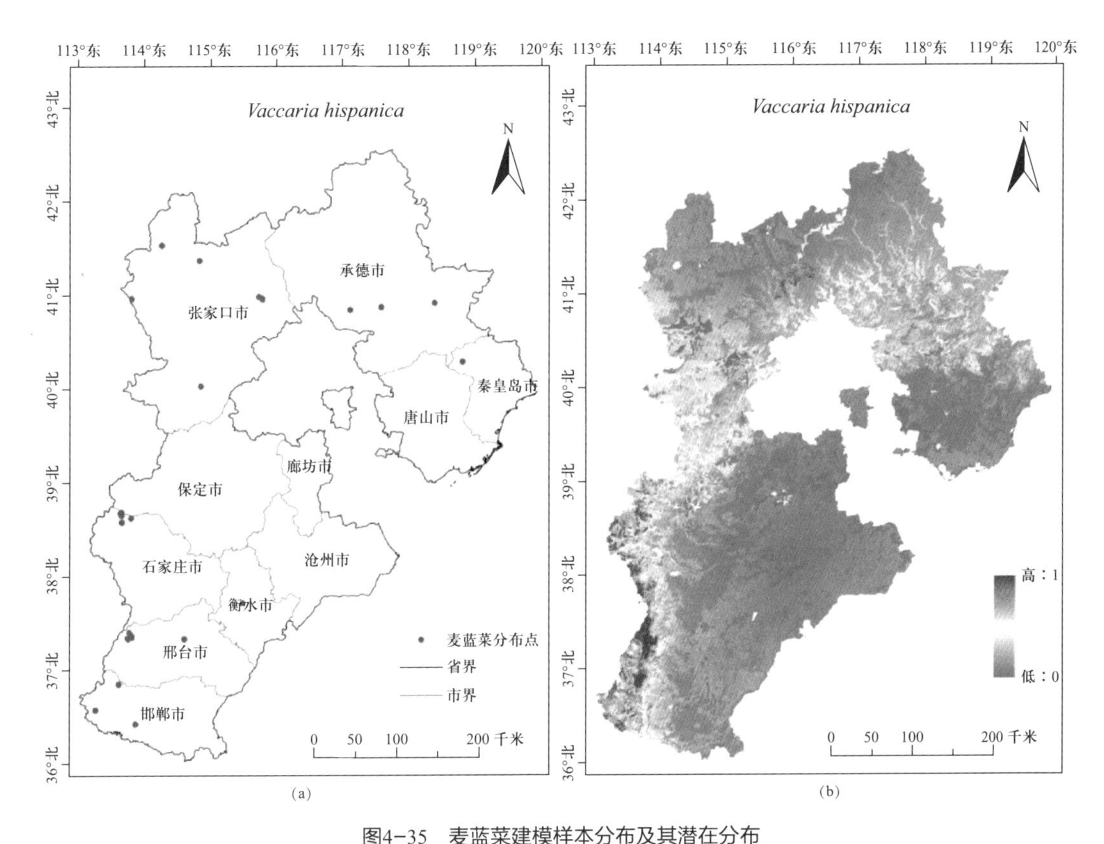

图4-35 麦蓝菜建模样本分布及其潜在分布

Fig4-35 Specimen Occurrences and potential distribution of *Vaccaria hispanica*

围为0～1，图4-35b中颜色越亮代表分布概率越高，蓝色表示几乎没有分布。预测结果与《河北植物志》记载相符。从ArcGIS重分类的适生度图可以统计出，麦蓝菜高度适生区面积4704.86km^2，分布在赤城县、阜平县以南至邯郸涉县的太行山；中度适生区的面积为17 847.22km^2，分布在西部太行山以及北部燕山山脉；低度适生区面积为145 404.20km^2，分布几遍全省。

首次建模选取42项环境因子进行模型运算，然后从首次建模的结果分析筛选14项环境因子（bio3、bio4、ele、t-silt、VC、slope、t-oc、t-ece、aspect、t-caco3、bio8、bio2、t-gravel、bio15）进行二次建模。选取第二次建模累计贡献率大于90%的环境因子和刀切法增益值显著的环境因子的并集共10项环境因子：bio3、bio4、ele、t-silt、VC、slope、t-oc、t-ece、aspect、t-caco3，视为麦蓝菜生态适宜性的主导环境因子。表4-12是利用最大熵模型生成的物种环境变量响应曲线归纳分析得到影响该物种潜在分布的各主导环境变量的取值范围（$P \geqslant 0.33$）、最佳取值以及贡献率。由表4-12可知，与温度相关的气候因子累计贡献率为52.6%，与地形相关的因子累计贡献率为19.6%，与土壤相关的因子累计贡献率为19.6%，植被覆盖率贡献率6%。所以影响麦蓝菜潜在地理分布最显著的主导因子是温度变量。

表4-12 影响麦蓝菜潜在地理分布的主导因子、数值范围、最优值及贡献率
Table4-12 Dominant factors affecting potential distribution of *Vaccaria hispanica*,their range,optimal value and percent contribution

变量 Variable	单位 Unit	数值范围 Value range	最优值 Optimal value	贡献率（%）Percent contribution
bio3	—	0.288~0.318	0.304	37.7
bio4	—	9.5~10.57	10.1	14.9
ele	m	200~1700	700	10.7
t-silt		0~59	54~59	9.5
VC	%	8~100	53	6
slope	°	2~47	22	5.8
t-oc	%weight	0.05~1.4	0.65	3.7
t-ece	dS/m	0~6.5	0.5	3.5
aspect	—	5~335	310	3.1
t-caco3	%weight	0~11.5	7	2.9

由表4-12可知bio3（等温性）和bio4（温度季节性变动系数）的贡献率最大，其响应曲线如图4-36所示。等温性的生境适宜性取值范围为0.288 ~ 0.318，在适宜范围内随系数增加适宜性增加。温度季节性变化标准差的生境适宜取值范围为9.5 ~ 10.6，在适宜范围内随着系数的增加适宜性降低。符合其喜温暖湿润气候，耐旱的生境特征。

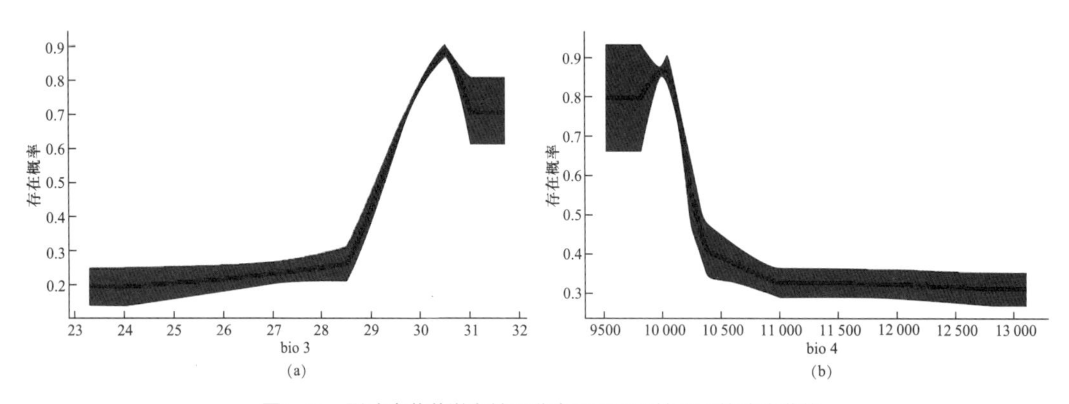

图4-36 影响麦蓝菜潜在地理分布最重要环境因子的响应曲线
Fig4-36 Response curves of the most important environmental variables in modeling habitat distribution for *Vaccaria hispanica*

4.13 芍药 *Paeonia lactiflora* Pall.

芍药始载于《神农本草经》，多年生草本。生山坡、山沟、杂木林下。根粗壮，根药用，称“白芍”或“赤芍”，能镇痛、镇痉、祛瘀、通经。喜温暖湿润气候，耐严寒、耐旱、怕涝、喜阳。盐碱地和涝洼地不适宜生长。产河北赤城；北京房山有野生；各县市均有栽培。分布于东北、华北、西北、西南。朝鲜、俄罗斯也有分布。

通过MaxEnt模型运算得到如图4-37所示的ROC曲线。图4-37a是首次运行重复15次的ROC曲线，AUC的平均值为0.759；图4-37b是二次建模重复15次的ROC曲线，AUC平均值为0.791。模型预测效果较好。

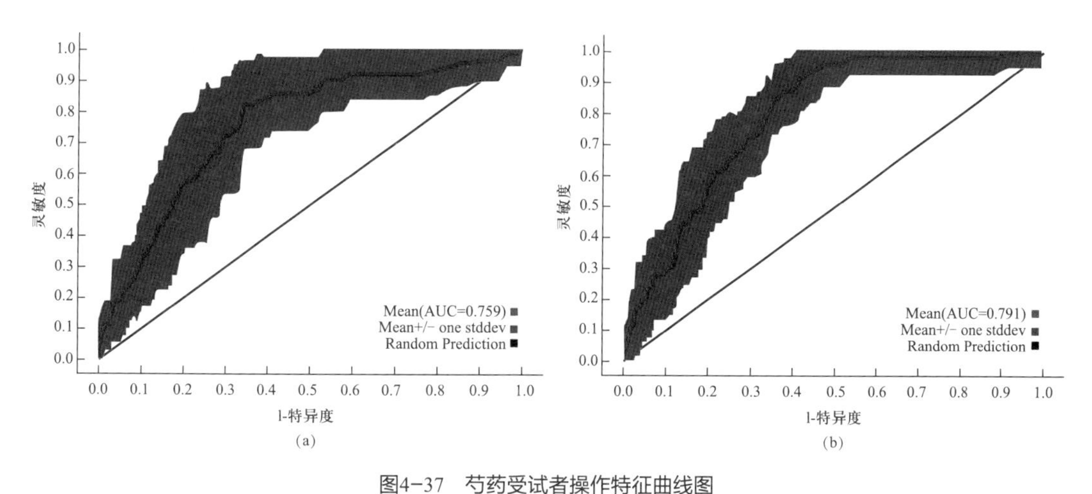

图4-37 芍药受试者操作特征曲线图
Fig4-37 Receiver operating characteristic curve of *Paeonia lactiflora*

图4-38a是用来建模的所有样本共26条数据分布图，通过MaxEnt模型运算和ArcGIS操作得到如图4-38b所示的石竹在河北省的潜在地理分布区，生境适生性概率P取值范围为0～1，图4-38b中颜色越亮代表分布概率越高，蓝色表示几乎没有分布。从ArcGIS重分类的适生度图可以统计出，麦蓝菜高度适生区面积为3634.72km^2，主要分布在沽源县、赤城县、逐鹿县、蔚县；中度适生区面积为33 004.17km^2，张家口各县、承德市各县；低度适生区面积为81 643.76km^2，唐山南部和东部平原零散分布，其他地区集中分布。

首次建模选取59项环境因子进行模型运算，然后从首次建模的结果分析筛选16项环境因子（ele、slope、bio7、bio15、VC、aspect、s-gravel、t-silt、t-oc、bio2、t-caso4、bio18、s-oc、t-bulk-density、LC、t-texture）进行二次建模。选取第二次建模累计贡献率大于90%的环境因子和刀切法增益值显著的环境因子的并集共10项环境因子：ele、slope、bio7、bio15、VC、aspect、s-gravel、t-silt、t-oc、bio2，视为芍药生态适宜性的主导环境因子。表4-13是利用最大熵模型生成的物种环境变量响应曲线归纳分析得到

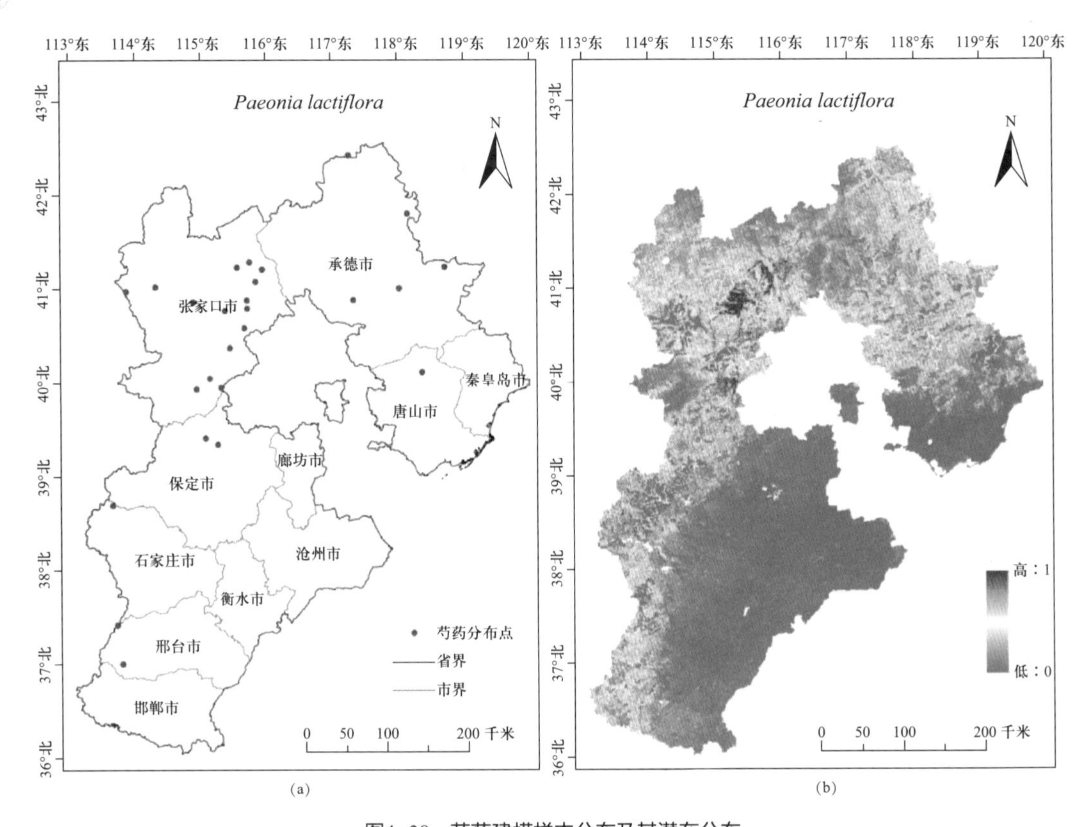

图4-38 芍药建模样本分布及其潜在分布
Fig4-38 Specimen Occurrences and potential distribution of *Paeonia lactiflora*

影响该物种潜在分布的各主导环境变量的取值范围（$P\geq0.33$）、最佳取值以及贡献率。由表4-13可知，与地形相关的因子累计贡献率56.3%，土壤因子累计贡献率12.8%，与温度相关的气候因子累计贡献率9.8%，降水量累计贡献率6.1%，植被覆盖率贡献率5.4%。所以影响芍药潜在地理分布最显著的主导因子是地形变量和土壤因子。

表4-13 影响芍药潜在地理分布的主导因子、数值范围、最优值及贡献率
Table4-13 Dominant factors affecting potential distribution of *Paeonia lactiflora*,their range,optimal value and percent contribution

变量 Variable	单位 Unit	数值范围 Value range	最优值 Optimal value	贡献率（%） Percent contribution
ele	m	100～2700	2400～2700	37.3
slope	°	2～50	4～8	13.9
bio7	℃	41.5～46	43.4	6.7
bio15	—	0.82～1.14	0.82～9.1	6.1
VC	%	0～100	52	5.4

续表

变量 Variable	单位 Unit	数值范围 Value range	最优值 Optimal value	贡献率（%） Percent contribution
aspect	—	0～360	360	5.1
s-gravel	%vol	0～14	0～1	5
t-silt	%wt	0～59	52	4.3
t-oc	%weight	0.1～2.8	2.9～3.3	3.5
bio2	℃	11.3～13.3	12.3	3.1

由表4-13可知，贡献率最大的主导环境因子是海拔和坡度，其响应曲线如图4-39所示。坡度对于芍药来说生境适宜性的取值范围为2°～50°，其趋势是先升高再降低，在4°～8°时适宜性最高。海拔的生境适宜性为100～2700m，生境适宜性随海拔升高而增加。预测结果符合其喜温暖湿润气候，耐严寒、耐旱、怕涝、喜阳。

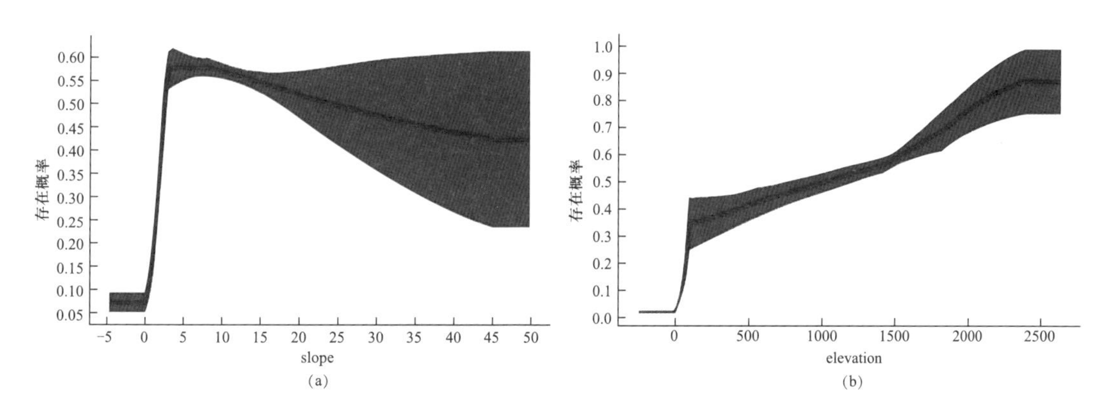

图4-39　影响芍药潜在地理分布最重要环境因子的响应曲线

Fig4-39 Response curves of the most important environmental variables in modeling habitat distribution for *Paeonia lactiflora*

4.14 北乌头 *Aconitum kusnezoffii* Reichb.

乌头始载于《神农本草经》，列为下品。宋代《宝庆本草折衷》始将草乌头分立专条。块根圆锥形或胡萝卜形，长2.5~5cm，粗7~10cm。块根有剧毒，经炮制后可入药，治风湿性关节炎、神经痛、牙痛、中风等症。生阔叶林中、林缘或潮湿山坡。喜凉爽湿润环境，耐寒，冬季地下根部可耐—30℃左右的严寒。天气干旱或者土壤缺水时，植株生长迟缓，高温高湿季节根部易腐烂，土壤以疏松的砂质土壤最适宜生长，黏土或低洼积水地区不适宜生长。产河北承德、张家口、保定、唐山、石家庄、邢台、邯郸各地区山地；北京香山、金山、妙峰山、百花山、上方山；天津蓟县。分布于东北华北。朝鲜俄罗斯亦有分布。

通过MaxEnt模型运算得到ROC曲线，如图4-40所示。图4-40a为首次运行结果，重复15次AUC的平均值为0.894；图4-40b为二次建模的结果，重复15次AUC平均值为0.888。模型预测效果很好。

图4-41a是用来建模的所有样本共243条数据分布图，通过MaxEnt模型运算和ArcGIS

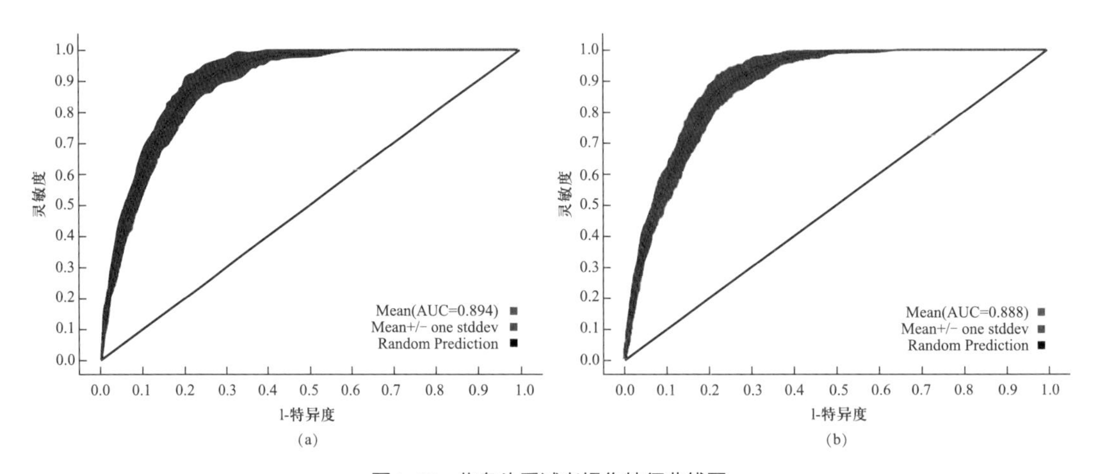

图4-40　北乌头受试者操作特征曲线图
Fig4-40 Receiver operating characteristic curve of *Aconitum kusnezoffii*

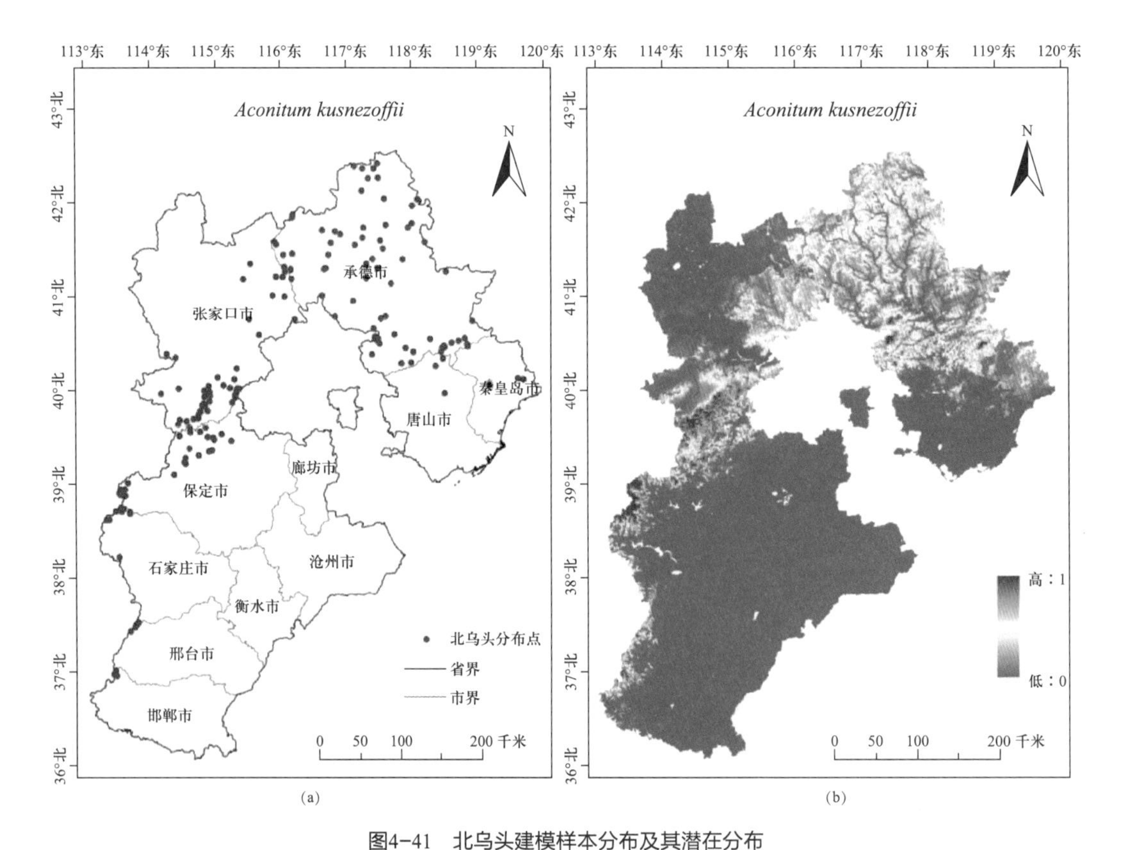

图4-41　北乌头建模样本分布及其潜在分布
Fig4-41 Specimen Occurrences and potential distribution of *Aconitum kusnezoffii*

处理得到如图4-41b所示的北乌头在河北省的潜在分布区，生境适生性概率*P*取值范围为0～1，图4-41b中颜色越亮代表分布概率越高，蓝色表示几乎没有分布。从图4-41b可知，北乌头的高度适生区主要分布在赤城县、涿鹿县、蔚县、阜平县、平山县、兴隆县、青龙县。预测结果与《河北植物志》记载相符。从ArcGIS重分类的适生度图可以统计出，北乌头高度适生区面积为3061.11km^2，中度适生区面积为24 915.28km^2，低度适生区面积为42 802.09km^2。

首次建模选取42项环境因子进行模型运算，然后从首次建模的结果分析筛选17项环境因子（bio5、t-cec-clay、ele、slope、bio12、VC、bio4、bio17、t-bulk-density、bio15、bio19、bio3、bio2、t-caco3、t-silt、LC、t-oc）进行二次建模。选取第二次建模累计贡献率大于90%的环境因子和刀切法增益值显著的环境因子的并集共8项环境因子：bio5、t-cec-clay、ele、slope、bio12、VC、bio4、bio17，视为北乌头生态适宜性的主导环境因子。表4-14是利用最大熵模型生成的物种环境变量响应曲线归纳分析得到影响该物种潜在分布的各主导环境变量的取值范围（$P \geq 0.33$）、最佳取值以及贡献率。由表4-14可知，与温度相关的气候因子累计贡献率为45.1%，地形因子贡献率17.8%，土壤因子贡献率11%，降水量因子贡献率10.8%，植被覆盖率贡献率6.7%。所以，影响北乌头潜在地理分布的最显著的主导环境因子是与温度相关的气候因子。

表4-14　影响北乌头潜在地理分布的主导因子、数值范围、最优值及贡献率

Table 4-14 Dominan t factors affecting potential distribution of *Aconitum kusnezoffii*, their range,optimal value and percent contribution

变量 Variable	单位 Unit	数值范围 Value range	最优值 Optimal value	贡献率（%） Percent contribution
bio5	℃	14.5～28	19.5	41.1
t-cec-clay	cmol /kg	3～34,43～53,54～55	47	11
ele	m	650～2800	2600～2800	9.3
slope	°	6～54	34	8.5
bio12	mm	430～795	750～795	8.4
VC	%	28～240	130	6.7
bio4	—	9.45～10.05,11.05～12.4	9.45～9.8	4
bio17	mm	4～26	18.5	2.4

由表4-14可知bio5（最热月的最高温）贡献率最大，其响应曲线如图4-42所示。北乌头最热月最高温的生境适宜取值范围为14.5~28℃，随着温度上升，生境适宜性降低。符合其喜凉爽湿润环境，耐寒的生境特征。

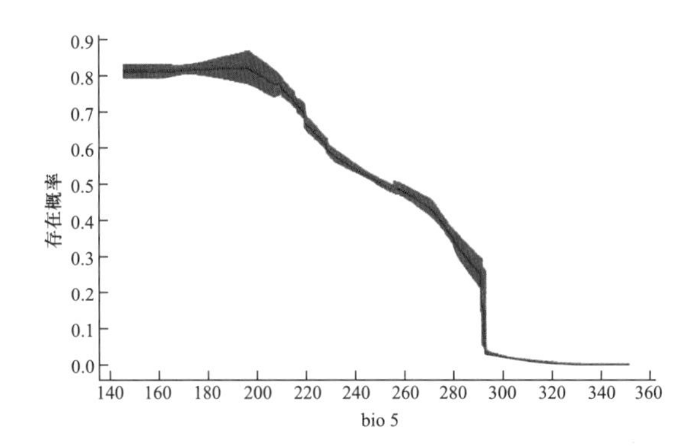

图4-42　影响北乌头潜在地理分布最重要环境因子的响应曲线

Fig4-42 Response curves of the most important environmental variables in modeling habitat distribution for *Aconitum kusnezoffii*

4.15 兴安升麻 *Cimicifuga dahurica*（Turcz.）Maxim.

入药称为升麻，始载于《神农本草经》，列为上品。又称为周升麻、周麻、鸡骨升麻、鬼脸升麻。据考证药用升麻的基原植物有三种，即升麻、兴安升麻、大三叶升麻。兴安升麻根状茎粗壮，多弯曲，可供药用，治麻疹、斑疹不透、胃火牙痛等症。生林边或山谷草地。产河北围场、青龙、赤城黑龙山、涿鹿、蔚县、迁西、兴隆县雾灵山、涞源甸子山、阜平、平山、赞皇；北京密云、怀柔、延庆、昌平、门头沟、房山、金山；天津蓟县；分布于东北、华北地区。蒙古、俄罗斯亦有分布。

通过MaxEnt模型运算得到的ROC曲线，如图4-43所示。图4-43a为首次运行结果，重复15次AUC的平均值为0.889；图4-43b为二次建模的结果，重复15次AUC平均值为0.905。模型预测效果很好。

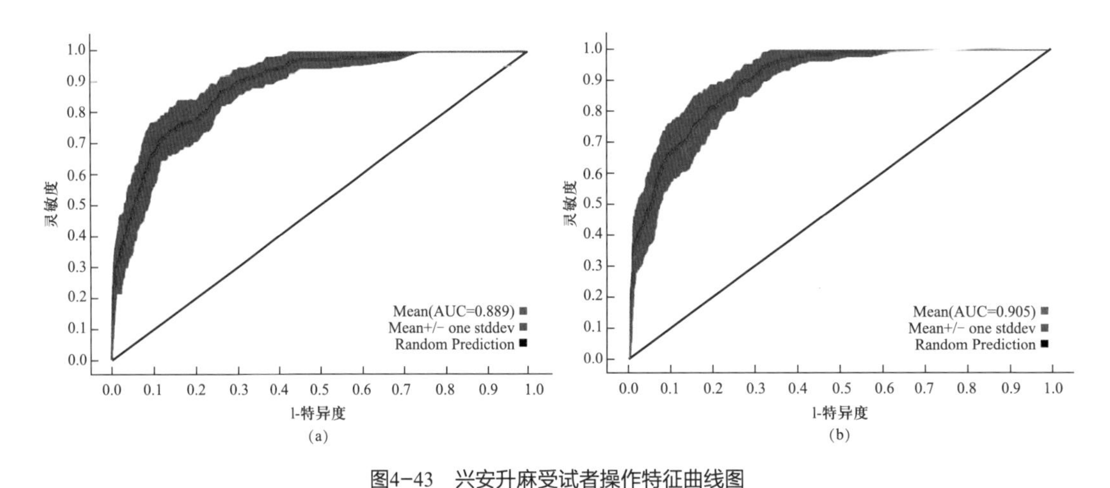

图4-43　兴安升麻受试者操作特征曲线图

Fig4-43 Receiver operating characteristic curve of *Cimicifuga dahurica*

图4-44a是用来建模的所有样本共80条数据的分布图，通过MaxEnt模型运算和ArcGIS操作处理得到如图4-44b所示的兴安升麻在河北省的潜在地理分布区，生境适生性概率P取值范围为0～1，图4-44b中颜色越亮代表分布概率越高，蓝色表示几乎没有分布。从图4-44b可知，兴安升麻的高度适生区主要分布在青龙县、涿鹿县、阜平县、平山县。预测结果与《河北植物志》记载相符。从ArcGIS重分类的适生度图可以统计出，兴安升麻的高度适生区面积为1895.12km^2，中度适生区面积为11 443.06km^2，低度适生区面积为56 140. 29km^2。

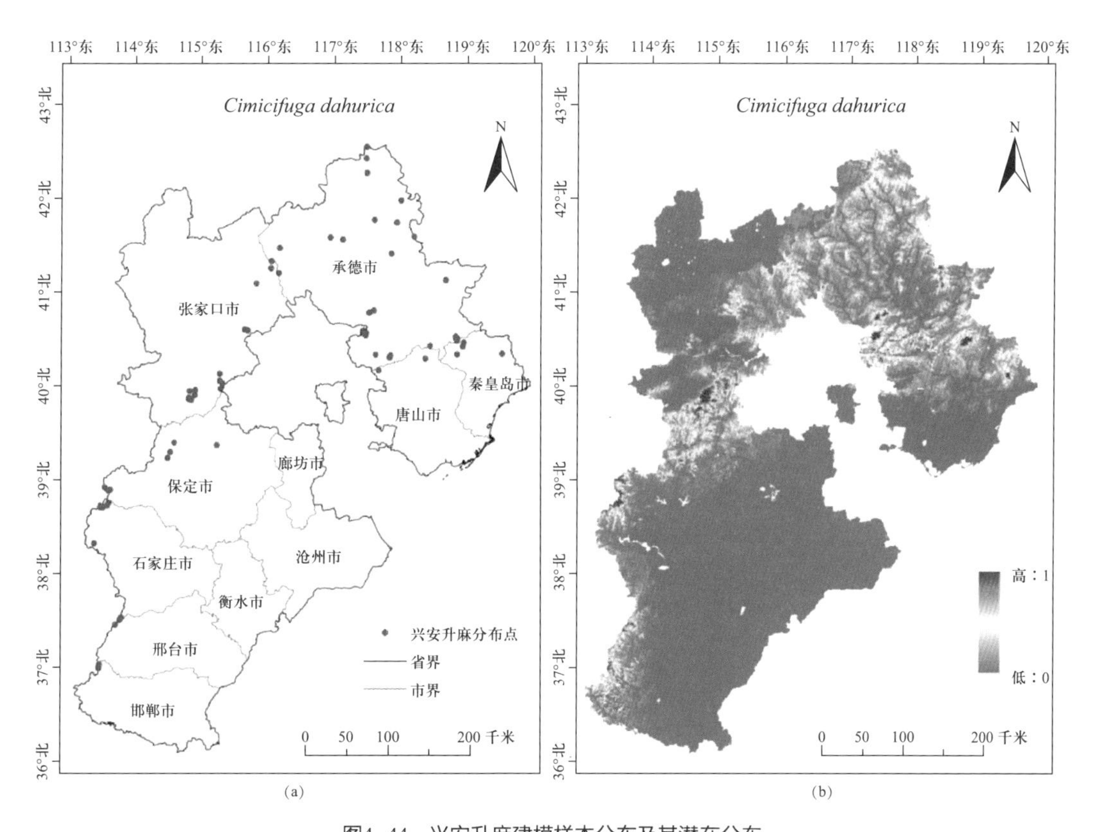

图4-44 兴安升麻建模样本分布及其潜在分布
Fig4-44 Specimen Occurrences and potential distribution of *Cimicifuga dahurica*

首次建模选取42项环境因子进行模型运算，然后从首次建模的结果分析筛选16项环境因子（slope、ele、VC、bio17、bio12、bio8、t-ece、t-bulk-density、bio4、aspect、bio15、t-cec-clay、LC、t-caco3、t-oc、t-gravel）进行二次建模。选取第二次建模累计贡献率大于90%的环境因子和刀切法增益值显著的环境因子的并集共12项环境因子：slope、ele、VC、bio17、bio12、bio8、t-ece、t-bulk-density、bio4、aspect、t-cec-clay、LC，视为兴安升麻生态适宜性的主导环境因子。表4-15是利用最大熵模型生成的物种环境变量响应曲线归纳分析得到影响该物种潜在分布的各主导环境变量的取值范围（$P \geq 0.33$）、最佳取值以及贡献率。由表4-15可知，与地形相关的因子累计贡献率为51.1%，与降水量相关的气候因子贡献率15%，土壤因子贡献率11.1%，植被覆盖率贡献率10.6%，与温度相关的气候因子贡献率8.6%，土地利用类型贡献率1.1%。所以，影响兴安升麻潜在地理分布的最显著的主导环境因子是地形变量。

表4-15　影响兴安升麻潜在地理分布的主导因子、数值范围、最优值及贡献率

Table4-15 Dominant factors affecting potential distribution of *Cimicifuga dahurica*,their range,optimal value and percent contribution

变量 Variable	单位 Unit	数值范围 Value range	最优值 Optimal value	贡献率（%） Percent contribution
slope	°	9~56	51~56	34.5
ele	m	700~2400	2200~2400	15
VC	%	40~100	100	10.6
bio17	mm	8.8~30.1	19.2~21.2	7.5
bio12	mm	450~810	760~810	7.5
bio8	℃	115~205	115~130	5.2
t-ece	dS/m	0~0.1	0	4.7
t-bulk-density	kg /dm^3	1.4~1.61	1.43	4.1
bio4	—	9.45~10.15,10.8~12.25	9.45~9.75	3.4
aspect	—	0~360	360	1.6
t-cec-clay	cmol /kg	38~52	49	1.2
LC	name	2~8	2	1.1

由表4-15可知，对兴安升麻潜在地理分布区影响最大的环境因子是slope（坡度）和ele（海拔）。其响应曲线如图4-45所示。坡度的生境适宜性取值为9°~56°，海拔的生境适宜性取值范围为700~2400m。两变量在适生范围内和适宜性几乎呈正相关的关系。预测结果与其喜温暖湿润气候，耐寒、怕涝、忌土壤干旱，喜微酸性或中性的腐殖质土、半阴半阳山坡地或排水良好的砂质壤土平地的生境特征相一致。

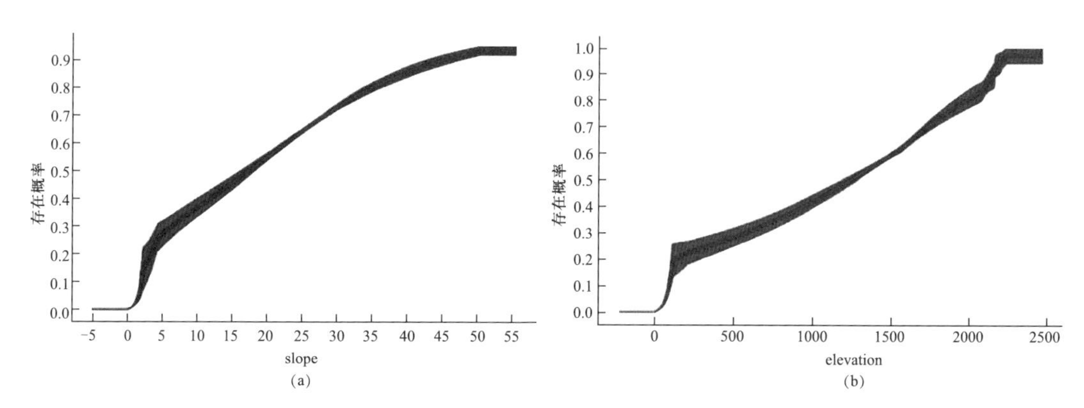

图4-45 影响兴安升麻潜在地理分布最重要环境因子的响应曲线
Fig4-45Response curves of the most important environmental variables in modeling habitat distribution for *Cimicifuga dahurica*

4.16 白头翁 *Pulsatilla chinensis*(Bunge) Regel

入药称白头翁，始载于《神农本草经》，列为下品，又称为野丈人、胡王使者、白头公。多年生草本根状茎药用，根状茎粗0.8~1.5cm，生山坡平底、干草坡等向阳地。治热毒血痢、温疟、鼻衄、痔疮出血等症。产河北承德、张家口、唐山、保定、石家庄、邢台、邯郸各地区；北京密云坡头、十三陵、南口、金山、香山、潭柘寺、颐和园、天坛、百花山、上方山；天津蓟县。分布于东北、华北、西北、华东、中南。朝鲜、俄罗斯亦有分布。

通过MaxEnt模型运算得到的ROC曲线，如图4-46所示，图4-46a为首次运行结果，重复15次AUC的平均值为0.862；图4-46b为二次建模的结果，重复15次AUC平均值为0.860。模型预测效果很好。

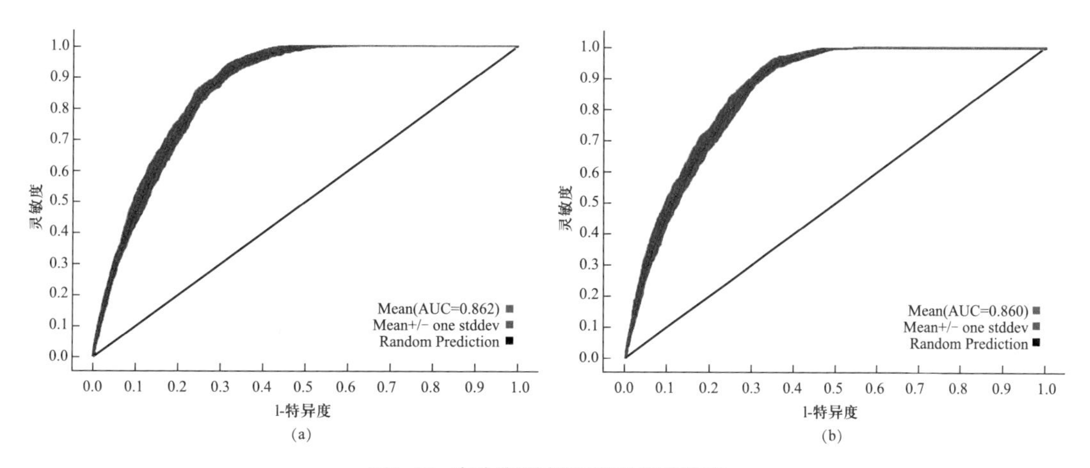

图4-46 白头翁受试者操作特征曲线图
Fig4-46 Receiver operating characteristic curve of *Pulsatilla chinensis*

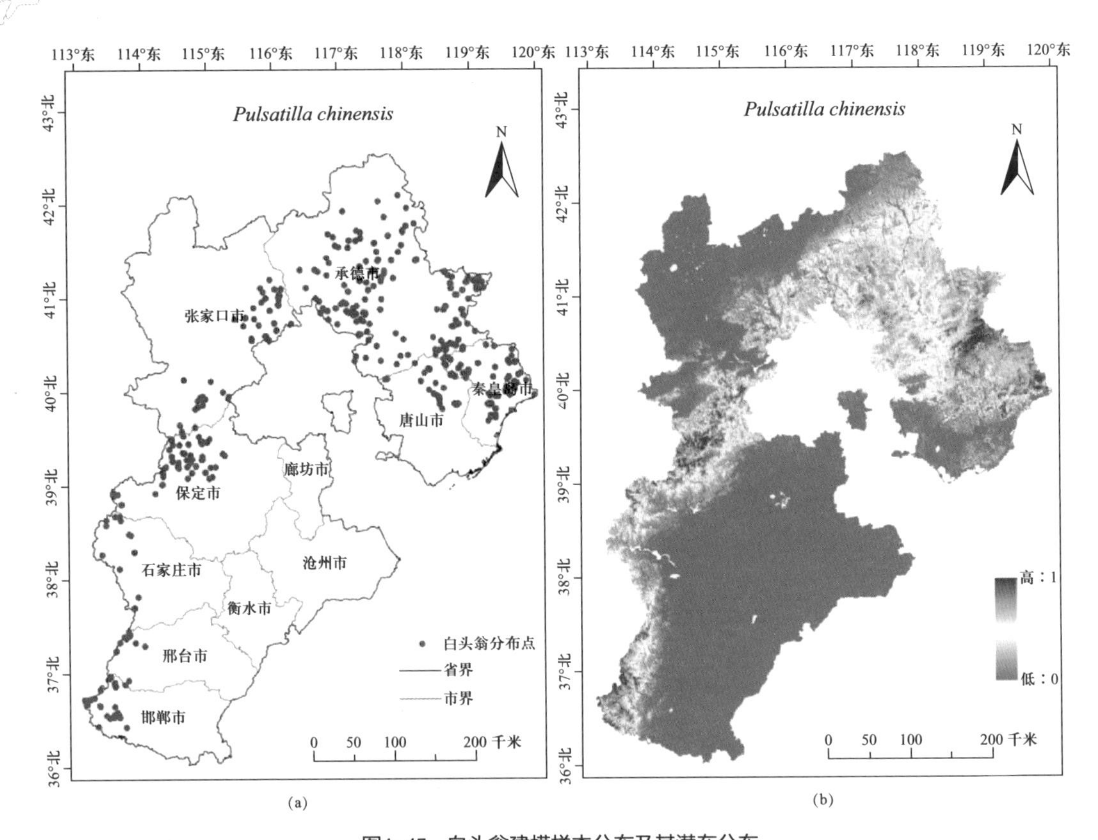

图4-47　白头翁建模样本分布及其潜在分布

Fig4-47 Specimen Occurrences and potential distribution of *Pulsatilla chinensis*

图4–47a是用来建模的所有样本共750条数据分布图，通过MaxEnt模型运算和ArcGIS处理得到如图4–47b所示的白头翁在河北省的潜在地理分布区，生境适生性概率*P*取值范围为0～1，图4–47b中颜色越亮代表分布概率越高，蓝色表示几乎没有分布。从图4–47b可知，白头翁的高度适生区主要分布在宽城县、抚宁县、蔚县、武安市。预测结果和《河北植物志》记载分布相符。从ArcGIS重分类的适生度图可以统计出白头翁的高度适生区面积为3786.81km^2，中度适生区面积为44 242.37km^2，低度适生区的面积为42 491.67km^2。

首次建模选取42项环境因子进行模型运算，然后从首次建模的结果分析筛选13项环境因子（bio10、LC、slope、bio12、bio3、ele、bio15、VC、t-silt、bio2、t-oc、t-sand、t-caco3）进行二次建模。选取第二次建模累计贡献率大于90%的环境因子和刀切法增益值显著的环境因子的并集共6项环境因子：bio10、LC、slope、bio12、bio3、ele，视为白头翁生态适宜性的主导环境因子。表4-16是利用最大熵模型生成的物种环境变量响应曲线归纳分析得到影响该物种潜在分布的各主导环境变量的取值范围（$P \geqslant 0.33$）、最佳取值以及贡献率。由表4-16可知，与温度相关的气候因子累计贡献率为28.1%，地形因子贡献率23.6%，土地利用类型贡献率22.8%，年降水量贡献率18.5%。所以，影响白头翁潜在地理分布的最显著的主导环境因子是温度变量、地形变量、降水变量、土地利用类型。

表4-16　影响白头翁潜在地理分布的主导因子、数值范围、最优值及贡献率

Table4-16 Dominant factors affecting potential distribution of *Pulsatilla chinensis*,their range,optimal value and percent contribution

变量 Variable	单位 Unit	数值范围 Value range	最优值 Optimal value	贡献率（%） Percent contribution
bio10	℃	10.2～14.1,17.3～24.0	10.2～12.0	23.5
LC	name	0～7	7	22.8
slope	°	1～59	20	21.2
bio12	mm	450～775	670	18.5
bio3	—	0.265～0.316	0.31～0.316	4.6
ele	m	100～1350,1900～2600	2300～2600	2.4

由表4-16可知，bio10（最热季节平均温）、LC（土地利用类型）、slope（坡度）、bio12（年降水量）四个环境因子的权重最大，其响应曲线如图4-48所示。最热季节平均温的生境适宜性取值范围为10.2～14.1℃和17.3～24.0℃，在10.2～12℃适宜性最高。土地利用类型的适应种类为落叶阔叶林、针叶林、混交林、灌木丛。坡度的适宜性取值范围为1°～59°，20°时适宜性最高。年降水量生境适宜性取值范围为450～775mm，在670mm时适宜性最高。与其喜凉爽干燥气候，耐寒、耐旱，不耐高温，以土层深厚、排水良好的砂质壤土生长最好的生境特征相一致。

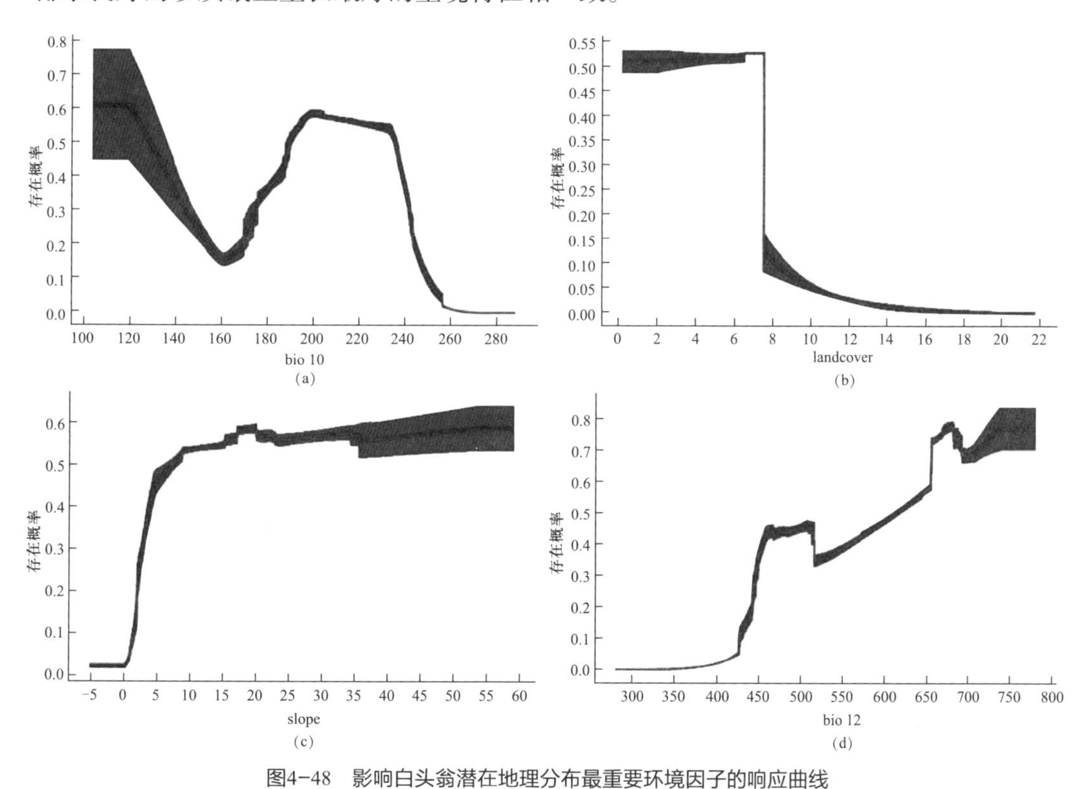

图4-48　影响白头翁潜在地理分布最重要环境因子的响应曲线

Fig 4-48 Response curves of the most important environmental variables in modeling habitat distribution for *Pulsatilla chinensis*

4.17 蝙蝠葛 *Menispermum dauricum* DC.

根入药称为北豆根，入药始于何时失考。茎藤入药称为蝙蝠藤，始载于《本草纲目拾遗》。常见草质、落叶藤本，根状茎褐色，垂直生。北豆根能清热解毒、消肿止痛。生山沟农田的石垄边，或山坡林缘灌丛中。产河北各地区。分布于东北、华北、西北、华东。

通过MaxEnt模型运算得到如图4-49所示的ROC曲线。图4-49a为首次运行结果，重复15次AUC的平均值为0.897；图4-49b为二次建模的结果，重复15次AUC平均值为0.898。模型预测效果很好。

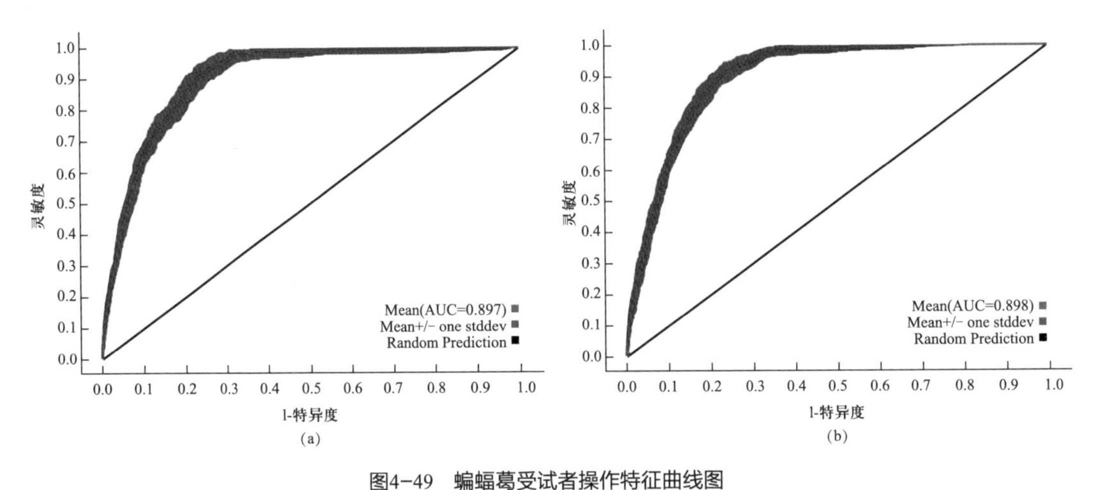

图4-49　蝙蝠葛受试者操作特征曲线图

Fig4-49 Receiver operating characteristic curve of *Menispermum dauricum*

图4-50a是用来建模的所有样本共378条数据的分布图，通过MaxEnt模型运算和ArcGIS操作处理得到如图4-50b所示的蝙蝠葛在河北省的潜在地理分布区，生境适生性概率*P*取值范围为0～1，图4-50b中颜色越亮代表分布概率越高，蓝色表示几乎没有分布。从图4-50b可知，蝙蝠葛的高度适生区主要分布在青龙县、兴隆县、赞皇县。预测结果和《河北植物志》相符。从ArcGIS重分类的适生度图可以统计出蝙蝠葛高度适生区面积为2829.17km^2，中度适生区面积为22 325.00km^2，低度适生区面积为38 036.12km^2。

首次建模选取59项环境因子进行模型运算，然后从首次建模的结果分析筛选16项环境因子（slope、VC、bio4、ele、LC、bio12、bio8、bio3、aspect、s-ece、bio2、bio15、t-gravel、bio14、s-gravel、t-caco3）进行二次建模。选取第二次建模累计贡献率大于90%的环境因子和刀切法增益值显著的环境因子的并集共8项环境因子：slope、VC、bio4、ele、LC、bio12、bio8、bio3，视为蝙蝠葛生态适宜性的主导环境因子。表4-17是利用最大熵模型生成的物种环境变量响应曲线归纳分析得到影响该物种潜在分布的各主

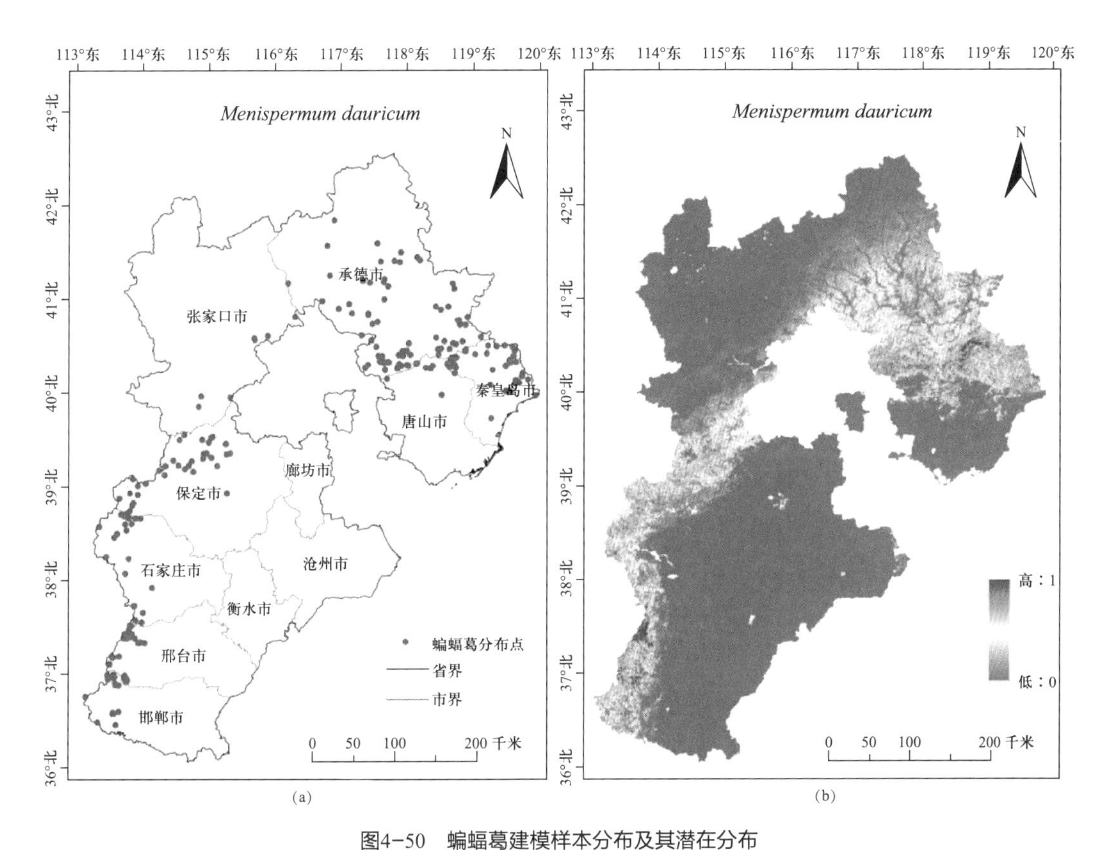

图4-50　蝙蝠葛建模样本分布及其潜在分布
Fig4-50 Specimen Occurrences and potential distribution of *Menispermum dauricum*

导环境变量的取值范围（$P\geqslant0.33$）、最佳取值以及贡献率。由表4-17可知，地形因子累计贡献率39.5%，温度相关的气候因子累计贡献率23.2%，植被覆盖率贡献率18.7%，土地利用类型贡献率7.6%，年降水量贡献率5.2%。所以，影响蝙蝠葛潜在地理分布的最显著的主导环境因子是地形变量和温度变量。

表4-17　影响蝙蝠葛潜在地理分布的主导因子、数值范围、最优值及贡献率
Table4-17 Dominant factors affecting potential distribution of *Menispermum dauricum*,their range,optimal value and percent contribution

变量 Variable	单位 Unit	数值范围 Value range	最优值 Optimal value	贡献率（%） Percent contribution
slope	°	6～51	46～51	31.6
VC	%	20～100	70	18.7
bio4	—	9.5～10.25,11.1～11.6	9.5～9.7	18.4
ele	m	200～1200	700	7.9

续表

变量 Variable	单位 Unit	数值范围 Value range	最优值 Optimal value	贡献率（%） Percent contribution
LC	name	2~7	7	7.6
bio12	mm	555~765	690	5.2
bio8	℃	18.5~23.5	22.5	3
bio3	—	0.265~0.317	0.304~0.317	1.8

由表4-17可知蝙蝠葛的潜在分布区影响最大的环境因子是slope（坡度）、VC（植被覆盖率）、bio4（温度季节性变动系数）、ele（海拔）。其响应曲线如图4-51所示。坡度生境适宜性取值范围为6°~51°，在46°~51°适宜性最高。植被覆盖率在20%~100%适宜生长，在70%时适宜性最高。温度季节性变化标准差在9.5~10.25和11.1~11.6适宜生长，在9.5~9.7时适宜性最高。海拔在200~1200m适宜生长，在700m是适宜性最高。与其耐寒，多生于海拔200~1500m山地的林缘、沟谷灌丛或缠绕岩石上的生境特征相一致。

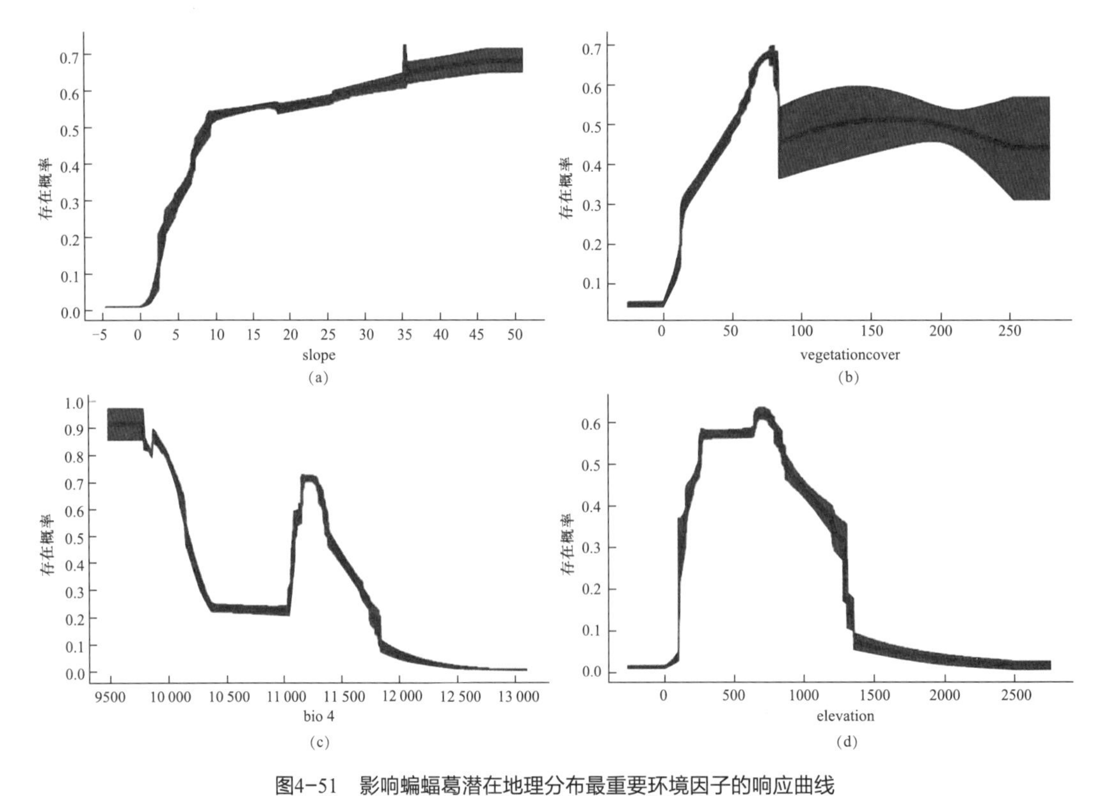

图4-51　影响蝙蝠葛潜在地理分布最重要环境因子的响应曲线

Fig4-51 Response curves of the most important environmental variables in modeling habitat distribution for *Menispermum dauricum*

4.18 五味子 *Schisandra chinensis*（Turcz.）Baill.

果实入药称为五味子，始载于《神农本草经》。又称为玄及、会及、五梅子。《本草纲目》记载："五味子今有南北之分，南产者色红，北产者色黑，入滋补药必用北产者乃良。"五味子落叶木质藤本，有敛肺止咳、滋补涩精、止泻止汗之效。生于海拔1200~1700m的沟谷、溪旁、山坡、山地灌丛中。产河北承德、兴隆雾灵山、遵化、涿鹿、蔚县、涞源、阜平、井陉、赞皇、内丘；北京妙峰山、南口、百花山。分布于东北、华北、陕西、四川、湖南、湖北、江西。

通过MaxEnt模型运算得到如图4-52所示的ROC曲线，图4-52a为首次运行结果，重复15次AUC的平均值为0.864；图4-52b为二次建模的结果，重复15次AUC平均值为0.864。模型预测效果很好。

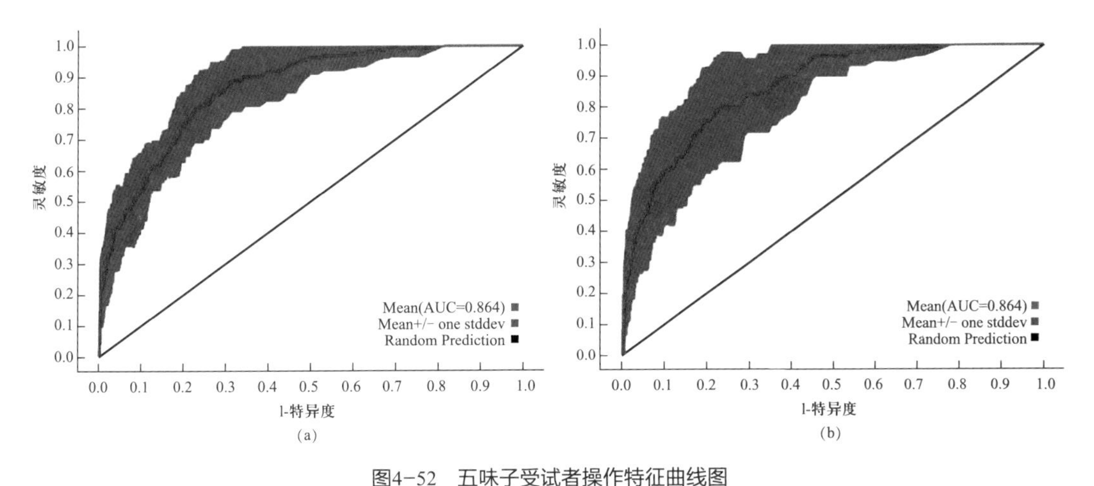

图4-52 五味子受试者操作特征曲线图
Fig4-52 Receiver operating characteristic curve of *Schisandra chinensis*

图4-53a是用来建模的所有样本共42条数据分布图，通过MaxEnt模型运算和ArcGIS操作处理得到如图4-53b所示的五味子在河北省的潜在地理分布区，生境适生性概率P取值范围为0~1，图4-53b中颜色越亮代表分布概率越高，蓝色表示几乎没有分布。从图4-53b可知，五味子的高度适生区主要分布在兴隆县、青龙县、抚宁县、涿鹿县、阜平县、平山县、赞皇县。预测结果和《河北植物志》相符。从ArcGIS重分类的适生度图可以统计出五味子高度适生区面积为2646.53km^2，中度适生区面积为16 472.22km^2，低适生区面积为61 002.79km^2。

首次建模选取59项环境因子进行模型运算，然后从首次建模的结果分析筛选19项环境因子（VC、slope、t-ece、bio5、bio17、bio12、ele、bio7、aspect、s-gravel、t-caso4、s-oc、t-caco3、LC、s-cec-clay、s-silt、s-ece、t-silt、t-cec-clay）进行二次建模。选取第二次建模累计贡献率大于90%的环境因子和刀切法增益值显著的环境因子

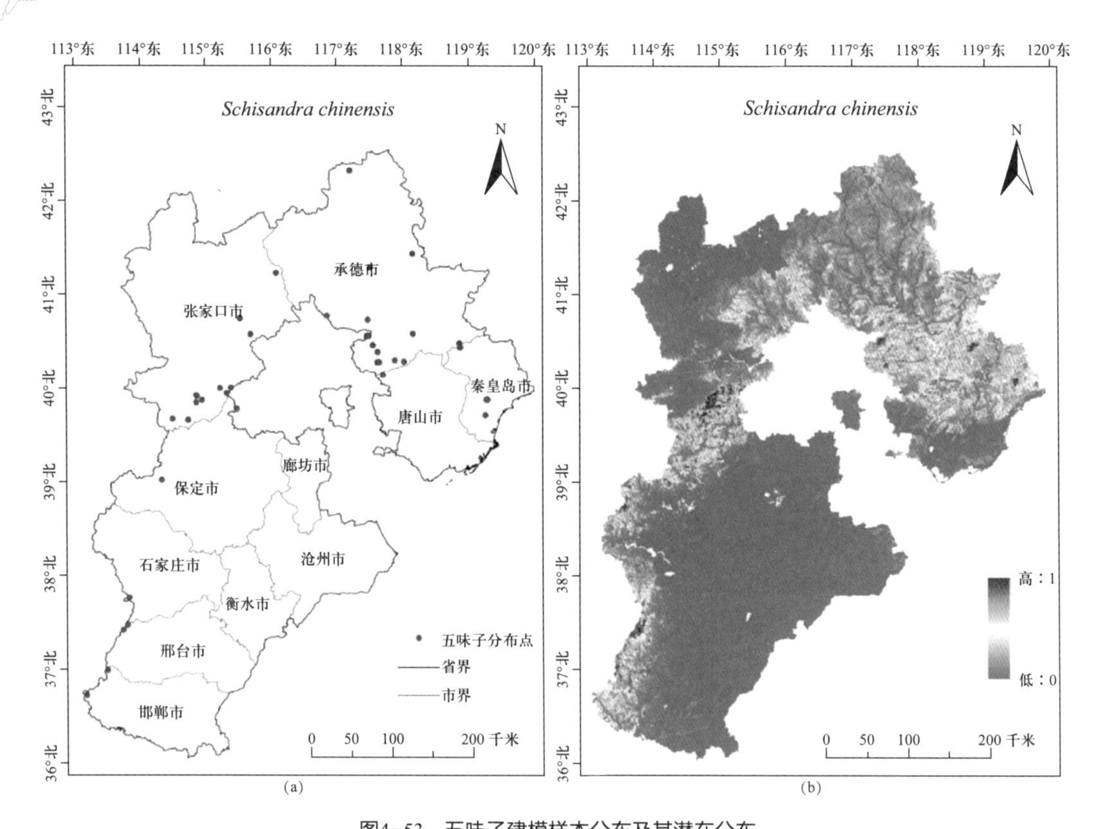

图4-53 五味子建模样本分布及其潜在分布

Fig4-53 Specimen Occurrences and potential distribution of *Schisandra chinensis*

的并集共11项环境因子：VC、slope、t-ece、bio5、bio17、bio12、ele、bio7、aspect、s-gravel、LC，视为五味子生态适宜性的主导环境因子。表4-18是利用最大熵模型生成的物种环境变量响应曲线归纳分析得到影响该物种潜在分布的各主导环境变量的取值范围（$P \geq 0.33$）、最佳取值以及贡献率。由表4-18可知，地形因子累计贡献率25%，植被覆盖率贡献率22.3%，降水量累计贡献率16.1%，温度相关的气候因子累计贡献率14.3%，土壤因子累计贡献率14.3%，土地利用类型贡献率1.1%。所以，影响五味子潜在地理分布的最显著的主导环境因子是地形因子和植被覆盖率。

表4-18 影响五味子潜在地理分布的主导因子、数值范围、最优值及贡献率

Table4-18 Dominant factors affecting potential distribution of *Schisandra chinensis*,their range,optimal value and percent contribution

变量 Variable	单位 Unit	数值范围 Value range	最优值 Optimal value	贡献率（%） Percent contribution
VC	%	30～100	80	22.3
slope	°	10～56	50～56	17.4

续表

变量 Variable	单位 Unit	数值范围 Value range	最优值 Optimal value	贡献率（%） Percent contribution
t-ece	dS/m	0～0.1	0	11.6
bio5	℃	14.5～30	14.5～16	10.4
bio17	mm	9～29	20.5	9.3
bio12	mm	500～780	740～780	6.8
ele	m	150～2800	2700～2800	3.9
bio7	℃	40.3～45.1	43	3.9
aspect	—	0～360	350	3.7
s-gravel	%vol	0～20	0～1	2.7
LC	name	2～8	2	1.1

由表4-18可知五味子潜在地理分布影响最大的环境因子是植被覆盖率和坡度，其响应曲线如图4-54所示。植被覆盖率的生境适宜性取值范围为30～100，当植被覆盖率为80%时生境适宜性最高。坡度的生境适宜性取值范围为10°～56°，当坡度为50°～56°时生境适宜性最高。五味子喜微酸性的腐质土、缠绕在其他林木上生长，其耐旱性较差。在肥沃、排水良好、湿度均衡适宜的土壤上发育最好。

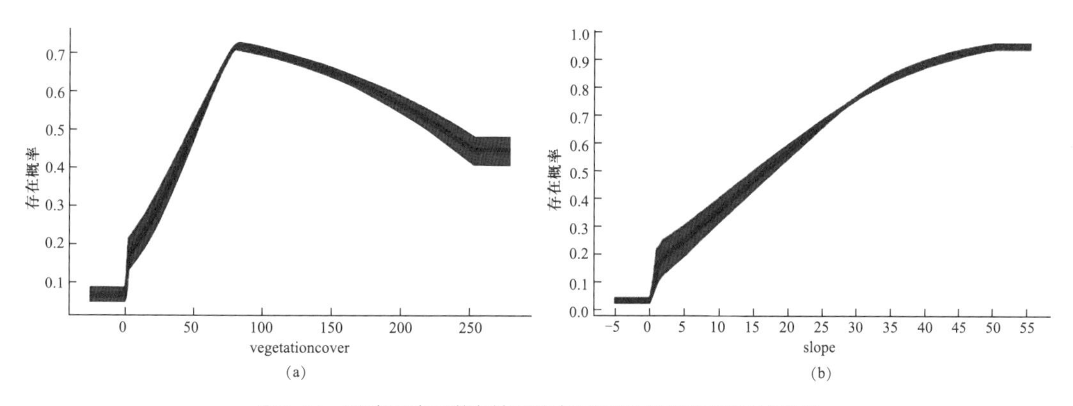

图4-54　影响五味子潜在地理分布最重要环境因子的响应曲线

Fig4-54 Response curves of the most important environmental variables in modeling habitat distribution for *Schisandra chinensis*

4.19 白屈菜 *Chelidonium majus* L.

白屈菜全草入药，有镇痛、止咳、消肿、利尿、解毒之功效，治胃肠疼痛、痛经、黄疸、疥癣疮肿、蛇虫咬伤，外用消肿，亦可作农药。始载于《救荒本草》。又称土黄连、地黄连、牛金花，多年生草本，主根粗壮，圆锥形，侧根多。生山野，沟边湿润处，种子自播能力强。产河北遵化市东陵、蔚县小五台山、灵寿县、井陉县、平山县、赞皇县；北京金山、南口、上方山、百花山、东灵山、密云县坡头。广布全国各地。

通过MaxEnt模型运算得到如图4-55所示的ROC曲线，图4-55a为首次运行结果，重复15次AUC的平均值为0.899；图4-55b为二次建模的结果，重复15次AUC平均值为0.898。模型预测效果很好。

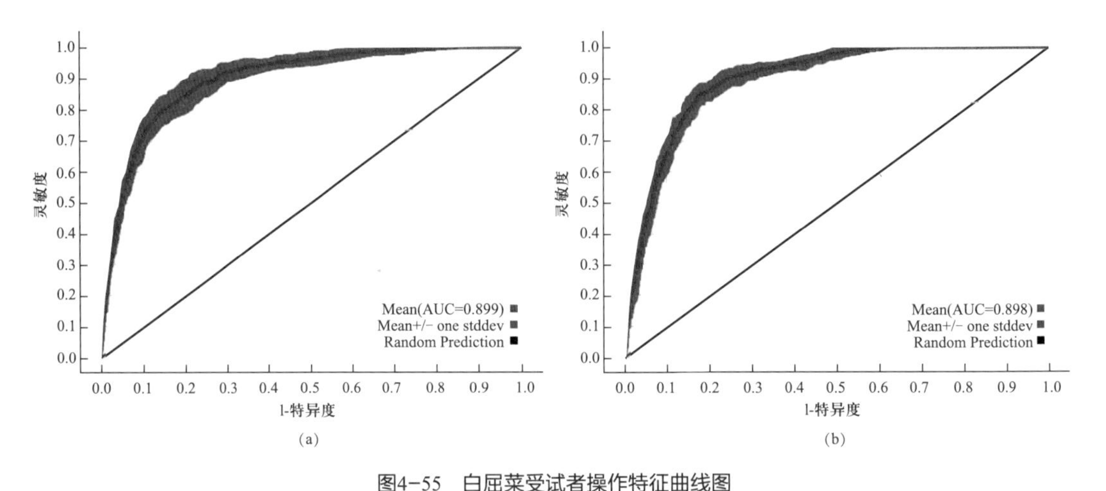

图4-55 白屈菜受试者操作特征曲线图
Fig4-55 Receiver operating characteristic curve of *Chelidonium majus*

图4-56a是用来建模的所有样本共208条数据的分布，通过MaxEnt模型运算和ArcGIS操作处理得到如图4-56b所示的白屈菜在河北省的潜在地理分布区，生境适生性概率*P*取值范围为0～1，图4-56b中颜色越亮代表分布概率越高，蓝色表示几乎没有分布。从图4-56b可知，白屈菜的高度适生区主要分布在兴隆县、青龙县、抚宁县、赞皇县、武安市。预测结果和河北植物志相符。从ArcGIS重分类的适生度图可以统计出白屈菜的高度适生区面积为3749.31km^2，中度适生区的面积为19 002.09km^2，低适生区的面积为51 555.56km^2。

首次建模选取42项环境因子进行模型运算，然后从首次建模的结果分析筛选13项环境因子（VC、bio4、LC、bio12、ele、slope、bio8、bio3、aspect、t-oc、bio2、t-caso4、t-gravel）进行二次建模。选取第二次建模累计贡献率大于90%的环境因子和刀切法增益值显著的环境因子的并集共8项环境因子：VC、bio4、LC、bio12、ele、slope、bio8、bio3，视为白屈菜生态适宜性的主导环境因子。表4-19是利用最大熵模型生成的环境变量响应曲线归纳分析得到影响该物种潜在分布的各主导环境变量的取值范围（$P\geq0.33$）、最佳取值以及贡献率。由表4-19可知，植被覆盖率贡献率26%，与温度相关的气候因子贡献率25.3%，地形因子累计贡献率18.9%，土地利用类型贡献率11.1%，年降水量贡献率10.6%。所以，影响白屈菜潜在地理分布的最显著主导环境因子是植被覆盖率和温度变量。

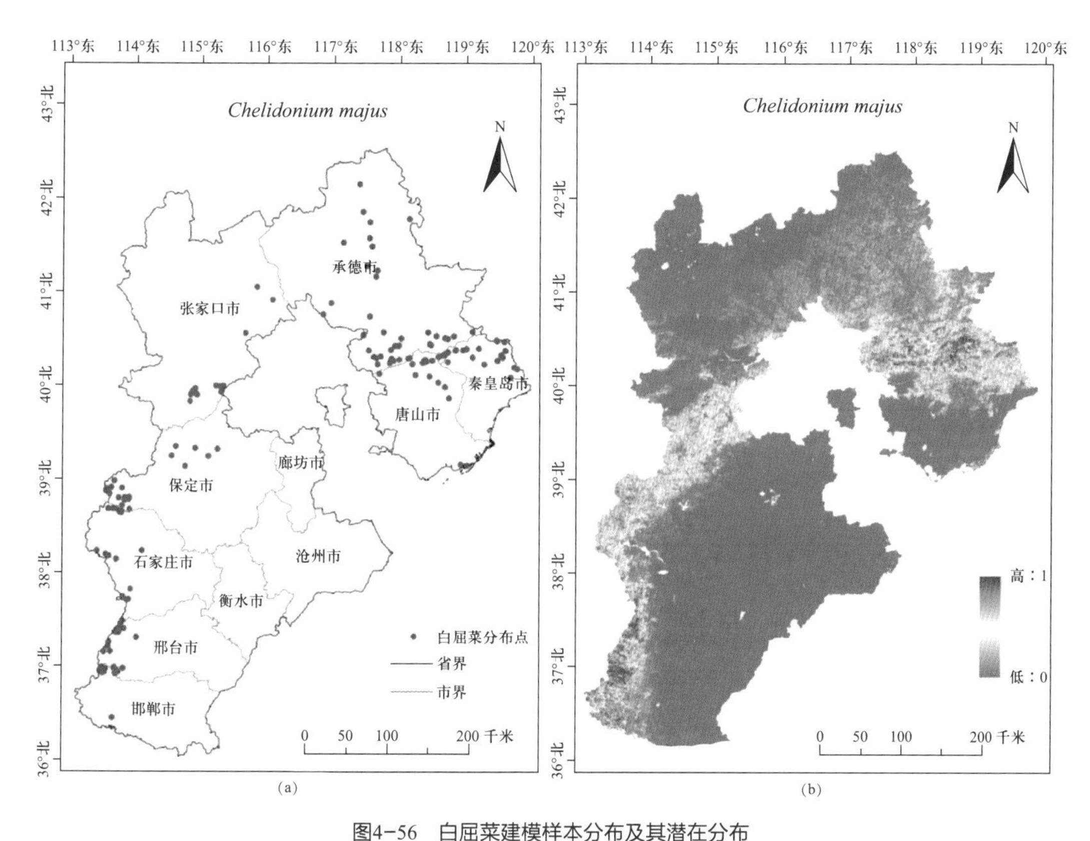

图4-56 白屈菜建模样本分布及其潜在分布
Fig4-56 Specimen Occurrences and potential distribution of *Chelidonium majus*

表4-19 影响白屈菜潜在地理分布的主导因子、数值范围、最优值及贡献率
Table 4-19 Dominant factors affecting potential distribution of *Chelidonium majus*,their range,optimal value and percent contribution

变量 Variable	单位 Unit	数值范围 Value range	最优值 Optimal value	贡献率（%） Percent contribution
VC	%	30～100	100	26
bio4	—	9.45～10.25,11.05～11.45	9.8	17.8
LC	name	2～8	6、7	11.1
bio12	mm	570～770	700	10.6
ele	m	100～1200,2000～2700	2400～2700	10.2
slope	°	4～60	54～60	8.7
bio8	℃	10～14.2,18.5～24	10～11.5	5.5
bio3	—	0.265～0.275,0.290～0.317	0.31～0.317	2

由表4-19可知对白屈菜潜在地理分布影响最大的环境因子是VC（植被覆盖率）和bio4（温度季节性变动系数），其响应曲线如图4-57所示。植被覆盖率的生境适宜性取值范围为30%～100%，当植被覆盖率取100%时白屈菜生境适宜性最高。温度季节性变化标准差生境适宜性取值为9.45～10.25和11.05～11.45，当取9.8时生境适宜性最高。符合其生境特征：喜阳光充足；喜温暖湿润气候，耐寒，耐热；不择土壤；耐干旱。

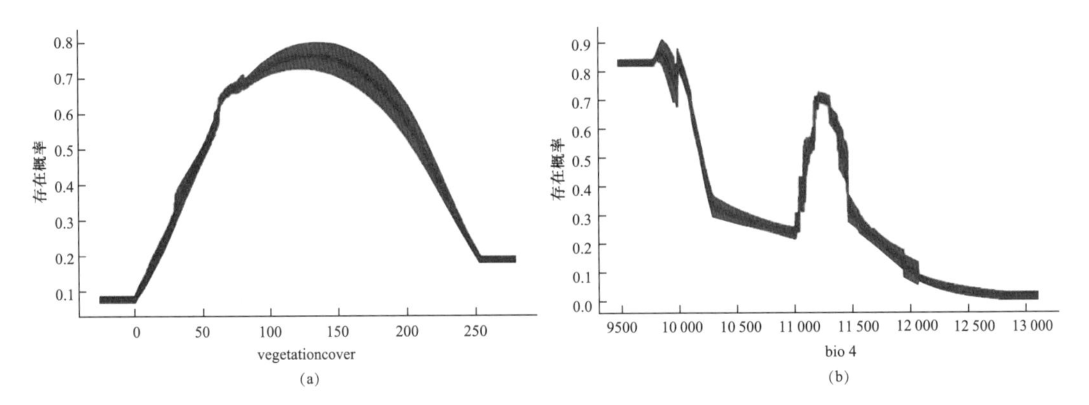

图4-57　影响白屈菜潜在地理分布最重要环境因子的响应曲线

Fig4-57 Response curves of the most important environmental variables in modeling habitat distribution for *Chelidonium majus*

4.20 芥菜 *Brassica juncea*（L.）Czern. et Coss.

原名芥，始载于《仪礼》，《千金食治》始称为芥菜。一年生草本，种子及全草供药用，能化痰平喘、消肿止痛。全国各地栽培。

通过MaxEnt模型运算得到如图4-58所示的ROC曲线，图4-58a为首次运行结果，重复15次AUC的平均值为0.824；图4-58b为二次建模的结果，重复15次AUC平均值为0.827。模型预测效果很好。

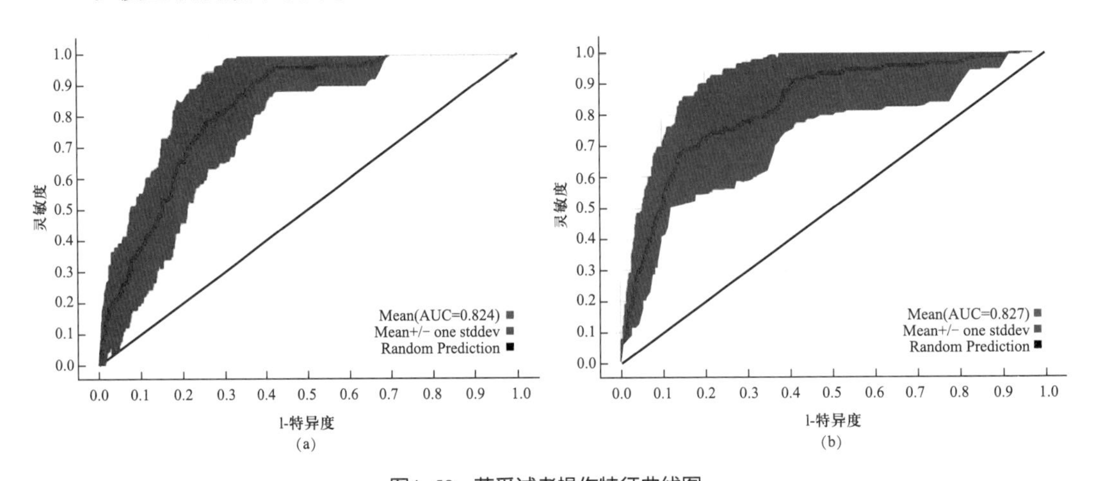

图4-58　芥受试者操作特征曲线图

Fig4-58 Receiver operating characteristic curve of *Brassica juncea*

图4-59a是用来建模的所有样本共27条数据的分布图，通过MaxEnt模型运算和ArcGIS操作处理得到如图4-59b所示的芥菜在河北省的潜在地理分布区，生境适生性概率*P*取值范围为0～1，图4-59b中颜色越亮代表分布概率越高，蓝色表示几乎没有分布。从图4-59b可知，芥菜的高度适生区主要分布于围场县、兴隆县、青龙县、涿鹿县、阜平县、平山县、行唐县。从ArcGIS重分类的适生度图可以统计出芥菜高度适生区面积为3163.89km^2，中度适生区面积22 331.95km^2，低度适生区面积109 248.60km^2。

首次建模选取42项环境因子进行模型运算，然后从首次建模的结果分析筛选17项环境因子（bio8、ele、t-caco3、bio4、slope、t-gravel、aspect、bio17、VC、t-bulk-density、bio15、t-silt、LC、t-pH-H_2O、t-ece、t-esp、t-texture）进行二次建模。选取第二次建模累计贡献率大于90%的环境因子和刀切法增益值显著的环境因子的并集共12项环境因子：bio8、ele、t-caco3、bio4、slope、t-gravel、aspect、bio17、VC、t-bulk-density、bio15、t-silt，视为芥菜生态适宜性的主导环境因子。表4-20是利用最大熵模型生成的环境变量响应曲线归纳分析得到影响该物种潜在分布的各主导环境变量的取值范围（$P \geq 0.33$）、最佳取值以及贡献率。由表4-20可知，与温度相关的气候因子累计贡献率28.4%，地形因子累计贡献率26.3%，土壤因子累计贡献率24.6%，降雨量相关的气候因子贡献率8.3%，植被覆盖率贡献率4.3%。所以，影响芥菜潜在地理分布的最显著的主导环境因子是温度变量、地形变量、土壤因子。

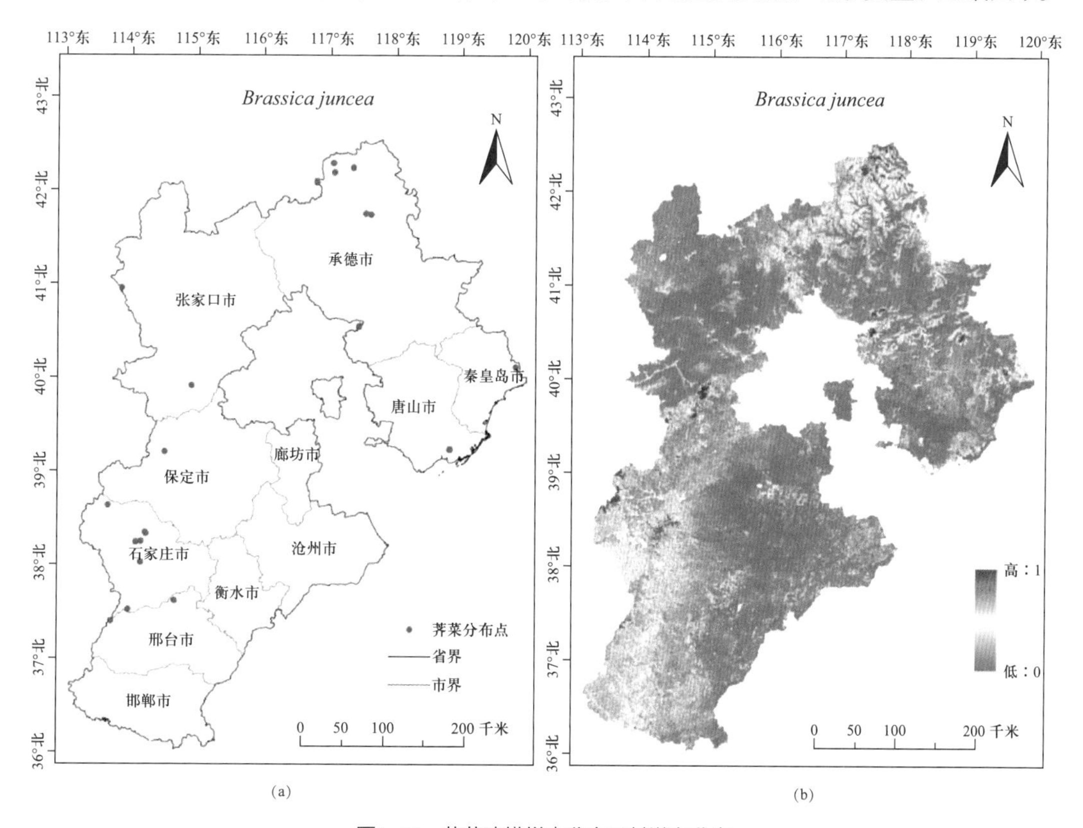

图4-59　芥菜建模样本分布及其潜在分布
Fig4-59 Specimen Occurrences and potential distribution of *Brassica juncea*

表4-20 影响芥菜潜在地理分布的主导因子、数值范围、最优值及贡献率

Table4-20 Dominant factors affecting potential distribution of *Brassica juncea*,their range,optimal value and percent contribution

变量 Variable	单位 Unit	数值范围 Value range	最优值 Optimal value	贡献率（%） Percent contribution
bio8	℃	10~20	10	19.4
ele	m	1~400,900~2700	2500~2700	12.8
t-caco3	%weight	0~6	0	11
bio4	—	9.45~13.2	9.45~9.7	9
slope	°	0~56	51~56	7.1
t-gravel	%vol	0~10	0~1	7
aspect	—	0~360	0	6.4
bio17	mm	8~30.1	13.5	5.5
VC	%	0~100	80~100	4.3
t-bulk-density	kg/dm^3	1.22~1.5	1.44	4.1
bio15	—	0.83~1.23	1.15	2.8
t-silt	%wt	0~59	37	2.5

由表4-20可知芥菜的潜在地理分布区影响最大的环境因子是bio8（最湿季节平均温）和ele（海拔），其响应曲线如图4-60所示。最湿季节平均温的生境适宜性取值范围为10~20℃，在10℃时适宜性最高。海拔的生境适宜性取值范围是1~400m和900~2700m，在2500~2700m时生境适宜最高。芥菜的适应性非常强，但在孕蕾、抽薹、开花结实需要经过低温春化和长日照条件。故南北各地栽培均以秋播为主。

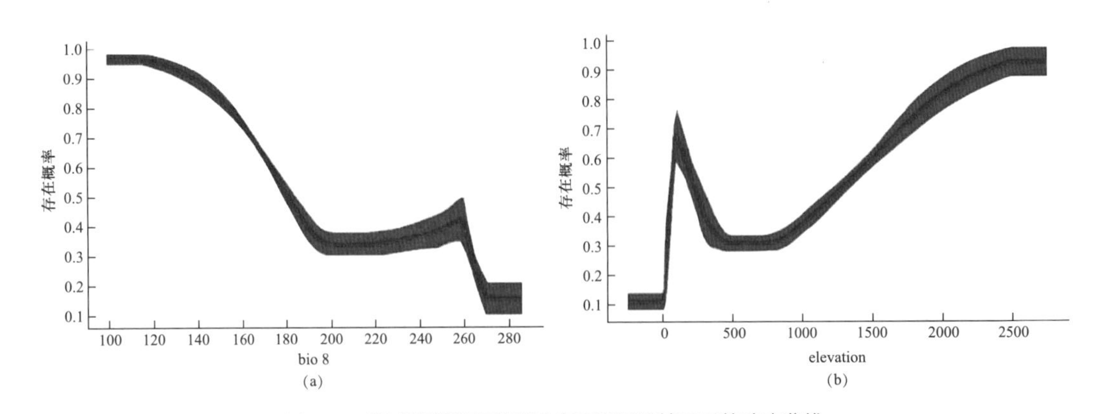

图4-60 影响芥菜潜在地理分布最重要环境因子的响应曲线

Fig4-60 Response curves of the most important environmental variables in modeling habitat distribution for *Brassica juncea*

4.21 播娘蒿 *Descurainia sophia*（L.）Webb.ex Prantl

一年生草本，种子亦可药用，称为南葶苈子，始载于《神农本草经》。有利尿消肿、祛痰定喘之功效。产河北围场县、张北县、灵寿县、平山县、赞皇县、内丘县、隆尧县、邯郸市、沙河市；北京平谷、昌平、怀柔、密云。分布于华北、西北、华东、四川。亚洲其他地区、欧洲、非洲北部及北美也有分布。

通过MaxEnt模型运算得到如图4-61所示的ROC曲线，图4-61a是首次运行结果，重复15次AUC的平均值为0.833；图4-61b是二次建模的结果，重复15次AUC平均值为0.823。模型预测效果很好。

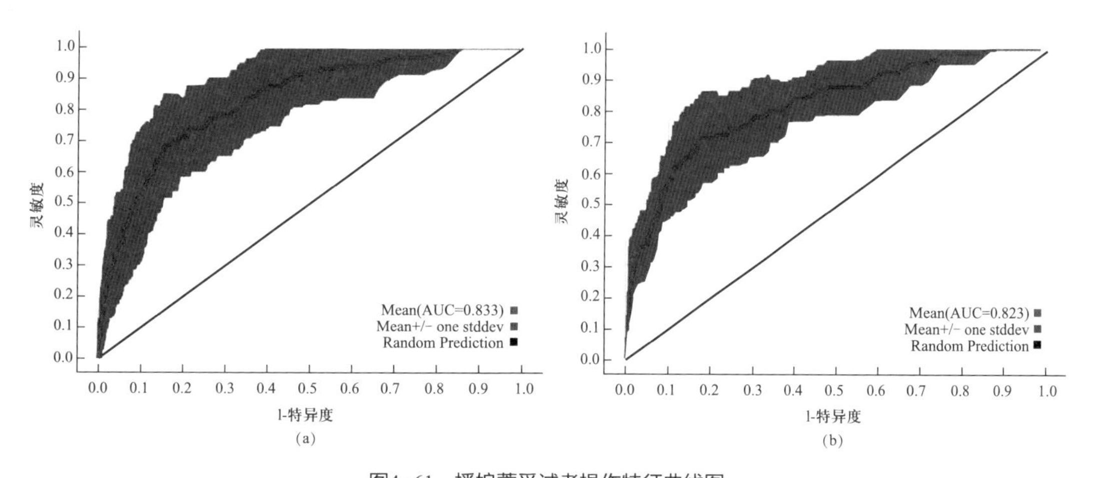

图4-61　播娘蒿受试者操作特征曲线图

Fig4-61Receiver operating characteristic curve of *Descurainia Sophia*

图4-62a是用来建模所有样本共31个数据的分布图，通过MaxEnt模型运算和ArcGIS操作处理得到如图4-62b所示的播娘蒿在河北省的潜在地理分布区，生境适生性概率*P*取值范围为0～1，图4-62b中颜色越亮代表分布概率越高，蓝色表示几乎没有分布。从图4-62b可知，播娘蒿的高度适生区主要分布在平山县、井陉县、赞皇县、内丘县。预测结果和河北植物志相符。从ArcGIS重分类的适生度图可以统计出播娘蒿高度适生区面积为4854.17km^2，中度适生区面积为21 822.92km^2，低度适生区面积101 332.6km^2。

首次建模选取42项环境因子进行模型运算，然后从首次建模的结果分析筛选15项环境因子（bio4、bio16、ele、bio3、t-gravel、t-ece、aspect、t-caso4、slope、LC、t-caco3、bio2、t-oc、bio17、bio15）进行二次建模。选取第二次建模累计贡献率大于90%的环境因子和刀切法增益值显著的环境因子的并集共11项环境因子：bio4、bio16、ele、bio3、t-gravel、t-ece、aspect、t-caso4、slope、LC、bio15，视为播娘蒿生态适宜性的主导环境因子。表4-21是利用最大熵模型生成的物种环境变量响应曲线归纳分析

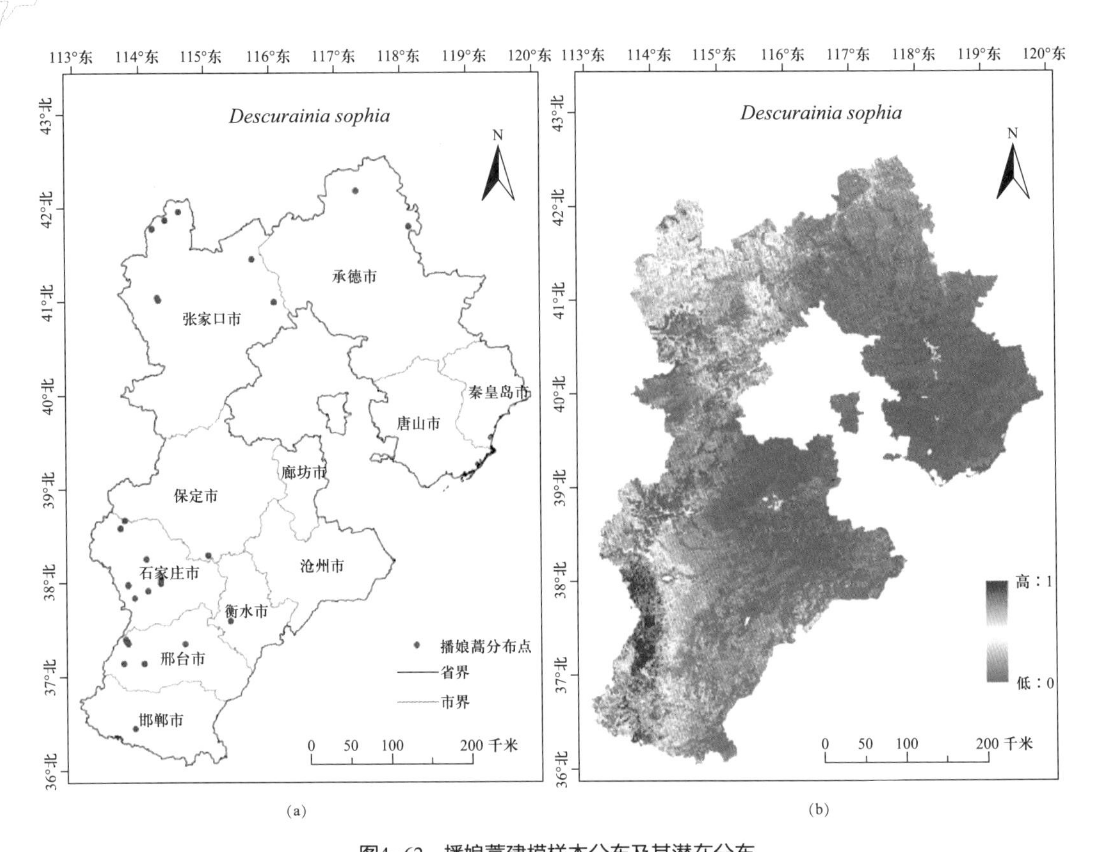

图4-62　播娘蒿建模样本分布及其潜在分布

Fig4-62 Specimen Occurrences and potential distribution of *Descurainia Sophia*

得到影响该物种潜在分布的各主导环境变量的取值范围（$P \geqslant 0.33$）、最佳取值以及贡献率。由表4-21可知，与温度相关的气候因子累计贡献率42.3%，土壤因子累计贡献率17.8%，地形因子累计贡献率16.3%，降水量累计贡献率10.6%，土地利用类型贡献率3.9%。所以，影响播娘蒿潜在地理分布的最显著的主导环境因子是温度变量。

表4-21　影响播娘蒿潜在地理分布的主导因子、数值范围、最优值及贡献率

Table4-21 Dominant factors affecting potential distribution of *Descurainia sophia*,their range,optimal value and percent contribution

变量 Variable	单位 Unit	数值范围 Value range	最优值 Optimal value	贡献率（%） Percent contribution
bio4	—	9.5～10.7,12.1～13.1	10.1	35.1
bio16	mm	170～405	170～220	10.2
ele	m	50～2700	100	7.9
bio3	—	0.232～0.255,0.287～0.318	0.305	7.2

续表

变量 Variable	单位 Unit	数值范围 Value range	最优值 Optimal value	贡献率（%） Percent contribution
t-gravel	%vol	2～11	6	6.9
t-ece	dS/m	0～31	0.5	6.8
aspect	—	0～320	290	4.5
t-caso4	%weight	0～0.1	0	4.1
slope	°	0.5～23	2	3.9
LC	name	2～12	2	3.9
bio15	fraction	0.91～1.15	1.08	0.4

由表4-21可知，播娘蒿潜在分布区的主导环境因子影响最大的是bio4（温度季节性变动系数），其响应曲线如图4-63所示。温度季节性变动系数的生境适宜性取值范围是9.5 ~ 10.7和12.1 ~ 13.1，当取10.1时播娘蒿的适应性最高。

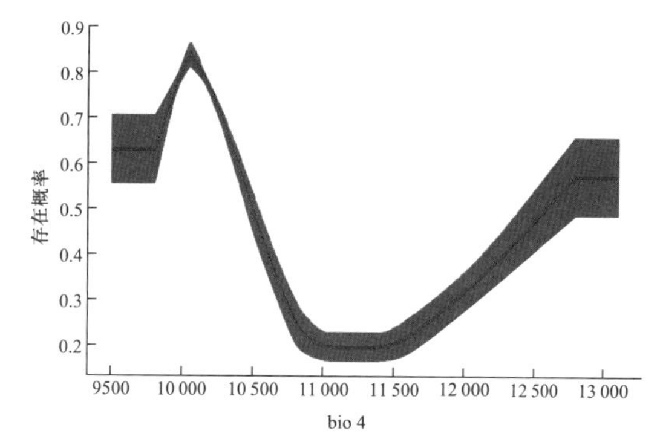

图4-63　影响播娘蒿潜在地理分布最重要环境因子的响应曲线

Fig4-63 Response curves of the most important environmental variables in modeling habitat distribution for *Descurainia sophia*

4.22 菘蓝 *Isatis tinctoria* L.

始载于《神农本草经》，称为蓝实。根部入药称为板蓝根，叶入药称为大青叶。二年生草本，根、叶均供药用，有清热解毒、凉血消斑、利咽止痛之功效。分布：原产欧洲，河北及我国各地栽培，亚洲其他地区也有栽培。

通过MaxEnt模型运算得到如图4-64所示的ROC曲线。图4-64a为首次运行结果，重复15次AUC的平均值为0.854；图4-64b是二次建模的结果，重复15次AUC平均值为0.808。模型预测效果很好。

图4-65a是用来建模的样本数据分布图，通过MaxEnt模型运算和ArcGIS操作处理得到如图4-65b所示的菘蓝在河北省的潜在分布区，生境适生性概率P取值范围为0 ~ 1，

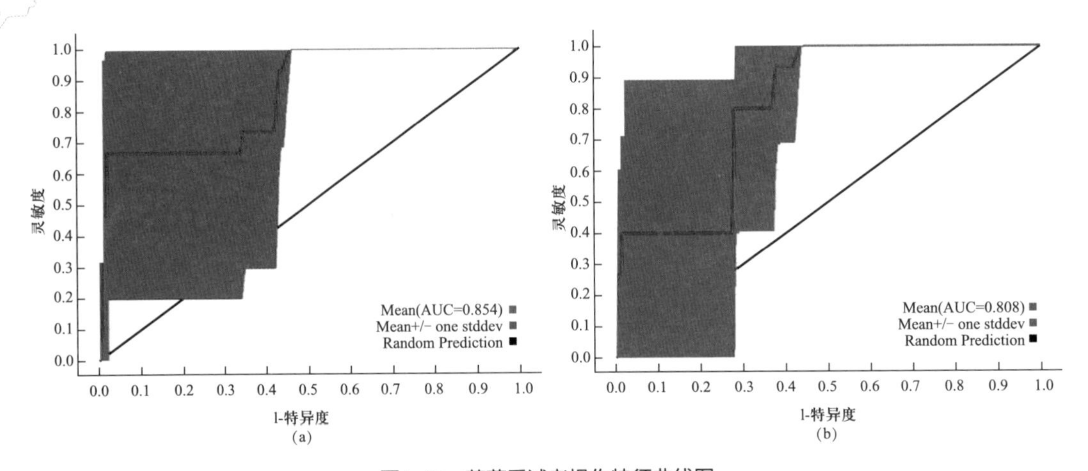

图4-64　菘蓝受试者操作特征曲线图
Fig4-64Receiver operating characteristic curve of *Isatis tinctoria*

图4-65b中颜色越亮代表分布概率越高，蓝色表示几乎没有分布。从图4-65b可知，菘蓝的高度适生区主要分布在内丘县、邢台县、沙河市、武安市、涉县。预测结果和《河北植物志》相符。从ArcGIS重分类的适生度图可以统计出菘蓝的高度适生区面积为2709.72km^2，中度适生区面积为14 876.39km^2，低适生区面积为65 906.26km^2。

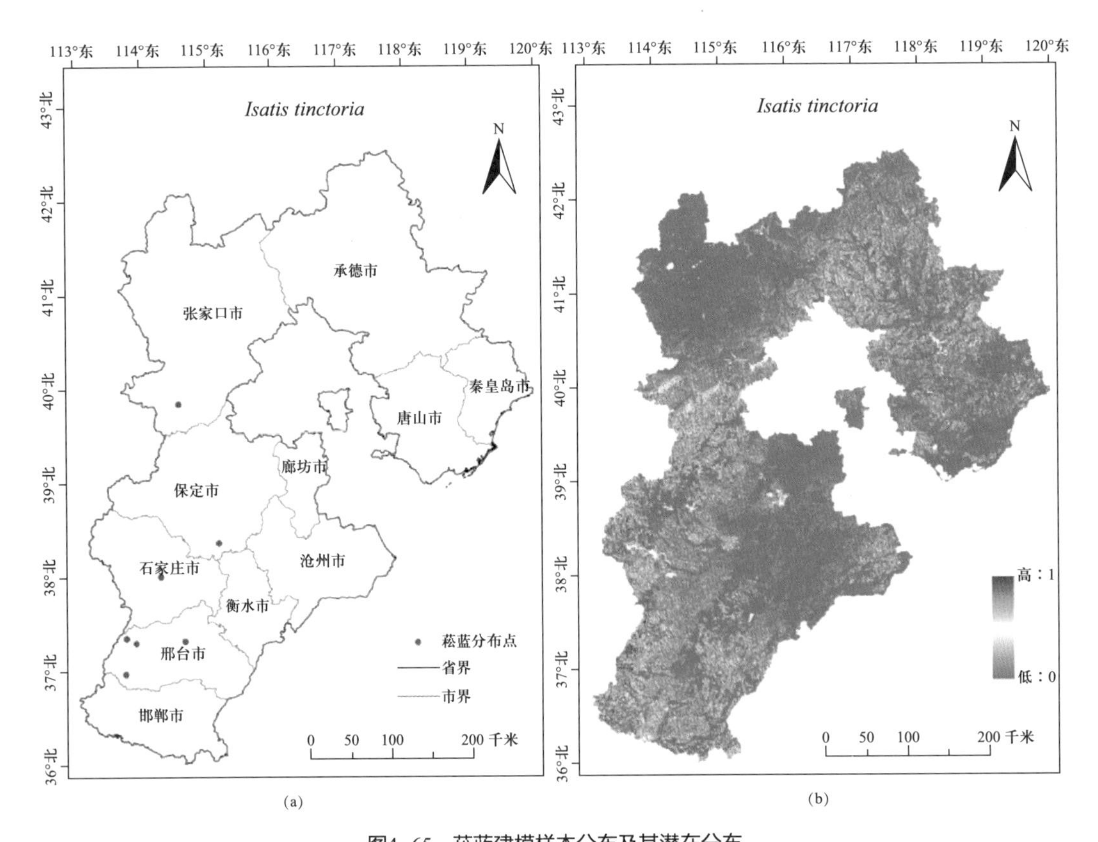

图4-65　菘蓝建模样本分布及其潜在分布
Fig4-65 Specimen Occurrences and potential distribution of *Isatis tinctoria*

首次建模选取42项环境因子进行模型运算，然后从首次建模的结果分析筛选15项环境因子（bio3、aspect、t-gravel、t-caso4、bio14、bio4、bio15、t-pH-H_2O、t-ece、slope、t-esp、LC、t-bs、t-cec-clay、bio2）进行二次建模。选取第二次建模累计贡献率大于90%的环境因子和刀切法增益值显著的环境因子的并集共8项环境因子：bio3、aspect、t-gravel、t-caso4、bio14、bio4、bio15、t-pH-H_2O，视为菘蓝生态适宜性的主导环境因子。表4-22是利用最大熵模型生成的物种环境变量响应曲线归纳分析得到影响该物种潜在分布的各主导环境变量的取值范围（$P \geqslant 0.33$）、最佳取值以及贡献率。由表4-22可知，与温度相关的气候因子累计贡献率35%，土壤因子累计贡献率29.8%，地形因子坡向贡献率26.8%，降水量累计贡献率4.8%。所以，影响菘蓝潜在地理分布的最显著的主导环境因子是温度变量、土壤因子、地形变量。

由表4-22可知菘蓝的潜在分布区主导气候因子bio3（等温性）、aspect（坡向）、t-gravel（表层土壤砾石含量）贡献率最大。其响应曲线如图4-66所示。等温性的生境适宜性取值范围为0.278 ~ 0.316，并在0.31 ~ 0.316时适宜性最高。坡向的生境适宜取值范围为190 ~ 360，取值为360是生境适宜性最高。表层土壤砾石含量生境适宜取值为0~6.5%vol，在0~1.5%vol时适宜性最高。与其适应性较强，能耐寒、喜温暖怕水涝的生境特征相一致。

表4-22　影响菘蓝潜在地理分布的主导因子、数值范围、最优值及贡献率

Table4-22 Dominant factors affecting potential distribution of *Isatis tinctoria*,their range,optimal value and percent contribution

变量 Variable	单位 Unit	数值范围 Value range	最优值 Optimal value	贡献率（%） Percent contribution
bio3	—	0.278～0.316	0.31～0.316	33
aspect	—	190～360	360	26.8
t-gravel	%vol	0～6.5	0～1.5	21.2
t-caso4	%weight	0～0.05	0	7.6
bio14	mm	0.2～8.6	8～8.6	3.8
bio4	—	9.5～11.5	9.5～9.75	2
bio15	—	0.84～1.65	0.84～0.9	1
t-pH-H_2O	$-\log(H^+)$	4.7～9.3	4.7～5.0	1

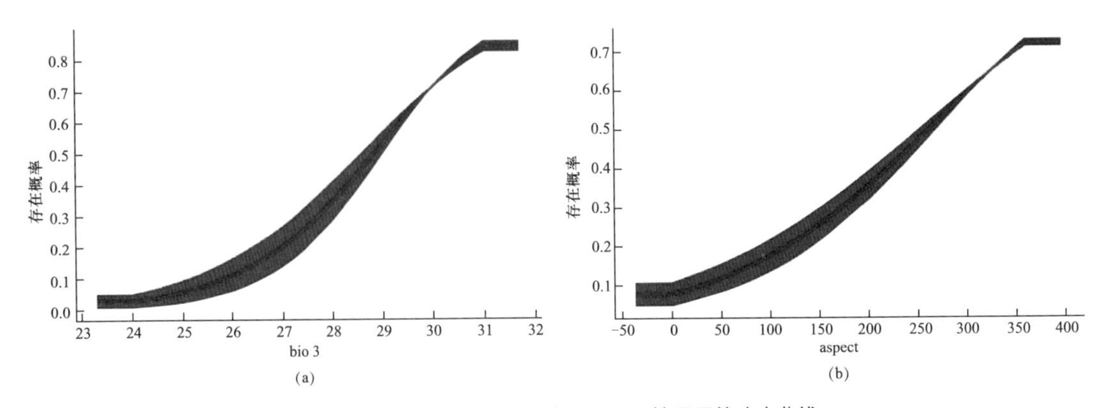

图4-66　影响菘蓝潜在地理分布最重要环境因子的响应曲线

Fig4-66 Response curves of the most important environmental variables in modeling habitat distribution for *Isatis tinctoria*

4.23 独行菜 *Lepidium apetalum* Willd.

一年或二年生草本，生山坡、山沟、路旁及村庄旁附近。为常见的田间杂草。全草及种子供药用，称为北葶苈子，始载于《神农本草经》列为下品。亦可榨油。有利尿、止咳、化痰功效。广布于河北省大部分地区，分布于东北、华北、西北、西南。亚洲及欧洲也有。

通过MaxEnt模型运算得到如图4-67所示的ROC曲线。图4-67a为首次运行结果，重复15次AUC的平均值为0.749；图4-67b为二次建模的结果，重复15次AUC平均值为0.767。模型预测效果较好。

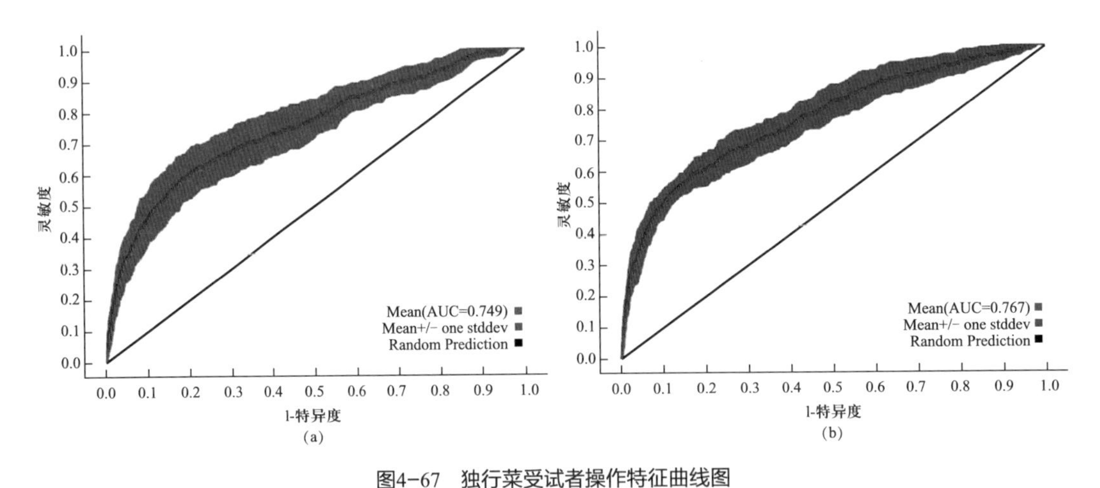

图4-67　独行菜受试者操作特征曲线图

Fig4-67 Receiver operating characteristic curve of *Lepidium apetalum*

图4-68a是用来建模的所有样本共164条数据的分布图，通过MaxEnt模型运算和ArcGIS操作处理得到如图4-68b所示的独行菜在河北省的潜在地理分布区，生境适生性概率*P*取值范围为0～1，图4-68b中颜色越亮代表分布概率越高，蓝色表示几乎

没有分布。从图4-68b可知，独行菜的高度适生区主要分布在沽源县、康保县、尚义县。预测结果和河北植物志相符。从ArcGIS重分类的适生度图可以统计出独行菜高度适生区面积为5715.97km^2，中度适生区面积为26 488.89km^2，低度适生区面积为115 854.20km^2。

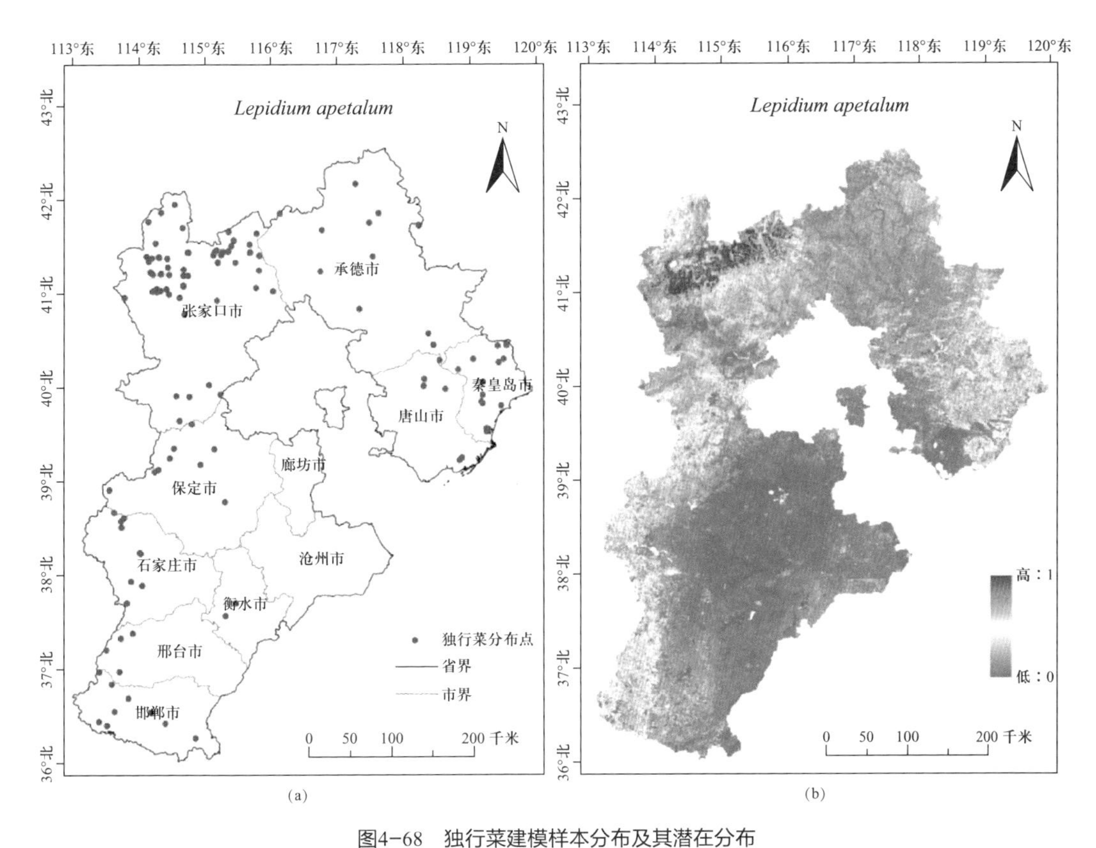

图4-68　独行菜建模样本分布及其潜在分布

Fig4-68 Specimen Occurrences and potential distribution of *Lepidium apetalum*

首次建模选取42项环境因子进行模型运算，然后从首次建模的结果分析筛选23项环境因子（bio13、ele、t-ece、bio8、t-cec-soil、bio15、bio17、bio4、LC、VC、t-oc、aspect、bio3、slope、t-caco3、t-caso4、t-cec-clay、t-sand、t-silt、t-pH-H_2O、t-esp、t-bulk-density、t-gravel）进行二次建模。选取第二次建模累计贡献率大于90%的环境因子和刀切法增益值显著的环境因子的并集共17项环境因子：bio13、ele、t-ece、bio8、t-cec-soil、bio15、bio17、bio4、LC、VC、t-oc、aspect、bio3、slope、t-caco3、t-caso4、t-cec-clay，视为独行菜生态适宜性的主导环境因子。表4-23是利用最大熵模型生成的物种环境变量响应曲线归纳分析得到影响该物种潜在分布的各主导环境变量的取值范围（$P \geq 0.33$）、最佳取值以及贡献率。由表4-23可知，土壤因子贡献率29.2%，与降水量相关的气候因子累计贡献率24.5%，地形因子贡献率19.5%，与温度相关的气候因子贡献率17.4%，土地利用类型贡献率3.1%，植被覆盖率3%。所以，影响独行菜潜在地理分布的最显著的主导环境因子是土壤因子、降水变量、温度变量、地形变量。

表4−23　影响独行菜潜在地理分布的主导因子、数值范围、最优值及贡献率

Table4−23 Dominant factors affecting potential distribution of *Lepidium apetalum*, their range,optimal value and percent contribution

变量 Variable	单位 Unit	数值范围 Value range	最优值 Optimal value	贡献率（%） Percent contribution
bio13	mm	70～125,200～220	105	16.5
ele	m	55～2900	1600	14.7
t-ece	dS/m	0～32	3	13
bio8	℃	9～24.5	17.5	11.7
t-cec-soil	cmol /kg	16～27	23	5.8
bio15	—	9.2～11,11.8～12	9.5	4.3
bio17	mm	8.2～14.8	9.5	3.7
bio4	—	9.5～10.25,11.05～13.2	12.7	3.6
LC	name	2～12	7、8	3.1
VC	%	0～75	0	3
t-oc	%weight	0～0.35,0.7～1.7	1.65	2.9
aspect	—	0～360	55	2.7
bio3	—	0.232～0.272,0.29～0.315	0.245	2.1
slope	°	0.5～43	3	2.1
t-caco3	%weight	0～6.5，14.5～16	6.5	1.9
t-caso4	%weight	0～0.2,2.5～4.9	4.5-4.9	1.8
t-cec-clay	cmol /kg	38～66,70～105	88	1.7

由表4-23可知，独行菜潜在地理分布区影响最大的环境因子是bio13（最湿月降水量）和ele（海拔）。其响应曲线如图4-69所示。最湿月降水量的适宜范围为70 ~ 125mm和200 ~ 220mm，取105mm时适宜性最高。海拔的适宜范围为55 ~ 2900m，取1600m时适应性最高。

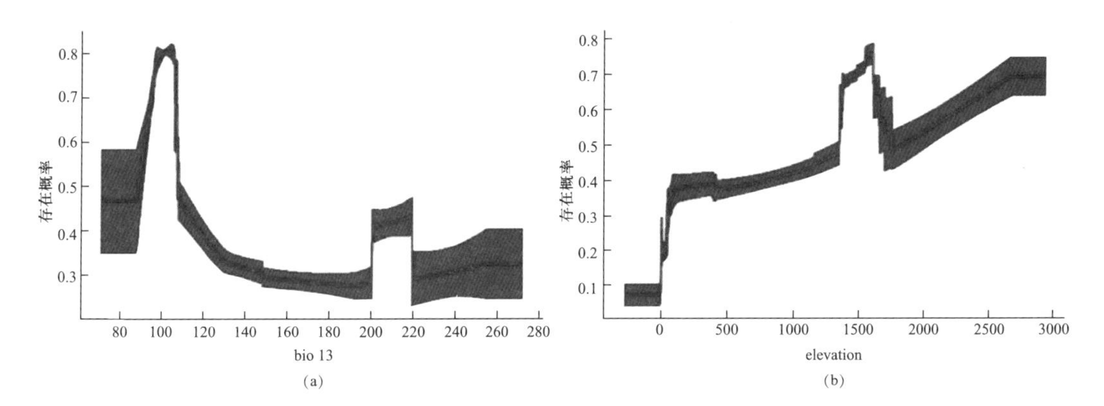

图4-69 影响独行菜潜在地理分布最重要环境因子的响应曲线
Fig4-69 Response curves of the most important environmental variables in modeling habitat distribution for *Lepidium apetalum*

4.24 背扁黄耆 *Astragalus complanatus* Bunge

始载于《本草图经》，又称萹茎黄芪、沙苑子、白蒺藜，主根圆柱状，长达1m，多生向阳草地、山坡、路边，喜温暖气候，耐寒、耐旱、怕高温、怕涝，对土壤要求不严，忌连作。种子入药有补肾固精、清肝明目之效，产河北围场、丰宁云雾山、唐山唐各庄、张家口、蔚县小五台山、平山下口、井陉、磁县炉峰山、涉县；北京上方山、动物园、圆明园、南苑。分布于东北、华北、西北。

通过MaxEnt模型运算得到如图4-70所示的ROC曲线。图4-70a为首次运行结果，重复15次AUC的平均值为0.923；图4-70b图为二次建模的结果，重复15次AUC平均值为0.946。模型预测效果极好。

图4-71a是用来建模的所有样本21条数据的分布图，通过MaxEnt模型运算和ArcGIS处理得到如图4-71b所示的背扁黄耆在河北省的潜在地理分布区，生境适生性概率*P*取

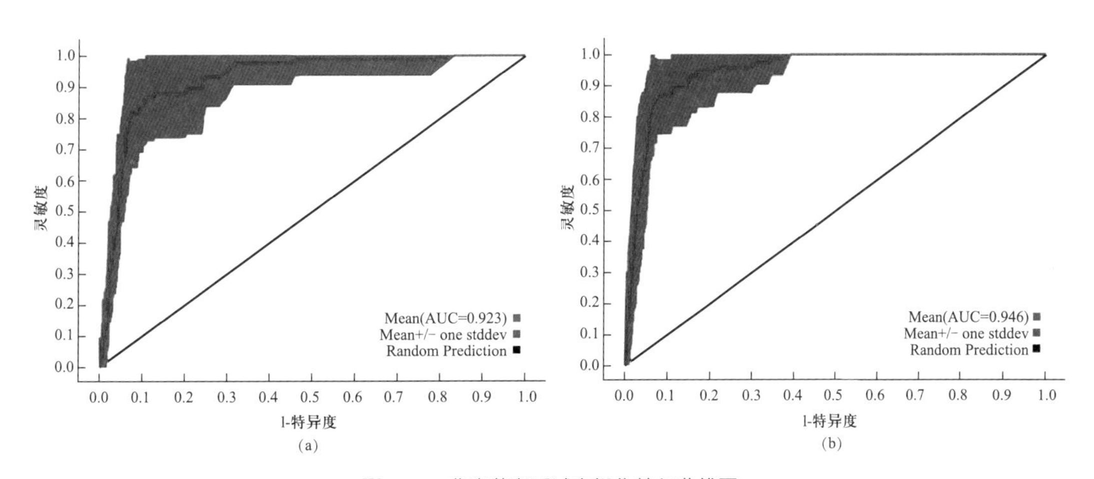

图4-70 背扁黄耆受试者操作特征曲线图
Fig4-70 Receiver operating characteristic curve of *Astragalus complanatus*

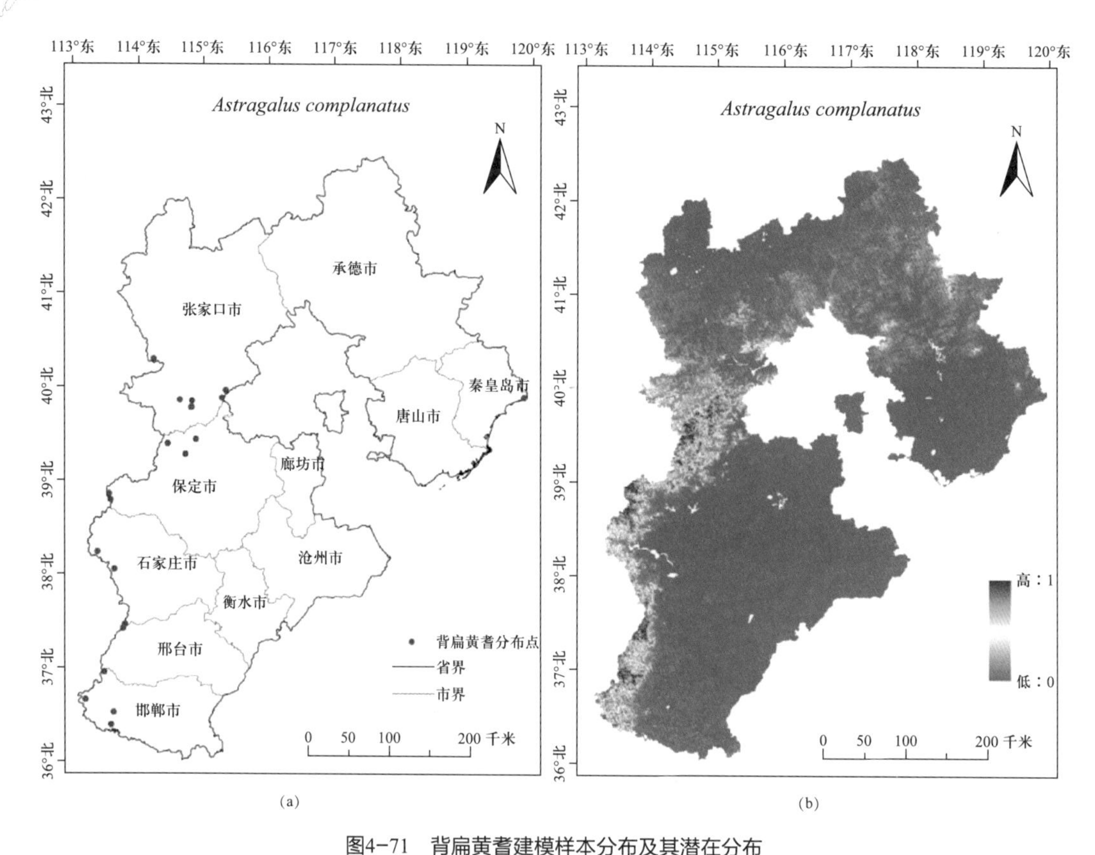

图4-71 背扁黄耆建模样本分布及其潜在分布

Fig4-71 Specimen Occurrences and potential distribution of *Astragalus complanatus*

值范围为0～1，图4-71b中颜色越亮代表分布概率越高，蓝色表示几乎没有分布。从图4-71b可知，背扁黄耆的高度适生区主要分布在涿鹿县、蔚县、阜平县、平山县、赞皇县、内丘县、邢台县、沙河市、武安市、涉县。从ArcGIS重分类的适生度图可以统计背扁黄耆高度适生区面积是2743.06km^2，中度适生区面积为8406.25km^2，低度适生区面积为42 429.17km^2。

首次建模选取42项环境因子进行模型运算，然后从首次建模的结果分析筛选13项环境因子（ele、VC、bio17、bio4、bio3、bio15、slope、aspect、t-oc、LC、bio18、bio2、bio8）进行二次建模。选取第二次建模累计贡献率大于90%的环境因子和刀切法增益值显著的环境因子的并集共8项环境因子：ele、VC、bio17、bio4、bio3、bio15、slope、aspect，视为背扁黄耆生态适宜性的主导环境因子。表4-24是利用最大熵模型生成的环境变量响应曲线归纳分析得到影响该物种潜在分布的各主导环境变量的取值范围（$P \geqslant 0.33$）、最佳取值以及贡献率。由表4-24可知，地形因子累计贡献率33.8%，与温度相关的气候因子累计贡献率22.1%，植被覆盖率22%，与降水量相关的气候因子累计贡献率为18.3%。所以，影响背扁黄耆潜在地理分布的最显著的主导环境因子是地形因子、温度变量、植被覆盖率、降水变量。

表4−24　影响背扁黄耆潜在地理分布的主导因子、数值范围、最优值及贡献率
Table4−24 Dominant factors affecting potential distribution of *Astragalus complanatus*,their range,optimal value and percent contribution

变量 Variable	单位 Unit	数值范围 Value range	最优值 Optimal value	贡献率（%） Percent contribution
ele	m	500～2600	1200	29.5
VC	%	40～100	60	22
bio17	mm	11.5～30	17～30	14.5
bio4	—	9.45～10.6	9.45～9.75	12.7
bio3	—	0.282～0.315	0.305	9.4
bio15	—	0.85～1.10	1	3.8
slope	°	5～59	53-59	2.3
aspect	—	10～340	200-220	2

由表4-24可知背扁黄耆潜在地理分布区影响最大的环境因子是ele（海拔）、VC（植被覆盖率）。其响应曲线如图4-72所示。海拔的适宜性取值范围是500～2600m，取1200m时适宜性最高。植被覆盖率的适宜范围为40～100，在60%时适宜性最大。预测结果与背扁黄耆喜温暖气候，耐寒、耐旱、怕高温、怕涝，对土壤要求不严的生境特征相一致。

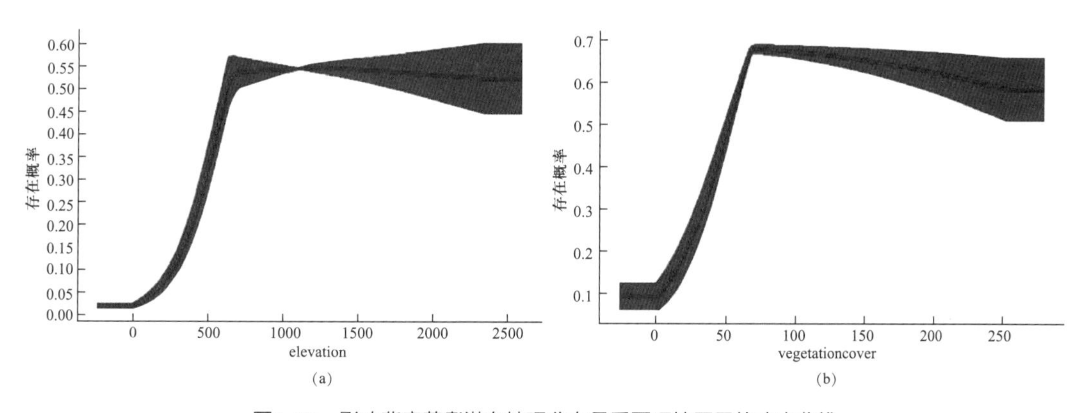

图4−72　影响背扁黄耆潜在地理分布最重要环境因子的响应曲线
Fig4−72 Response curves of the most important environmental variables in modeling habitat distribution for *Astragalus complanatus*

4.25 甘草 *Glycyrrhiza uralensis* Fisch.

又称为美草、蜜甘、蜜草、国老。始载于《神农本草经》，多年生草本，根与根状茎粗壮。生向阳干燥山坡、草地、田边、路旁、草原、河岸砂质土地，野生或栽培。甘草多生长在干旱、半干旱的砂土、沙漠边缘和黄土丘陵地带，它适应性强，抗逆性强。产河北围场、涿鹿、宣化、张家口、蔚县；北京密云、延庆、昌平、海淀、门头沟、房山、大兴；天津蓟县、武清、永清。分布于东北、华北、西北。蒙古、俄罗斯、巴基斯坦、阿富汗也有分布。甘草以根入药，能清热解毒，润肺止咳，调和诸药，又可作香烟及蜜饯食品的配料。

通过MaxEnt模型运算得到如图4-73所示的ROC曲线。图4-73a为首次运行结果，重复15次AUC的平均值为0.913；图4-73b为二次建模的结果，重复15次AUC平均值为0.942。模型预测效果极好。

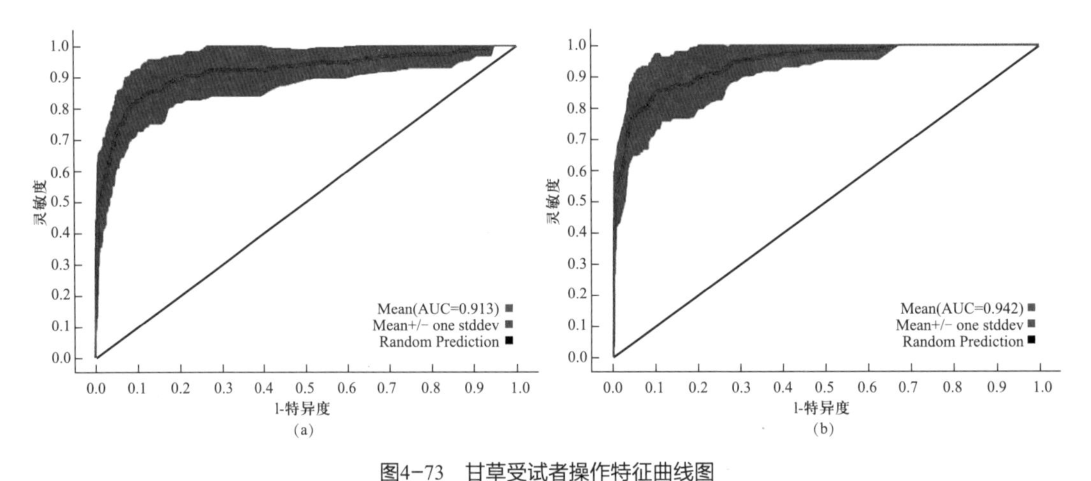

图4-73　甘草受试者操作特征曲线图

Fig4-73 Receiver operating characteristic curve of *Glycyrrhiza uralensis*

图4-74a是用来建模的所有样本54条数据分布图，通过MaxEnt模型运算和ArcGIS操作处理得到如图4-74b所示的甘草在河北省的潜在地理分布区，生境适生性概率P取值范围为0～1，图4-74b中颜色越亮代表分布概率越高，蓝色表示几乎没有分布。从图4-74b可知，甘草的高度适生区主要分布在怀来县、宣化县、万全县、怀安县。从ArcGIS重分类的适生度图可以统计出甘草的高度适生区面积为1433.33km^2，中度适生区面积为5949.31km^2，低度适生区面积为24 514.59km^2。

首次建模选取59项环境因子进行模型运算，然后从首次建模的结果分析筛选13项环境因子（ele、bio16、s-caso4、bio4、slope、bio2、t-oc、aspect、s-bulk-density、t-ece、bio3、bio15、bio8）进行二次建模。选取第二次建模累计贡献率大于90%的环境因子和刀切法增益值显著的环境因子的并集共10项环境因子：ele、bio16、s-caso4、

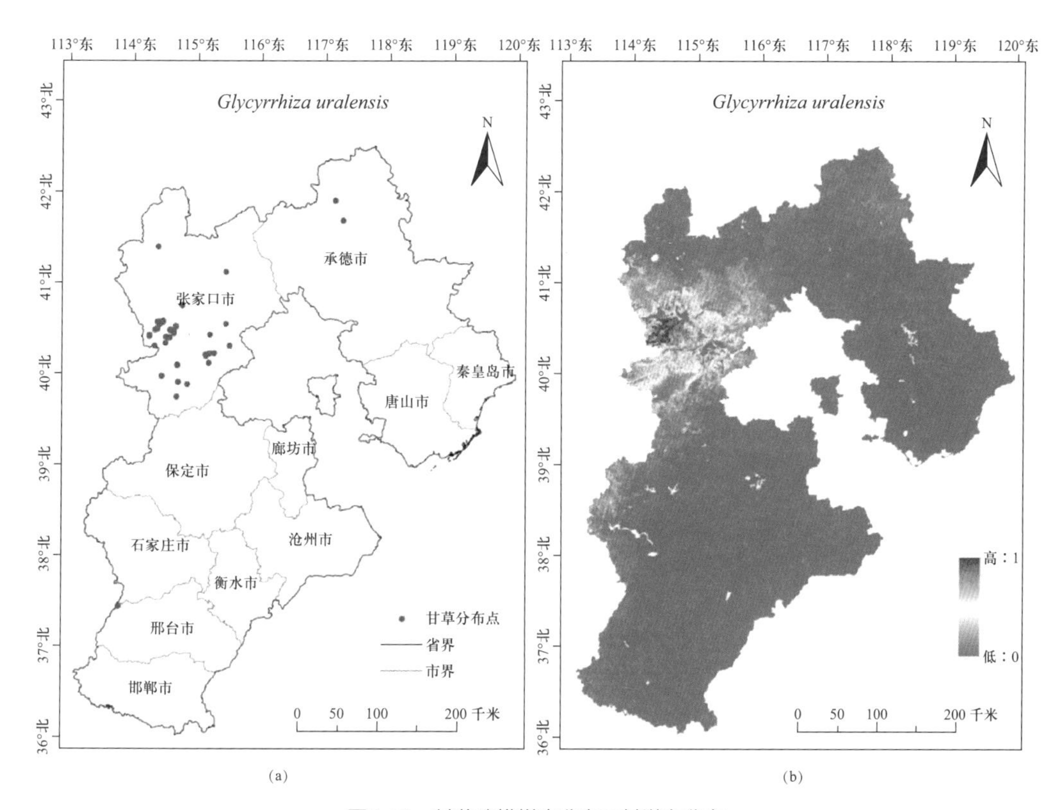

图4-74 甘草建模样本分布及其潜在分布

Fig4-74 Specimen Occurrences and potential distribution of *Glycyrrhiza uralensis*

bio4、slope、bio2、t-oc、aspect、bio15、bio8，视为甘草生态适宜性的主导环境因子。表4-25是利用最大熵模型生成的物种环境变量响应曲线归纳分析得到影响该物种潜在分布的各主导环境变量的取值范围（$P \geqslant 0.33$）、最佳取值以及贡献率。由表4-25可知，地形因子累计贡献率38.9%，最湿季降水量贡献率27.9，土壤因子累计贡献率15.1%，与温度相关的气候因子贡献率14.6%。所以，影响甘草潜在地理分布的最显著的主导环境因子是地形因子和降水变量。

表4-25 影响甘草潜在地理分布的主导因子、数值范围、最优值及贡献率

Table4-25 Dominant factors affecting potential distribution of *Glycyrrhiza uralensis*,their range,optimal value and percent contribution

变量 Variable	单位 Unit	数值范围 Value range	最优值 Optimal value	贡献率（%）Percent contribution
ele	m	600～1550	1100	28.7
bio16	mm	240～290	245	27.9
s-caso4	%weight	0.22～1.1	0.45	11.3

续表

变量 Variable	单位 Unit	数值范围 Value range	最优值 Optimal value	贡献率（%） Percent contribution
bio4	—	11.25～12	11.7	10.3
slope	°	3～25	5	7.1
bio2	℃	11.5～12.8	12.05	4.3
t-oc	%weight	0～1.1	0.4	3.8
aspect	—	0～360	350	3.1
bio15	—	0.75～1.1	1.03	0
bio8	℃	17～23.5	22.5	0

由表4-25可知甘草的潜在地理分布区影响最大的环境因子是ele（海拔）和bio16（最湿季节降水量），其响应曲线如图4-75所示。海拔的适宜范围为600～1550m，在1100m时适宜性最高。最湿季节降水量适宜范围为240～290mm，在245mm时适宜性最大。预测结果与甘草喜光照充足，降雨量稀少，夏季酷热，冬季严寒，昼夜温差大的生态环境和耐盐碱的特性相一致。适宜在土层深厚、土质疏松、排水良好的砂质土壤中生长。

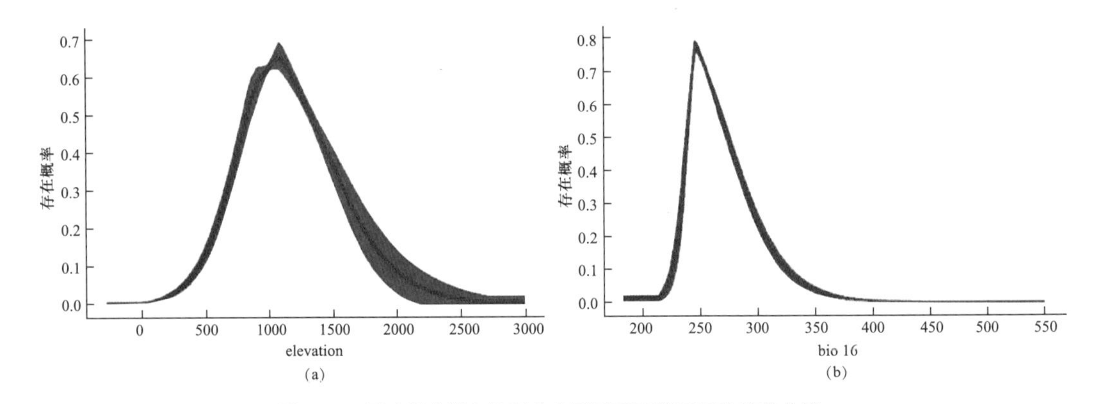

图4-75　影响甘草潜在地理分布最重要环境因子的响应曲线

Fig4-75 Response curves of the most important environmental variables in modeling habitat distribution for *Glycyrrhiza uralensis*

4.26 葛 *Pueraria montana*（Lour.）Merr. var. *lobata* (Willd.) Maesen et S.M.Almeida ex Sanjappa et Predeep

葛根供药用，始载于《神农本草经》，列为中品，有解表退热、生津止渴、止泻的功能。粗壮藤本，生草坡、路旁、沟边、林缘或灌丛中以及较阴湿的地方。产河北青龙、兴隆、滦平、宽城、迁安、昌黎、鹿泉、井陉、平山、赞皇、武安、涉县；北京郊区各县均有生长；天津蓟县。除西藏、新疆外全国各省区均有分布。

通过MaxEnt模型运算得到如图4-76所示的ROC曲线。图4-76a为首次运行结果，重复15次AUC的平均值为0.950；图4-76b为二次建模的结果，重复15次AUC平均值为0.957。模型预测效果极好。

图4-77a是用来建模的所有样本共109个数据的分布图，通过MaxEnt模型运算和

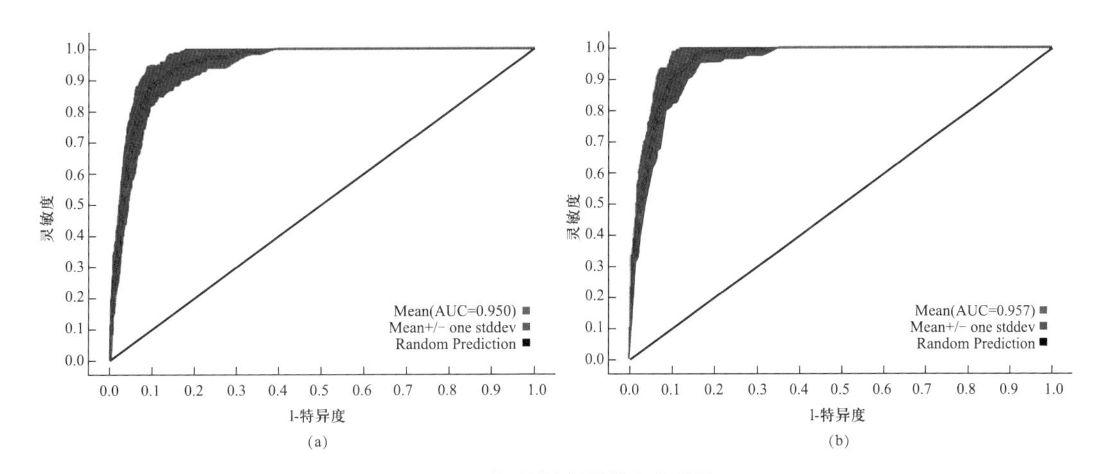

图4-76　葛受试者操作特征曲线图
Fig4-76 Receiver operating characteristic curve of *Pueraria montana* var. *lobata*

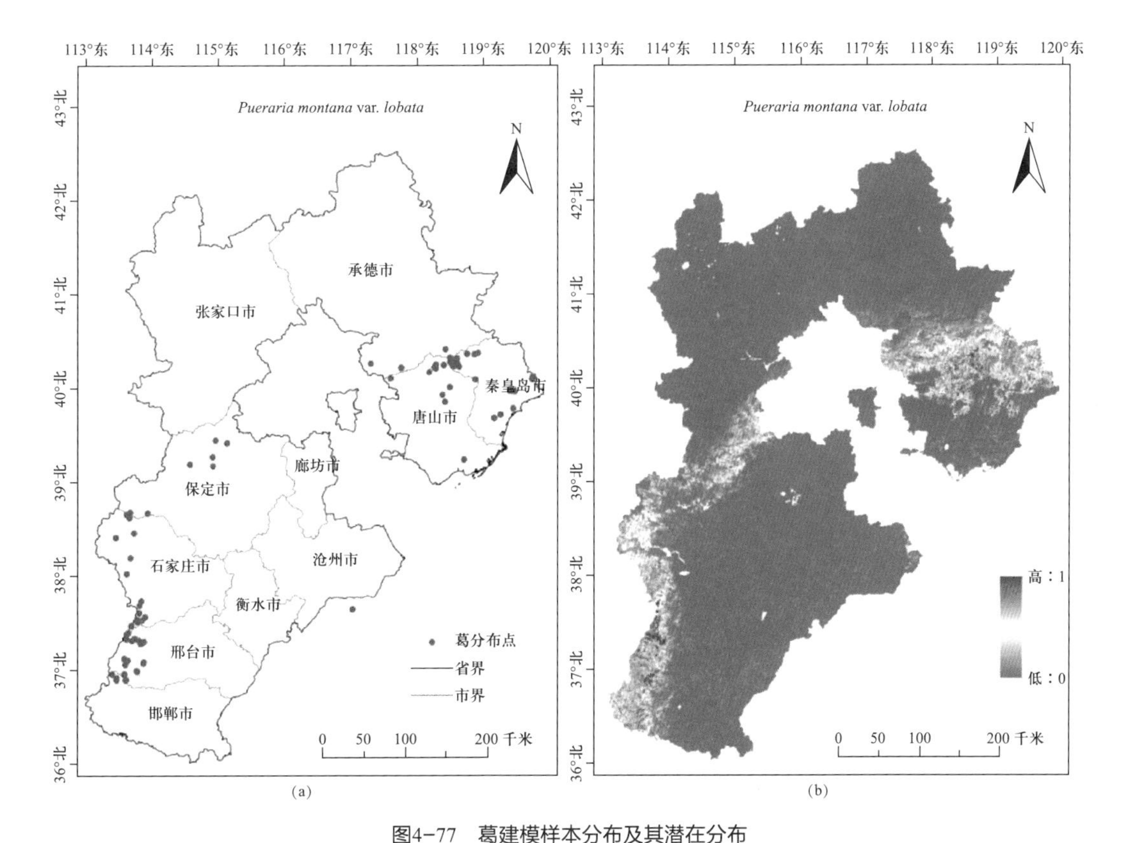

图4-77　葛建模样本分布及其潜在分布
Fig4-77 Specimen Occurrences and potential distribution of *Pueraria montana* var. *lobata*

ArcGIS操作处理得到如图4-77b所示的葛在河北省的潜在地理分布区，生境适生性概率*P*取值范围为0 ~ 1，图4-77b中颜色越亮代表分布概率越高，蓝色表示几乎没有分布。从图4-77b可知，葛的高度适生区主要分布在青龙县、迁西县、迁安市、丰润区、赞皇县、内丘县、邢台县、沙河市、武安市、涉县。从重分类的适生度图可以统计出葛高度适生区面积为1847.22km^2，中度适生区面积为8989.58km^2，低度适生区面积为24 649.31km^2。

首次建模选取59项环境因子进行模型运算，然后从首次建模的结果分析筛选15项环境因子（bio11、slope、VC、bio12、bio3、bio17、t-caso4、s-gravel、t-oc、bio15、s-bs、ele、aspect、t-bulk-density、LC）进行二次建模。选取第二次建模累计贡献率大于90%的环境因子和刀切法增益值显著的环境因子的并集共9项环境因子：bio11、slope、VC、bio12、bio3、bio17、t-caso4、s-gravel、ele，视为葛生态适宜性的主导环境因子。表4-26是利用最大熵模型生成的物种环境变量响应曲线归纳分析得到影响该物种潜在分布的各主导环境变量的取值范围（$P\geqslant0.33$）、最佳取值以及贡献率。由表4-26可知，与温度相关的气候因子累计贡献率为30.8%，与降水量相关的气候因子累计贡献率21.5%，地形因子累计贡献率20%，植被覆盖率贡献率19.2%，土壤因子累计贡献率4.5%。所以，影响葛潜在地理分布的最显著的主导环境因子是温度变量、降水变量、地形因子、植被覆盖率。

表4-26　影响葛潜在地理分布的主导因子、数值范围、最优值及贡献率

Table4-26 Dominant factors affecting potential distribution of *Pueraria montana* var. *lobata*,their range,optimal value and percent contribution

变量 Variable	单位 Unit	数值范围 Value range	最优值 Optimal value	贡献率（%） Percent contribution
bio11	℃	-8～3	-6.5	20.5
slope	°	5～57	51～57	19.5
VC	%	20～100	100	19.2
bio12	mm	550～780	680	17.4
bio3	—	0.264～0.27,0.29～0.315	0.305	10.3
bio17	mm	10～24	14	4.1
t-caso4	%weight	0.01	0.01	2.7
s-gravel	%vol	0～30	18	1.8
ele	m	200～900	250	0.5

由表4-26可知葛的潜在分布区贡献率最大主导环境因子是bio11（最冷季节平均温度）、slope（坡度）、VC（植被覆盖率）、bio12（年降水量），其响应曲线如图4-78所示。最冷季节平均温的适宜范围为−8～3℃，在−6.5℃时适宜性最高。坡度的适宜范围为5°～57°，在51°～57°适宜性最高。植被覆盖率的适宜范围是20%～100%，在100%时适宜性最高。年降水量的适宜范围为550～780mm，在680mm时适宜性最大。这与其多分布于海拔1700m以下较温暖潮湿的坡地、沟谷、向阳矮小灌木丛中的生境特征相一致。

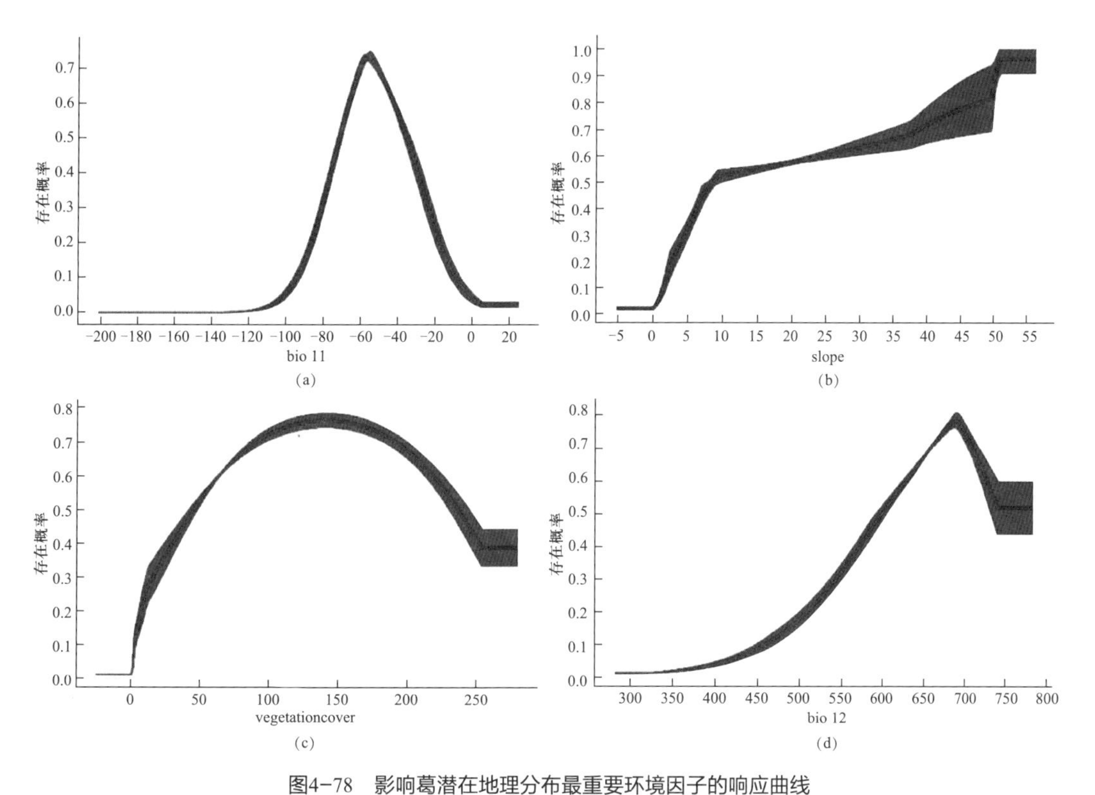

图4-78　影响葛潜在地理分布最重要环境因子的响应曲线

Fig4-78 Response curves of the most important environmental variables in modeling habitat distribution for *Pueraria montana* var. *lobata*

4.27 苦参 *Sophora flavescens* Ait.

始载于《神农本草经》，又称为苦骨、川参、凤凰爪、牛参、地骨、地参。草本或亚灌木，稀呈灌木状，生山坡砂地及干旱草原，海拔1500m以下。根入药有清热利湿，抗菌消炎，健胃驱虫之功效。产河北、北京、天津各地。分布于全国各地。日本也有分布。

通过MaxEnt模型运算得到如图4-79所示的ROC曲线。图4-79a为首次运行重复15次AUC的平均值为0.841；图4-79b为二次建模的结果，15次AUC平均值为0.832。模型预测效果很好。

图4-80a是用来建模的所有样本共255个数据的分布图，通过MaxEnt模型运算和ArcGIS处理得到如图4-80b所示的苦参在河北省的潜在地理分布区，生境适生性概率P取值范围为0～1，图4-80b中颜色越亮代表分布概率越高，蓝色表示几乎没有分布。从图4-80b可知，苦参的高度适生区主要零散分布在燕山山脉和太行山山

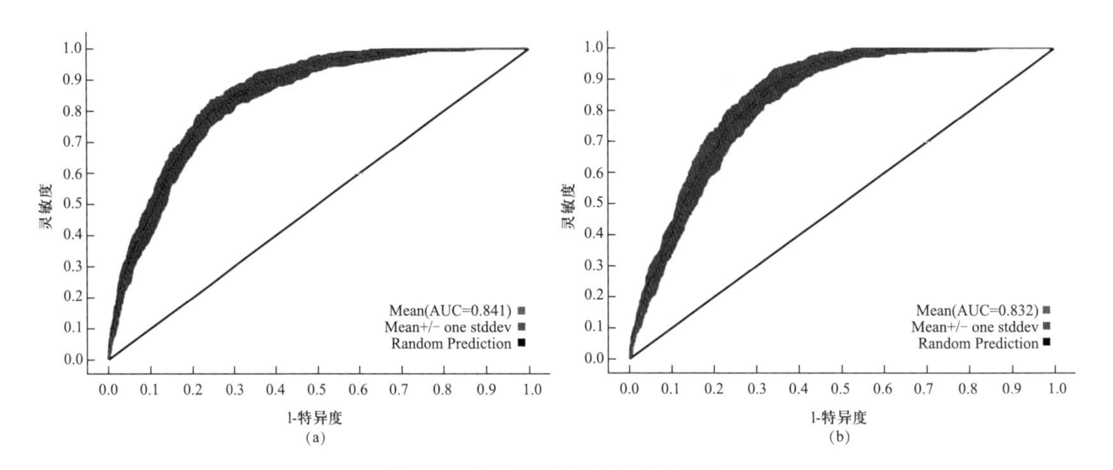

图4-79 苦参受试者操作特征曲线图
Fig4-79 Receiver operating characteristic curve of *Sophora flavescens*

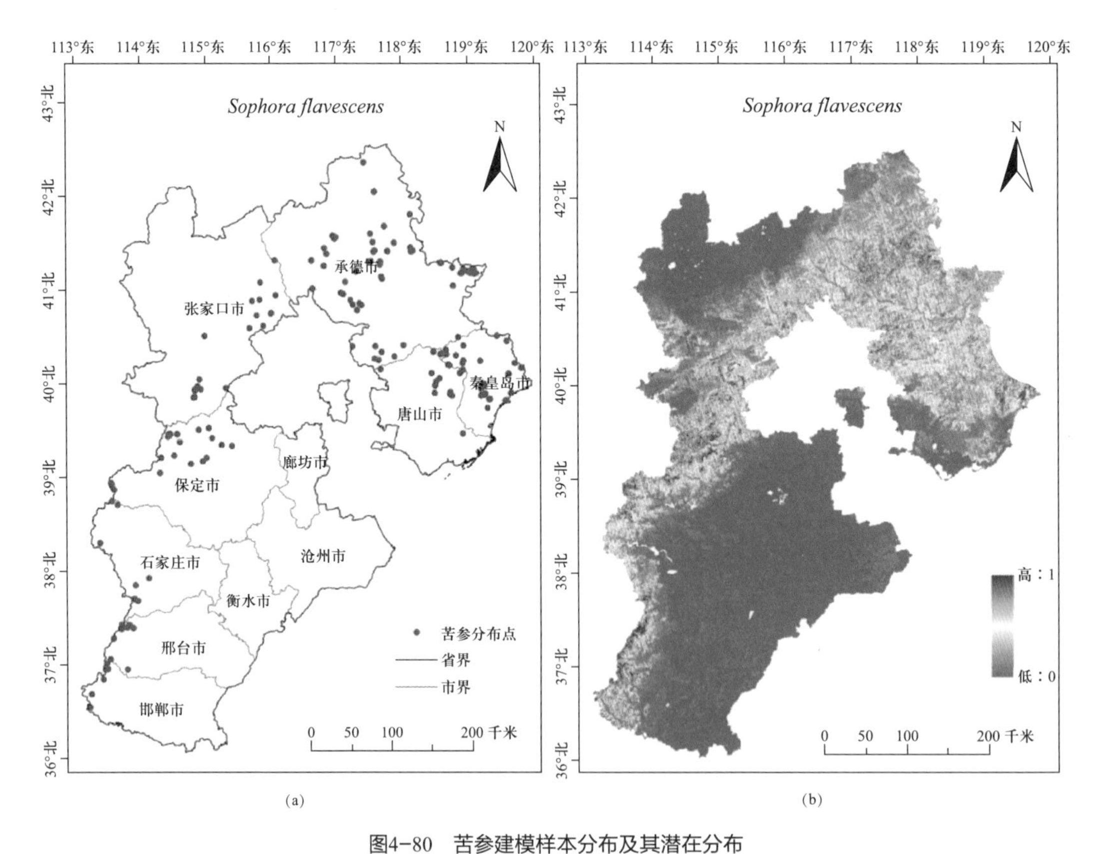

图4-80 苦参建模样本分布及其潜在分布
Fig4-80 Specimen Occurrences and potential distribution of *Sophora flavescens*

脉，以抚宁县、昌黎县最多。从ArcGIS重分类的适生度图可以统计出苦参的高度适生区面积为3890.28km^2，中度适生区面积为42 075.00km^2，低度适生区面积为54 775.01km^2。

首次建模选取59项环境因子进行模型运算，然后从首次建模的结果分析筛选17项环境因子（bio10、t-cec-clay、bio3、LC、slope、bio17、VC、ele、s-caso4、t-silt、bio2、aspect、s-gravel、t-caso4、s-caco3、t-caco3、s-cec-clay）进行二次建模。选取第二次建模累计贡献率大于90%的环境因子和刀切法增益值显著的环境因子的并集共11项环境因子：bio10、t-cec-clay、bio3、LC、slope、bio17、VC、ele、s-caso4、t-silt、s-cec-clay，视为苦参生态适宜性的主导环境因子。表4-27利用最大熵模型生成的物种环境变量响应曲线归纳分析得到影响该物种潜在分布的各主导环境变量的取值范围（$P \geqslant 0.33$）、最佳取值以及贡献率。由表4-27可知，与温度相关的气候因子累计贡献率为52.2%，土壤相关的因子累计贡献率17.7%，地形因子累计贡献率9.8%，土地利用类型贡献率8.2%，最干季节降雨量贡献率3.9%，植被覆盖率贡献率3.7%。所以，影响苦参潜在地理分布的最显著的主导环境因子是温度变量。

由表4-27可知苦参潜在分布区影响最大的环境因子是bio10（最热季节平均温），其响应曲线如图4-81所示。最热季节平均温的适宜范围为19～24℃，在19.5℃时适宜性最高。

表4-27　影响苦参潜在地理分布的主导因子、数值范围、最优值及贡献率

Table4-27 Dominant factors affecting potential distribution of *Sophora flavescens*,their range,optimal value and percent contribution

变量 Variable	单位 Unit	数值范围 Value range	最优值 Optimal value	贡献率（%） Percent contribution
bio10	℃	19～24	19.5	42.9
t-cec-clay	cmol /kg	0～40,45～55	50	11.3
bio3	—	0.265～0.315	0.31～0.315	9.3
LC	name	2～7	2	8.2
slope	°	3～58	30.5	6.2
bio17	mm	4～18.5	4～8	3.9
VC	%	5～100	70	3.7
ele	m	5～1350,1600～3000	1000	3.6
s-caso4	%weight	0～0.2,0.3～0.75	0.45	3.6

续表

变量 Variable	单位 Unit	数值范围 Value range	最优值 Optimal value	贡献率（%）Percent contribution
t-silt	%wt	0~7,11~44	37	2.4
s-cec-clay	cmol /kg	0~40,45~55	50	0.4

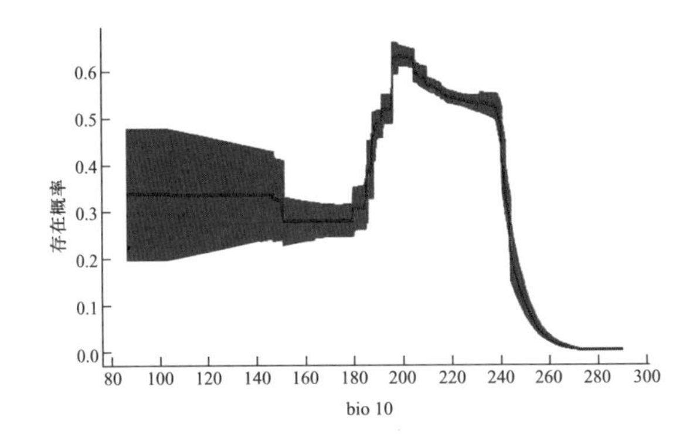

图4-81　影响苦参潜在地理分布最重要环境因子的响应曲线
Fig4-81 Response curves of the most important environmental variables in modeling habitat distribution for *Sophora flavescens*

4.28 亚麻 *Linum usitatissimum* L.

始载于《本草图经》，又称鸦麻、胡麻饭、山西胡麻、山芝麻、胡芝麻。一年生草本。原产欧洲地中海地区。河北、北京各地有栽培。我国东北、华北、西北等省区也有栽培。作油料或纤维织物种植。韧皮纤维长，拉力强且耐磨，为良好的纺织原料；种子油除食用外，可做润滑剂；种子药用，称亚麻子，有补益肝肾，养血祛风等功效。喜凉爽湿润气候。耐寒，怕高温，种子发芽最低温度为1~3℃，最适宜温度20~25℃；营养生长最适宜温度11~18℃。适宜微酸性或中性土壤。

通过MaxEnt模型运算得到如图4-82所示的ROC曲线。图4-82a为首次运行结果，重复15次AUC的平均值为0.781；图4-82b为二次建模的结果，重复15次AUC平均值为0.780。模型预测效果较好。

图4-83a是用来建模的所有样本共22条数据的分布图，通过MaxEnt模型运算和ArcGIS处理得到如图4-83b所示的亚麻在河北省的潜在地理分布区，生境适生性概率*P*取值范围为0～1，图4-83b中颜色越亮代表分布概率越高，蓝色表示几乎没有分布。从图4-83b可知，亚麻的高度适生区主要分布在围场县、丰宁县、隆化县、滦平县、平泉县、兴隆

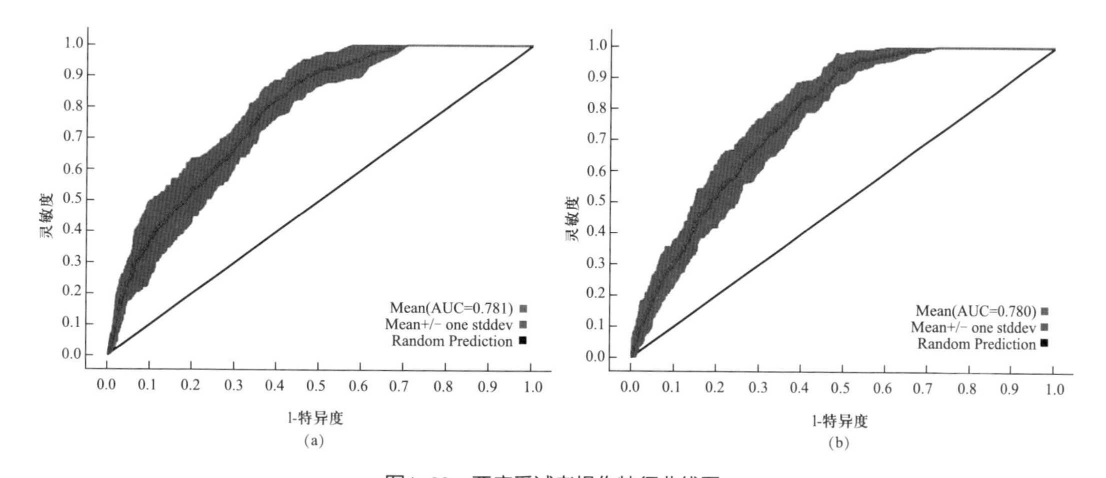

图4-82 亚麻受试者操作特征曲线图

Fig4-82 Receiver operating characteristic curve of *Linum usitatissimum*

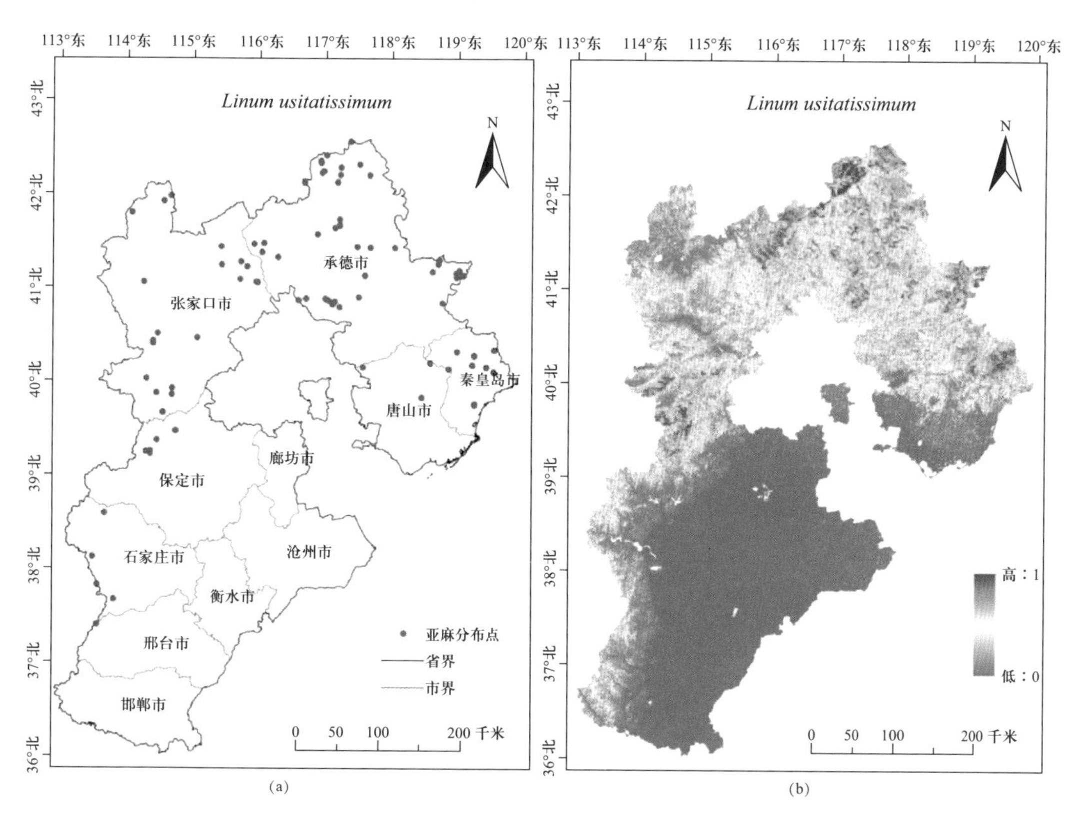

图4-83 亚麻建模样本分布及其潜在分布

Fig4-83 Specimen Occurrences and potential distribution of *Linum usitatissimum*

县、抚宁县、涿鹿县、蔚县。从ArcGIS重分类的适生度图可以统计亚麻高度适生区面积为4954.86km^2，中度适生区面积为53 106.26km^2，低度适生区面积为62 061.12km^2。

首次建模选取42项环境因子进行模型运算，然后从首次建模的结果分析筛选16项环境因子（bio5、slope、ele、bio12、VC、t-bulk-density、aspect、bio7、bio3、bio2、 t-gravel、t-silt、LC、t-ece、t-bs、t-caso4）进行二次建模。选取第二次建模累计贡献率大于90%的环境因子和刀切法增益值显著的环境因子的并集共10项环境因子：bio5、slope、ele、bio12、VC、t-bulk-density、aspect、bio7、bio3、bio2，视为亚麻生态适宜性的主导环境因子。表4-28是利用最大熵模型生成的物种环境变量响应曲线归纳分析得到影响该物种潜在分布的各主导环境变量的取值范围（$P \geqslant 0.33$）、最佳取值以及贡献率。由表4-28可知，与地形相关的因子累计贡献率为47.1%，与温度相关的气候因子累计贡献率为37.9%，年降水量贡献率4.3%，植被覆盖率贡献率2.9%，表层土壤容积密度贡献率2.8%。所以，影响亚麻潜在地理分布的最显著的主导环境因了是地形变量和温度变量。

由表4-28可知亚麻潜在地理分布区影响最大环境因子是bio5（最热月的最高温）、ele（坡度）、slope（海拔）。其响应曲线如图4-84所示。最热月的最高位适宜范围为15.5 ~ 29.5℃，适宜性最高的取值为15.5 ~ 17.5℃。坡度的适宜范围为2° ~ 28°，适宜性最高的取值为6° 。海拔的适宜范围是250 ~ 2700m，适宜性最高的取值为2400 ~ 2700m。预测结果与亚麻喜凉爽湿润气候，耐寒、怕高温的生境特征相一致。

表4-28　影响亚麻潜在地理分布的主导因子、数值范围、最优值及贡献率

Table4-28 Dominant factors affecting potential distribution of *Linum usitatissimum*,their range,optimal value and percent contribution

变量 Variable	单位 Unit	数值范围 Value range	最优值 Optimal value	贡献率（%） Percent contribution
bio5	℃	15.5~29.5	15.5~17.5	32.4
slope	°	2~28	6	24.2
ele	m	250~2700	2400~2700	20.5
bio12	mm	270~800	750~800	4.3
VC	%	0~100	40	2.9
t-bulk-density	kg /dm^3	1.154~1.61	1.57~1.62	2.8
aspect	—	0~360	360~400	2.4
bio7	℃	42.5-48.2	46.5	2.3
bio3	—	0.254~0.316	0.265	1.6
bio2	℃	11.7~14	13.2	1.6

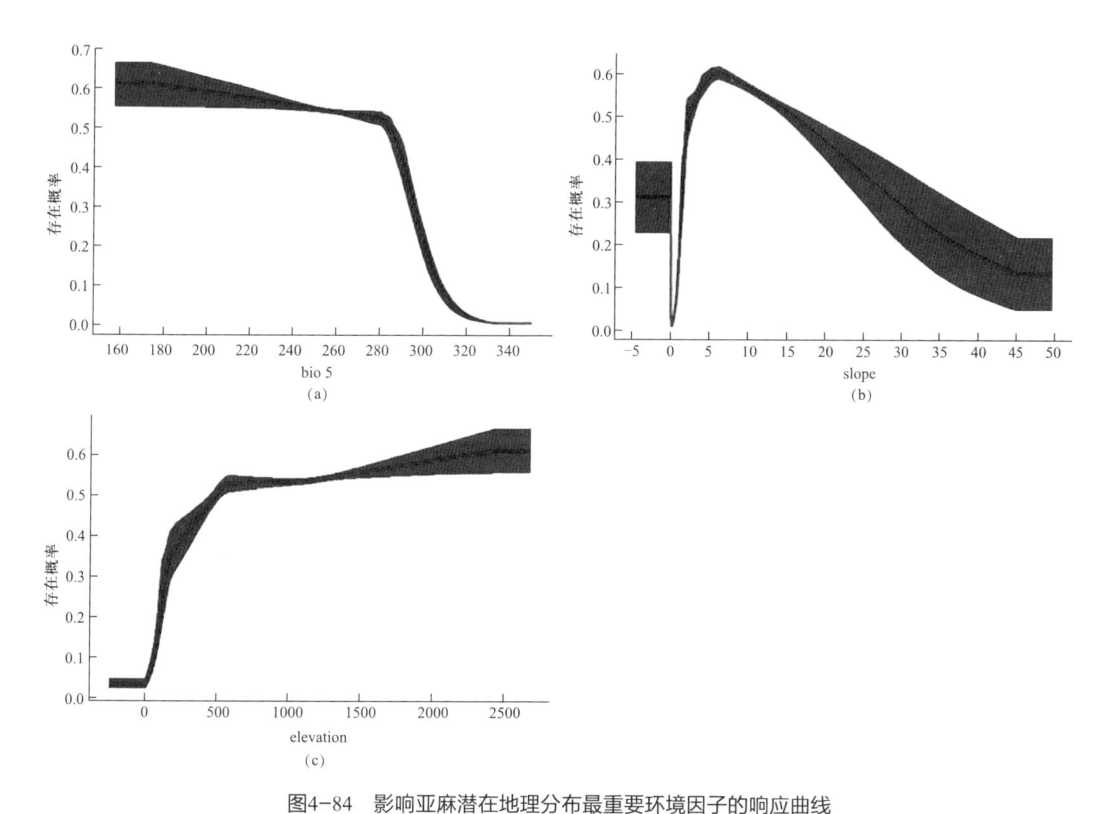

图4-84 影响亚麻潜在地理分布最重要环境因子的响应曲线
Fig4-84 Response curves of the most important environmental variables in modeling habitat distribution for *Linum usitatissimum*

4.29 楝 *Melia azedarach* L.

始载于《神农本草经》，列为下品。落叶乔木，高达10余米，根皮可驱蛔虫和钩虫。北京以南平原地区有栽培。喜温暖湿润气候，耐寒、耐寒、耐瘠薄。适应性强，适宜土层深厚、疏松肥厚、排水良好、富含腐殖质的砂质土壤，我国黄河以南各省常栽培或野生。印度、缅甸也有分布。

通过MaxEnt模型运算得到如图4-85所示的ROC曲线，图4-85a为首次运行结果，重复15次AUC的平均值为0.804；图4-85b为二次建模的结果；重复15次AUC平均值为0.850。模型预测效果较好。

图4-86a是用来建模的所有样本共33条数据分布图，通过MaxEnt模型运算和ArcGIS处理得到如图4-86b所示的楝在河北省的潜在地理分布区，生境适生性概率*P*取值范围为0~1，图4-86b中颜色越亮代表分布概率越高，蓝色表示几乎没有分布。从图4-86b可知，楝的高度适生区主要分布于涿鹿西灵山、元氏县、赞皇县、临城县、内丘县、邢台县、沙河市、武安市、永年县、成安县、磁县。从ArcGIS重分类的适生度图统计出楝高度适生区面积为5696.53km^2，中度适生区面积为25 109.72km^2，低度适生区面积为90 812.51km^2。

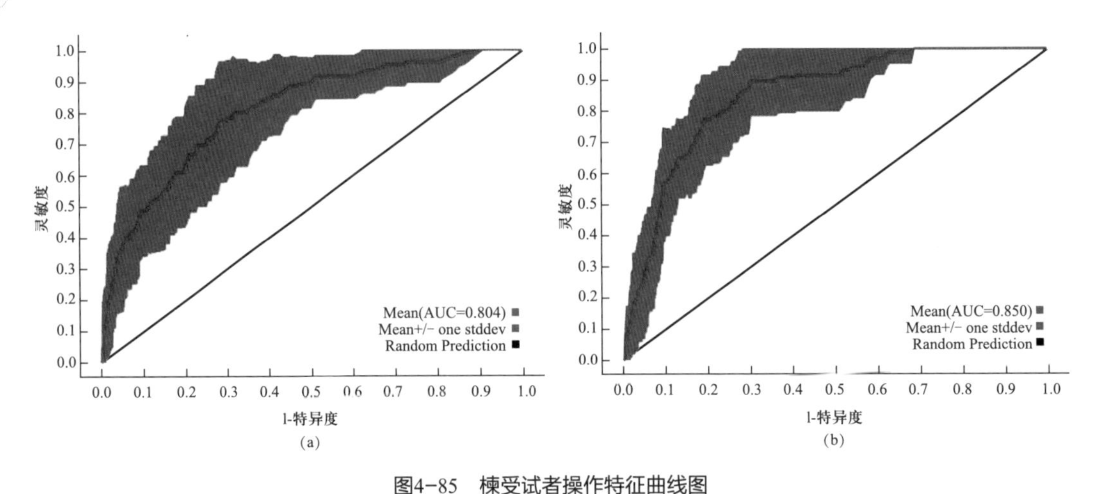

图4-85 楝受试者操作特征曲线图

Fig4-85 Receiver operating characteristic curve of *Melia azedarach*

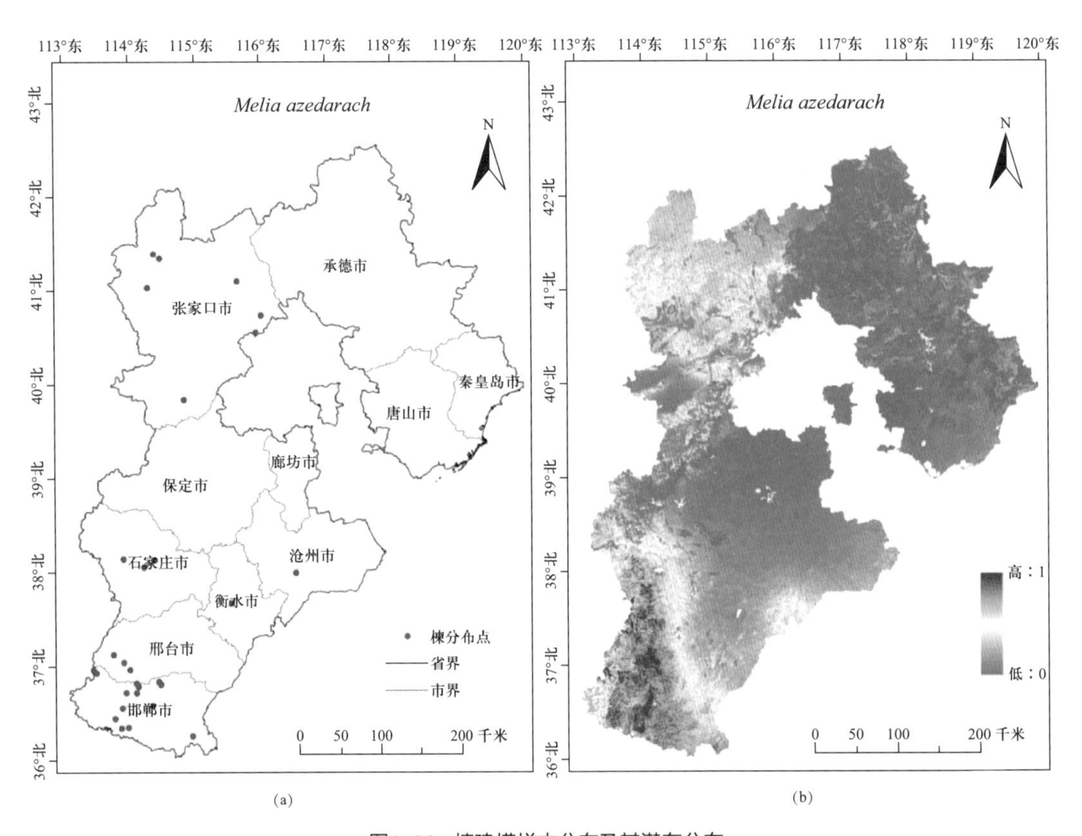

图4-86 楝建模样本分布及其潜在分布

Fig4-86 Specimen Occurrences and potential distribution of *Melia azedarach*

首次建模选取59项环境因子进行模型运算，然后从首次建模的结果分析筛选13项环境因子（bio4、bio15、t-caco3、bio2、bio3、t-texture、aspect、ele、t-oc、VC、bio18、bio19、LC）进行二次建模。选取第二次建模累计贡献率大于90%的环境因子和刀切法增益值显著的环境因子的并集共10项环境因子：bio4、bio15、t-caco3、bio2、bio3、t-texture、 aspect、ele、bio18、bio19，视为楝生态适宜性的主导环境因子。表4–29是利用最大熵模型生成的物种环境变量响应曲线归纳分析得到影响该物种潜在分布的各主导环境变量的取值范围（$P\geqslant0.33$）、最佳取值以及贡献率。由表4–29可知，与温度相关的气候因子累计贡献率为52.1%，与降水量相关的气候因子累计贡献率为20.5%，土壤因子累计贡献率15.3%，地形因子累计贡献率为6.9%。所以，影响楝潜在地理分布的最显著的主导环境因子温度变量。

表4–29　影响楝潜在地理分布的主导因子、数值范围、最优值及贡献率

Table4–29 Dominant factors affecting potential distribution of *Melia azedarach*, their range,optimal value and percent contribution

变量 Variable	单位 Unit	数值范围 Value range	最优值 Optimal value	贡献率（%） Percent contribution
bio4	—	9.5～10.65	9.5～9.7	41.7
bio15	—	0.85～1.15	1.09	17.2
t-caco3	%weight	0～17	15～17	11.1
bio2	℃	10.5～12.5	11.5～12	5.9
bio3	—	10.7～12.6	12	4.5
t-texture	code	0.8～3.2	0.8～1.0	4.2
aspect	—	0～340	25	3.5
ele	m	0～2700	100	3.4
bio18	mm	175～410	365	1.8
bio19	mm	11.5～30.5	28～30.5	1.5

由表4–29可以看出楝的潜在分布区影响最大的环境因子是bio4（温度季节性变动系数）和bio15（降水量的季节性变异系数）。其响应曲线如图4–87所示，温度季节性变动系数的适生范围是9.5 ~ 10.65，适生性最高的取值为9.5 ~ 9.7。降水量季节性变异系数的适宜范围是0.85 ~ 1.15，适生性最高的取值为1.09。预测结果与楝喜温暖湿润气候，耐寒、耐寒、耐瘠薄的生境特征相一致。

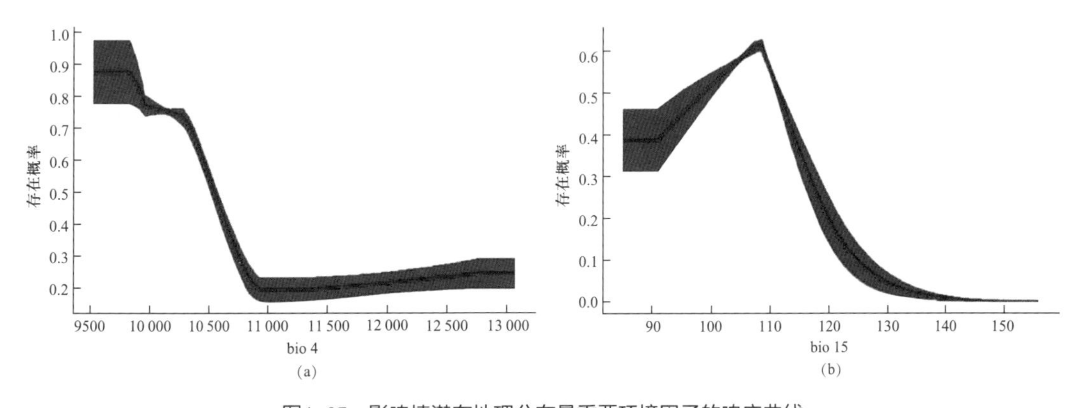

图4–87　影响楝潜在地理分布最重要环境因子的响应曲线

Fig4–87 Response curves of the most important environmental variables in modeling habitat distribution for *Melia azedarach*

4.30 西伯利亚远志 *Polygala sibirica* L.

始载于《神农本草经》，又名宽叶远志，卵叶远志。多年生草本，根直立或斜生，木质。生山坡草地，路旁，喜冷凉气候，忌高温，耐干旱。排水良好向阳的砂质土壤适宜栽培。黏土和低湿地不宜种植。可代远志入药能化痰，安神，全草药用。产河北、北京、天津各区县，广布。分布于东北、华北、华东、华中、华南、西南。朝鲜、日本、蒙古、印度、俄罗斯及其他国家亦有分布。

通过MaxEnt模型运算得到如图4-88所示的ROC曲线。图4-88a为首次运行的结果，重复15次AUC的平均值为0.836；图4-88b为二次建模的结果，重复15次AUC平均值为0.840。模型预测效果很好。

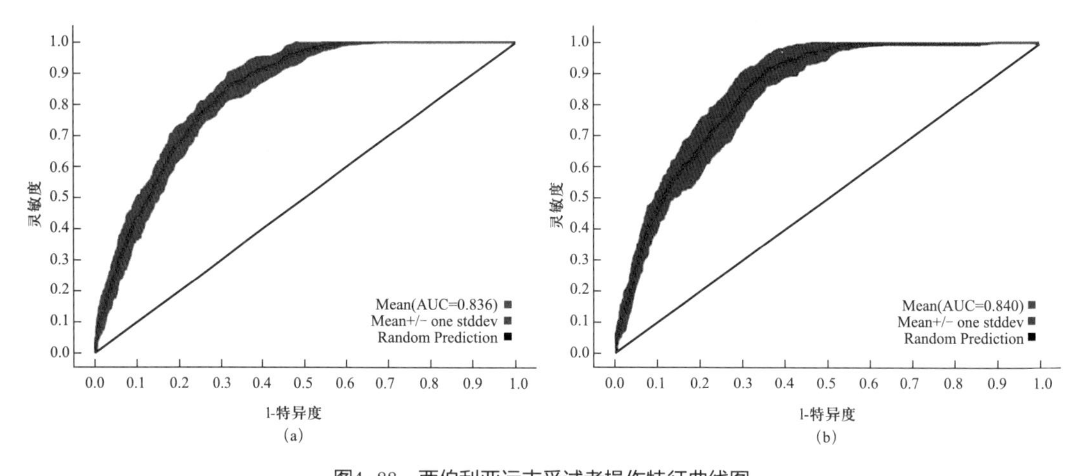

图4-88　西伯利亚远志受试者操作特征曲线图

Fig4-88Receiver operating characteristic curve of *Polygala sibirica*

图4-89a是用来建模的所有样本共175条数据的分布图，通过MaxEnt模型运算和ArcGIS处理得到如图4-89b所示的卵叶远志在河北省的潜在地理分布区，生境适生性概率*P*取值范围为0～1，图4-89b中颜色越亮代表分布概率越高，蓝色表示几乎没有分布。从图4-89b可知，西伯利亚远志的高度适生区主要分布在沽源县、赤城县、蔚县、赞皇县、沙河市、武安市。从ArcGIS重分类的适生度图统计出西伯利亚远志高度适生区面积为3770.83km^2，中度适生区面积为28 077.78km^2，低度适生区面积为55 967.37km^2。

首次建模选取42项环境因子进行模型运算，然后从首次建模的结果分析筛选19项环境因子（slope、ele、bio8、bio4、t-bulk-density、bio15、bio2、bio16、bio3、VC、aspect、bio14、LC、t-texture、t-caco3、t-oc、t-silt、t-teb、t-gravel）进行二次建模。选取第二次建模累计贡献率大于90%的环境因子和刀切法增益值显著的环境因子的并集共12项环境因子：slope、ele、bio8、bio4、t-bulk-density、bio15、bio2、bio16、bio3、

VC、aspect、LC，视为西伯利亚远志生态适宜性的主导环境因子。表4-30是利用最大熵模型生成的环境变量响应曲线归纳分析得到影响该物种潜在分布的各主导环境变量的取值范围（$P \geq 0.33$）、最佳取值以及贡献率。由表4-30可知地形因子累计贡献率为56.1%，与温度相关的气候因子累计贡献率21.6%，与降水量相关的因子累计贡献率为7.1%，表层土壤容积密度贡献率为4.7%，植被覆盖率贡献率为2.5%，土地利用类型贡献率为1.3%。所以，影响西伯利亚远志潜在地理分布的最显著的主导环境因子是地形因子和温度因子。

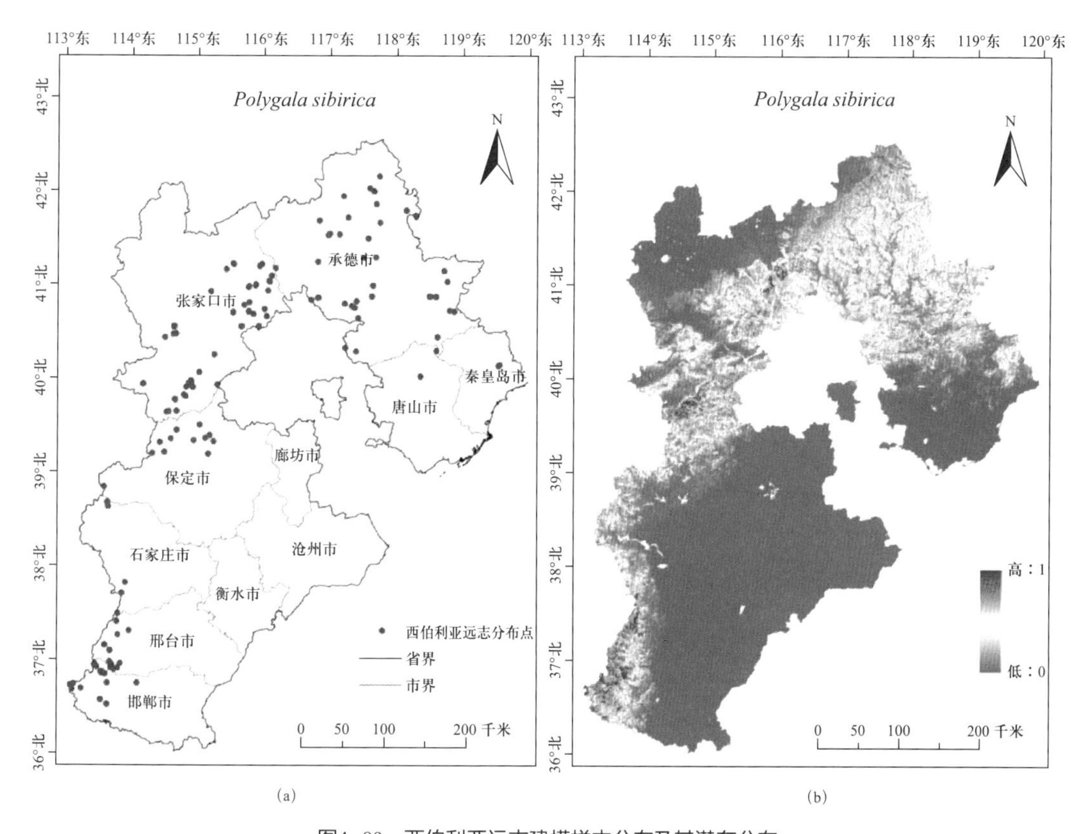

图4-89　西伯利亚远志建模样本分布及其潜在分布

Fig4-89 Specimen Occurrences and potential distribution of *Polygala sibirica*

由表4-30可知西伯利亚远志潜在分布区影响最大的环境因子是slope（坡度）、ele（海拔）、bio8（最湿季节平均温）。其响应曲线如图4-90所示，坡度的适宜取值范围为3°～55°，适宜性最高的取值为47°～55°。海拔的适宜取值范围为450～2950m，适宜性最高的取值范围为2600～2950m。最湿季节平均温的适宜取值范围为9～22.5℃，适宜性最高的取值为19℃。预测结果与西伯利亚远志喜冷凉气候，忌高温，耐干旱的生境特征相一致。

表4-30 影响西伯利亚远志潜在地理分布的主导因子、数值范围、最优值及贡献率

Table4-30 Dominant factors affecting potential distribution of *Polygala sibirica*, their range, optimal value and percent contribution

变量 Variable	单位 Unit	数值范围 Value range	最优值 Optimal value	贡献率（%） Percent contribution
slope	°	3~55	47~55	44.2
ele	m	450~2950	2600~2950	10.1
bio8	℃	9~22.5	19	9
bio4	—	0.95~1.03,1.11~1.22	0.98	6.6
t-bulk-density	kg/dm^3	1.23~1.25,1.41~1.55	1.52	4.7
bio15	—	0.85~1.18	0.98	3.9
bio2	℃	11.7~13.6	12.3~12.4	3.4
bio16	mm	255~440	400~410	3.2
bio3	℃	0.265~0.315	0.31~0.315	2.6
VC	%	10~100	100	2.5
aspect	—	0~360	340	1.8
LC	name	2~8	2	1.3

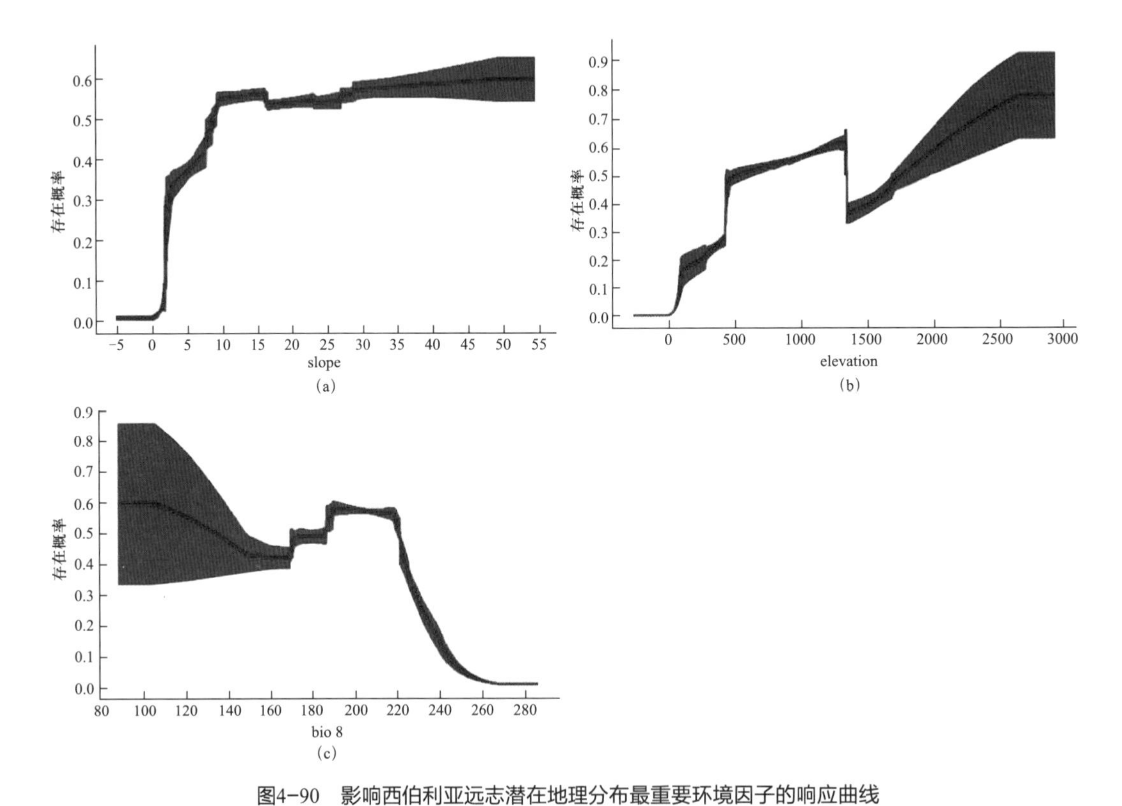

图4-90 影响西伯利亚远志潜在地理分布最重要环境因子的响应曲线

Fig4-90 Response curves of the most important environmental variables in modeling habitat distribution for *Polygala sibirica*

4.31 远志 *Polygala tenuifolia* Willd.

始载于《神农本草经》，又称细叶远志、细草、小鸡眼、小草根。多年生草本，主根粗壮，韧皮部肉质，生向阳山坡，道旁，灌丛及杂木林下。根皮入药，有益智安神、散郁化痰的功能。产河北、北京、天津各区县，产东北、华北、西北和华中以及四川；生于草原、山坡草地、灌丛中以及杂木林下，海拔200～2300m。亦分布于朝鲜、蒙古和俄罗斯。

通过MaxEnt模型运算得到如图4-91所示的ROC曲线。图4-91a为首次运行的结果，重复15次AUC的平均值为0.843；图4-91b为二次建模的结果，重复15次AUC平均值为0.830。模型预测效果很好。

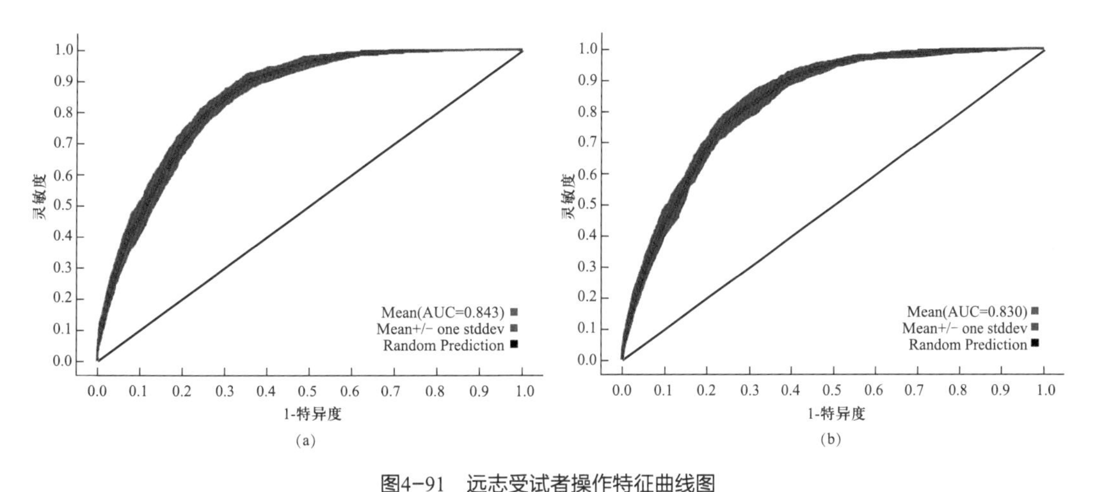

图4-91 远志受试者操作特征曲线图

Fig4-91 Receiver operating characteristic curve of *Polygala tenuifolia*

图4-92a是用来建模的所有样本691条数据的分布图，通过MaxEnt模型运算和ArcGIS处理得到如图4-92b所示的远志在河北省的潜在地理分布区，生境适生性概率*P*取值范围为0～1，图4-92b中颜色越亮代表分布概率越高，蓝色表示几乎没有分布。从图4-92b可知，远志的高度适生区主要分布在平泉县、尚义县、怀安县、万全县、宣化县、涿鹿县、赞皇县、内丘县、武安市、涉县、磁县。从ArcGIS重分类的适生度图统计出远志的高度适生区面积为4864.58km^2，中度适生区面积为44 602.09km^2，低度适生区面积为59 226.39km^2。

首次建模选取42项环境因子进行模型运算，然后从首次建模的结果分析筛选19项环境因子（slope、elevatio、bio4、bio5、bio2、bio13、bio15、t-teb、VC、t-gravel、bio14、aspect、t-oc、bio3、t-silt、t-bulk-density、t-caco3、LC、t-cec-clay）进行二次建模。选取第二次建模累计贡献率大于90%的环境因子和刀切法增益值显著的环境因子的并集共8项环境因子：slope、ele、bio4、bio5、bio2、bio13、bio15、t-teb，视为远志生态适

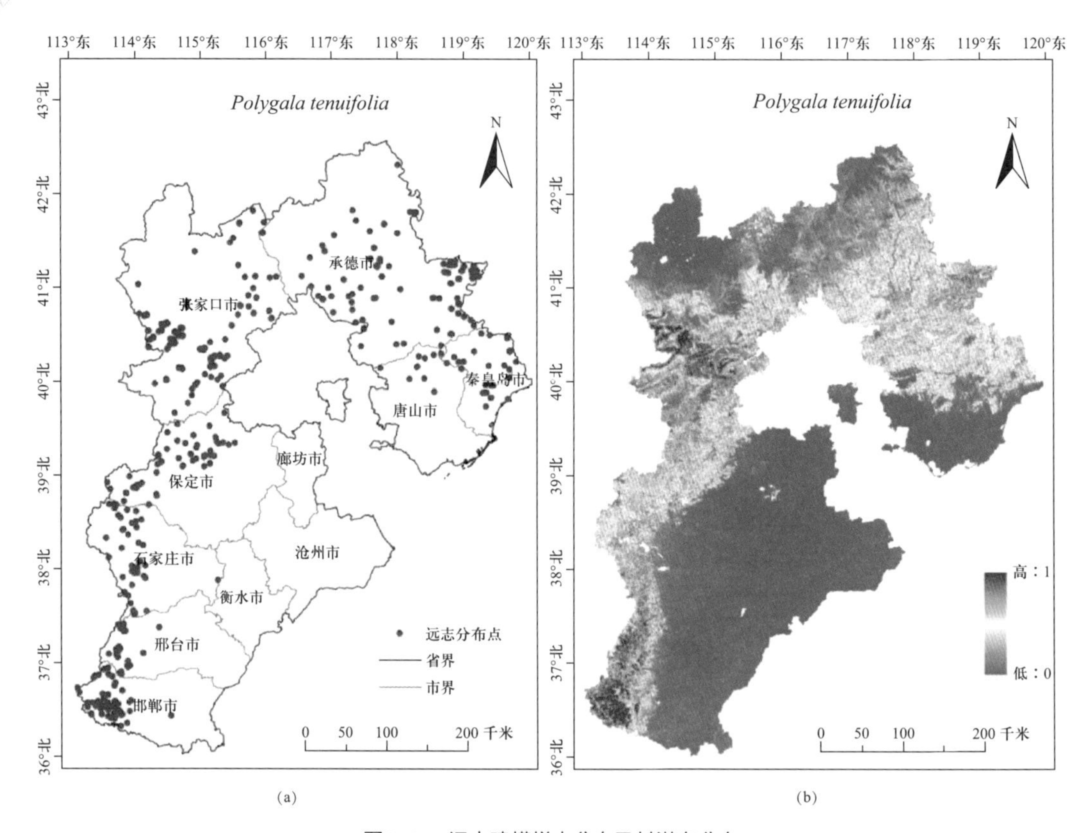

(a) (b)

图4-92 远志建模样本分布及其潜在分布

Fig4-92 Specimen Occurrences and potential distribution of *Polygala tenuifolia*

宜性的主导环境因子。表4-31是利用最大熵模型生成的物种环境变量响应曲线归纳分析得到影响该物种潜在分布的各主导环境变量的取值范围（$P\geq0.33$）、最佳取值以及贡献率。由表4-31可知，地形因子累计贡献率为57.5%，温度累计贡献率为25%，降水量累计贡献率为6%，表层土壤阳离子交换总量贡献率为1.7%。所以，影响远志潜在地理分布的最显著的主导环境因子是地形因子和温度变量。

表4-31 影响远志潜在地理分布的主导因子、数值范围、最优值及贡献率

Table4-31 Dominant factors affecting potential distribution of *Polygala tenuifolia*, their range,optimal value and percent contribution

变量 Variable	单位 Unit	数值范围 Value range	最优值 Optimal value	贡献率（%） Percent contribution
slope	°	3～59	9～12	41
ele	m	100～1400	550	16.5
bio4	—	9.5～10.35,11.1～11.75,12.6～13.2	10.05	16

续表

变量 Variable	单位 Unit	数值范围 Value range	最优值 Optimal value	贡献率（%） Percent contribution
bio5	℃	24.5～31.5	26.5	5
bio2	℃	11～13.5	12.3～12.4	4
bio13	mm	105～225	170～180	3.4
bio15	—	0.95～1.23	1.05	2.6
t-teb	cmol /kg	6～10,14～17,23～60	27	1.7

由表4-31可知远志的潜在分布区影响最大的环境因子是slope（坡度）、ele（海拔）、bio4（温度季节性变动系数）。其响应曲线如图4-93所示，坡度的适生范围为3°～59°，适宜性最高的取值为9°～12°。海拔的适宜范围为100～1400m，适宜性最高的取值为550m。温度季节性变化系数的适宜范围为9.5～10.35和11.1～11.75和12.6～13.2，适宜性最高的取值为10.05。

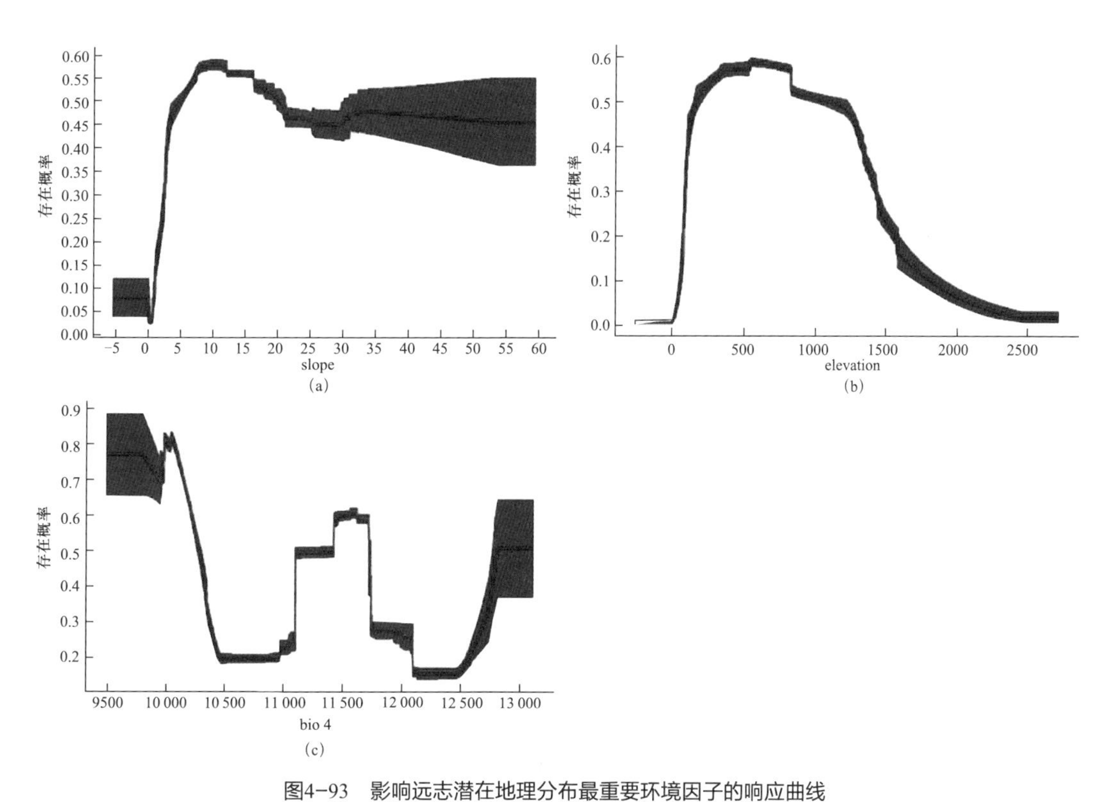

图4-93　影响远志潜在地理分布最重要环境因子的响应曲线

Fig4-93 Response curves of the most important environmental variables in modeling habitat distribution for *Polygala tenuifolia*

4.32 狼毒 *Euphorbia fischeriana* Steud.

始载于《神农本草经》列为下品，又名白狼毒、屈据、离娄、狼毒大戟。多年生草本，根入药，主治结核类、疮瘘癣类等，有毒。生于旱草原，干燥向阳丘陵草丛、多石砾干燥及山坡疏林下。产河北围场、张北、尚义、蔚县、涞源、武安、临城。分布于东北、内蒙古。蒙古、俄罗斯也有分布。

通过MaxEnt模型运算得到如图4–94所示的ROC曲线，图4–94a为首次运行结果，重复15次AUC的平均值为0.849；图4–94b为二次建模的结果，重复15次AUC平均值为0.914。模型预测效果很好。

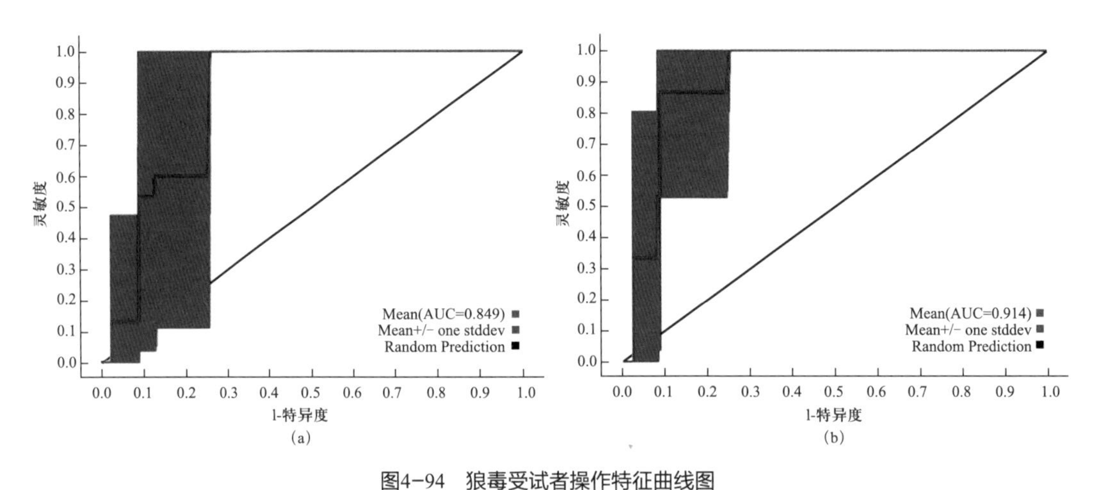

图4–94　狼毒受试者操作特征曲线图

Fig4–94 Receiver operating characteristic curve of *Euphorbia fischeriana*

图4–95a是用来建模的所有样本共7条数据的分布图，通过MaxEnt模型运算和ArcGIS操作处理得到如图4–95b所示的狼毒在河北省的潜在地理分布区，生境适生性概率*P*取值范围为0～1，图4–95b中颜色越亮代表分布概率越高，蓝色表示几乎没有分布。从图4–95b可知，狼毒的高度适生区主要分布在围场县、涿鹿县、蔚县、武安市、磁县。从ArcGIS重分类的适生图中统计出狼毒的高度适生区面积为2459.72km^2，中度适生区的面积为18 979.17km^2，低度适生区的面积为65 621.53km^2。

首次建模选取42项环境因子进行模型运算，然后从首次建模的结果分析筛选14项环境因子（bio8、t-texture、t-cec-clay、bio4、t-ece、t-oc、t-gravel、t-esp、slope、LC、t-caso4、bio2、bio15、ele）进行二次建模。选取第二次建模累计贡献率大于90%的环境因子和刀切法增益值显著的环境因子的并集共7项环境因子：bio8、t-texture、t-cec-clay、bio4、t-ece、t-oc、ele，视为狼毒生态适宜性的主导环境因子。表4–32是利用最大熵模型生成的物种环境变量响应曲线归纳分析得到影响该物种潜在分布的各主导环境变量的取值范围（$P \geq 0.33$）、最佳取值以及贡献率。由表4–32可知，与温度相关的气候因

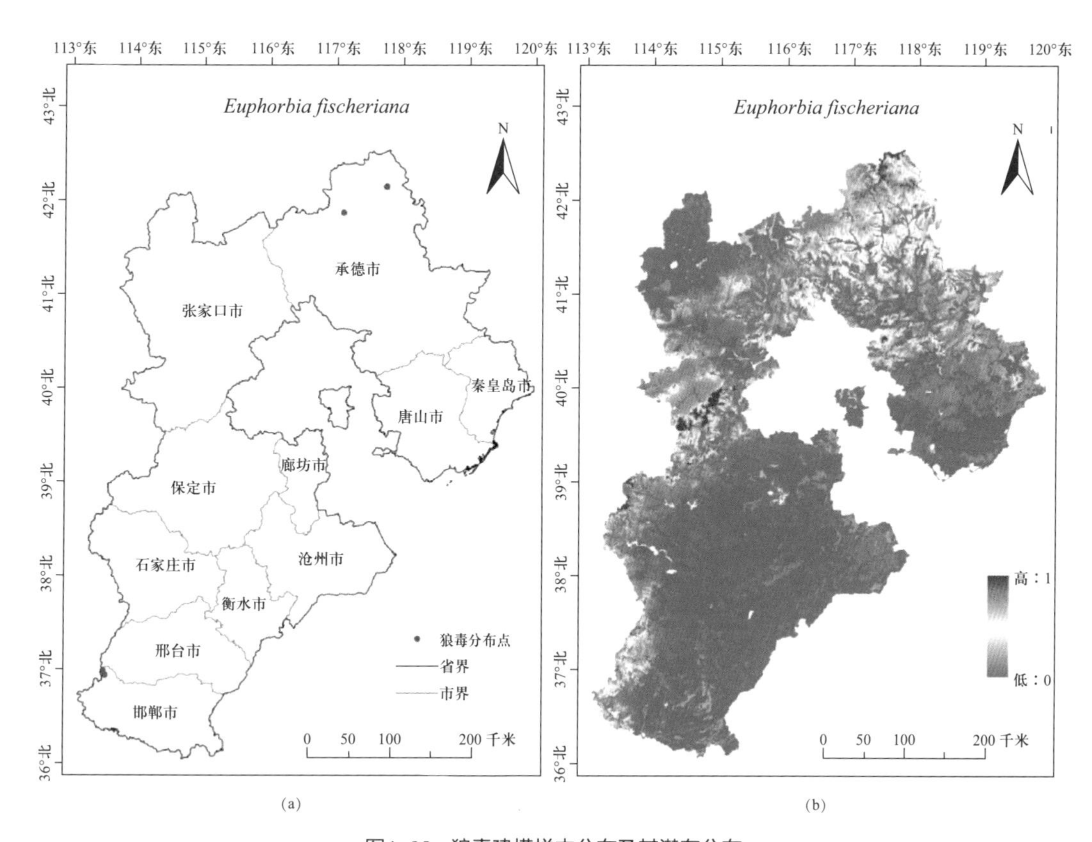

图4-95 狼毒建模样本分布及其潜在分布

Fig4-95 Specimen Occurrences and potential distribution of *Euphorbia fischeriana*

子累计贡献率为71.7%，与土壤相关的因子累计贡献率为25.3%。所以，影响狼毒潜在地理分布的最显著的主导环境因子是温度变量。

表4-32 影响狼毒潜在地理分布的主导因子、数值范围、最优值及贡献率

Table4-32 Dominant factors affecting potential distribution of *Euphorbia fischeriana*, their range,optimal value and percent contribution

变量 Variable	单位 Unit	数值范围 Value range	最优值 Optimal value	贡献率（%）Percent contribution
bio8	℃	9～19.5	9～11	65.7
t-texture	code	1.35～3.2	3～3.2	10.1
t-cec-clay	cmol /kg	15～62	15～22	7.1
bio4	—	9.5～13.25	9.5～13.25	6
t-ece	dS/m	0～0.5	0	4.5
t-oc	%weight	0～3.5	3～3.5	3.6
ele	m	800～2800	2600～2800	0

由表4-32可知影响狼毒潜在地理分布最重要的环境因子是bio8（最湿季节平均温）。其响应曲线如图4-96所示，最湿季平均温的适宜范围为9～19.5℃，适宜性最高的取值为9～11℃。

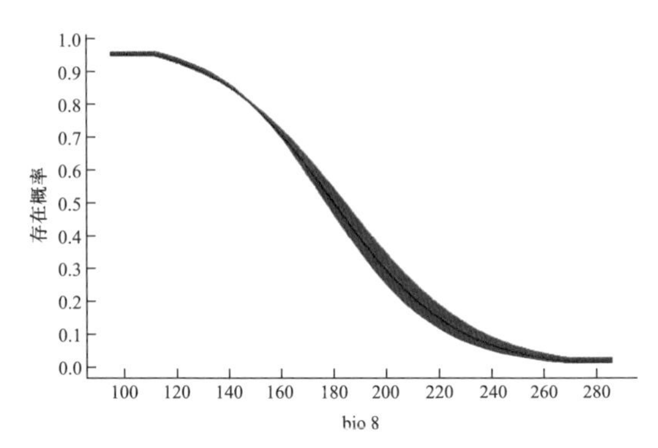

图4-96　影响狼毒潜在地理分布最重要环境因子的响应曲线

Fig4-96 Response curves of the most important environmental variables in modeling habitat distribution for *Euphorbia fischeriana*

4.33 大戟 *Euphorbia pekinensis* Rupr.

始载于《神农本草经》，列为下品。又称京大戟、紫大戟、下马仙，多年生草本。根圆柱状，长20～30cm。生山坡、路旁、田边、荒地、草丛、林缘及疏林下，喜温暖湿润气候，耐旱、耐寒、喜潮湿、对土壤要求不严。根入药，逐水通便，消肿散结，主治水肿，并有通经之效。产河北、北京、天津各地。除新疆及西藏外，其他各省区均有分布。日本、朝鲜也有分布。

通过MaxEnt模型运算得到如图4-97所示的ROC曲线。图4-97a为首次运行重复15次AUC的平均值为0.872；图4-97b为二次建模的结果，重复15次AUC平均值为0.861。模型预测效果很好。

图4-98a是用来建模的所有样本共110条数据分布图，通过MaxEnt模型运算和ArcGIS处理得到如图4-98b所示的大戟在河北省的潜在地理分布区，生境适生性概率*P*取值

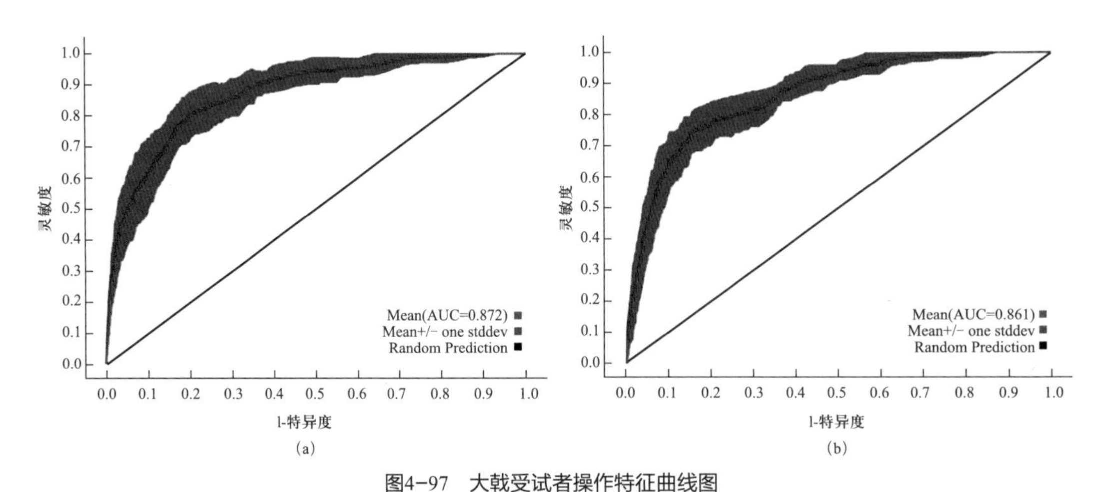

图4-97　大戟受试者操作特征曲线图

Fig4-97 Receiver operating characteristic curve of *Euphorbia pekinensis*

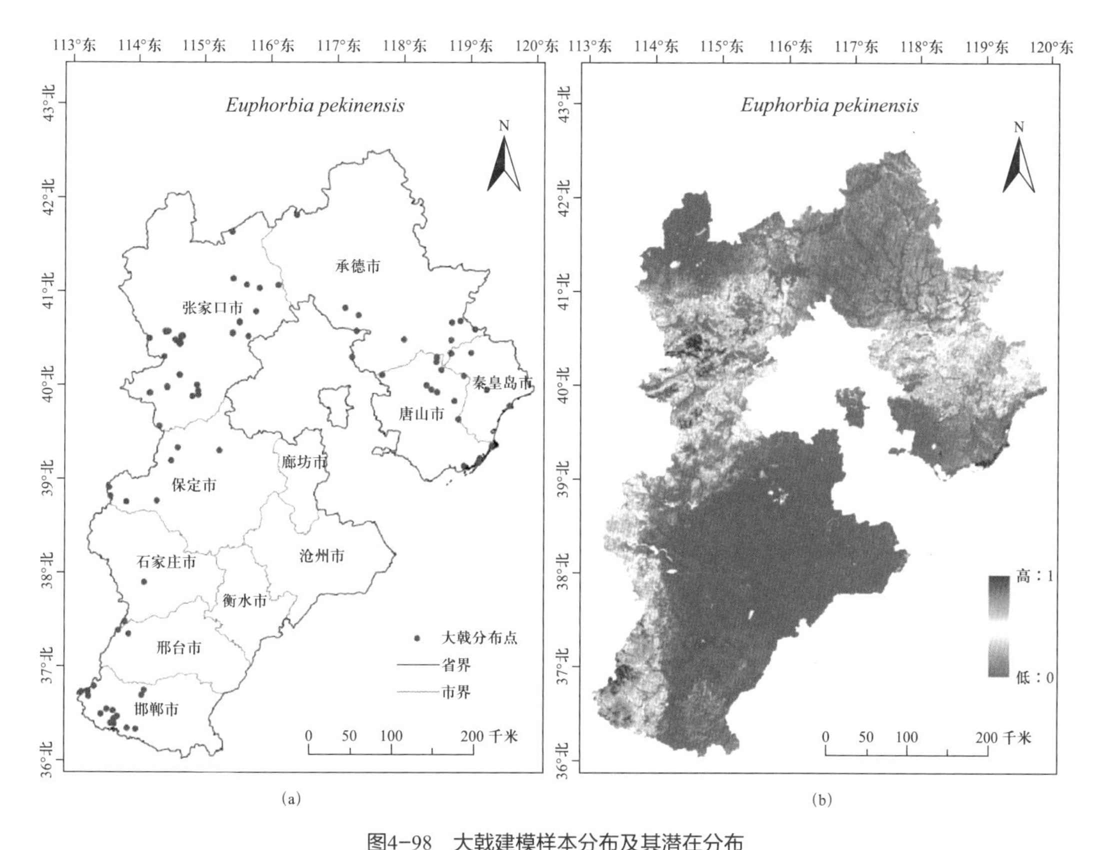

图4-98　大戟建模样本分布及其潜在分布
Fig4-98 Specimen Occurrences and potential distribution of *Euphorbia pekinensis*

范围为0～1，图4-98b中颜色越亮代表分布概率越高，蓝色表示几乎没有分布。从图4-98b可知，大戟的高度适生区主要分布在主要分布于怀安县、宣化县、赤城县、涿鹿县、蔚县、乐亭县、武安市、磁县。从ArcGIS重分类的适生度图统计出大戟的高度适生区面积为4282.64km^2，中度适生区的面积为28 613.89km^2，低度适生区的面积为80 788.90km^2。

首次建模选取42项环境因子进行模型运算，然后从首次建模的结果分析筛选16项环境因子（bio8、slope、t-caso4、bio4、bio13、t-silt、bio15、bio2、t-pH-H_2O、bio3、aspect、LC、t-bulk-density、t-teb、ele、VC）进行二次建模。选取第二次建模累计贡献率大于90%的环境因子和刀切法增益值显著的环境因子的并集共10项环境因子：bio8、slope、t-caso4、bio4、bio13、t-silt、bio15、bio2、t-pH-H_2O、bio3，视为大戟生态适宜性的主导环境因子。表4-33是利用最大熵模型生成的物种环境变量响应曲线归纳分析得到影响该物种潜在分布的各主导环境变量的取值范围（$P \geq 0.33$）、最佳取值以及贡献率。由表4-33可知，与温度相关的气候因子累计贡献率为40.2%，土壤因子累计贡献率23.5%，地形因子坡度贡献率为15%，与降水量相关的气候因子累计贡献率为11.5%。所以，影响大戟潜在地理分布的最显著的主导环境因子是温度变量。

表4-33 影响大戟潜在地理分布的主导因子、数值范围、最优值及贡献率

Table4-33 Dominant factors affecting potential distribution of *Euphorbia pekinensis*, their range,optimal value and percent contribution

变量 Variable	单位 Unit	数值范围 Value range	最优值 Optimal value	贡献率（%） Percent contribution
bio8	℃	13~24.5	24	22.5
slope	°	2.5~48	20	15
t-caso4	%weight	2.7~4.9	4.5~4.9	13.2
bio4	—	0.945~1.045,1.06~1.23	0.945~0.97	10.5
bio13	mm	105~130,150~270	110	6.4
t-silt	%weight	6~45	44	6
bio15	mm	0.85~1.28	0.95	5.1
bio2	℃	11.3~13.3	11.9~12.3	4.6
t-pH-H_2O	-lg(H^+)	6.2~9.3	8.2	4.3
bio3	℃	0.26~0.315	0.31~0.315	2.6

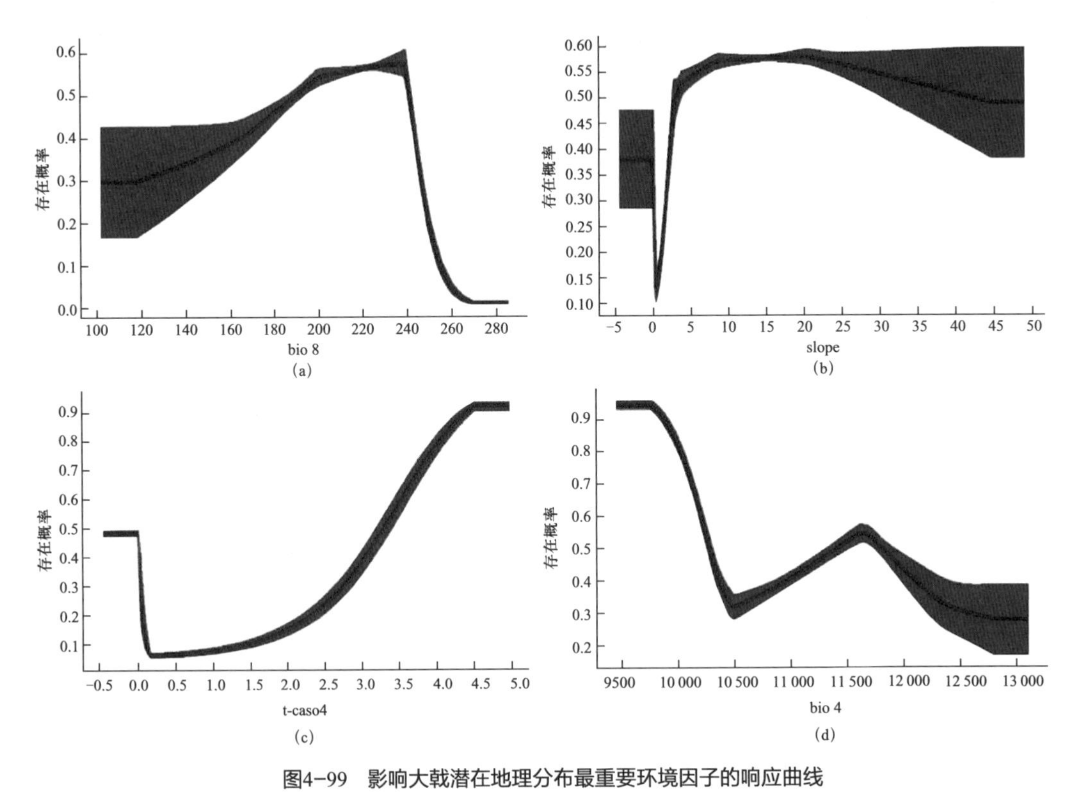

图4-99 影响大戟潜在地理分布最重要环境因子的响应曲线

Fig4-99 Response curves of the most important environmental variables in modeling habitat distribution for *Euphorbia pekinensis*

由表4-33可知大戟的潜在分布区影响最大的环境因子是bio8（最湿季节平均温）、slope（坡度）、t-caso4（表层土壤中硫酸钙含量）、bio4（温度季节性变动系数）。其响应曲线如图4-99所示，最湿季节平均温的适宜范围为13～24.5℃，在24℃时适宜性最高。坡度的适宜性范围为2.5°～48°，在20°时适宜性最高。表层土壤中硫酸钙含量的适宜范围为2.7%～4.9%，在4.5%～4.9%时适宜性最高。温度季节性变化系数的适宜范围为0.945～1.045和1.06～1.23，在0.945～0.97时适宜性最高。预测结果于大戟喜温暖湿润气候，耐旱、耐寒、喜潮湿的生境特征相一致。

4.34 漆 *Toxicodendron vernicifluum*（Stokes）F. A. Barkl.

树脂加工后的干燥品称为干漆，干漆始载于《神农本草经》，又名漆渣、续命筒、黑漆、漆底、漆脚。落叶乔木，高达20m。干漆在中药上有通经、驱虫、镇咳之功效。分布于河北灵寿、井陉、赞皇、沙河、武安、涉县。北京房山区蒲洼乡、上方山。除新疆外，分布于全国各地。日本、印度亦有分布。生于海拔800~2800（~3800）m的向阳避风山坡及杂木林内。

通过MaxEnt模型运算得到如图4-100所示的ROC曲线。图4-100a为首次运行结果，重复15次AUC的平均值为0.919；图4-100b为第二次建模的结果，重复15次AUC平均值为0.966。模型预测效果极好。

图4-101a是用来建模的所有样本共43条数据的分布图，通过MaxEnt模型运算和ArcGIS处理得到如图4-101b所示的漆在河北省的潜在地理分布区，生境适生性概率*P*取值范围为0～1，图4-101b中颜色越亮代表分布概率越高，蓝色表示几乎没有分布。从图4-101b可知，漆的高度适生区主要分布在内丘县、邢台县、沙河市、武安市、涉

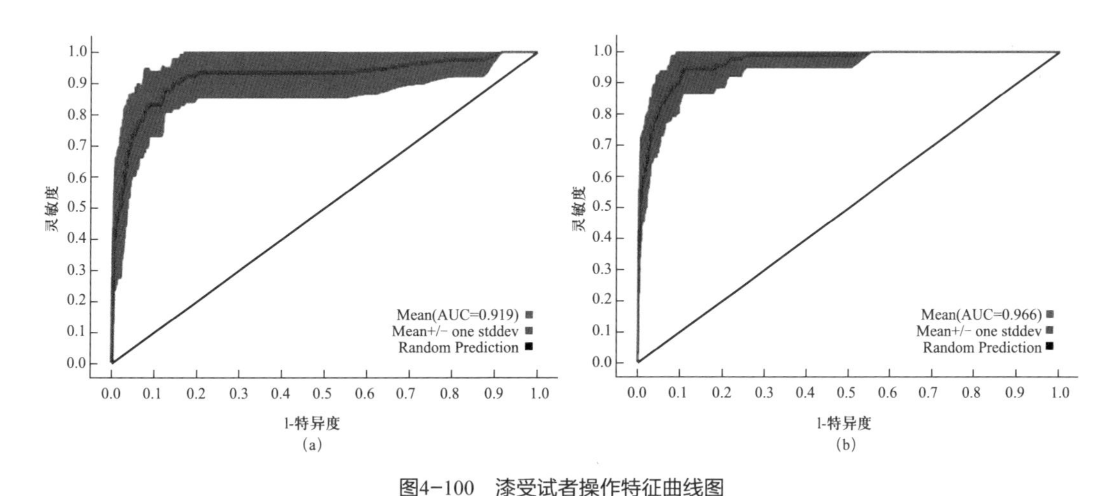

图4-100 漆受试者操作特征曲线图

Fig4-100 Receiver operating characteristic curve of *Toxicodendron vernicifluum*

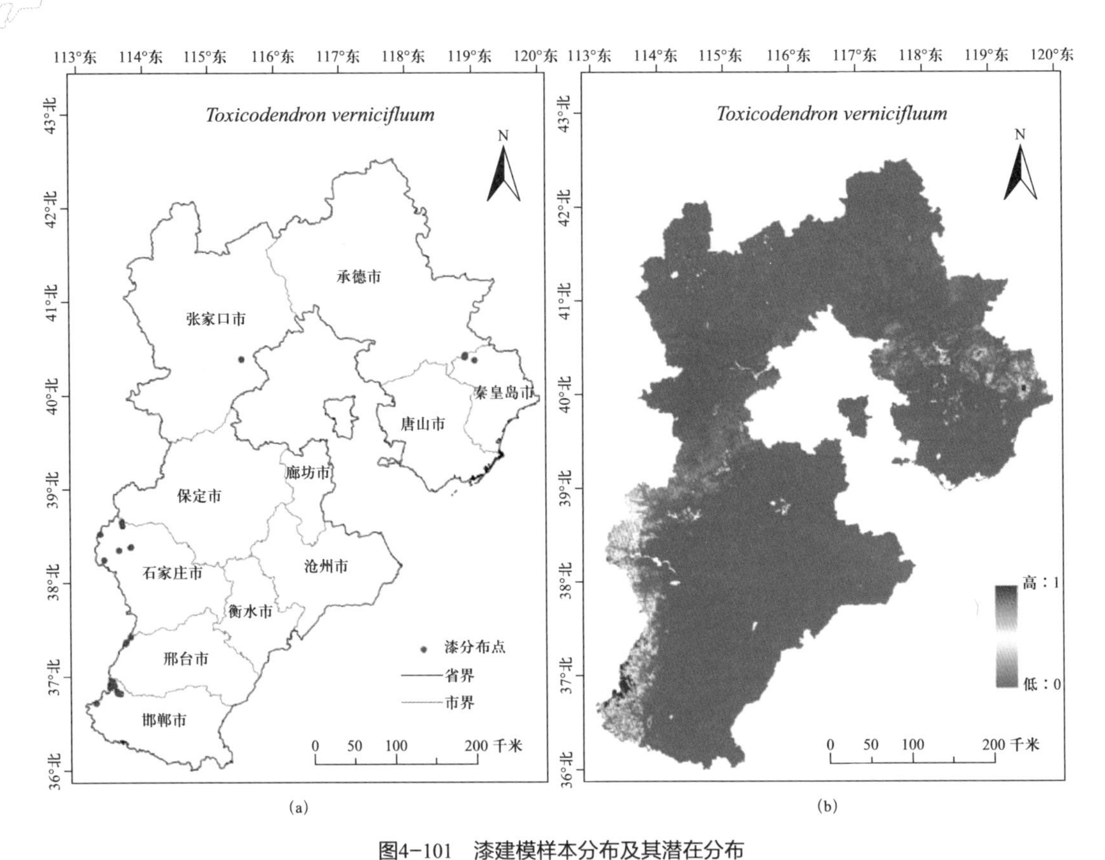

图4-101　漆建模样本分布及其潜在分布

Fig4-101 Specimen Occurrences and potential distribution of *Toxicodendron verniciflluum*

县。从ArcGIS重分类的适生图中计算出漆的高度适生区面积为1084.72km²，中度适生区的面积为3512.50km²，低度适生区的面积为17 689.59km²。

首次建模选取59项环境因子进行模型运算，然后从首次建模的结果分析筛选10项环境因子（bio4、bio3、slope、VC、bio12、ele、t-caco3、bio15、t-cec-clay、s-caco3）进行二次建模。选取第二次建模累计贡献率大于90%的环境因子和刀切法增益值显著的环境因子的并集共6项环境因子：bio4、bio3、slope、VC、bio12、ele，视为漆生态适宜性的主导环境因子。表4-34是利用最大熵模型生成的物种环境变量响应曲线归纳分析得到影响该物种潜在分布的各主导环境变量的取值范围（$P \geq 0.33$）、最佳取值以及贡献率。由表4-34可知，与温度相关的气候因子累计贡献率为56.2%，与地形相关的因子累计贡献率22.1%，植被覆盖率贡献率12.4%，年降水量6.8%。所以，影响漆潜在地理分布的最显著的主导环境因子是温度变量。

表4-34 影响漆潜在地理分布的主导因子、数值范围、最优值及贡献率

Table4-34 Dominant factors affecting potential distribution of *Toxicodendron verniciflum*, their range,optimal value and percent contribution

变量 Variable	单位 Unit	数值范围 Value range	最优值 Optimal value	贡献率（%） Percent contribution
bio4	—	9.5～10.2	9.5～9.8	31
bio3	—	0.294～0.315	0.31～0.315	25.2
slope	°	12～59	52～59	18.6
VC	%	40～100	70	12.4
bio12	mm	545～795	750～795	6.8
ele	m	400～1400	950	3.5

由表4-34可知漆的潜在分布区主导环境因子是bio4（温度季节性变动系数）和bio3（等温性）。其响应曲线如图4-102所示，温度季节性变化系数的适宜范围为9.5 ~ 10.2，适宜性最高的取值为9.5 ~ 9.8。等温性的适宜范围为0.294 ~ 0.315，适宜性最高的取值为0.31 ~ 0.315。

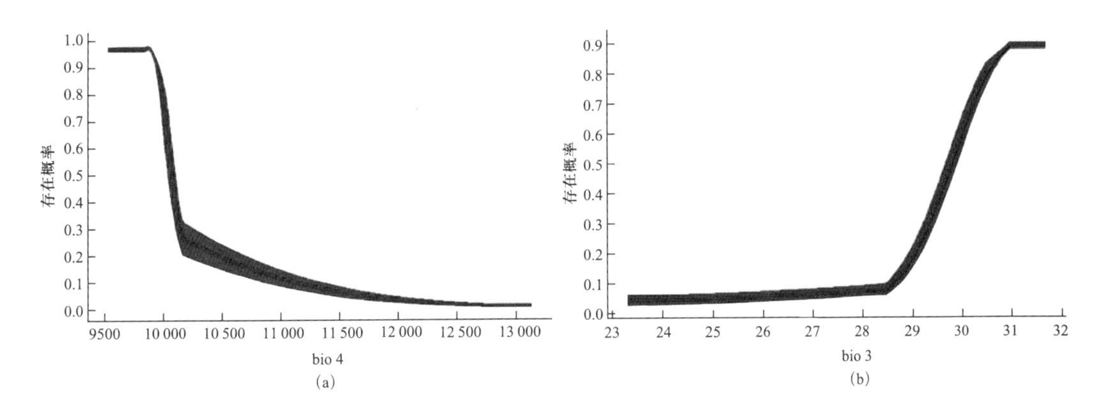

图4-102 影响漆潜在地理分布最重要环境因子的响应曲线

Fig4-102 Response curves of the most important environmental variables in modeling habitat distribution for *Toxicodendron verniciflum*

4.35 酸枣 *Ziziphus jujuba* Mill. var. *spinosa*（Bunge）Hu ex H. F. Chou

始载于《神农本草经》，列为上品，落叶小乔木，稀灌木，果实供药用，有养胃、健脾、益血、滋补、强身之效，酸枣仁和根均可入药，酸枣仁可安神。枣树花期较长，芳香多蜜，为良好的蜜源植物。产河北、北京及天津各地，极常见。分布于辽

宁、内蒙古、河北、山东、山西、河南、甘肃、宁夏、新疆、江苏、安徽。朝鲜、俄罗斯亦有。常生向阳、干燥山坡、丘陵和平原。喜温暖干燥气候，耐寒、耐旱、耐碱。适生于向阳干燥的山坡、丘陵、山谷、平原及路旁的砂石土壤，不宜在低洼水涝地生长。

通过MaxEnt模型运算得到如图4-103所示的ROC曲线。图4-103a为首次运行结果，重复15次AUC的平均值为0.889；图4-103b为二次建模的结果，重复15次AUC平均值为0.887。模型预测效果很好。

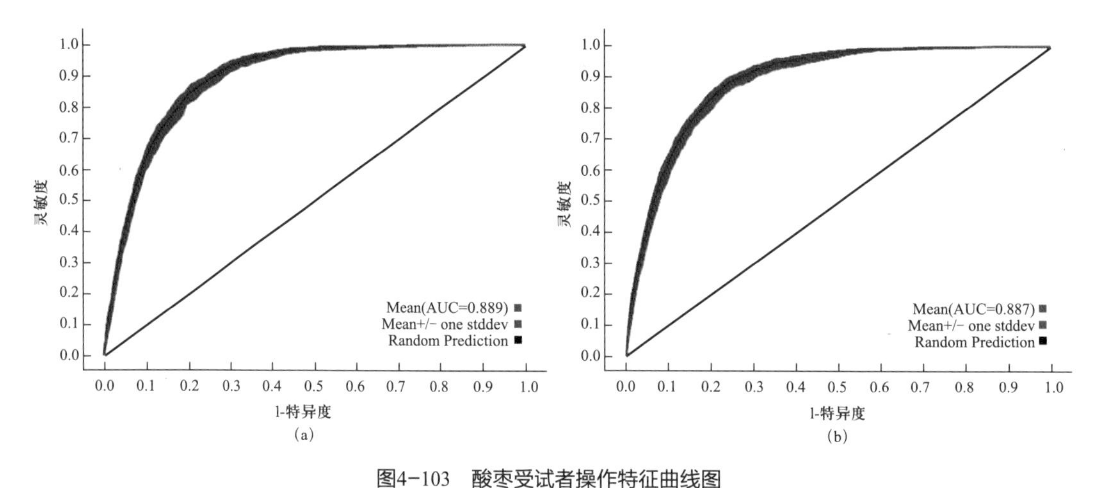

图4-103 酸枣受试者操作特征曲线图

Fig4-103 Receiver operating characteristic curve of *Ziziphus jujuba Mill. var. spinosa*

图4-104a是用来建模的样本共1293条数据分布图，通过MaxEnt模型运算和ArcGIS处理得到如图4-104b所示的酸枣在河北省的潜在地理分布区，生境适生性概率*P*取值范围为0～1，图4-104b中颜色越亮代表分布概率越高，蓝色表示几乎没有分布。从图4-104b可知，酸枣的高度适生区主要分布在平山县、井陉县、赞皇县、内丘县、邢台县、沙河市、武安市、涉县。从ArcGIS重分类的适生度栅格数据中计算出酸枣在河北省的高度适生区面积为3870.14km^2，中度适生区的面积为22 765.28km^2，低度适生区的面积为53 043.76km^2。

首次建模选取59项环境因子进行模型运算，然后从首次建模的结果分析筛选17项环境因子（bio4、slope、ele、bio3、bio12、bio8、bio15、t-caso4、bio2、s-gravel、t-silt、s-ece、t-caco3、aspect、s-cec-clay、s-ref-bulk-density、LC）进行二次建模。选取第二次建模累计贡献率大于90%的环境因子和刀切法增益值显著的环境因子的并集共6项环境因子：bio4、slope、ele、bio3、bio12、bio8，视为酸枣生态适宜性的主导环境因子。表4-35利用最大熵模型生成的物种环境变量响应曲线归纳分析得到影响该物种潜在分布的各主导环境变量的取值范围（*P*≥0.33）、最佳取值以及贡献率。由表4-35可知与温度相关的气候因子累计贡献率为49.3%，与地形相关的因子累计贡献率为40.8%，年降

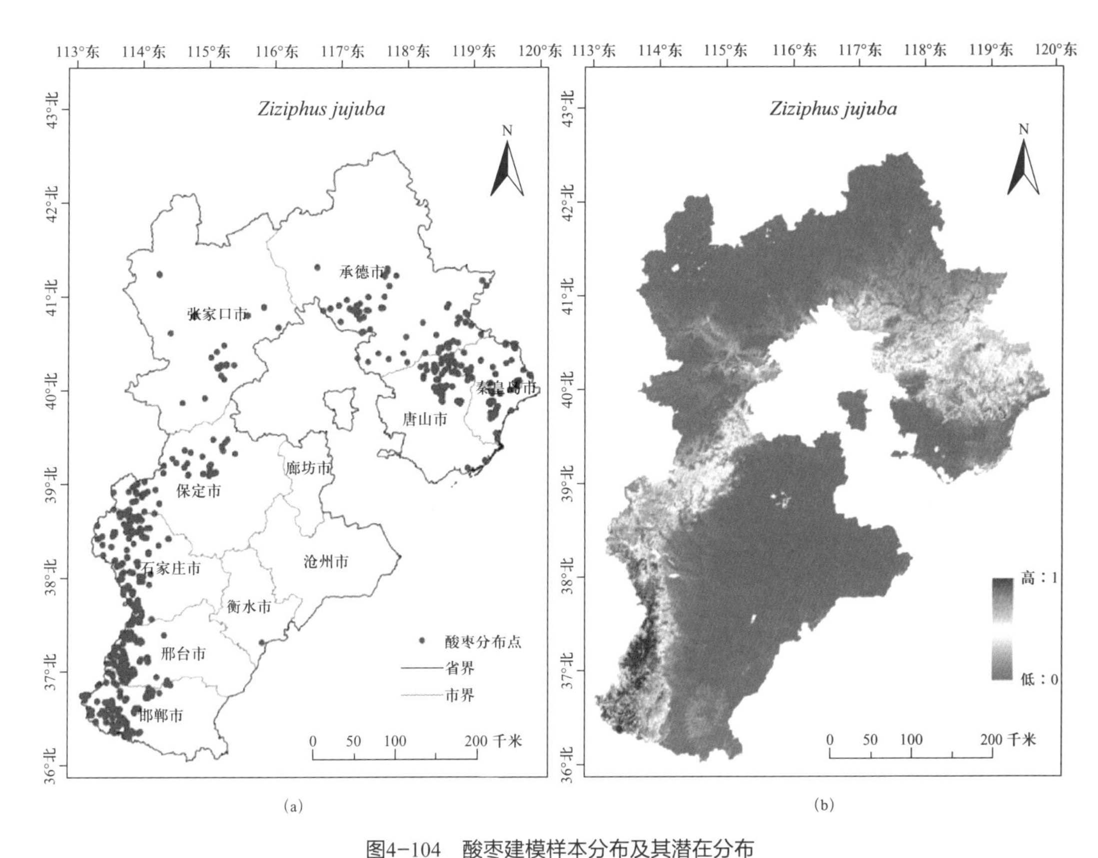

图4-104 酸枣建模样本分布及其潜在分布

Fig4-104 Specimen occurrences and potential distribution of *Ziziphus jujuba* Mill. var. *spinosa*

水量贡献率为5.2%。所以，影响酸枣潜在地理分布的最显著的主导环境因子是温度变量和地形变量。

表4-35 影响酸枣潜在地理分布的主导因子、数值范围、最优值及贡献率

Table4-35 Dominant factors affecting potential distribution of *Ziziphus jujuba* Mill. var. *spinosa*, their range,optimal value and percent contribution

变量 Variable	单位 Unit	数值范围 Value range	最优值 Optimal value	贡献率（%）Percent contribution
bio4	—	0.95～1.04,1.11～1.16	10.1	24.7
slope	°	2～53	8～17	20.8
ele	m	100～800	200	20
bio3	—	0.272～0.275,0.288～0.315	0.305	19.8
bio12	mm	455～475,505～735	675	5.2
bio8	℃	20～25	23.5	4.8

由表4-35可知影响酸枣的潜在地理分布最重要的环境因子是bio4（温度季节性变动系数）、slope（坡度）、ele（海拔）、bio3（等温性）。其响应曲线如图4-105所示，温度季节性变化系数的适宜取值范围为0.95～1.04和1.11～1.16，适宜性最高的取值为10.1。坡度的适宜取值范围为2°～53°，适宜性最高的取值为8°～17°。海拔的适宜性取值范围为100～800m，适宜性最高的取值为200m。等温性的适宜性取值范围为0.272～0.275和0.288～0.315，适宜性最高的取值为0.305。预测结果与酸枣喜温暖干燥气候，耐寒、耐旱、耐碱的生境特征保持一致。

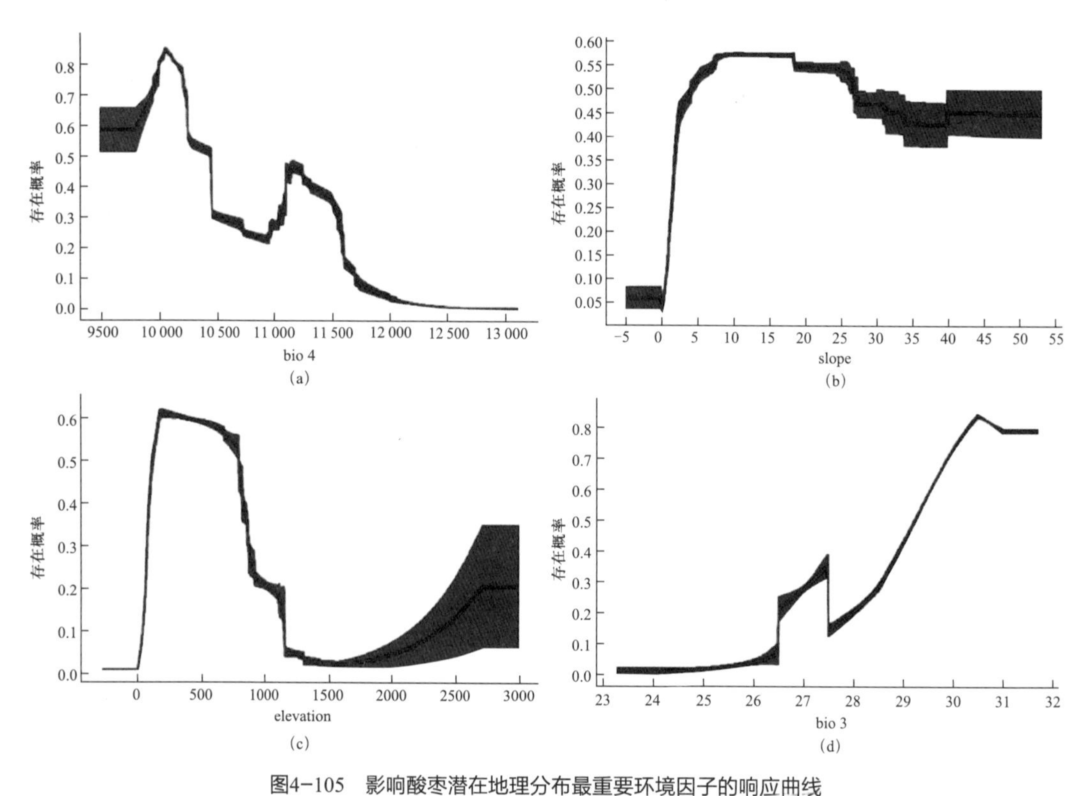

图4-105　影响酸枣潜在地理分布最重要环境因子的响应曲线

Fig4-105 Response curves of the most important environmental variables in modeling habitat distribution for *Ziziphus jujuba* Mill. var. *spinosa*

4.36 白蔹 *Ampelopsis japonica*（Thunb.）Makino

始载于《神农本草经》列为下品，又称兔核、白根、鹅抱蛋。木质藤本，块状膨大的根及全草供药用，能清热解毒、消肿生肌、止痛止血；外用治烫伤、扭挫伤、冻疮；也可制农药；根含淀粉，也可酿酒。产河北秦皇岛、卢龙、昌黎、迁安、迁西、承德、易县、顺平县、三河市。北京金山、卧佛寺、平谷、延庆；天津蓟县。分布于辽宁、吉林、山东、安徽、江苏、浙江、河南、湖北、湖南、四川、贵州等省区。生山坡、路旁、草丛及疏林下，喜凉爽湿润的气候，适应性强，耐寒，对土壤要求不严。

通过MaxEnt模型运算得到如图4-106所示的ROC曲线。图4-106a为首次运行结果，重复15次AUC的平均值为0.888；图4-106b为二次建模的结果，重复15次AUC平均值为0.875。模型预测效果很好。

图4-107a是用来建模的样本共63条数据分布图，通过MaxEnt模型运算和ArcGIS处理

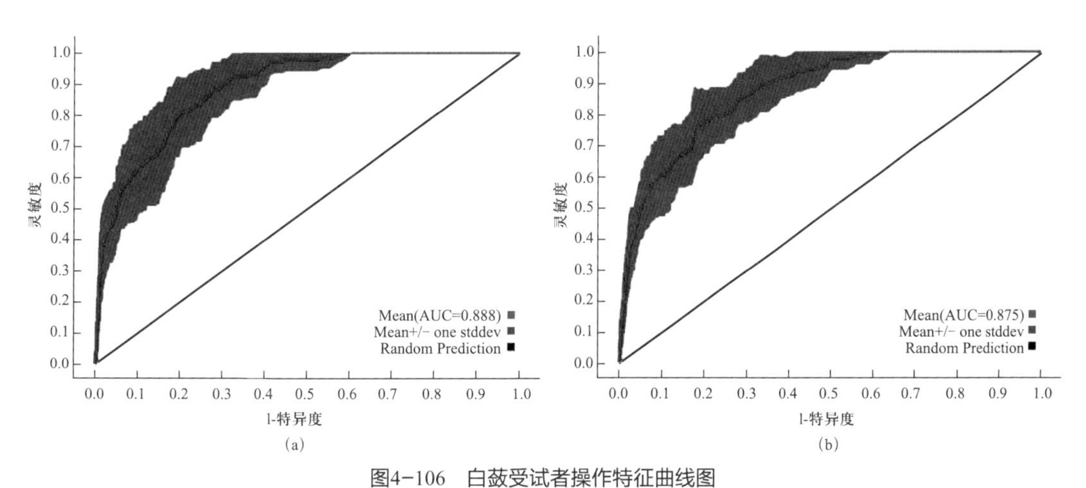

图4-106 白蔹受试者操作特征曲线图

Fig4-106 Receiver operating characteristic curve of *Ampelopsis japonica*

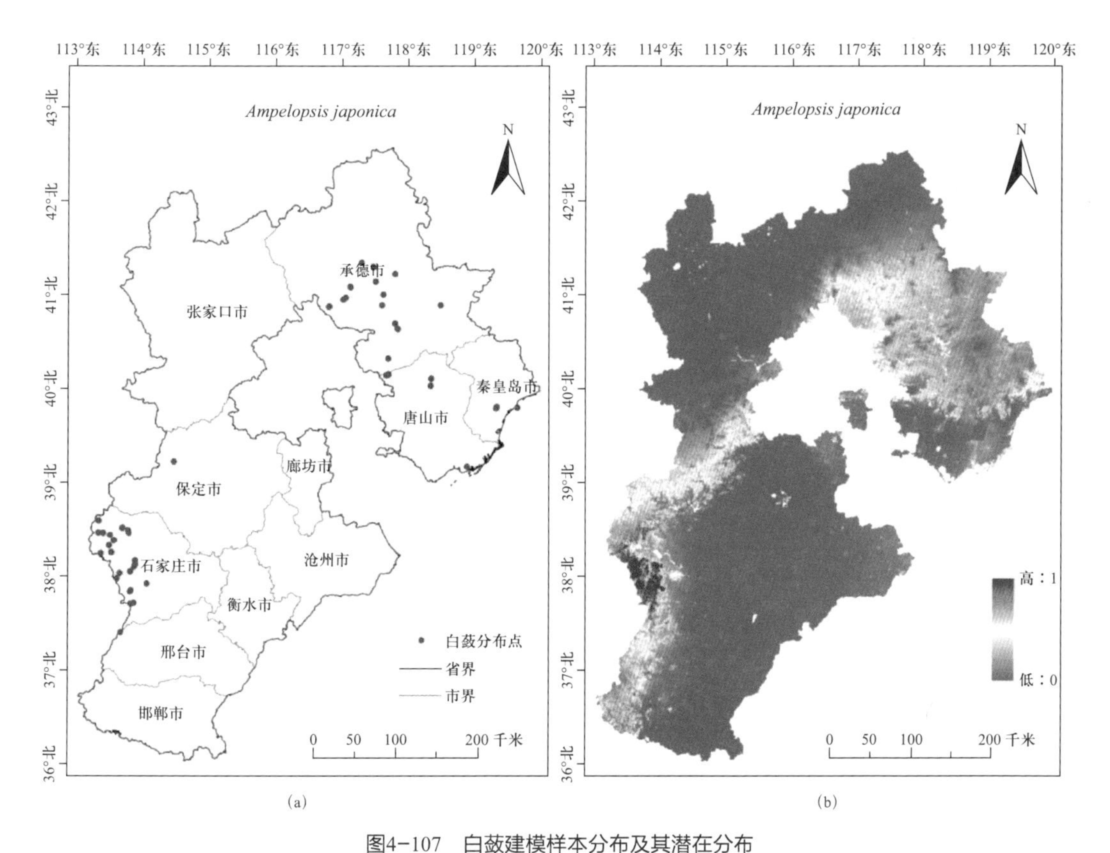

图4-107 白蔹建模样本分布及其潜在分布

Fig4-107 Specimen Occurrences and potential distribution of *Ampelopsis japonica*

得到如图4-107b所示的白蔹在河北省的潜在地理分布区，生境适生性概率*P*取值范围为0～1，图4-107b中颜色越亮代表分布概率越高，蓝色表示几乎没有分布。从图4-107b可知，白蔹的高度适生区主要分布在阜平县、平山县、井陉县、赞皇县。从ArcGIS重分类的适生图数据中分析统计出白蔹在河北的的高度适生区面积为2838.20km^2，中度适生区的面积为15 447.22km^2，低度适生区的面积为58 547.23km^2。

首次建模选取59项环境因子进行模型运算，然后从首次建模的结果分析筛选12项环境因子（bio3、slope、bio4、bio5、bio12、bio15、ele、s-gravel、VC、LC、t-caso4、bio2）进行二次建模。选取第二次建模累计贡献率大于90%的环境因子和刀切法增益值显著的环境因子的并集共8项环境因子：bio3、slope、bio4、bio5、bio12、bio15、ele、LC，视为白蔹生态适宜性的主导环境因子：表4-36是利用最大熵模型生成的物种环境变量响应曲线归纳分析得到影响该物种潜在分布的各主导环境变量的取值范围（*P*≥0.33）、最佳取值以及贡献率。由表4-36与温度相关的气候因子累计贡献率为49%，地形因子累计贡献率为26.6%，降水量累计贡献率15.1%，土地利用类型贡献率为1.4%。所以，影响白蔹潜在地理分布的最显著的主导环境因子是温度变量和地形变量。

表4-36　影响白蔹潜在地理分布的主导因子、数值范围、最优值及贡献率

Table4-36 Dominant factors affecting potential distribution of *Ampelopsis japonica*, their range,optimal value and percent contribution

变量 Variable	单位 Unit	数值范围 Value range	最优值 Optimal value	贡献率（%） Percent contribution
bio3	—	0.283～0.317	0.305	27
slope	°	2.5～57.5	51～57.5	19.7
bio4	—	9.5～11.75	10.4	12.5
bio5	℃	26.4～31.2	30.8	9.5
bio12	mm	450～720	510	7.6
bio15	—	1.05～1.25	1.09	7.5
ele	m	100～950	400～450	6.9
LC	name	2～9，16～18	7	1.4

由表4-36可知影响白蔹潜在地理分布最重要的环境因子是bio3（等温性）和slope（坡度）。其响应曲线如图4-108所示，等温性的适宜性取值范围为0.283～0.317，适宜性最高的取值为0.305。坡度的适宜性取值范围为2.5°～57.5°，适宜性最高的取值范围为51°～57.5°。

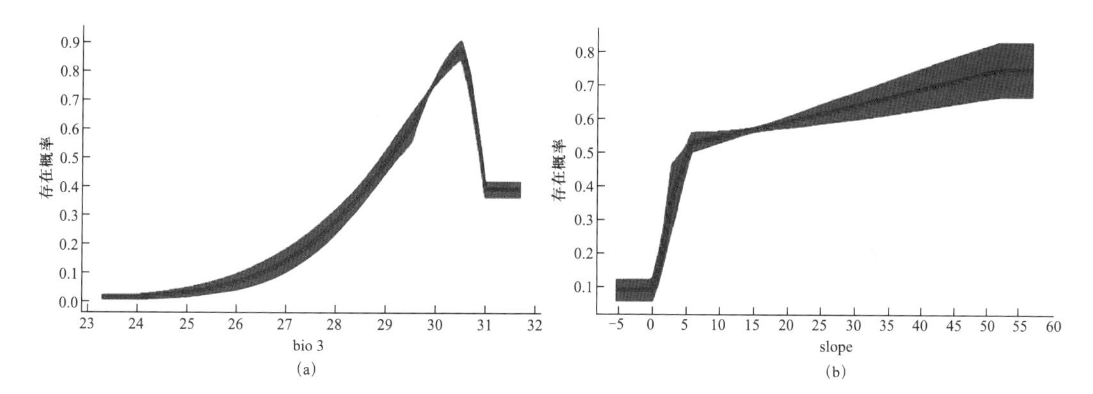

图4-108 影响白蔹潜在地理分布最重要环境因子的响应曲线

Fig4-108 Response curves of the most important environmental variables in modeling habitat distribution for *Ampelopsis japonica*

4.37 苘麻 *Abutilon theophrasti* Medicus

苘麻始载于《新修本草》，又称白麻、青麻、野棉花。一年生亚灌木状草本，全草作药用有利尿、通乳、顺产等功效，根及全草能祛风解毒。河北、天津和北京均产，野生或栽培，广布于我国各省区。印度、越南、日本、欧洲、北美洲亦有分布。生村旁、路边、荒地及河岸。

通过MaxEnt模型运算得到如图4-109所示的ROC曲线。图4-109a是首次运行结果，重复15次AUC的平均值为0.812；图4-109b为二次建模的结果，重复15次AUC平均值为0.823。模型预测效果很好。

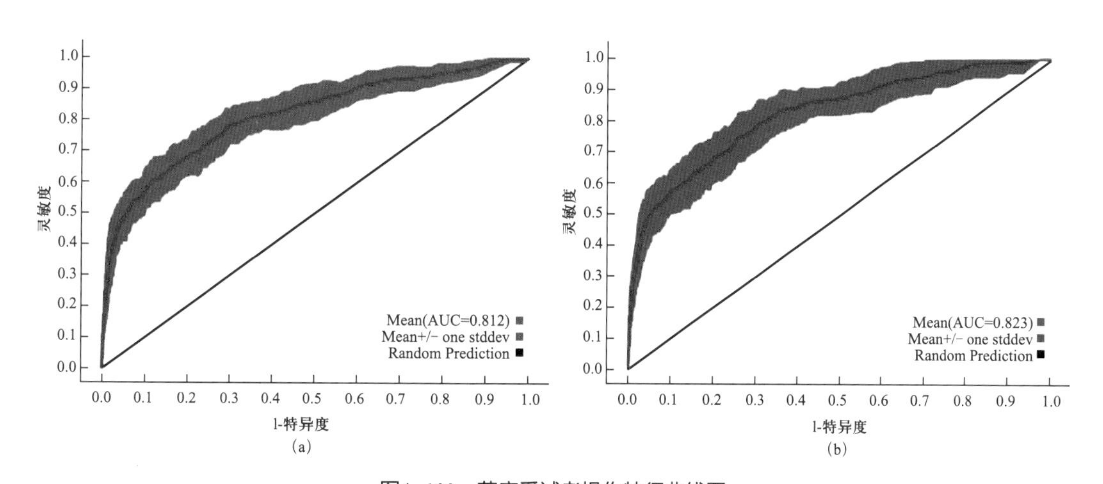

图4-109 苘麻受试者操作特征曲线图

Fig4-109 Receiver operating characteristic curve of *Abutilon theophrasti*

图4-110a是用来建模的样本共计107调数据分布图，通过MaxEnt模型运算和ArcGIS处理得到如图4-110b所示的苘麻在河北省的潜在地理分布区，生境适生性概率P取值范围为0~1，图4-110b中颜色越亮代表分布概率越高，蓝色表示几乎没有

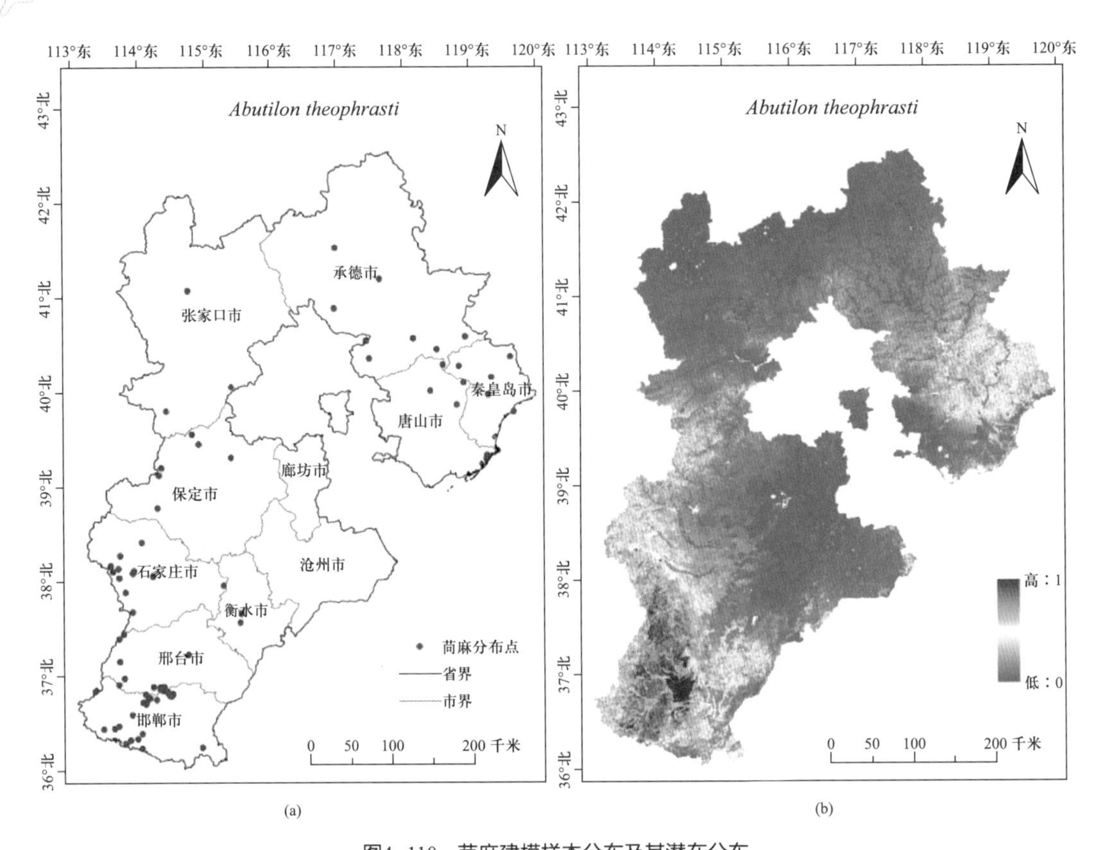

图4-110　苘麻建模样本分布及其潜在分布

Fig4-110 Specimen Occurrences and potential distribution of *Abutilon theophrasti*

分布。从图4-110b可知，苘麻的高度适生区主要分布在石家庄、邢台、邯郸的中西部地区。从ArcGIS重分类的适生度栅格数据中提取分析得到苘麻在河北的高度适生区的面积为5757.64km^2，中度适生区的面积为24 986.81km^2，低度适生区的面积为90 538.20km^2。

首次建模选取42项环境因子进行模型运算，然后从首次建模的结果分析筛选13项环境因子（bio4、ele、t-silt、bio12、bio8、slope、bio17、bio15、t-caso4、VC、bio2、bio3、t-bs）进行二次建模。选取第二次建模累计贡献率大于90%的环境因子和刀切法增益值显著的环境因子的并集共8项环境因子：bio4、ele、t-silt、bio12、bio8、slope、bio17、bio15，视为苘麻生态适宜性的主导环境因子。表4-37是利用最大熵模型生成的环境变量响应曲线归纳分析得到影响该物种潜在分布的各主导环境变量的取值范围（$P\geqslant0.33$）、最佳取值以及贡献率。由表4-37可知，与温度相关气候因子累计贡献率为53.9%，地形因子累计贡献率为16.5%，与降水量相关的气候因子累计贡献率为12.1%，土壤因子表层土壤泥沙比例贡献率为8%。所以，影响苘麻潜在地理分布的最显著的主导环境因子是温度变量。

表4–37 影响苘麻潜在地理分布的主导因子、数值范围、最优值及贡献率

Table4–37 Dominant factors affecting potential distribution of *Abutilon theophrasti*, their range,optimal value and percent contribution

变量 Variable	单位 Unit	数值范围 Value range	最优值 Optimal value	贡献率（%）Percent contribution
bio4	—	9.4～10.7	10.3	49.2
ele	m	50～900	200	12.5
t-silt	%wt	0～44	11	8
bio12	mm	475～810	525	6.2
bio8	℃	20～26.5	26.1	4.7
slope	°	0～26	2.5	4
bio17	mm	11.5～25	15.5	3.3
bio15	—	1.01～1.21	1.08	2.6

由表4–37可知影响苘麻潜在地理分布最重要因子是bio4（温度季节性变动系数），其响应曲线如图4–111所示，温度季节性变化系数的取值范围为9.4～10.7，适宜性最高的取值为10.3。

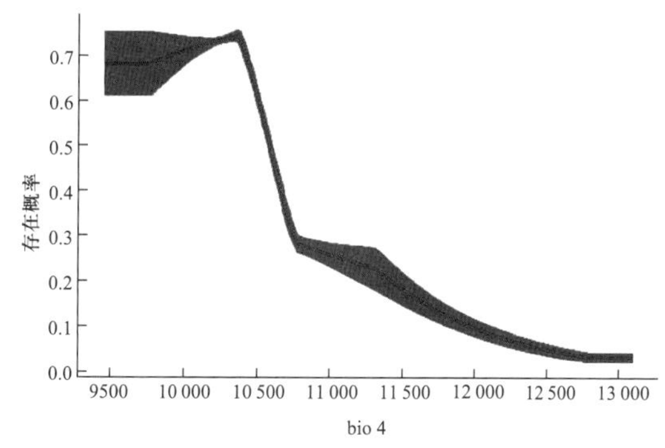

图4–111 影响苘麻潜在地理分布最重要环境因子的响应曲线

Fig4–111 Response curves of the most important environmental variables in modeling habitat distribution for *Abutilon theophrasti*

4.38 沙棘 *Hippophae rhamnoides* L.

阳性树种，落叶灌木或乔木，产河北怀安、阳原、蔚县小五台山、涞源白石山、阜平县、赞皇县、内丘县、沙河市。分布于西北、华北、四川、云南、西藏。蒙古、俄罗斯、印度、伊朗亦有。生长于山坡灌丛中，耐旱。常生于海拔800~3600m温带地区向阳的山嵴、谷地、干涸河床地或山坡，多砾石或砂质土壤或黄土上。黄土高原十分普遍。速生树种，可作水土保持用；果实富含维生素C，可食用，入药祛痰止咳、活血散瘀、消食化滞。

通过MaxEnt模型运算得到如图4-112所示的ROC曲线。图4-112a是首次运行结果，重复15次AUC的平均值为0.906；图4-112b为二次建模的结果，重复15次AUC平均值为0.911。模型预测效果极好。

图4-113a是用来建模的所有样本共计101条数据分布图，通过MaxEnt模型运算和

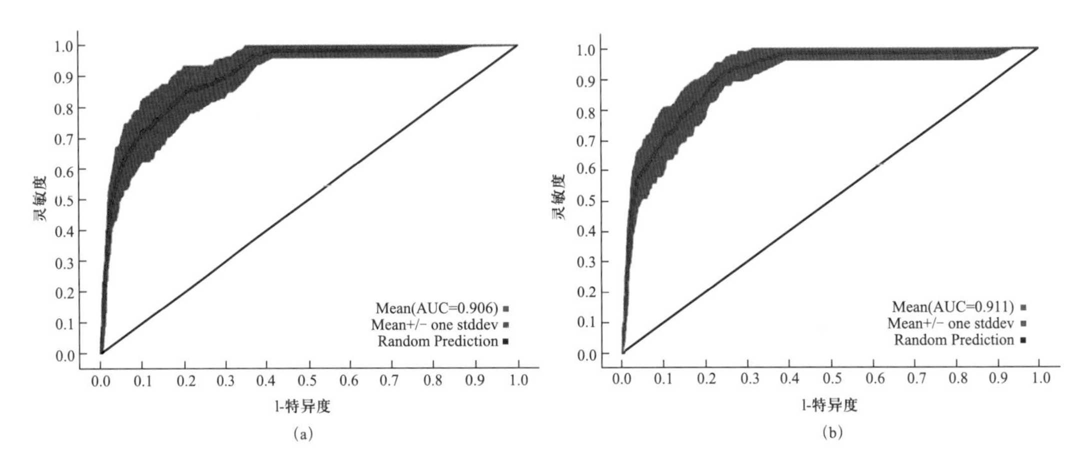

图4-112　沙棘受试者操作特征曲线图

Fig4-112 Receiver operating characteristic curve of *Hippophae rhamnoides*

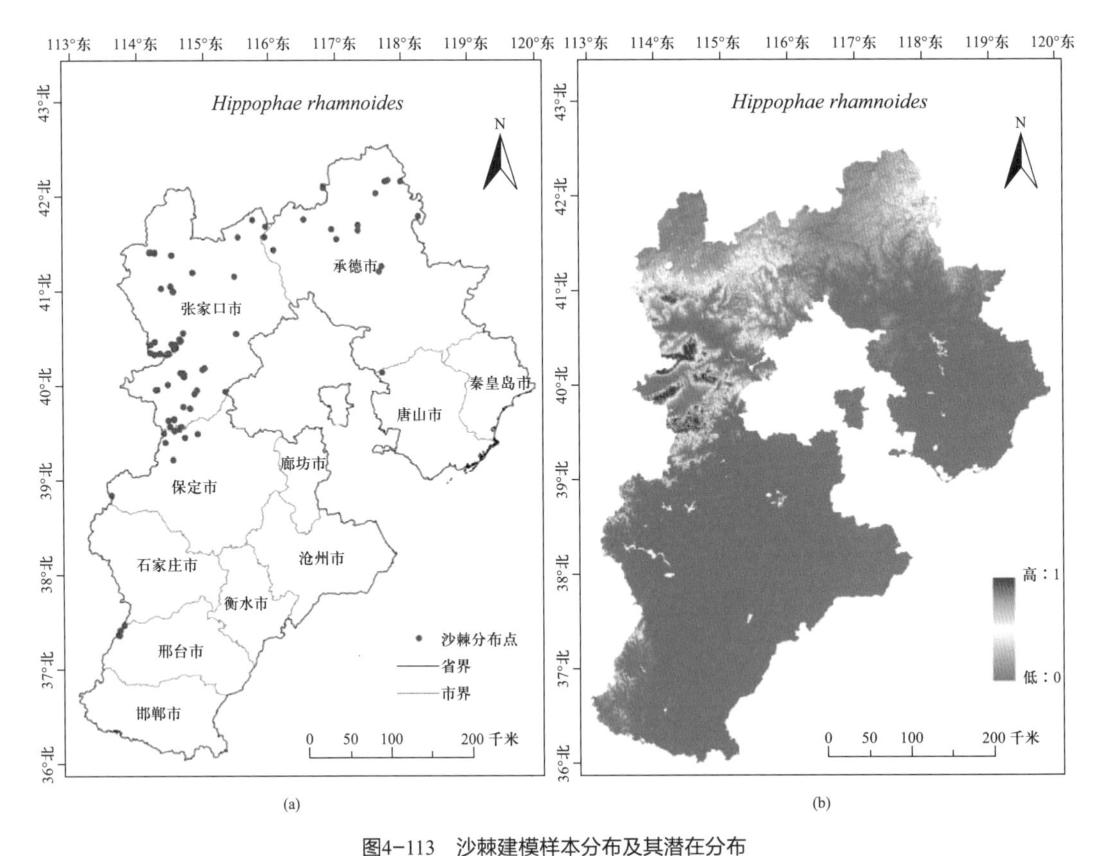

图4-113　沙棘建模样本分布及其潜在分布

Fig4-113 Specimen Occurrences and potential distribution of *Hippophae rhamnoides*

ArcGIS处理得到如图4-113b所示的沙棘在河北省的潜在地理分布区，生境适生性概率P取值范围为0 ~ 1，图4.38.2b中颜色越亮代表分布概率越高，蓝色表示几乎没有分布。从图4-113b可知，沙棘的高度适生区主要分布在张北县、涿鹿县、怀安县、蔚县。ArcGIS重分类后统计分析得到沙棘在河北的高度适生区面积为2869.45km^2，中度适生区面积为10 376.39km^2，低度适生区面积为49 438.89km^2。

首次建模选取59项环境因子进行模型运算，然后从首次建模的结果分析筛选12项环境因子（ele、bio15、bio4、slope、bio16、bio8、t-silt、VC、aspect、t-oc、bio3、bio2）进行二次建模。选取第二次建模累计贡献率大于90%的环境因子和刀切法增益值显著的环境因子的并集共6项环境因子：ele、bio15、bio4、slope、bio16、bio8，视为沙棘生态适宜性的主导环境因子。表4-38是利用最大熵模型生成的物种环境变量响应曲线归纳分析得到影响该物种潜在分布的各主导环境变量的取值范围（$P \geqslant 0.33$）、最佳取值以及贡献率。由表4-38可知，地形因子累计贡献率为66%，降水量累计贡献率为14.4%，温度累计贡献率问13.6%。所以，影响沙棘潜在地理分布的最显著的主导环境因子是地形变量。

表4-38　影响沙棘潜在地理分布的主导因子、数值范围、最优值及贡献率

Table4-38 Dominant factors affecting potential distribution of *Hippophae rhamnoides*, their range,optimal value and percent contribution

变量 Variable	单位 Unit	数值范围 Value range	最优值 Optimal value	贡献率（%） Percent contribution
ele	m	1100～3000	2700～3000	62.7
bio15	—	0.92～1.05	0.96	12
bio4	—	9.5～10，11.2～13.2	9.5～9.8	11.6
slope	°	4～42	8	3.3
bio16	mm	225～325	255	2.4
bio8	℃	8.5～20.5	19	2

由表4-38可知影响沙棘潜在地理分布区最重要的环境因子是ele（海拔）。其响应曲线如图4-114所示。海拔的生境适宜性取值范围为1100 ~ 2800m，适宜性最高的取值为2700 ~ 2800m。

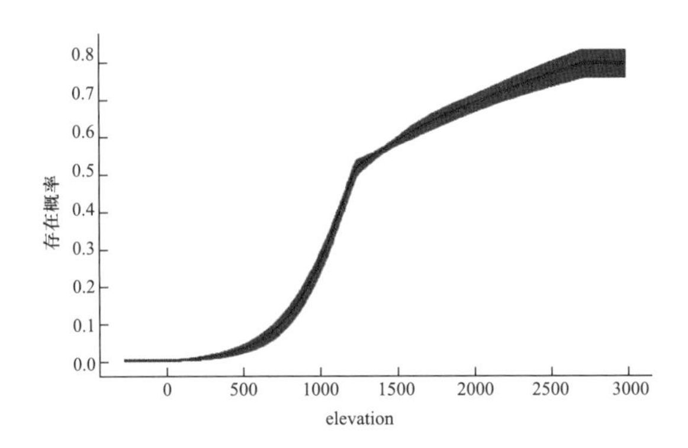

图4-114　影响沙棘潜在地理分布最重要环境因子的响应曲线
Fig4-114 Response curves of the most important environmental variables in modeling habitat distribution for *Hippophae rhamnoides*

4.39 刺五加 *Eleutherococcus senticosus*（Rupr. et Maxim.）Maxim.

根皮可代“五加皮”用，种子可榨油，供制肥皂用。五加皮始载于《神农本草经》，刺五加又称一百针或老虎潦，灌木，高1~6m。产河北、北京、天津山区，较多分布。生于海拔500~2000m的落叶阔叶林、针阔混交林的林下或林缘。

通过MaxEnt模型运算得到如图4-115所示的ROC曲线。图4-115a是首次运行结果，重复15次AUC的平均值为0.911；图4-115b为二次建模的结果，重复15次AUC平均值为0.926。模型预测效果极好。

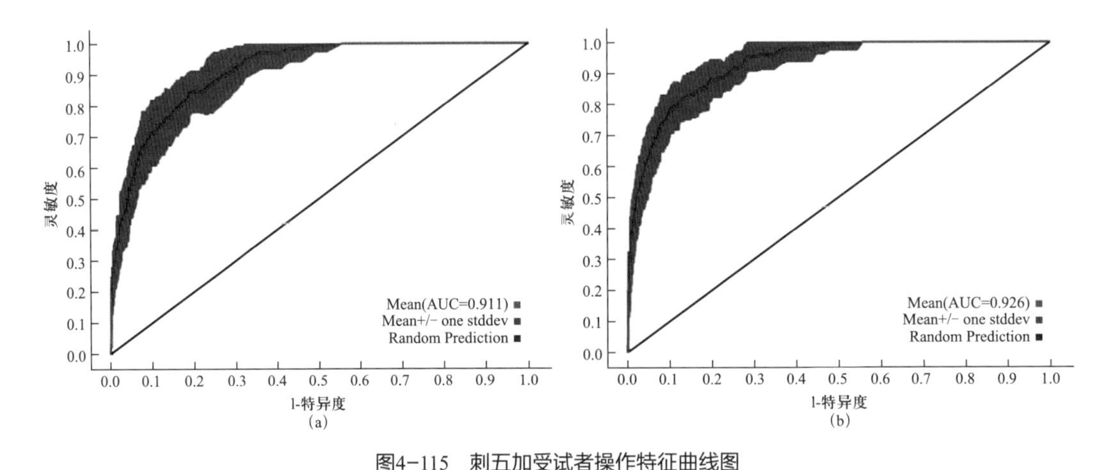

图4-115　刺五加受试者操作特征曲线图
Fig4-115 Receiver operating characteristic curve of *Eleutherococcus senticosus*

图4-116a是用来建模的所有样本共计56条数据分布图，通过MaxEnt模型运算和ArcGIS操作得到如图4-116b所示的刺五加在河北省的潜在地理分布区，生境适生性概率*P*取值范围为0～1，图4-116b中颜色越亮代表分布概率越高，蓝色表示

几乎没有分布。从图4-116b可知，刺五加的高度适生区主要分布在平泉县、兴隆县、青龙县、阜平县、平山县。ArcGIS重分类后统计分析得到刺五加在河北的高度适生区的面积为1743.75km^2，中度适生区面积为9187.50km^2，低度适生区面积为39 509.73km^2。

首次建模选取59项环境因子进行模型运算，然后从首次建模的结果分析筛选14项环境因子（VC、ele、s-ece、bio4、aspect、bio17、s-caso4、s-caco3、bio15、bio5、LC、s-teb、s-bs、s-bulk-density）进行二次建模。选取第二次建模累计贡献率大于90%的环境因子和刀切法增益值显著的环境因子的并集共11项环境因子：VC、ele、s-ece、bio4、aspect、bio17、s-caso4、bio5、LC、s-teb、s-bs，视为刺五加生态适宜性的主导环境因子。

表4-39是利用最大熵模型生成的物种环境变量响应曲线归纳分析得到影响该物种潜在分布的各主导环境变量的取值范围（$P \geqslant 0.33$）、最佳取值以及贡献率。由表4-39可知，地形因子累计贡献率为31.2%，植被覆盖率贡献率为29%，土壤因子累计贡献率为19%，温度累计贡献率为11.1%，最干季节降水量贡献率为4.8%，土地利用类型贡献率为0.8%。所以，影响刺五加潜在地理分布的最显著的主导环境因子是地形因子、植被

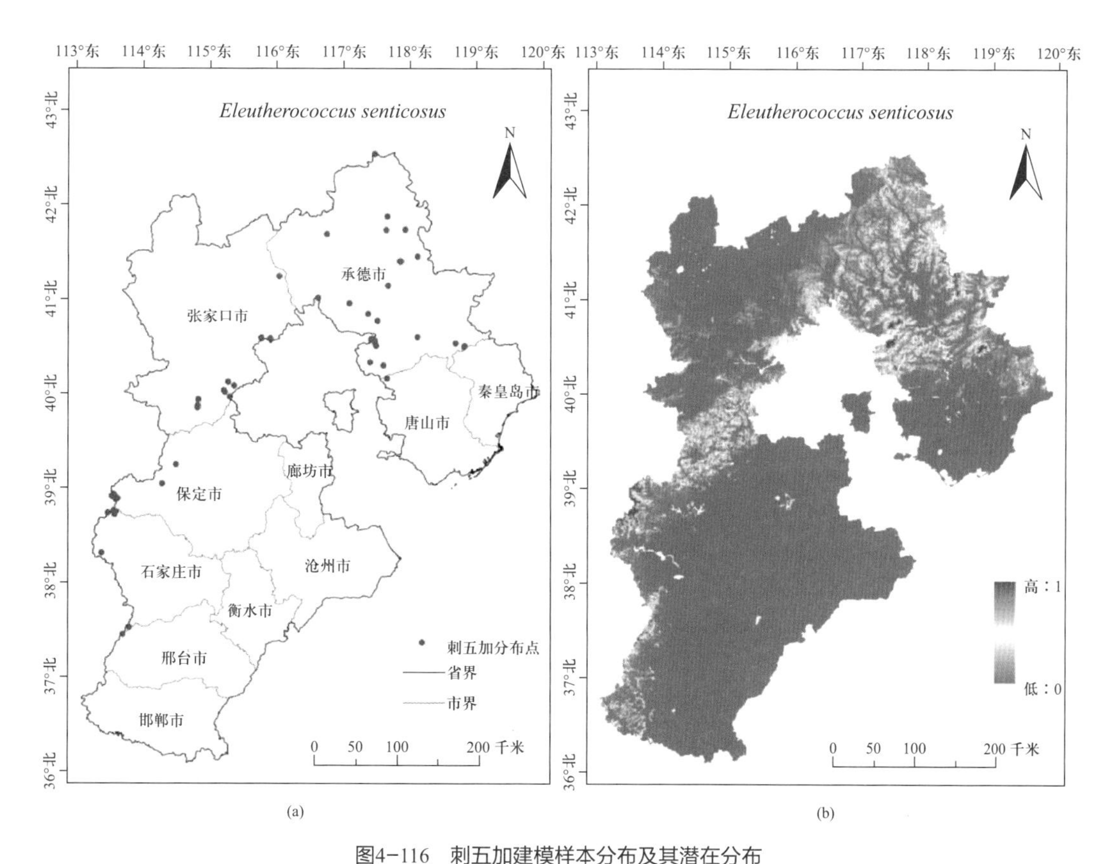

图4-116 刺五加建模样本分布及其潜在分布

Fig4-116 Specimen Occurrences and potential distribution of *Eleutherococcus senticosus*

覆盖率、土壤因子。

表4-39 影响刺五加潜在地理分布的主导因子、数值范围、最优值及贡献率
Table4-39 Dominant factors affecting potential distribution of *Eleutherococcus senticosus*, their range,optimal value and percent contribution

变量 Variable	单位 Unit	数值范围 Value range	最优值 Optimal value	贡献率（%） Percent contribution
VC	%	40～100	100	29
ele	m	600～2700	2300～2700	24.8
s-ece	dS/m	0～0.1	0.1	15.2
bio4	—	9.45～12	11.4	9.9
aspect	—	0～360	355	6.4
bio17	mm	3.9～30	17.9	4.8
s-caso4	%weight	0～0.04	0.04	3.3
bio5	℃	17～27	17～18.5	1.2
LC	name	2~8	2	0.8
s-teb	cmol /kg	7.5～17	12.5	0.3
s-bs	%	85～98	95	0.2

所以，地形因子ele（海拔）和VC（植被覆盖率）是影响刺五加地理分布的最重要的环境因子。响应曲线如图4-117所示，植被覆盖率的适宜性取值范围为40%～100%，适宜性最高的取值为100%。海拔的适宜性取值范围为600～2700m，适宜性最高的取值为2300～2700m。由此可以总结出刺五加的适宜生境为喜温暖湿润气候，耐寒、耐微荫蔽、适宜向阳、腐殖质层深厚、土壤微酸性的砂质壤土，海拔2000~2700m的落叶阔叶林或灌丛中。

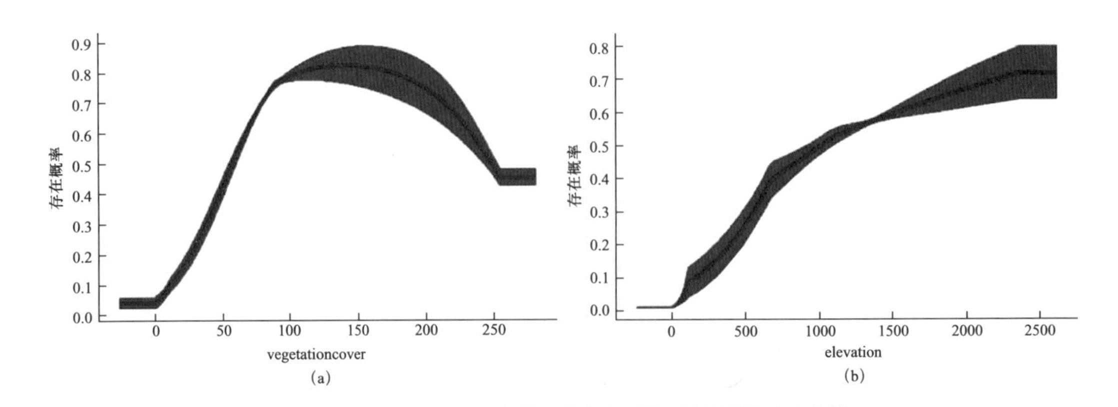

图4-117 影响刺五加潜在地理分布最重要环境因子的响应曲线
Fig4-117 Response curves of the most important environmental variables in modeling habitat distribution for *Eleutherococcus senticosus*

4.40 白芷 *Angelica dahurica*（Fisch. ex Hoffm.）Benth. et Hook. f. ex Franch.et Sav.

白芷入药始载于《神农本草经》，列为中品，又称泽芬、香白芷。多年生高大草本，高1～2.5m，根圆柱形。产河北兴隆县雾灵山，涞源县恒山、甸子梁，蔚县小五台山，赞皇楼底，内丘，阜平白草坨山；北京百花山、东灵山、妙峰山。分布于东北、华北。朝鲜、日本、俄罗斯亦有。河北及北京有栽培，药用，根入药，能祛风散湿、发汗解表、排脓、生肌止痛。生林缘草甸、山沟溪旁灌丛下，喜温暖湿润气候，耐寒，适宜生长在阳光充足，土壤深厚，疏松肥厚，排水良好的砂质土壤，种子在恒温下发芽率底，变温下发芽较好，以10~30℃变温最佳。

通过MaxEnt模型运算得到如图4-118所示的ROC曲线。图4-118a首次运行结果，重复15次AUC的平均值为0.849；图4-118b为二次建模的结果，重复15次AUC平均值为0.866。模型预测效果很好。

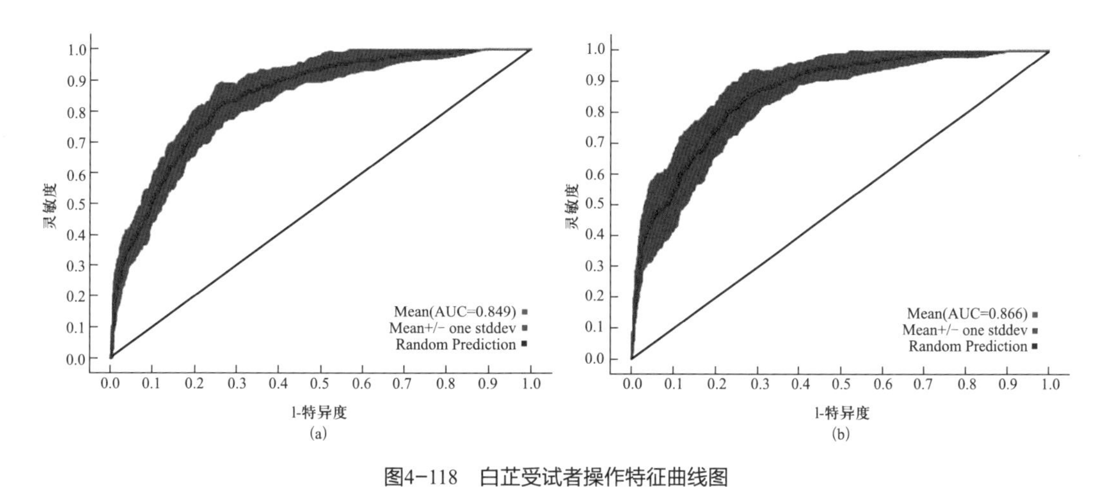

图4-118　白芷受试者操作特征曲线图
Fig4-118 Receiver operating characteristic curve of *Angelica dahurica*

图4-119a是用来建模的所有样本共计119条数据的分布图，通过MaxEnt模型运算和ArcGIS处理得到如图4-119b所示的白芷在河北省的潜在地理分布区，生境适生性概率*P*取值范围为0～1，图4-119b中颜色越亮代表分布概率越高，蓝色表示几乎没有分布。从图4-119b可知，白芷的高度适生区主要分布在平泉县、兴隆县、青龙县、阜平县、平山县。ArcGIS重分类后分析统计得到白芷在河北的高度适生区面积为3339.58km^2，中度适生区的面积为23 965.97km^2，低度适生区的面积为64 450.70km^2。

首次建模选取42项环境因子进行模型运算，然后从首次建模的结果分析筛选16项环境因子（slope、ele、VC、bio4、bio17、t-caco3、bio8、bio16、t-caso4、bio3、aspect、t-cec-clay、LC、t-gravel、t-silt、t-esp）进行二次建模。选取第二次建模累计贡献率大

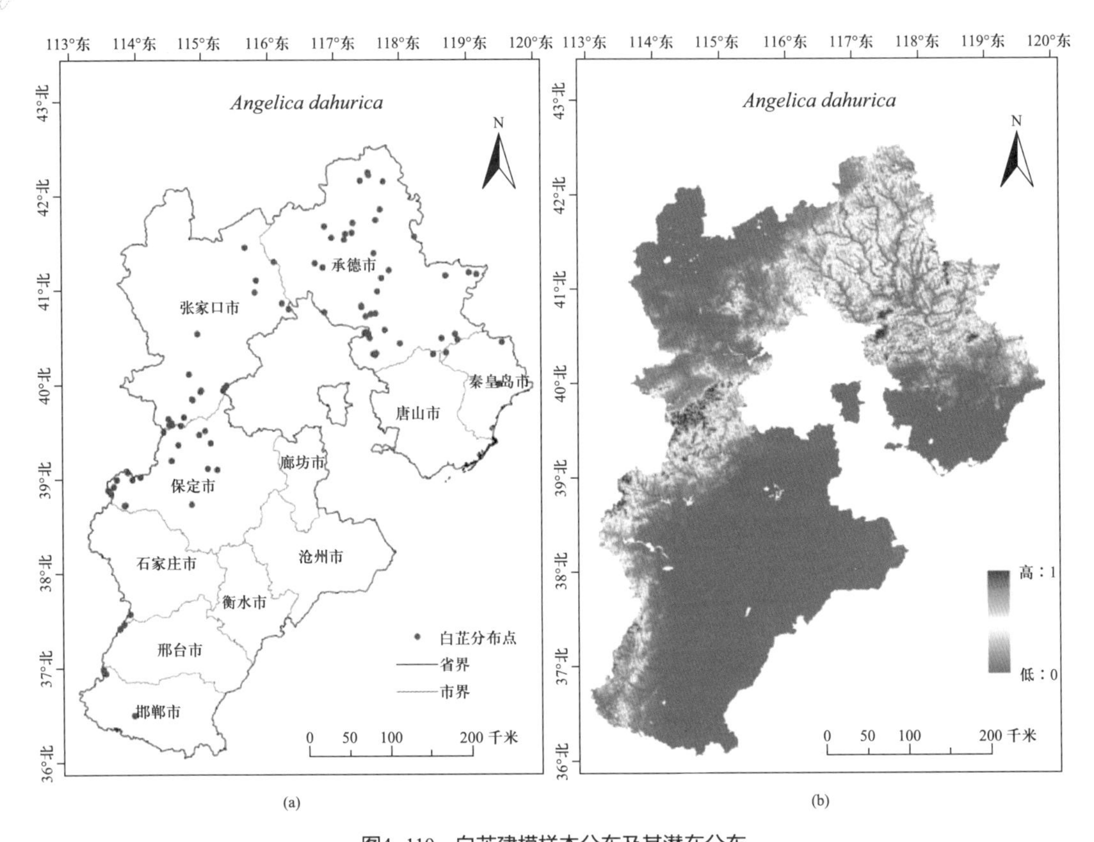

图4-119 白芷建模样本分布及其潜在分布

Fig4-119 Specimen Occurrences and potential distribution of *Angelica dahurica*

于90%的环境因子和刀切法增益值显著的环境因子的并集共9项环境因子：slope、ele、VC、bio4、bio17、t-caco3、bio8、bio16、LC，视为白芷生态适宜性的主导环境因子。表4-40是利用最大熵模型生成的物种环境变量响应曲线归纳分析得到影响该物种潜在分布的各主导环境变量的取值范围（$P \geq 0.33$）、最佳取值以及贡献率。由表4-40可知，地形因子累计贡献率53.2%，植被覆盖率贡献率为17.7%，温度累计贡献率为9.2%，降水量累计贡献率为7.7%，表层土壤中碳酸钙含量贡献率为3.3%，土地利用类型贡献率为1.1%。所以，影响白芷潜在地理分布的最显著的主导环境因子是地形因子和植被覆盖率。

表4-40 影响白芷潜在地理分布的主导因子、数值范围、最优值及贡献率

Table4-40 Dominant factors affecting potential distribution of *Angelica dahurica*, their range,optimal value and percent contribution

变量 Variable	单位 Unit	数值范围 Value range	最优值 Optimal value	贡献率（%） Percent contribution
slope	°	6~56	50~56	31.1
ele	m	500~2 800	2 700~2 800	22.1

续表

变量 Variable	单位 Unit	数值范围 Value range	最优值 Optimal value	贡献率（%） Percent contribution
VC	%	25～100	100	17.7
bio4	—	9.45～10.1，10.8～12.25	9.45～9.8	6
bio17	mm	3.9～27	19.5	4.9
t-caco3	%weight	0～7.5，15～17	0	3.3
bio8	℃	9～22	9～11	3.2
bio16	mm	275～550	310～330	2.8
LC	name	2～8	2～2	1.1

所以slope（坡度）、ele（海拔）、VC（植被覆盖率）是影响白芷潜在地理分布最重要的环境因子。响应曲线如图4-120所示，坡度的适宜取值范围为6°～56°，适宜性最高的取值为50°～56°；海拔的适宜性取值范围为500～2800m，适宜性最高的取值为2700～2800m。植被覆盖率的适宜性取值范围为25%～100%，适宜性最高的取值范围为100%。预测结果符合白芷喜温暖湿润气候，耐寒，适宜在阳光充足，土壤深厚，疏松肥厚，排水良好的砂质土壤的生境特征。

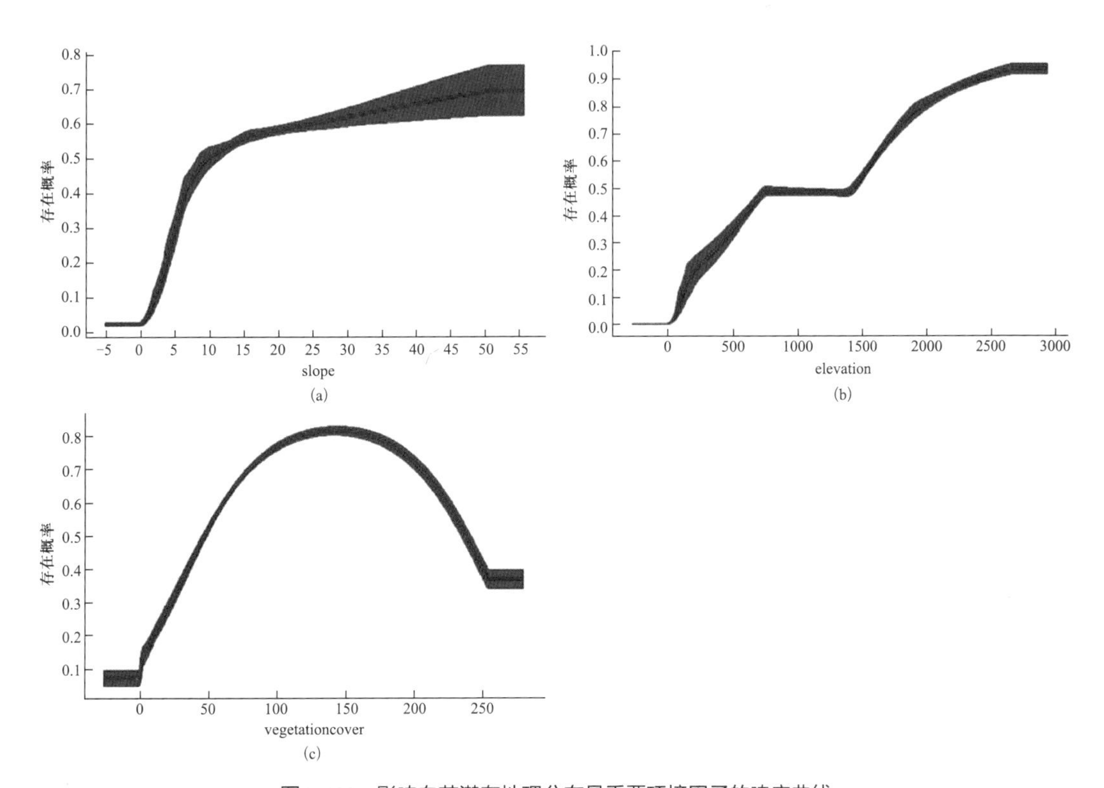

图4-120　影响白芷潜在地理分布最重要环境因子的响应曲线
Fig 4-120 Response curves of the most important environmental variables in modeling habitat distribution for *Angelica dahurica*

4.41 北柴胡 *Bupleurum chinense* DC.

入药称为柴胡，始载于《神农本草经》，列为上品，又称茈胡、地薰、茹草、柴草。多年生草本，高50~85cm，主根较粗大，棕褐色。产河北龙泉关、蔚县小五台山南台湖上沟、易县大峪口、山海关、迁西；北京南口、八达岭、百花山、妙峰山、西山。分布于东北、华北、西北、华东和华中各地。生山地草坡、灌丛中。

通过MaxEnt模型运算得到如图4-121所示的ROC曲线。图4-121a为首次运行结果，重复15次AUC的平均值为0.827；图4-121b为二次建模的结果，重复15次AUC平均值为0.830。模型预测效果很好。

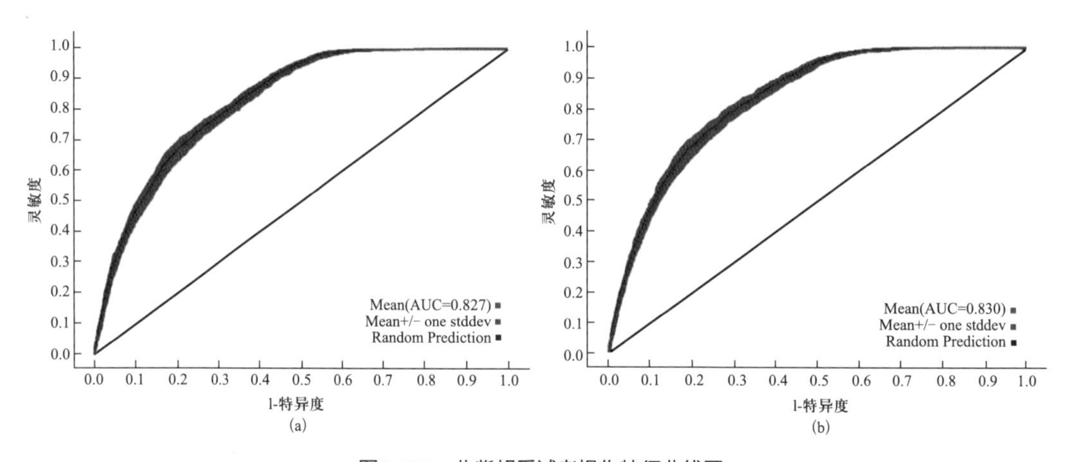

图4-121　北柴胡受试者操作特征曲线图

Fig4-121 Receiver operating characteristic curve of *Bupleurum chinense*

图4-122a是用来建模的所有样本共计1380条分布图，通过MaxEnt模型运算和ArcGIS可视化处理得到如图4-122b所示的北柴胡在河北省的潜在地理分布区，生境适生性概率*P*取值范围为0~1，图4-122b中颜色越亮代表分布概率越高，蓝色表示几乎没有分布。从图4-122b可知，北柴胡的高度适生区主要分布在怀安县、涿鹿县、蔚县、赞皇县、沙河市、武安市、磁县。ArcGIS重分类后分析统计得到北柴胡在河北的高度适生区面积为5222.92km^2，中度适生区的面积为53 505.56km^2，低度适生区的面积为59 352.09km^2。

首次建模选取42项环境因子进行模型运算，然后从首次建模的结果分析筛选13项环境因子（slope、bio8、bio17、bio4、bio15、bio3、bio2、bio13、ele、t-clay、LC、aspect、t-silt）进行二次建模。选取第二次建模累计贡献率大于90%的环境因子和刀切法增益值显著的环境因子的并集共11项环境因子：slope、bio8、bio17、bio4、bio15、bio3、bio2、ele、t-clay、LC、t-silt，视为北柴胡生态适宜性的主导环境因子。表4-41是利用最大熵模型生成的物种环境变量响应曲线归纳分析得到影响该物种潜在分布的各

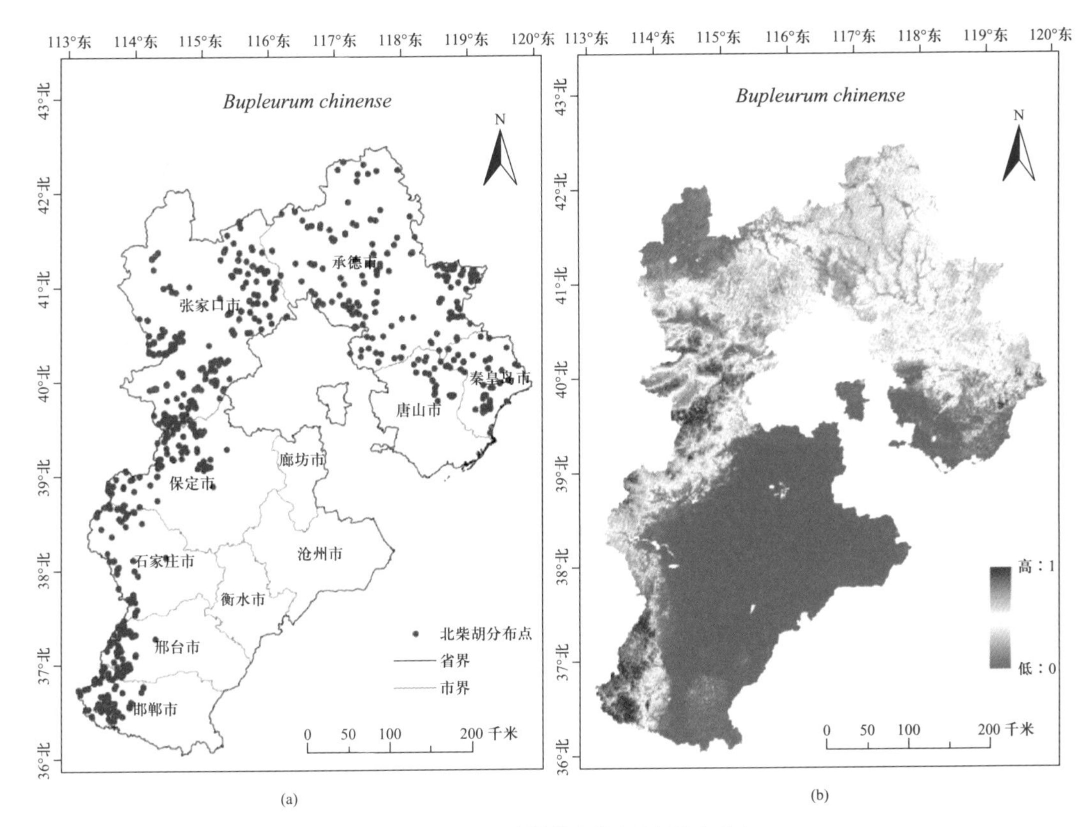

图4-122　北柴胡建模样本分布及其潜在分布

Fig4-122 Specimen Occurrences and potential distribution of *Bupleurum chinense*

主导环境变量的取值范围（$P\geqslant0.33$）、最佳取值以及贡献率。由表4-41可知，地形因子累计贡献率为45%，与温度相关的气候因子累计贡献率为37.3%，降水量累计贡献率为14.1%，土壤贡献率为1%，土地利用类型贡献率为0.4%。所以，影响北柴胡潜在地理分布的最显著的主导环境因子是地形因子和温度变量。

表4-41　影响北柴胡潜在地理分布的主导因子、数值范围、最优值及贡献率

Table4-41 Dominant factors affecting potential distribution of *Bupleurum chinense*, their range,optimal value and percent contribution

变量 Variable	单位 Unit	数值范围 Value range	最优值 Optimal value	贡献率（%） Percent contribution
slope	°	2～69	18～20	44.1
bio8	℃	8.9～24	15	26.7
bio17	mm	7～20.5	19.5	8.2
bio4	—	9.5～10.22，11～13.1	9.5～9.8	6.1

续表

变量 Variable	单位 Unit	数值范围 Value range	最优值 Optimal value	贡献率（%） Percent contribution
bio15	—	0.92～1.2	0.95	5.9
bio3	—	0.262～0.318	0.31～0.318	2.3
bio2	℃	11～11.1，11.7～13.3	12.4	2.2
ele	m	200～2900	1900	0.9
t-clay	%wt	8～13，18～24.5	11	0.9
LC	name	2～8	6、7	0.4
t-silt	%wt	0～8，12～44.5，52～59	4.35～44.5	0.1

所以slope（坡度）和bio8（最湿季平均温度）是影响北柴胡潜在地理分布的最重要的环境因子。响应曲线如图4-123所示，坡度的适宜性取值范围为2°～69°，适应性最高的取值为18°～20°，最湿季节平均温适宜性取值范围为8.9～24℃，适应性最高的取值为15℃。

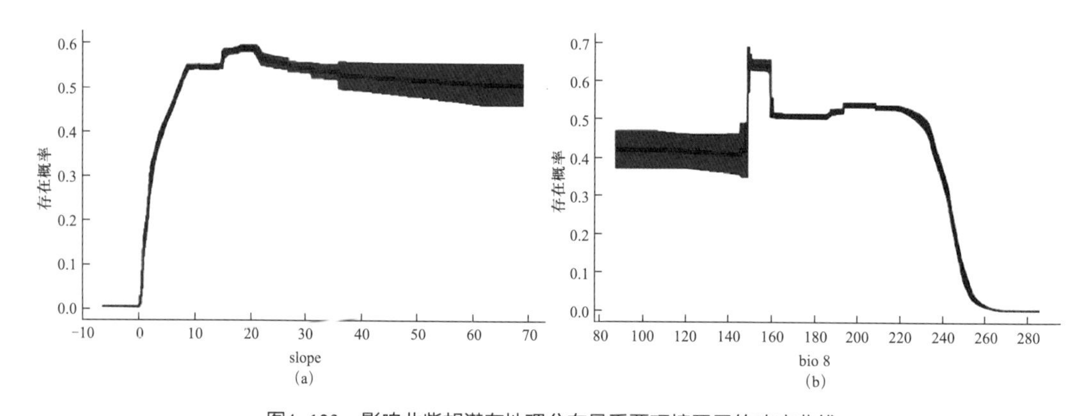

图4-123　影响北柴胡潜在地理分布最重要环境因子的响应曲线

Fig4-123 Response curves of the most important environmental variables in modeling habitat distribution for *Bupleurum chinense*

4.42 红柴胡 *Bupleurum scorzonerifolium* Willd.

入药称为柴胡，始载于《神农本草经》，列为上品，又称茈胡、地薰、茹草、柴草、狭叶柴胡。多年生草本，高30~60cm，主根发达，深红棕色。产河北兴隆县雾灵山、张家口太平山、南天门、康保县、张北县、蔚县小五台山、涿鹿县杨家坪、遵化市东陵、易县西陵；北京百花山、昌平。分布于东北、山东、山西、陕西、江西、江苏、安徽、广西、内蒙古、甘肃。蒙古、朝鲜、日本、俄罗斯亦有。生向阳干燥山坡、灌丛边缘，喜温暖湿润气候。耐寒、耐旱、怕涝。适宜生长在土层深厚、疏松肥沃、富含腐殖质的砂质土壤，不适宜黏土和低洼地生长。根入药，称“南柴胡”，能解表和里、开阳、疏肝解郁、退热。

通过MaxEnt模型运算得到如图4-124所示的ROC曲线。图4-124a是首次运行结果，重复15次AUC的平均值为0.847；图4-124b是二次建模的结果，重复15次AUC平均值为0.865。模型预测效果很好。

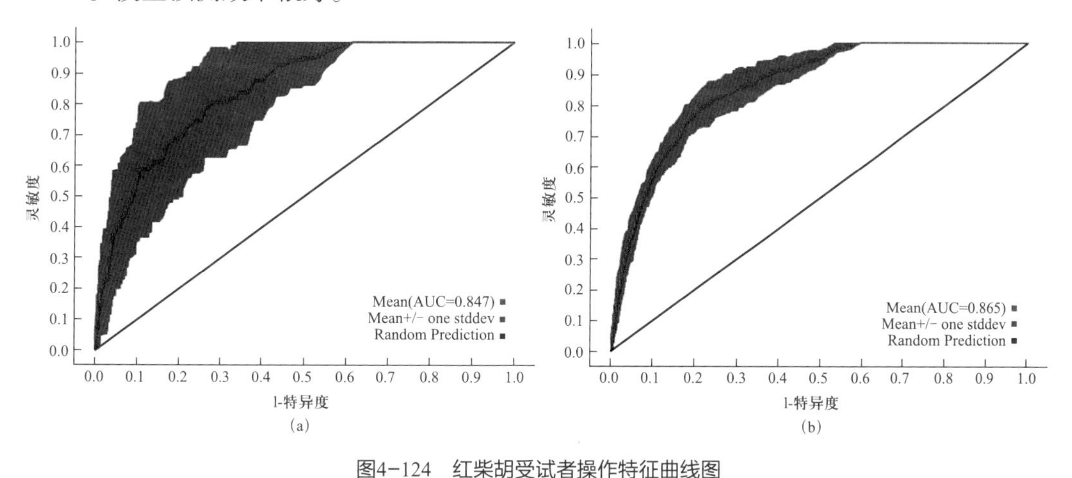

图4-124　红柴胡受试者操作特征曲线图
Fig4-124 Receiver operating characteristic curve of *Bupleurum scorzonerifolium*

图4-125a是用来建模的所有样本共计175条数据的分布图，通过MaxEnt模型运算和ArcGIS可视化处理得到如图4-125b所示的红柴胡在河北省的潜在地理分布区，生境适生性概率*P*取值范围为0～1，图4-125b中颜色越亮代表分布概率越高，蓝色表示几乎没有分布。从图4-125b可知，红柴胡的高度适生区主要分布在围场县、平泉县、涿鹿县。ArcGIS重分类统计得到红柴胡的高度适生区面积为3877.08km^2，中度适生区的面积为29 187.50km^2，低度适生区的面积为66 593.76km^2。

首次建模选取42项环境因子进行模型运算，然后从首次建模的结果分析筛选13项环境因子（ele、bio8、bio4、bio2、slope、bio16、aspect、VC、t-clay、t-caco3、t-gravel、t-cec-clay、t-cec-soil）进行二次建模。选取第二次建模累计贡献率大于90%的环境因子和刀切法增益值显著的环境因子的并集共8项环境因子：ele、bio8、bio4、bio2、slope、bio16、aspect、VC，视为红柴胡生态适宜性的主导环境因子。表4-42是利用最大熵模型生成的物种环境变量响应曲线归纳分析得到影响该物种潜在分布的各主导环境变量的取值范围（$P \geq 0.33$）、最佳取值以及贡献率。由表4-42可知与温度相关的气候因子累计贡献率为42.8%，与地形因子相关的因子累计贡献率为37.2%，最湿季节降水量贡献率为7%，植被覆盖率贡献率为2.9%。所以，影响红柴胡潜在地理分布的最显著的主导环境因子是温度变量和地形变量。

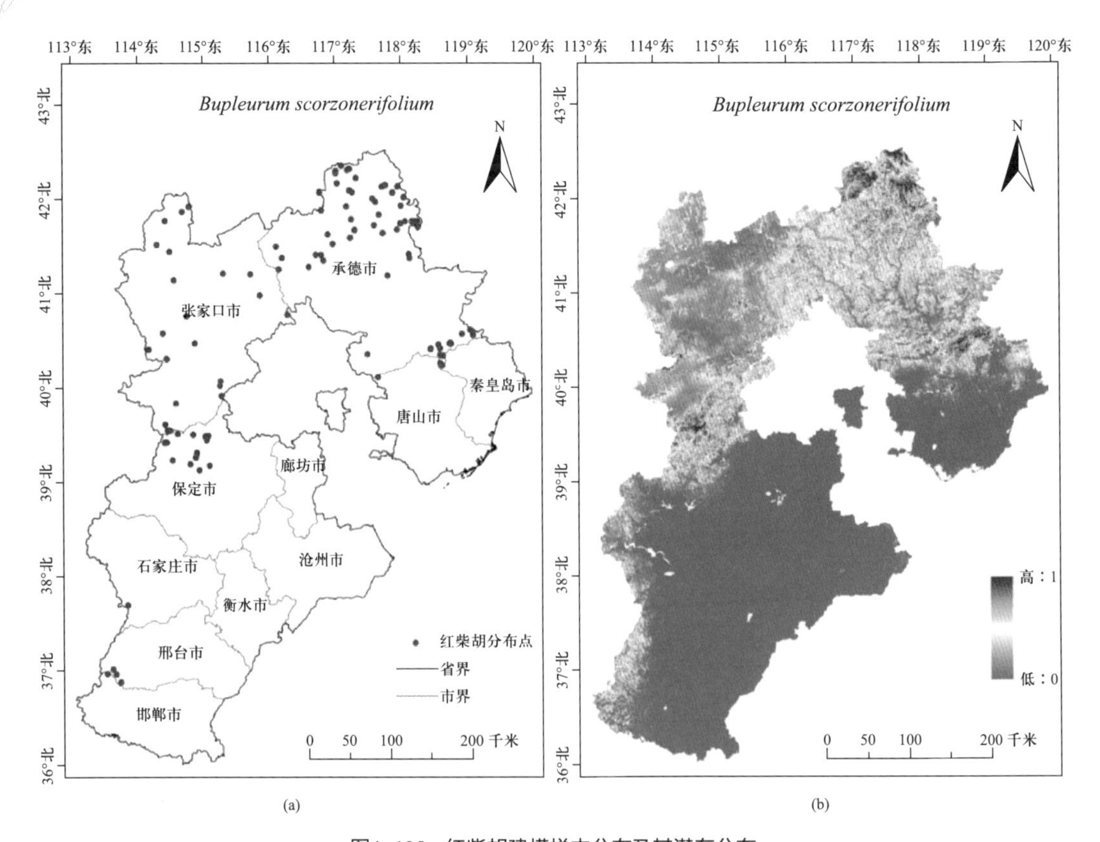

图4-125 红柴胡建模样本分布及其潜在分布

Fig 4-125 Specimen Occurrences and potential distribution of *Bupleurum chinense*

表4-42 影响红柴胡潜在地理分布的主导因子、数值范围、最优值及贡献率

Table4-42 Dominant factors affecting potential distribution of *Bupleurum scorzonerifolium*, their range,optimal value and percent contribution

变量 Variable	单位 Unit	数值范围 Value range	最优值 Optimal value	贡献率（%） Percent contribution
ele	m	400～2500	2400	26.70
bio8	℃	10.4～22.5	12	26.60
bio4	—	9.5～10,11.1～12.4	9.8	8.70
bio2	℃	12～13.8	12.5	7.50
slope	°	2～33	6	7.10
bio16	mm	175～380,475～515	480	7.00
aspect	—	15～360	325	3.40
VC	%	1～100	75	2.90

所以，ele（海拔）和bio8（最湿季节平均温）是影响红柴胡潜在分布的最重要的环境因子。响应曲线如图4-126所示，海拔的适宜性取值范围为400～2500m，适生度最高的取值为2400m。最湿季节平均温的适宜性取值范围为10.4～22.5℃，适生度最高的取值为12℃。

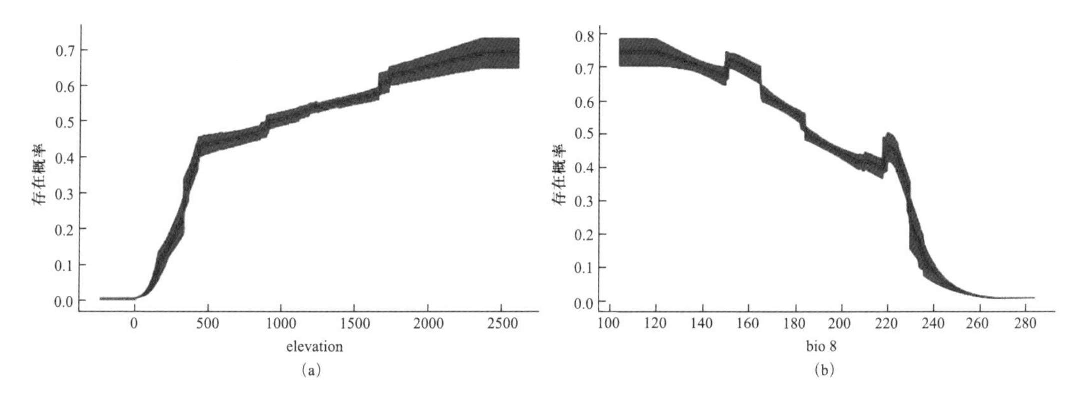

图4-126　影响红柴胡潜在地理分布最重要环境因子的响应曲线

Fig4-126 Response curves of the most important environmental variables in modeling habitat distribution for *Bupleurum scorzonerifolium*

4.43 蛇床 *Cnidium monnieri*（L.）Cuss.

蛇床子始载于《神农本草经》，列为上品。又称蛇米、蛇珠、蛇粟。一年生草本，高10~60cm。根圆锥状，较细长。分布河北、北京及天津各地，我国南北各省区几乎均有分布，西伯利亚、朝鲜、越南及欧洲一些国家亦有。生田间、路旁、山坡草地及河边湿地。果实入药，有燥湿，杀虫止痒、壮阳之效。

通过MaxEnt模型运算得到如图4-127所示的ROC曲线。图4-127a是首次运行结果，重复15次AUC的平均值为0.665；图4-127b为二次建模的结果，重复15次AUC平均值为0.686。模型预测效果一般。

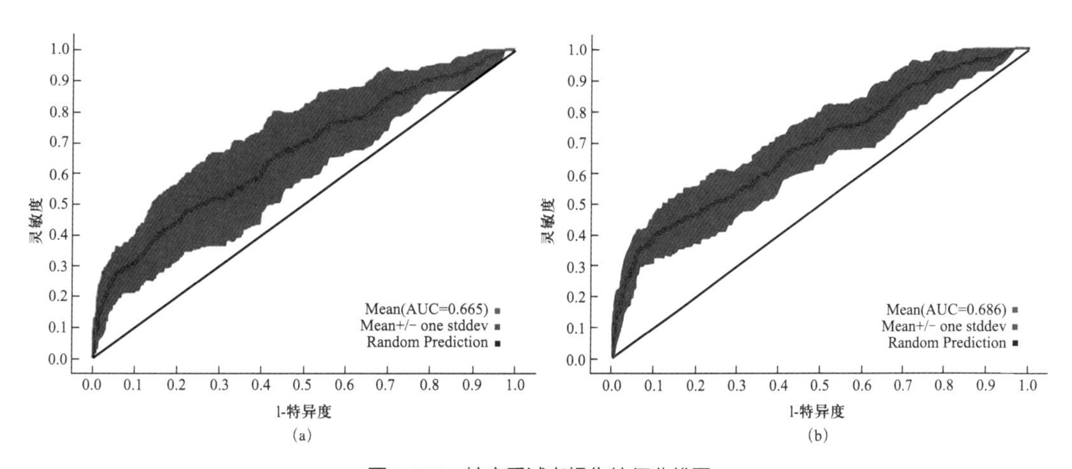

图4-127　蛇床受试者操作特征曲线图

Fig4-127 Receiver operating characteristic curve of *Cnidium monnieri*

图4-128a是用来建模的所有样本共计77条数据的分布图，通过MaxEnt模型运算和ArcGIS得到如图4-128b所示的蛇床在河北省的潜在地理分布区，生境适生性概率P取值范围为0~1，图4-128b中颜色越亮代表分布概率越高，蓝色表示几乎没有分布。从图4-128b可知，蛇床的高度适生区主要分布在张北县、沽源县、涿鹿县、抚宁县、平山县、沙河市、武安市、磁县、涉县。ArcGIS重分类后统计分析得到蛇床在河北的高度适生区面积为5204.862km^2，中度适生区的面积为43 954.87km^2，低度适生区的面积为13 2715.3km^2。

首次建模选取42项环境因子进行模型运算，然后从首次建模的结果分析筛选21项环境因子（bio15、LC、t-bulk-density、bio3、aspect、VC、ele、t-pH-H_2O、slope、bio5、t-clay、bio7、t-gravel、t-bs、bio12、t-oc、bio2、t-caso4、bio17、t-cec-clay、t-esp）进行二次建模。选取第二次建模累计贡献率大于90%的环境因子和刀切法增益值显著的环境因子的并集共16项环境因子：bio15、LC、t-bulk-density、bio3、aspect、VC、ele、t-pH-H_2O、slope、bio5、t-clay、bio7、t-gravel、t-bs、bio12、t-oc，视为蛇床生态适宜性的主导环境因子。表4-43是利用最大熵模型生成的物种

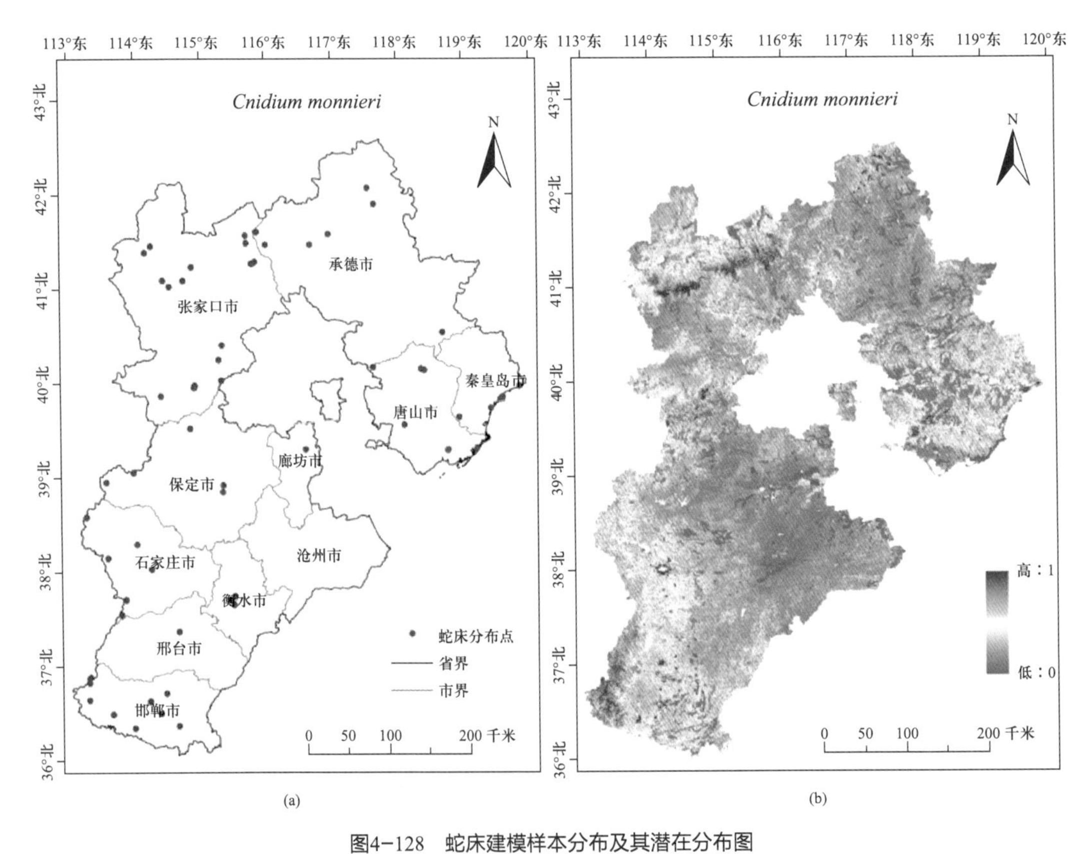

图4-128 蛇床建模样本分布及其潜在分布图
Fig4-128 Specimen Occurrences and potential distribution of *Cnidium monnieri*

环境变量响应曲线归纳分析得到影响该物种潜在分布的各主导环境变量的取值范围（$P\geq0.33$）、最佳取值以及贡献率。由表4-43可知，土壤因子累计贡献率为25.1%，地形因子累计贡献率为17.9%，与温度相关的气候因子累计贡献率为16.2%，与降水量相关的气候因子累计贡献率为15.2%，土地利用类型贡献率13.1%，植被覆盖率贡献率5%。所以，影响蛇床潜在地理分布的最显著的主导环境因子是土壤因子、地形变量、温度变量、降水变量。

表4-43　影响蛇床潜在地理分布的主导因子、数值范围、最优值及贡献率

Table4-43 Dominant factors affecting potential distribution of *Cnidium monnieri*, their range,optimal value and percent contribution

变量 Variable	单位 Unit	数值范围 Value range	最优值 Optimal value	贡献率（%）Percent contribution
bio15	—	0.91～1.3	0.91	13.2
LC	name	1～20	20	13.1
t-bulk-density	kg /dm^3	1.20～1.48	1.28	9.6
bio3	℃	0.24～0.31	0.31	9.3
aspect	—	25～355	340	8.6
VC	%	5.0～9.0	5.2	5
ele	m	50～2500	2500	4.7
t-pH-H_2O	-lg（H^+）	0～250	125	4.7
slope	°	0～55	2	4.6
bio5	℃	16～33	17	3.5
t-clay	%wt	4～38	10	3.4
bio7	℃	39.1～47.5	40	3.4
t-gravel	%vol	2～25	8	3.3
t-bs	%	20～100	25	2.2
bio12	mm	300～750	650	2
t-oc	%weight	0.3～3.0	1.5	1.9

所以，bio15（降水量季节性变动系数）和LC（土地利用类型）是影响蛇床潜在地理分布的最为重要的主导气候因子。其响应曲线如图4-129所示。降水量季节性变化系数适宜性取值范围为0.91 ~ 1.3。适生度最高的取值为0.91。土地利用类型的最适宜地为水体旁边的湿地。

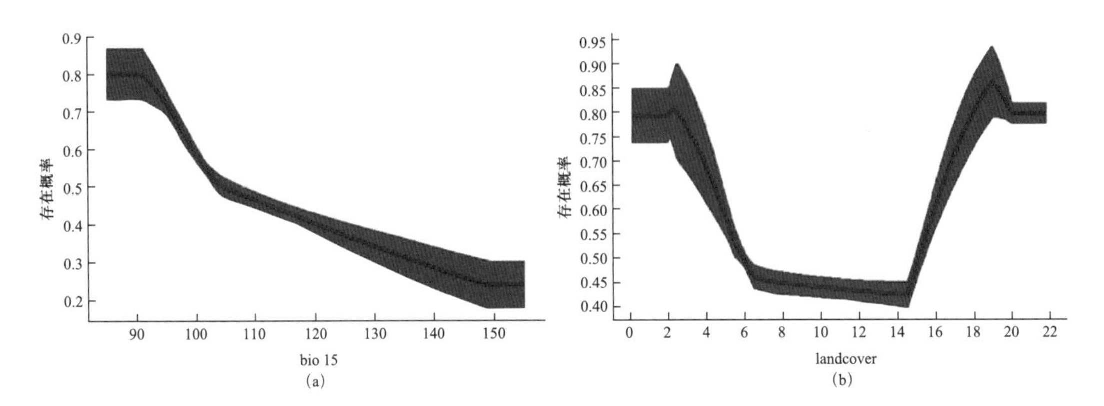

图4-129　影响蛇床潜在地理分布最重要环境因子的响应曲线

Fig4-129 Response curves of the most important environmental variables in modeling habitat distribution for *Cnidium monnieri*

4.44 珊瑚菜 *Glehnia littoralis* Fr. Schmidt ex Miq.

又称北沙参，始载于《卫生易简方》。多年生草本，根细长，圆柱形或纺锤形。产河北北戴河。北京、河北等地药用栽培。分布于辽宁、江苏、山东、浙江、福建、台湾、广东。生海滨沙地。根入药，有滋养、生津、祛痰、止咳之效。

通过MaxEnt模型运算得到如图4-130所示的ROC曲线。图4-130a为首次运行结果，重复15次AUC的平均值为0.826；图4-130b为二次建模的结果，重复15次AUC平均值为0.850。模型预测效果很好。

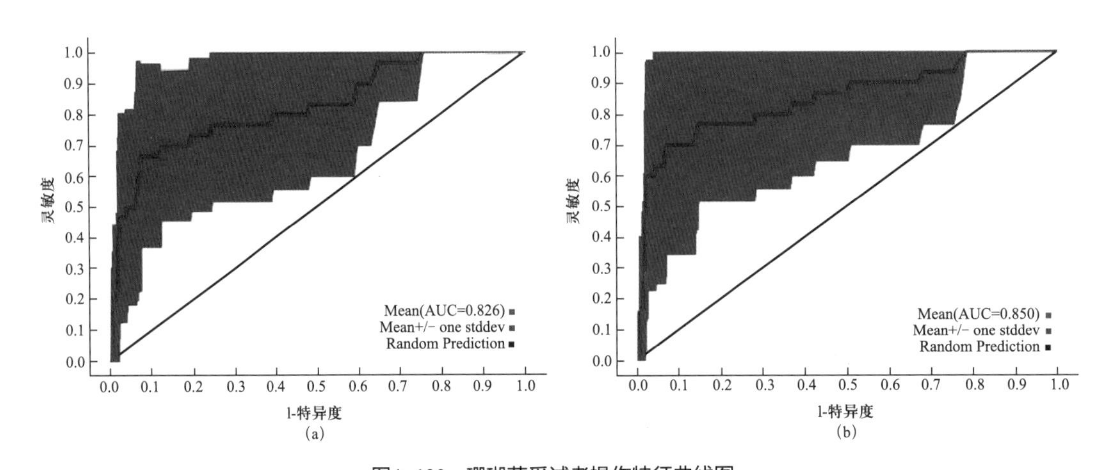

图4-130　珊瑚菜受试者操作特征曲线图

Fig4-130 Receiver operating characteristic curve of *Glehnia littoralis*

图4-131a是用来建模的所有样本共计12条数据的分布图，通过MaxEnt模型运算和ArcGIS可视化处理得到如图4-131b所示的珊瑚菜在河北省的潜在地理分布区，生境适生性概率P取值范围为0～1，图4-131b中颜色越亮代表分布概率越高，蓝色表示几乎没有分布。从图4-131b可知，珊瑚菜的高度适生区主要分布在抚宁县、昌黎县、迁安市。ArcGIS重分类后分析统计得到珊瑚菜的高度适生区面积为8156.95km^2，中度适生区的面积为54 697.23km^2，低度适生区的面积为122 156.30km^2。

首次建模选取42项环境因子进行模型运算，从首次建模的结果分析筛选10项环境因子（bio12、bio7、t-bulk-density、t-caco3、t-teb、t-pH-H_2O、t-gravel、bio15、t-ref-bulk-density、t-esp）进行二次建模。选取第二次建模累计贡献率大于90%的环境因子和刀切法增益值显著的环境因子的并集共4项环境因子：bio12、bio7、t-bulk-density、t-caco3，视为珊瑚菜生态适宜性的主导环境因子。表4-44是利用最大熵模型生成的物种环境变量响应曲线归纳分析得到影响该物种潜在分布的各主导环境变量的取值范围（$P \geq 0.33$）、最佳取值以及贡献率。由表4-44可知年降水量贡献率为80.5%，温度年较差贡献率6%，土壤因子累计贡献率5.5%。所以，影响珊瑚菜潜在地理分布的最显著的主导环境因子是降水变量。

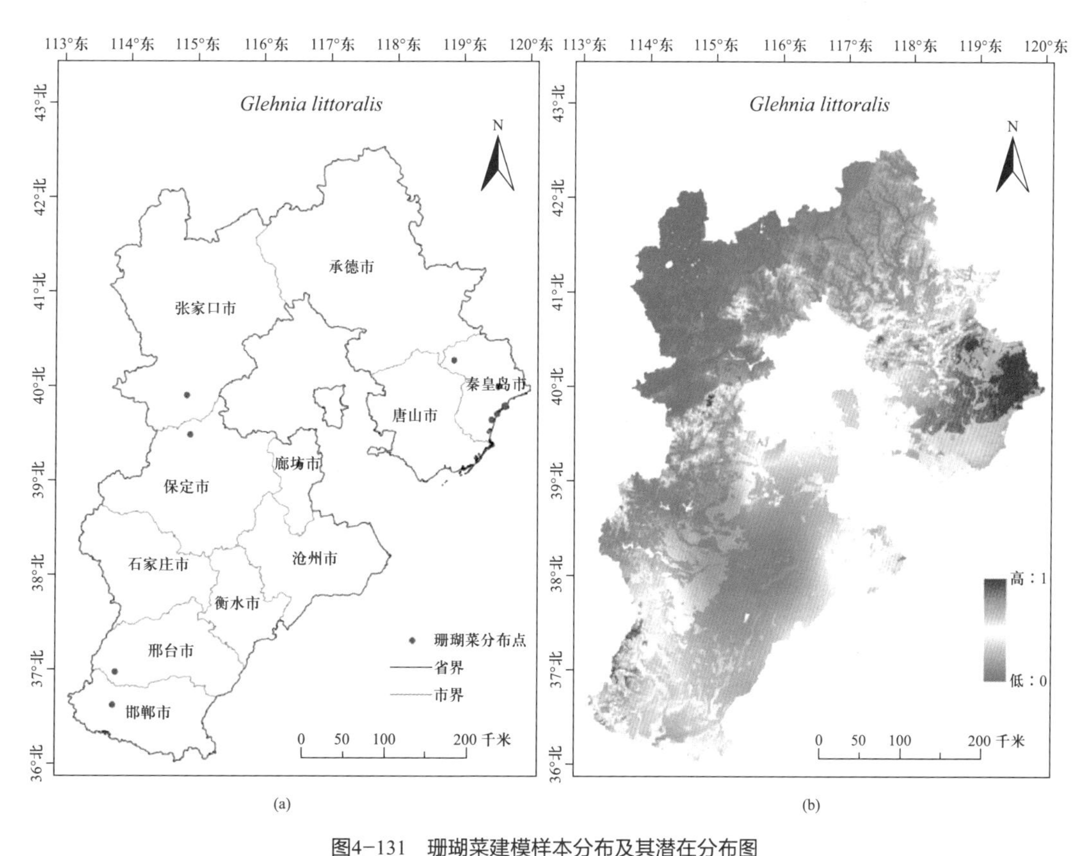

图4-131　珊瑚菜建模样本分布及其潜在分布图

Fig4-131 Specimen Occurrences and potential distribution of *Glehnia littoralis*

表4-44　影响珊瑚菜潜在地理分布的主导因子、数值范围、最优值及贡献率

Table4-44 Dominant factors affecting potential distribution of *Glehnia littoralis*, their range,optimal value and percent contribution

变量 Variable	单位 Unit	数值范围 Value range	最优值 Optimal value	贡献率（%） Percent contribution
bio12	mm	525～750	750	80.5
bio7	℃	37.6～47.2	37.8	6
t-bulk-density	kg /dm^3	1.3～1.58	1.58	3.3
t-caco3	%weight	0～16	0.01	2.2

所以，bio12（年降水量）是影响珊瑚菜潜在地理分布最重要的环境因子。其响应曲线如图4-132所示，年降水量的适宜性取值范围为525～750mm，最大适生度的年降水量为750mm。

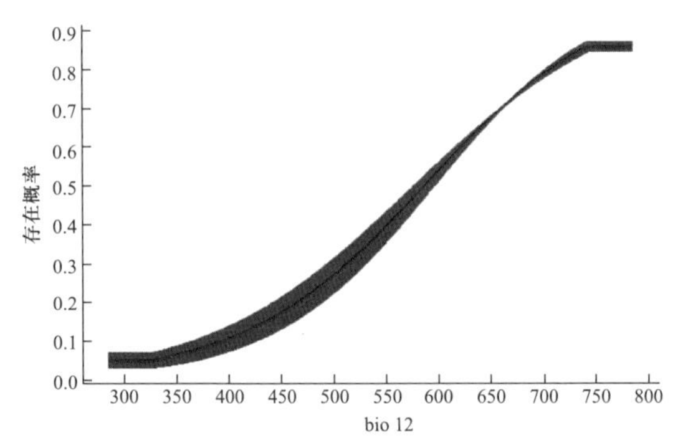

图4-132　影响珊瑚菜潜在地理分布最重要环境因子的响应曲线

Fig4-132 Response curves of the most important environmental variables in modeling habitat distribution for *Glehnia littoralis*

4.45 防风 *Saposhnikovia divaricata*（Trucz.）Schischk.

防风首载于《神农本草经》，又称铜芸、回云、回草、屏风、风肉。多年生草本，根粗壮，细长圆柱形。产河北、北京、天津各地。分布于东北、华北、西北、内蒙古。朝鲜、蒙古、俄罗斯亦有。生丘陵草坡、干燥地。喜凉爽气候，耐寒，耐干旱，适宜在阳光充足，土壤肥厚、排水良好的土壤生长。不适宜在酸性大、黏性重的土壤中生长。根入药，能解表、祛风除湿、止痛。

通过MaxEnt模型运算得到如图4-133所示的ROC曲线。图4-133a是首次运行结果，重复15次AUC的平均值为0.813；图4-133b为二次建模的15次AUC平均值为0.807。模型预测效果很好。

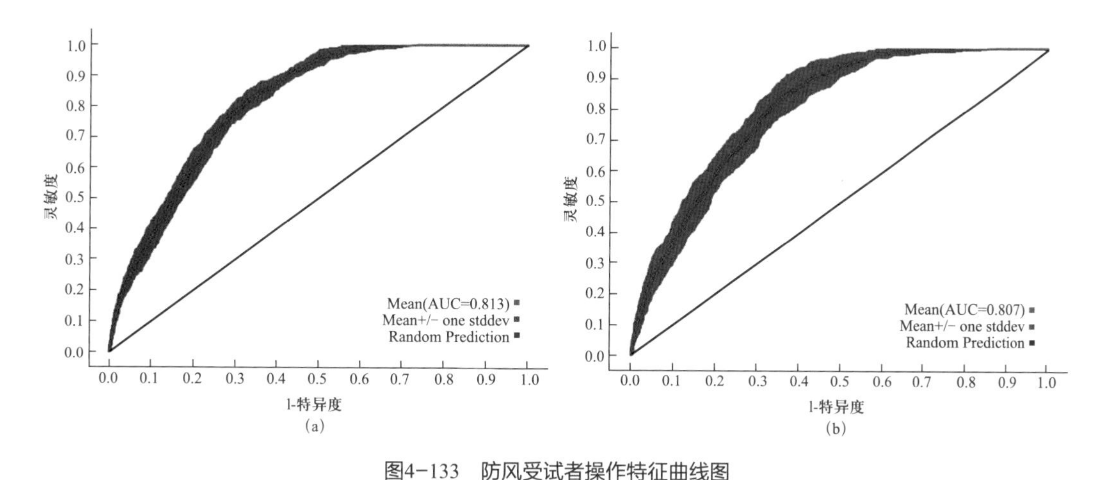

图4−133 防风受试者操作特征曲线图

Fig4−133 Receiver operating characteristic curve of *Saposhnikovia divaricata*

图4−134a是用来建模的所有样本共计376条数据的分布图，通过MaxEnt模型运算和ArcGIS可视化处理得到如图4−134b所示的防风在河北省的潜在地理分布区，生境适生性概率*P*取值范围为0～1，图4−134b中颜色越亮代表分布概率越高，蓝色表示几乎没有分布。从图4−134b可知，防风的高度适生区主要分布在宽城县、青龙县、迁西县、

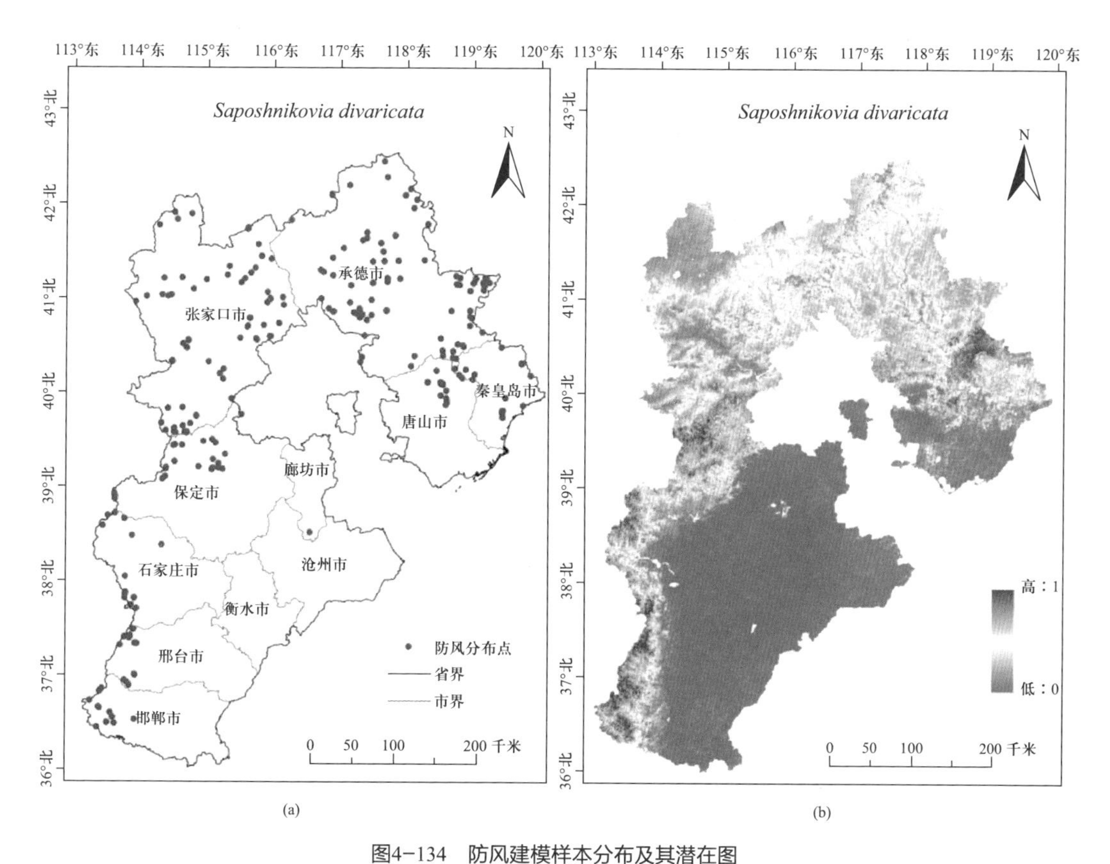

图4−134 防风建模样本分布及其潜在图

Fig4−134 Specimen Occurrences and potential distribution of *Saposhnikovia divaricata*

涿鹿县、蔚县阜平县、平山县、井陉县、赞皇县、沙河市、武安市、磁县。ArcGIS重分类后分析统计得到防风的高度适生区面积为5955.56km^2，中度适生区的面积为58 972.92km^2，低度适生区的面积为62 411.81km^2。

首次建模选取42项环境因子进行模型运算，然后从首次建模的结果分析筛选11项环境因子（ele、bio8、slope、bio4、VC、bio12、LC、t-caso4、bio15、bio3、bio2）进行二次建模。选取第二次建模累计贡献率大于90%的环境因子和刀切法增益值显著的环境因子的并集共9项环境因子：ele、bio8、slope、bio4、VC、bio12、LC、t-caso4、bio2，视为防风生态适宜性的主导环境因子。表4–45是利用最大熵模型生成的物种环境变量响应曲线归纳分析得到影响该物种潜在分布的各主导环境变量的取值范围（$P \geqslant 0.33$）、最佳取值以及贡献率。由表4–45可知，地形因子累计贡献率为43.5%，与温度相关的气候因子累计贡献率为32.6%，植被覆盖率贡献率7.3%，年降水量贡献率5.9%，土地利用类型贡献率5.8%。所以，影响防风潜在地理分布的最显著的主导环境因子是地形因子和温度变量。

表4–45　影响防风潜在地理分布的主导因子、数值范围、最优值及贡献率

Table4–45 Dominant factors affecting potential distribution of *Saposhnikovia divaricata*, their range,optimal value and percent contribution

变量 Variable	单位 Unit	数值范围 Value range	最优值 Optimal value	贡献率（%） Percent contribution
ele	m	80~2500	1600	25.9
bio8	℃	11~23.7	20	23.8
slope	°	2~40	19	17.6
bio4	—	9.5~10.3,12.5~13	9.8	8.2
VC	%	2~100	70	7.3
bio12	mm	360~800	690	5.9
LC	name	5~9	6、7	5.8
bio2	℃	11.7~14	14	0.6

由表4–45可知影响防风潜在地理分布最重要的环境因子是ele（海拔）和bio8（最湿季节平均温）。其响应曲线如图4–135所示。海拔的生境适宜性取值为80 ~ 2500m，适应性最大的取值为1600m。最湿季节平均温的适宜性取值为11 ~ 23.7℃，适宜性最高的取值为20℃。

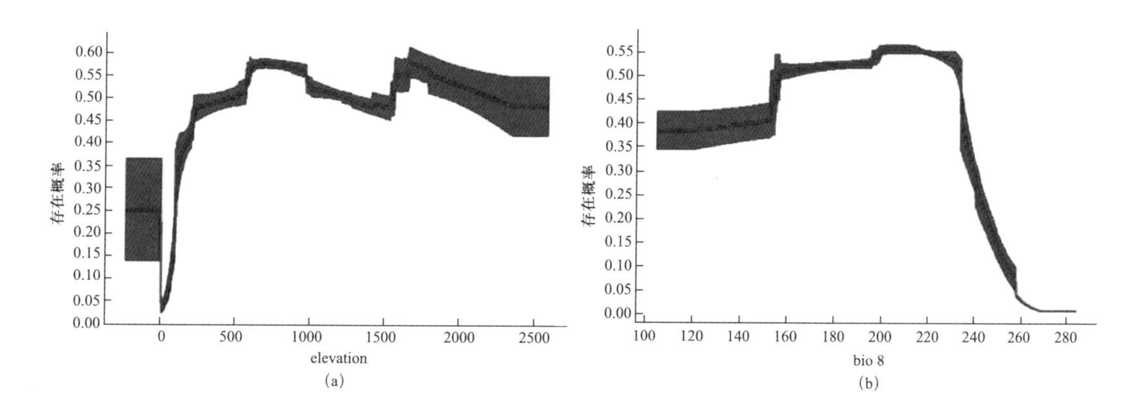

图4-135 影响防风潜在地理分布最重要环境因子的响应曲线

Fig4-135 Response curves of the most important environmental variables in modeling habitat distribution for *Saposhnikovia divaricata*

4.46 辽藁本 *Ligusticum jeholense*（Nakai et Kitagawa）Nakai et Kitagawa

入药称藁本，始载于《神农本草经》，又称鬼卿、地新。多年生草本，根圆锥形。产河北、北京地区的燕山和太行山山系一带各县。分布于吉林、辽宁、山东及山西，主产河北地区。模式标本采自河北承德地区。生海拔1100～2500m的多石质、山坡林下、草甸及沟边阴湿处，喜冷凉湿润气候，耐寒、怕涝，对土壤要求不高，但不宜在黏土和贫瘠的地方种植。有散风寒、燥湿、镇痉止痛的功效。

通过MaxEnt模型运算得到如图4-136所示的ROC曲线。图4-136a是首次运行的ROC曲线，重复15次AUC的平均值为0.899；图4-136b是二次建模的ROC曲线，重复15次AUC平均值为0.906。模型预测效果极好。

图4-137a是用来建模的所有样本共计161条数据的分布图，通过MaxEnt模型运算和ArcGIS可视化处理得到如图4-137b所示的辽藁本在河北省的潜在地理分布区，生境适生

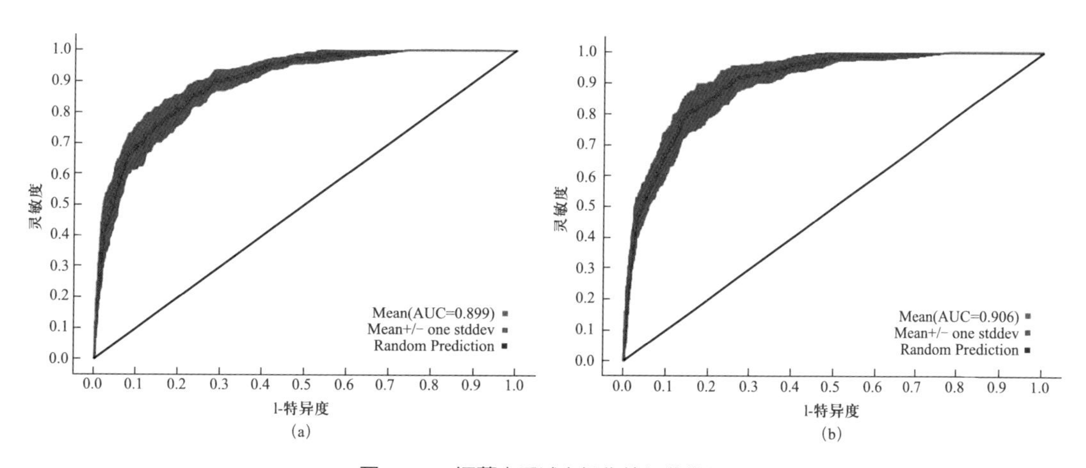

图4-136 辽藁本受试者操作特征曲线图

Fig4-136 Receiver operating characteristic curve of *Ligusticum jeholense*

性概率P取值范围为0～1，图4–137b中颜色越亮代表分布概率越高，蓝色表示几乎没有分布。从图4–137b可知，辽藁本的高度适生区主要分布在涿鹿县、蔚县、阜平县、武安市。ArcGIS重分类后统计分析得到辽藁本的高度适生区面积为2367.36km^2，中度适生区的面积为8674.31km^2，低度适生区的面积为57 286.12km^2。

首次建模选取42项环境因子进行模型运算，然后从首次建模的结果分析筛选15项环境因子（slope、ele、bio17、VC、bio8、bio4、t-esp、bio16、t-cec-clay、bio3、aspect、t-clay、bio15、t-silt、LC）进行二次建模。选取第二次建模累计贡献率大于90%的环境因子和刀切法增益值显著的环境因子的并集共8项环境因子：slope、ele、bio17、VC、bio8、bio4、t-esp、bio16，视为辽藁本生态适宜性的主导环境因子。

表4–46是利用最大熵模型生成的物种环境变量响应曲线归纳分析得到影响该物种潜在分布的各主导环境变量的取值范围（$P \geqslant 0.33$）、最佳取值以及贡献率。由表4–46可知，地形因子累计贡献率为44.2%，与降水相关的气候因子累计贡献率为20.9%，与温度相关的气候因子累计贡献率为14%，植被覆盖率贡献率为8.7%，表层土壤碱度贡献率为3.8%。所以，影响辽藁本潜在地理分布的最显著的主导环境因子是地形因子和降水变量。

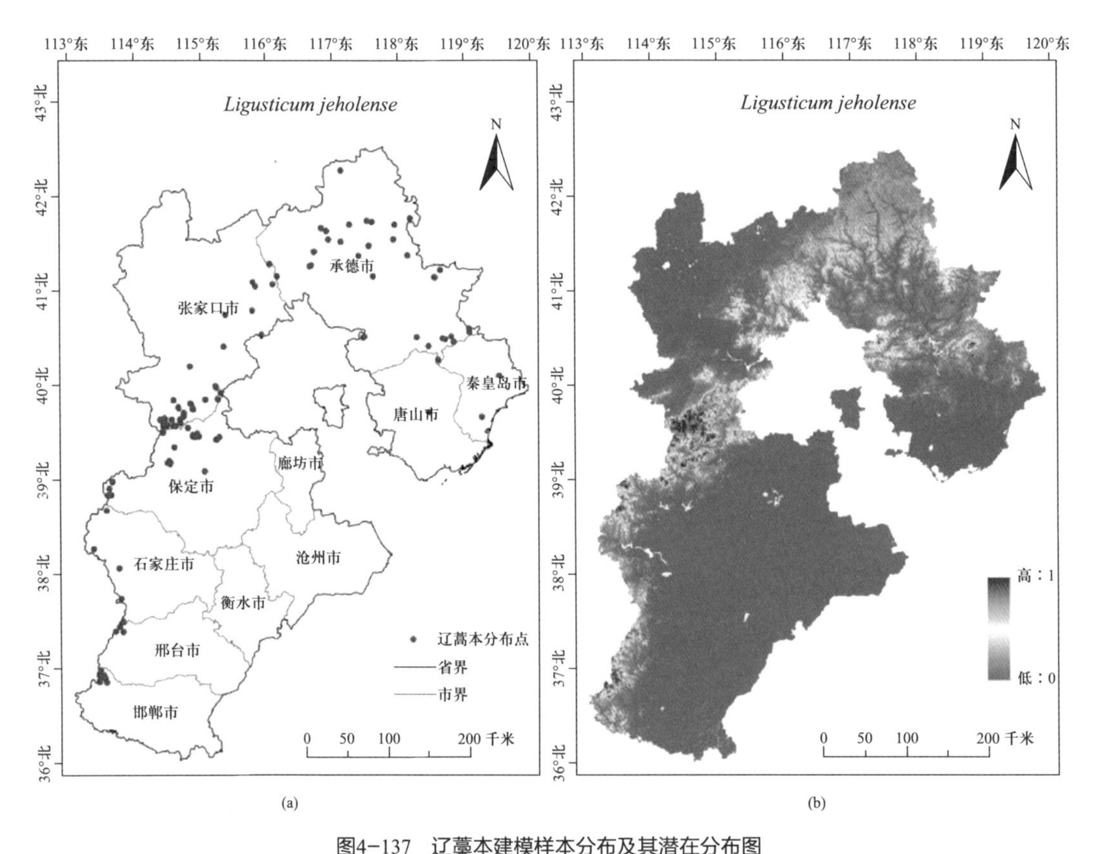

图4–137　辽藁本建模样本分布及其潜在分布图

Fig4–137 Specimen Occurrences and potential distribution of *Ligusticum jeholense*

表4-46 影响辽藁本潜在地理分布的主导因子、数值范围、最优值及贡献率

Table4-46 Dominant factors affecting potential distribution of *Ligusticum jeholense*, their range,optimal value and percent contribution

变量 Variable	单位 Unit	数值范围 Value range	最优值 Optimal value	贡献率（%） Percent contribution
slope	°	8~50	47	23.8
ele	m	800~2800	2300	20.4
bio17	mm	6~8,13~27	18.5	17.2
VC	%	20~100	80	8.7
bio8	℃	10~20.5	10.5	7.4
bio4	—	9.8~10.15,11.05~12.25	9.8	6.6
t-esp	%	0~2	0.5	3.8
bio16	mm	280~410,475~530	340	3.7

所以slope（坡度）、ele（海拔）、bio17（最干季节降水量）是影响辽藁本潜在地理分布的最重要的环境因子。其响应曲线如图4-138所示，坡度的适宜性取值范围为8°~50°，适宜性最高的取值为47°。海拔的适宜性取值范围为800~2800m，适宜性最高的取值为2300m。最干季节降水量的适宜性取值范围为6~8mm和13~27mm，适宜性最高的取值为18.5mm。

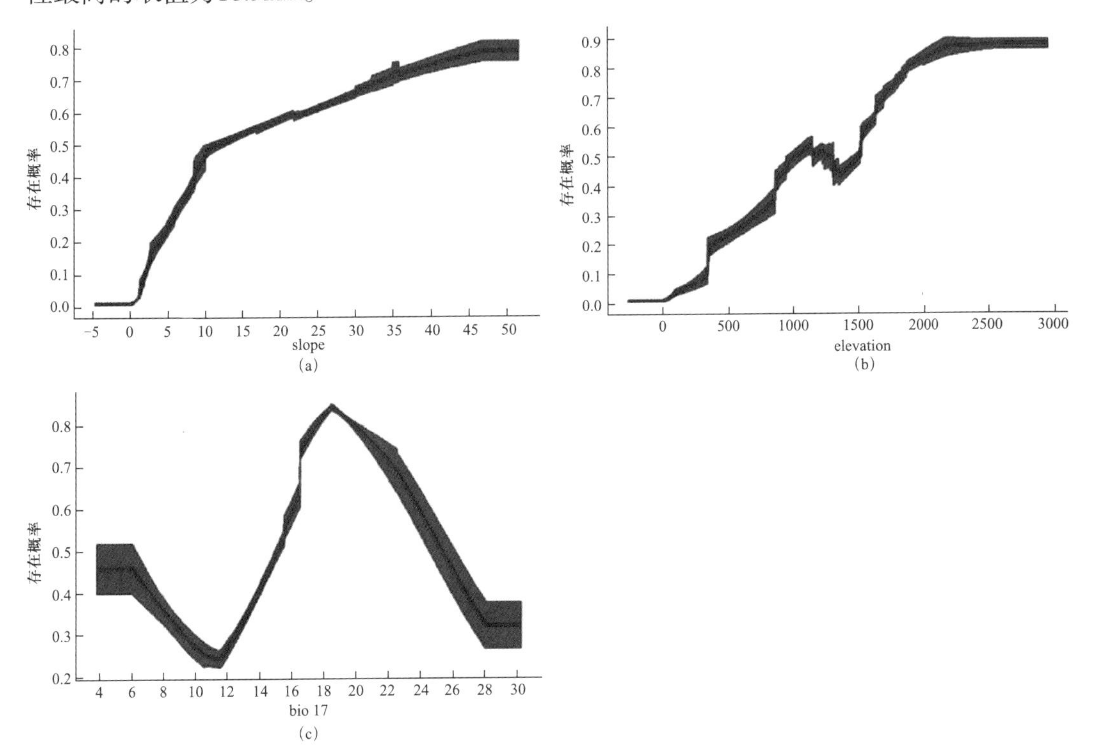

图4-138 影响辽藁本潜在地理分布最重要环境因子的响应曲线

Fig4-138 Response curves of the most important environmental variables in modeling habitat distribution for *Ligusticum jeholense*

4.47 连翘 *Forsythia suspensa*（Thunb.）Vahl

连翘首载于《神农本草经》，列为下品，又称旱连子、大翘子。喜温暖潮湿气候，适应性强，耐寒、耐瘠薄。喜阳，对土壤要求不严。落叶灌木，果实入药，具清热解毒、消结排脓之效。产河北青龙、井陉、沙河、武安、磁县、涉县。我国北部、中部都有分布，现在各省市均有栽培。压条、扦插均可繁殖。

通过MaxEnt模型运算得到如图4-139所示的ROC曲线。图4-139a是首次运行的ROC曲线，重复15次AUC的平均值为0.936；图4-139b是二次建模的ROC曲线，重复15次AUC平均值为0.949。模型预测效果极好。

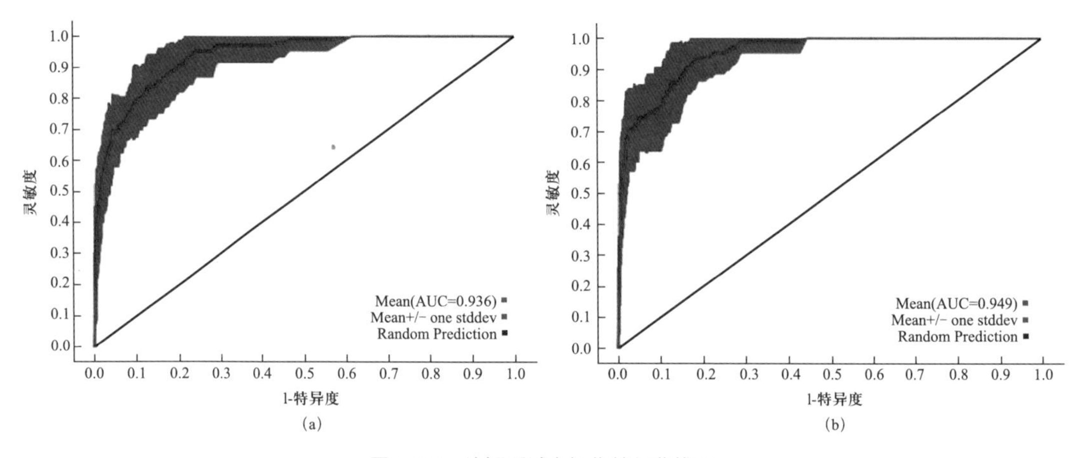

图4-139 连翘受试者操作特征曲线图

Fig4-139 Receiver operating characteristic curve of *Forsythia suspense*

图4-140a是用来建模的所有样本共计52条数据的分布图，通过MaxEnt模型运算和ArcGIS转换格式得到如图4-140b所示的连翘在河北省的潜在地理分布区，生境适生性概率*P*取值范围为0~1，图4-140b中颜色越亮代表分布概率越高，蓝色表示几乎没有分布。从图4-140b可知，连翘的高度适生区主要分布在沽源县、崇礼县、涿鹿县、抚宁县、平山县、井陉县、赞皇县、武安市、涉县、磁县。ArcGIS重分类后分析统计得到连翘在河北省的高度适生区面积为1365.28km^2，中度适生区的面积为4352.08km^2，低度适生区的面积为25 561.11km^2。

首次建模选取59项环境因子进行模型运算，然后从首次建模的结果分析筛选14项环境因子（bio4、slope、LC、t-silt、bio3、bio12、s-caso4、s-cec-clay、t-ece、bio15、t-cec-clay、VC、t-caco3、bio17）进行二次建模。选取第二次建模累计贡献率大于90%的环境因子和刀切法增益值显著的环境因子的并集共6项环境因子：bio4、slope、LC、t-silt、bio3、bio12，视为连翘生态适宜性的主导环境因子。表4-47是利用最大熵模型生成的物种环境变量响应曲线归纳分析得到影响该物种潜在分布的各主导环境变量的取值范围($P \geq 0.33$)、最佳取值以及贡献率。由表4-47可知与温度相关的气候因子累计贡献率为68.8%，地形因

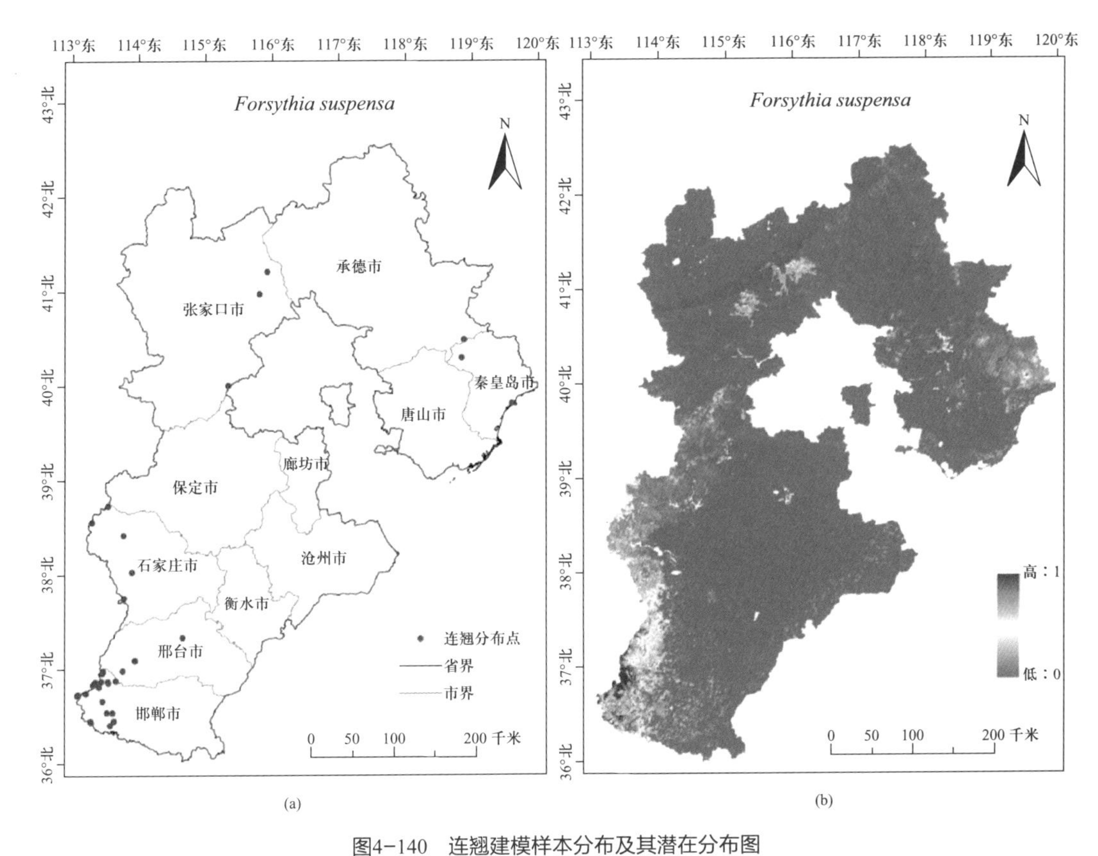

图4-140 连翘建模样本分布及其潜在分布图

Fig4-140 Specimen Occurrences and potential distribution of *Forsythia suspense*

子坡度累计贡献率13.6%，土地利用类型、表层土壤泥沙比例、年降水量的贡献率分别为4.6%、2.6%、2%。所以，影响连翘潜在地理分布的最显著的主导环境因子是温度变量。

表4-47 影响连翘潜在地理分布的主导因子、数值范围、最优值及贡献率

Table4-47 Dominant factors affecting potential distribution of *Forsythia suspensa*, their range,optimal value and percent contribution

变量 Variable	单位 Unit	数值范围 Value range	最优值 Optimal value	贡献率（%） Percent contribution
bio4	—	9.5～10.25	9.5～9.8	66.6
slope	°	7～45	45	13.6
LC	name	2～8	2	4.6
t-silt	%wt	10～42.5,50.5～55	55	2.6
bio3	—	0.29～0.31	0.31	2.2
bio12	mm	540～650	630	2

所以，bio4（温度季节性变动系数）是连翘潜在地理的最为重要的环境因子。其响应曲线如图4–141所示，温度季节性变化系数的适宜性取值范围为9.5～10.25，适宜性最高的取值为9.5～9.8。

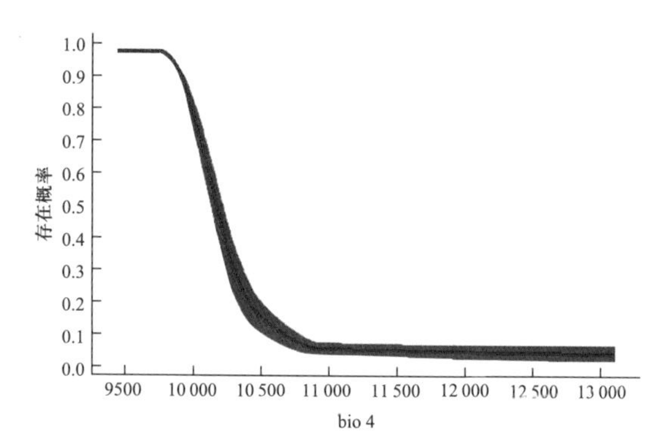

图4–141　影响连翘潜在地理分布最重要环境因子的响应曲线

Fig4–141 Response curves of the most important environmental variables in modeling habitat distribution for *Forsythia suspense*

4.48 花曲柳 *Fraxinus chinensis* Roxb. subsp. *rhynchophylla* (Hance) E. Murray

树皮入药称为秦皮，始载于《神农本草经》，又称岑皮、梣皮、秦白皮。落叶大乔木，产河北山海关、昌黎、青龙、承德、围场、兴隆、迁西、内丘；北京上方山、百花山、金山、妙峰山、密云坡头；天津蓟县北部山区。分布于辽宁、河南、江西、湖北、广西、四川。生阔叶林中。木材硬而质密，可做建筑用材料。

通过MaxEnt模型运算得到如图4–142所示的ROC曲线。图4–142a首次运行的ROC曲线，重复15次AUC的平均值为0.875；图4–142b为二次建模的ROC曲线，重复15次AUC平均值为0.889。模型预测效果很好。

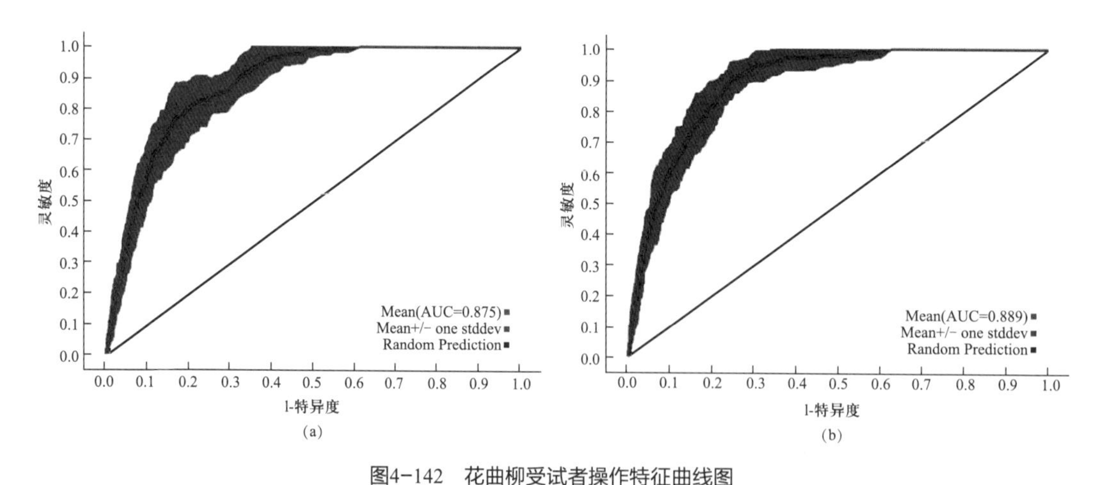

图4–142　花曲柳受试者操作特征曲线图

Fig4–142 Receiver operating characteristic curve of *Fraxinus chinensis* subsp. *rhynchophylla*

图4–143a是用来建模的所有样本共计105条数据的分布图，通过MaxEnt模型运算和ArcGIS处理得到如图4–143b所示的花曲柳在河北省的潜在地理分布区，生境适生

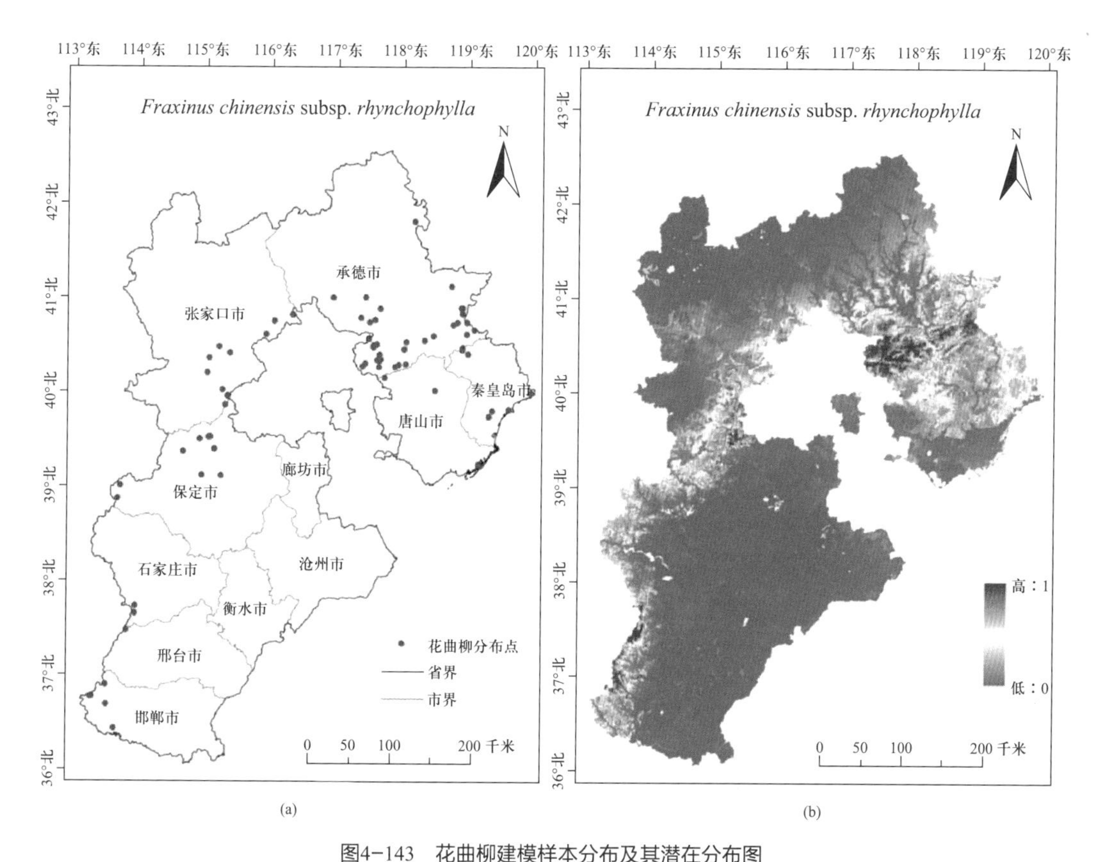

图4-143 花曲柳建模样本分布及其潜在分布图

Fig4-143 Specimen Occurrences and potential distribution of *Fraxinus chinensis* subsp. *rhynchophylla*

性概率*P*取值范围为0～1，图4-143b中颜色越亮代表分布概率越高，蓝色表示几乎没有分布。从图4-143b可知，花曲柳的高度适生区主要分布在滦平县、平泉县、兴隆县、宽城县、涿鹿县、赞皇县、武安市。ArcGIS重分类后分析统计得到花曲柳的高度适生区面积为4529.17km^2，中度适生区的面积为18 877.78km^2，低度适生区的面积为54 022.23km^2。

首次建模选取59项环境因子进行模型运算，然后从首次建模的结果分析筛选16项环境因子（VC、bio7、slope、s-silt、bio16、bio5、ele、s-caso4、s-bulk-density、bio15、s-cec-clay、aspect、s-sand、bio14、t-sand、t-silt）进行二次建模。选取第二次建模累计贡献率大于90%的环境因子和刀切法增益值显著的环境因子的并集共8项环境因子：VC、bio7、slope、s-silt、bio16、bio5、ele、s-caso4，视为花曲柳生态适宜性的主导环境因子。

表4-48是利用最大熵模型生成的物种环境变量响应曲线归纳分析得到影响该物种潜在分布的各主导环境变量的取值范围（$P \geq 0.33$）、最佳取值以及贡献率。由表4-48可知植被覆盖率贡献率24.2%，与温度相关的气候因子累计贡献率为22.2%，地形因子累计贡献率17.8%，土壤因子累计贡献率16.3%，最湿季节降水量贡献率11.6%。所以，影响花曲柳潜在地理分布的最显著的主导环境因子是植被覆盖率、温度变量、地形变量。

表4-48 影响花曲柳潜在地理分布的主导因子、数值范围、最优值及贡献率

Table4-48 Dominant factors affecting potential distribution of *Fraxinus chinensis* subsp. *rhynchophylla*, their range,optimal value and percent contribution

变量 Variable	单位 Unit	数值范围 Value range	最优值 Optimal value	贡献率（%） Percent contribution
VC	%	45~100	100	24.2
bio7	℃	41.5~44.5	43.5	13.1
slope	°	5~50	48	12.7
s-silt	%wt	0~10,12~38	4	11.7
bio16	mm	350~550	450	11.6
bio5	℃	24.5~30	27	9.1
ele	m	250~1250	700	5.1
s-caso4	%weight	0~0.03	0.01	4.6

所以花曲柳潜在地理分布受到VC（植被覆盖率）的影响最大。其响应曲线如图4-144所示，苦枥白蜡树植被覆盖率适宜性取值为45%~100%，适宜性最高的取值为100%。

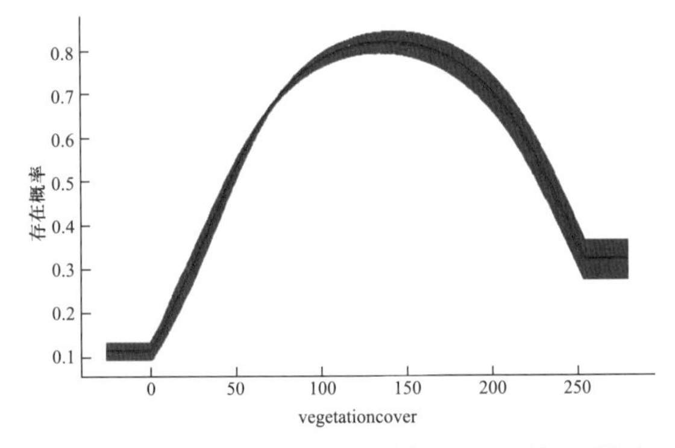

图4-144 影响花曲柳潜在地理分布最重要环境因子的响应曲线

Fig4-144 Response curves of the most important environmental variables in modeling habitat distribution for *Fraxinus chinensis* subsp *rhynchophylla*

4.49 瘤毛獐牙菜 *Swertia pseudochinensis* Hara

《内蒙古中草药》称为獐牙菜、当药，《全国中草药汇编》称为紫花当药。一年生草本。生山坡、林缘、草甸。全草入药，清热湿、健胃，治疗黄疸型肝炎有显著疗效。分布于河北涿鹿、蔚县小五台山；北京百花山、西山。分布于东北、内蒙古、华北。朝鲜日本亦有分布。

通过MaxEnt模型运算得到如图4-145所示的ROC曲线。图4-145a是首次运行的ROC

曲线，重复15次AUC的平均值为0.848；图4-145b是二次建模的ROC曲线，重复15次AUC平均值为0.899。模型预测效果很好。

图4-146a是用来建模的所有样本共计26条数据的分布图，通过MaxEnt模型运算ArcGIS处理得到如图4-146b所示的瘤毛獐牙菜在河北省的潜在地理分布区，生境适生

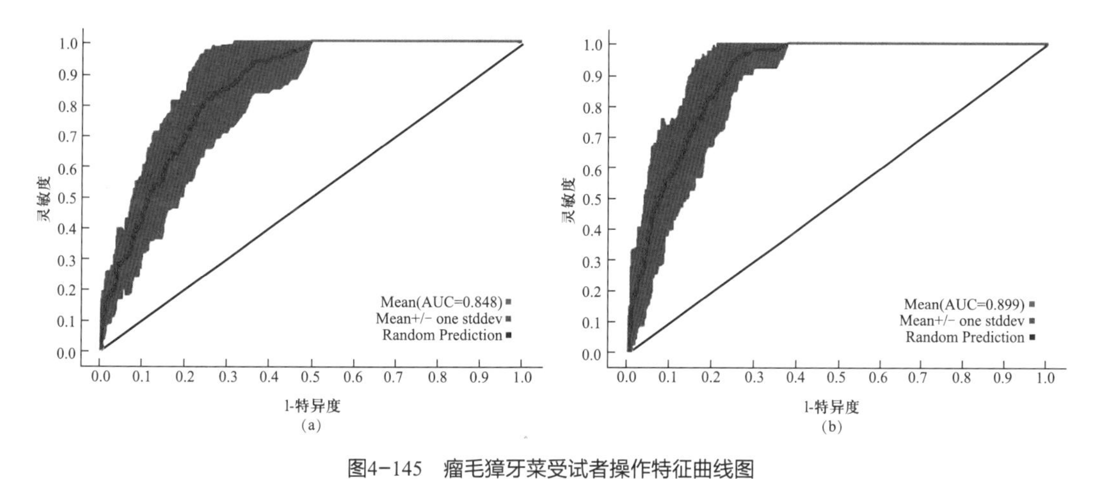

图4-145　瘤毛獐牙菜受试者操作特征曲线图
Fig4-145 Receiver operating characteristic curve of *Swertia pseudochinensis*

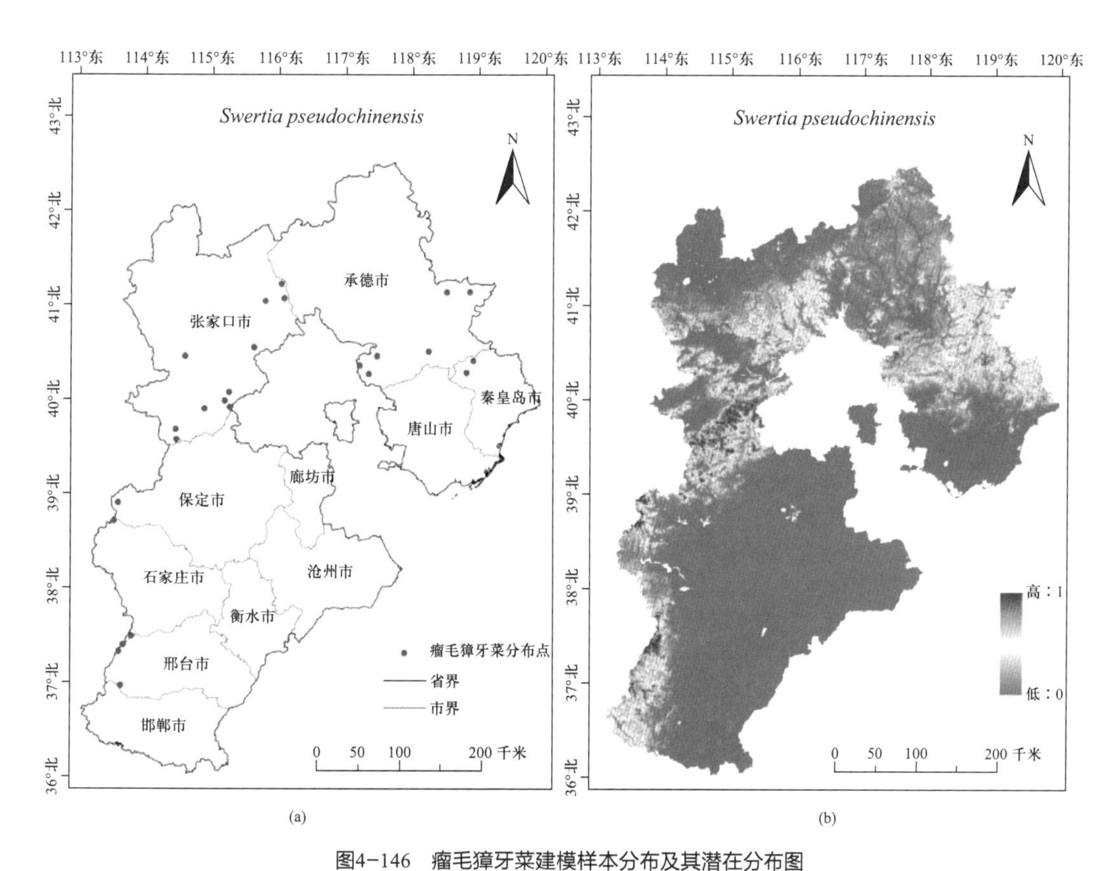

图4-146　瘤毛獐牙菜建模样本分布及其潜在分布图
Fig4-146 Specimen Occurrences and potential distribution of *Swertia pseudochinensis*

性概率P取值范围为0～1，图4-146b中颜色越亮代表分布概率越高，蓝色表示几乎没有分布。从图4-146b可知，瘤毛獐牙菜的高度适生区主要分布在兴隆县、青龙县、涿鹿县、蔚县、阜平县、赞皇县、武安市。ArcGIS重分类后分析统计得到瘤毛獐牙菜的高度适生区面积为3862.50km^2，中度适生区的面积为23 298.61km^2，低度适生区的面积为53 468.06km^2。

首次建模选取42项环境因子进行模型运算，然后从首次建模的结果分析筛选12项环境因子（slope、VC、bio14、bio8、ele、bio7、bio3、LC、bio2、t-ece、t-caco3、t-cec-clay）进行二次建模。选取第二次建模累计贡献率大于90%的环境因子和刀切法增益值显著的环境因子的并集共8项环境因子：slope、VC、bio14、bio8、ele、bio7、bio3、LC，视为瘤毛獐牙菜生态适宜性的主导环境因子。表4-49是利用最大熵模型生成的物种环境变量响应曲线归纳分析得到影响该物种潜在分布的各主导环境变量的取值范围（$P\geqslant0.33$）、最佳取值以及贡献率。由表4-49可知地形因子累计贡献率45.2%，植被覆盖率贡献率16.9%，与温度相关的气候因子累计贡献率为15.3%，最干月降水量贡献率15.1%，土地利用类型贡献率2.6%。所以，影响瘤毛獐牙菜潜在地理分布的最显著的主导环境因子是地形因子。

表4-49 影响瘤毛獐牙菜潜在地理分布的主导因子、数值范围、最优值及贡献率

Table4-49 Dominant factors affecting potential distribution of *Swertia pseudochinensis*, their range,optimal value and percent contribution

变量 Variable	单位 Unit	数值范围 Value range	最优值 Optimal value	贡献率（%）Percent contribution
slope	°	4.85~60	60	39
VC	%	40~100	65	16.9
bio14	mm	2.25~8.5	8.5	15.1
bio8	℃	8.5~22.5	8.5	7.7
ele	m	450~3000	3000	6.2
bio7	℃	40.5~45.5	43.0	4.6
bio3	—	0.265~0.31	o.31	3
LC	name	2~8	2、3	2.6

所以slope（坡度）是在瘤毛獐牙菜潜在地理分布建模过程中贡献率最高。其响应曲线如图4-147所示。坡度的适宜性取值范围为4.85°～60°，适宜性最高的值为60°。

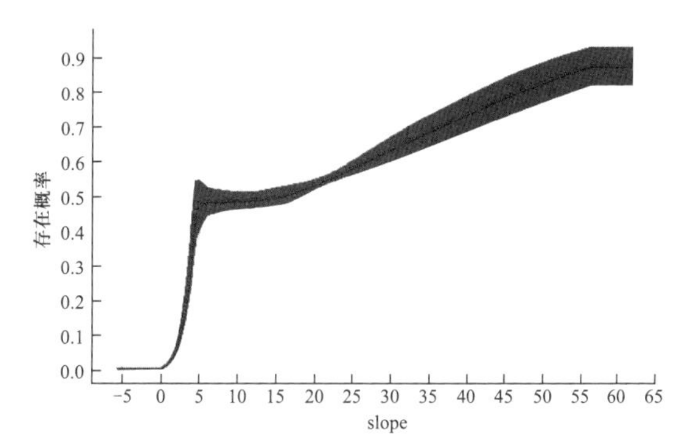

图4-147 影响瘤毛獐牙菜潜在地理分布最重要环境因子的响应曲线

Fig4-147 Response curves of the most important environmental variables in modeling habitat distribution for *Swertia pseudochinensis*

4.50 白薇 *Cynanchum atratum* Bunge

白薇始载于《神农本草经》，列为中品，又称白幕、白龙须。直立多年生草本。产河北燕山山系西北部各县，太行山南部涉县等地区；北京南口、十三陵、金山。分布于东北三省、山东、河南、山西、陕西、江苏、福建、江西、湖北、湖南、广东、广西、贵州、四川等地。生海拔100～1800m、林下草地及河边、荒地草丛中。根茎供药用，清热散肿，生肌止痛及利尿、治咳，并能凉血。

通过MaxEnt模型运算得到如图4-148所示的ROC曲线。图4-148a是首次运行的ROC曲线，重复15次AUC的平均值为0.879；图4-148b是二次建模的ROC曲线，重复15次AUC平均值为0.922。模型预测效果极好。

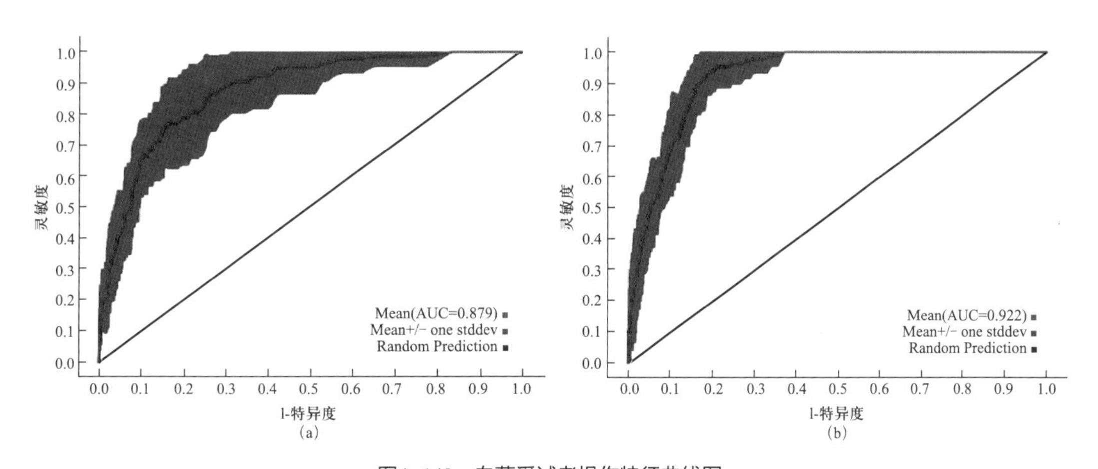

图4-148 白薇受试者操作特征曲线图

Fig4-148 Receiver operating characteristic curve of *Cynanchum atratum*

图4-149a是用来建模的所有样本共计35条数据的分布图，通过MaxEnt模型运算和ArcGIS处理得到如图4-149b所示的白薇在河北省的潜在地理分布区，生境适生性概率*P*取值范围为0～1，图4-149b中颜色越亮代表分布概率越高，蓝色表示几乎没有分布。从图4-149b可知，白薇的高度适生区主要分布在平山县、井陉县、赞皇县。ArcGIS重分类后分析统计得到白薇的高度适生区面积为2793.06km^2，中度适生区的面积为15 015.28km^2，低度适生区的面积为38 823.62km^2。

首次建模选取42项环境因子进行模型运算，然后从首次建模的结果分析筛选13项环境因子（bio12、slope、VC、bio4、t-texture、ele、t-caco3、t-caso4、bio17、bio8、t-esp、t-gravel、LC）进行二次建模。选取第二次建模累计贡献率大于90%的环境因子和刀切法增益值显著的环境因子的并集共6项环境因子：bio12、slope、VC、bio4、t-texture、ele，视为白薇生态适宜性的主导环境因子。表4-50是利用最大熵模型生成的物种环境变量响应曲线归纳分析得到影响该物种潜在分布的各主导环境变量的取值范围（$P\geqslant0.33$）、最佳取值以及贡献率。由表4-50可知，年降水量贡献率最高为43.4%，地形因子累计贡献率为34.5%，植被覆盖率贡献率7%，温度季节性变动系数贡献率6.7%，表层土壤质地贡献率2.5%。所以，影响白薇潜在地理分布的最显著的主导环境因子是降水变量和地形变量。

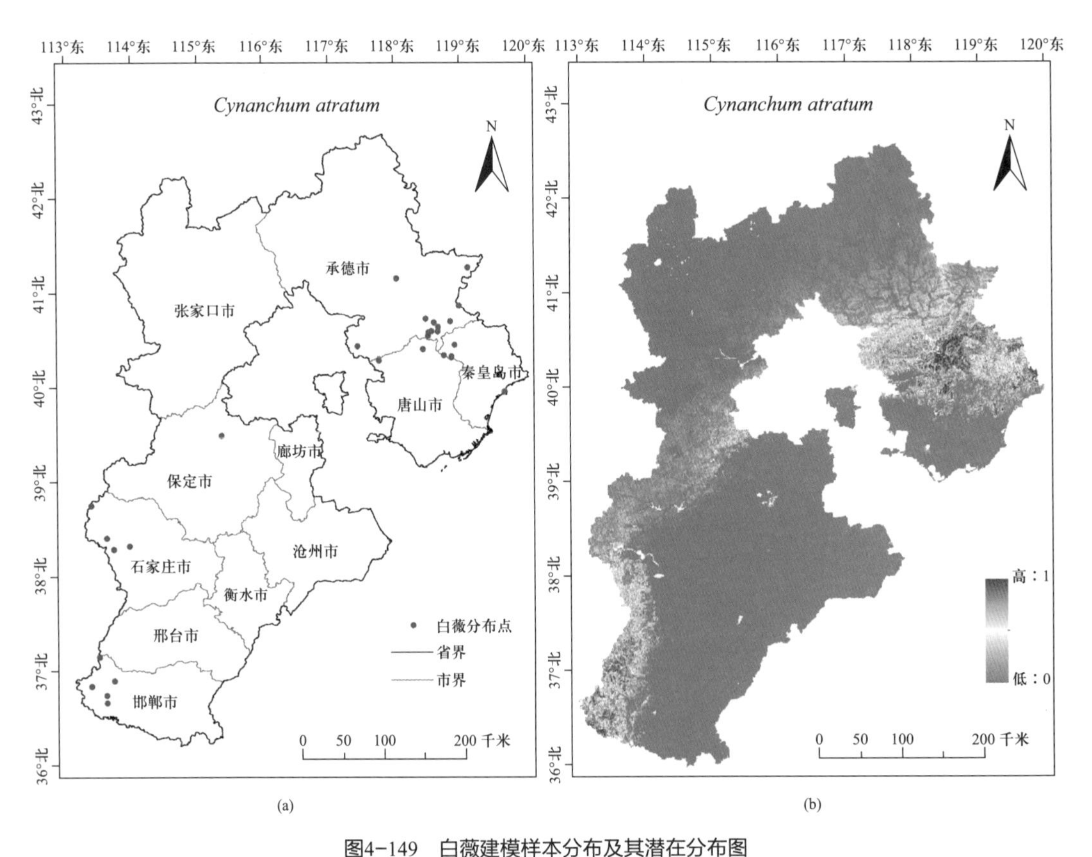

图4-149　白薇建模样本分布及其潜在分布图
Fig4-149 Specimen Occurrences and potential distribution of *Cynanchum atratum*

表4-50 影响白薇潜在地理分布的主导因子、数值范围、最优值及贡献率

Table4-50 Dominant factors affecting potential distribution of *Cynanchum atratum*, their range,optimal value and percent contribution

变量 Variable	单位 Unit	数值范围 Value range	最优值 Optimal value	贡献率（%） Percent contribution
bio12	mm	575～750	675	43.4
slope	°	4～55	8	32.8
VC	%	25～100	75	7
bio4	—	9.8～11.5	9.8	6.7
t-texture	code	1.1～3.2	2.2	2.5
ele	m	40～1000	250	1.7

所以bio12（年降水量）和slope（坡度）是影响白薇潜在地理分布最重要的环境因子。其响应曲线如图4-150所示。年降水量的适生取值范围为575～750mm，在675mm时适生度最高。坡度的适生取值范围为4°～55°，在8°时适生度最高。

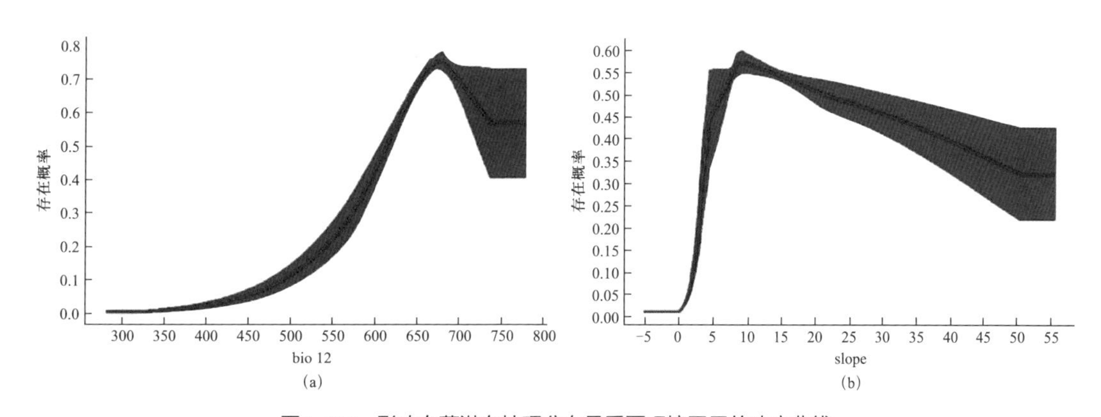

图4-150 影响白薇潜在地理分布最重要环境因子的响应曲线

Fig4-150 Response curves of the most important environmental variables in modeling habitat distribution for *Cynanchum atratum*

4.51 徐长卿 *Cynanchum paniculatum*（Bunge）Kitagawa

始载于《神农本草经》，列为上品。又称鬼督邮、石下长卿、别仙踪、九头狮子草。多年生直立草本，产承德地区、山海关、北戴河，北京百花山和密云坡头。气候适宜性强。分布于辽宁、内蒙古、山西、河南、陕西、江西、四川、贵州等省区。印度、日本和朝鲜也有。生山坡、路边及草丛中。根茎及根药用。祛风止痛、解毒消肿，治胃

气痛、肠胃炎、毒蛇咬伤、腹水等。

通过MaxEnt模型运算得到如图4-151所示的ROC曲线。图4-151a是首次运行重复15次ROC曲线，AUC的平均值为0.853；图4-151b是二次建模重复15次的AUC平均值为0.863。模型预测效果很好。

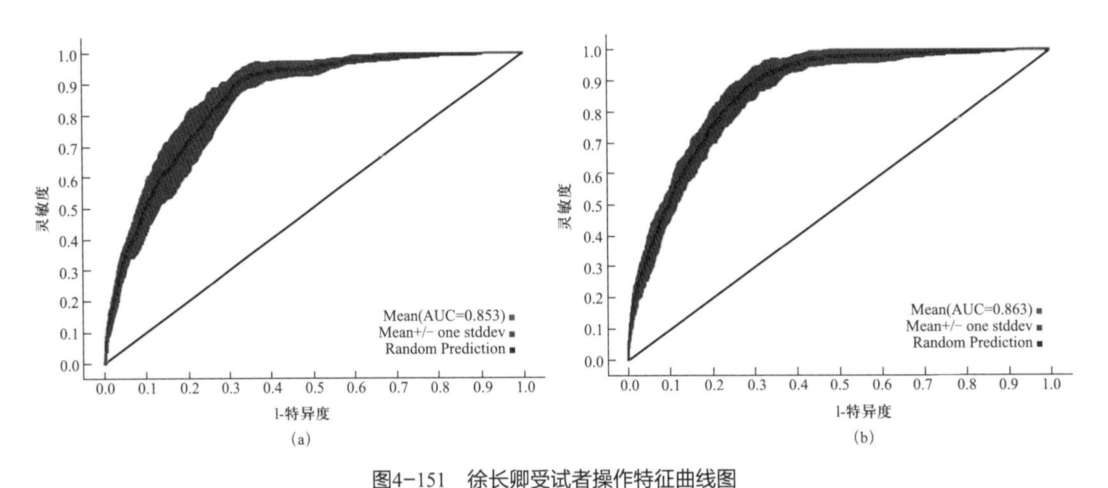

图4-151 徐长卿受试者操作特征曲线图
Fig4-151 Receiver operating characteristic curve of *Cynanchum paniculatum*

图4-152a是用来建模的所有样本共计203条数据的分布图，通过MaxEnt模型运算和ArcGIS可视化处理得到如图4-152b所示的徐长卿在河北省的潜在地理分布区，生境适生性概率P取值范围为0～1，图4-152b中颜色越亮代表分布概率越高，蓝色表示几乎没有分布。从图4-152b可知，徐长卿的高度适生区主要分布在青龙县、抚宁县、昌黎县。ArcGIS重分类后统计分析得到徐长卿在河北的高度适生区面积为3726.39km^2，中度适生区的面积为30 085.42km^2，低度适生区的面积为56 387.51km^2。

首次建模选取42项环境因子进行模型运算，然后从首次建模的结果分析筛选13项环境因子（bio12、slope、bio8、LC、bio4、ele、bio15、t-bulk-density、t-gravel、aspect、bio2、VC、bio3）进行二次建模。选取第二次建模累计贡献率大于90%的环境因子和刀切法增益值显著的环境因子的并集共7项环境因子：bio12、slope、bio8、LC、bio4、ele、bio15，视为徐长卿生态适宜性的主导环境因子。表4-51是利用最大熵模型生成的物种环境变量响应曲线归纳分析得到影响各主导环境变量的取值范围（$P \geq 0.33$）、最佳取值以及贡献率。由表4-51可知，与降水量相关的气候因子累计贡献率为30.5%，地形因子累计贡献率25.8%，与温度相关的气候因子累计贡献率为24.2%，土地利用类型13.2%。所以，影响徐长卿潜在地理分布的最显著的主导环境因子是降水变量、地形变量、温度变量。

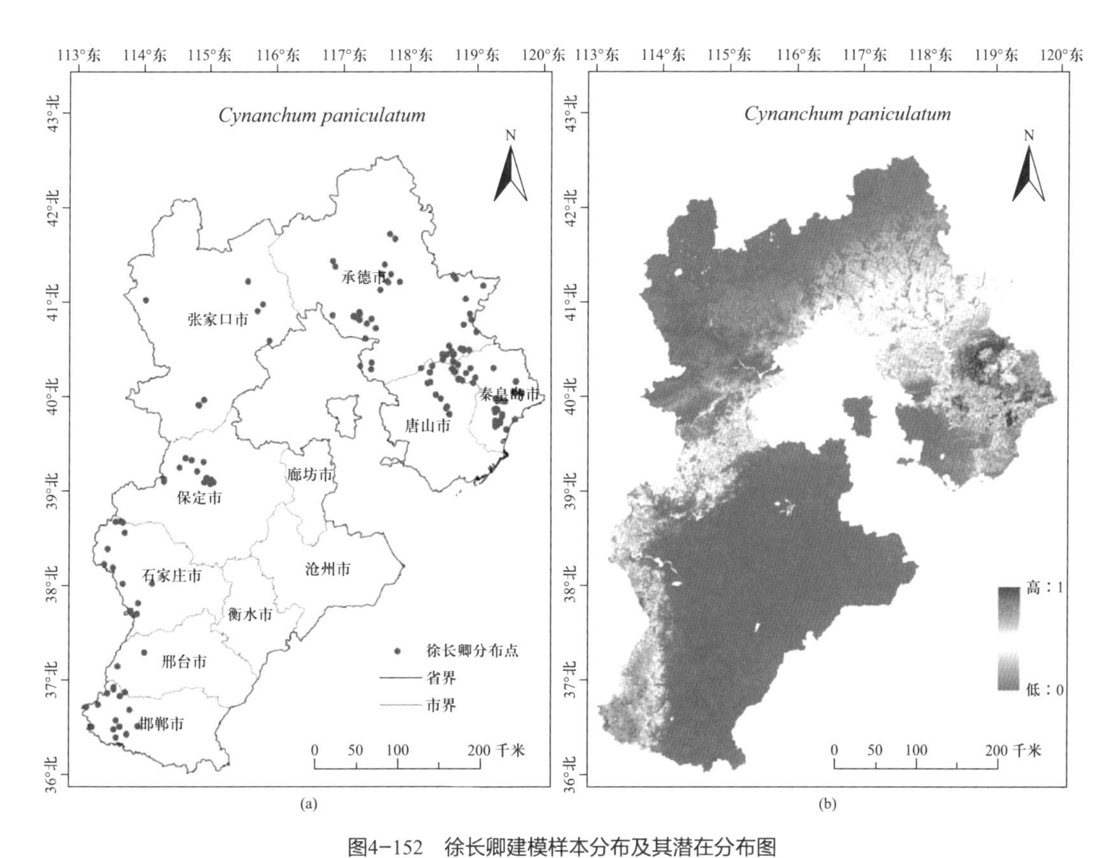

图4-152 徐长卿建模样本分布及其潜在分布图
Fig4-152 Specimen Occurrences and potential distribution of *Cynanchum paniculatum*

表4-51 影响徐长卿潜在地理分布的主导因子、数值范围、最优值及贡献率
Table4-51 Dominant factors affecting potential distribution of *Cynanchum paniculatum*, their range,optimal value and percent contribution

变量 Variable	单位 Unit	数值范围 Value range	最优值 Optimal value	贡献率（%）Percent contribution
bio12	mm	550~800	760	28.6
slope	°	2~55	51	22.3
bio8	℃	19.5~24.2	23.5	18.7
LC	name	2~8	6、7	13.2
bio4	—	9.8~10.4,10.7~11.7	9.8	5.5
ele	m	50~1050	550	3.5
bio15	—	1.01~1.29	1.21	1.9

所以，bio12（年降水量）、slope（坡度）、bio8（最湿季节平均温）是影响徐长卿潜在地理分布最重要的主导环境因子。其响应曲线如图4-153所示，年降水量的适宜性取值范围为550～800mm，适宜性最高的取值为760mm。坡度的适宜性取值范围为2°～55°，适宜性最高的取值为51°。最湿季节平均温的适宜性取值为19.5～24.2℃，适宜性最高的取值范围为23.5℃。

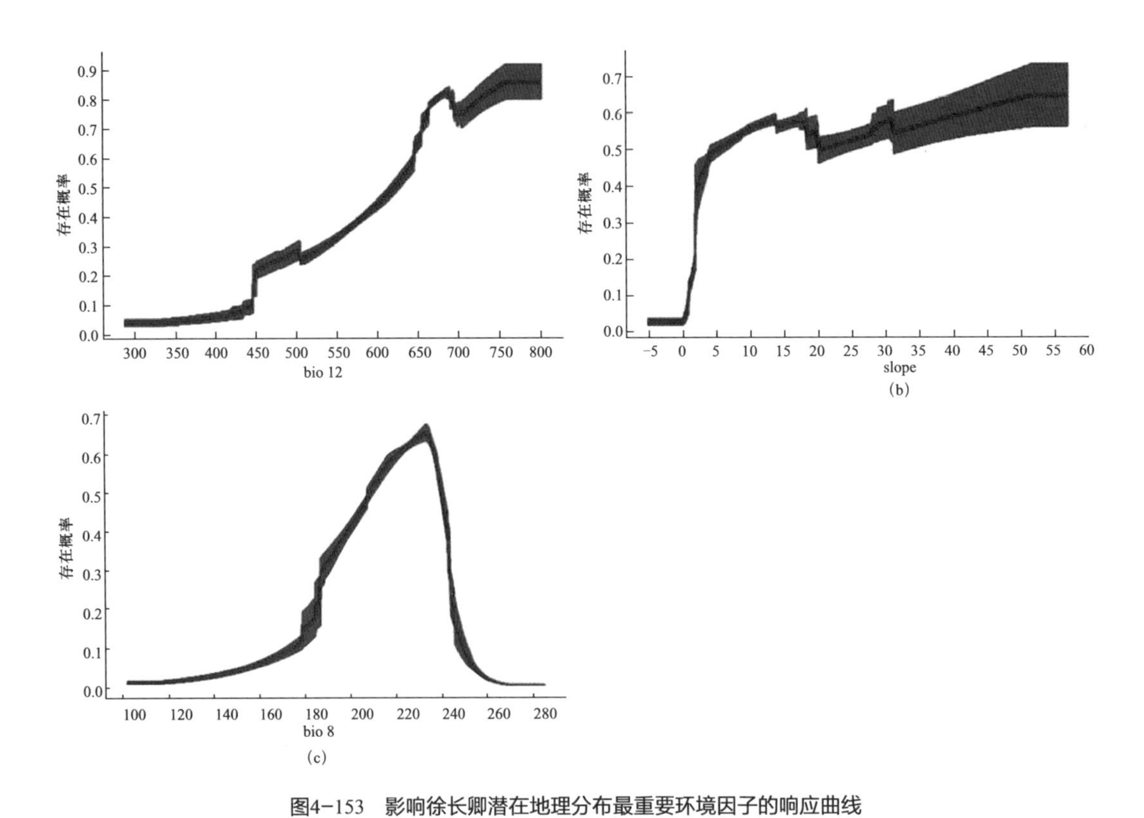

图4-153　影响徐长卿潜在地理分布最重要环境因子的响应曲线

Fig4-153 Response curves of the most important environmental variables in modeling habitat distribution for *Cynanchum paniculatum*

4.52 变色白前 *Cynanchum versicolor* Bunge

入药称白薇，始载于《神农本草经》，列为中品，又称蔓生白薇，半灌木，产河北承德、秦皇岛、石家庄地区、邯郸地区；北京金山、南口、密云坡头。分布于吉林、辽宁、山东、河南、江苏、浙江、四川等省。喜温和湿润环境，耐寒、喜阳，适宜腐殖质多的砂质土壤。生海拔800~1000m的山坡疏林、山谷和溪流旁。

通过MaxEnt模型运算得到如图4-154所示的ROC曲线。图4-154a为首次运行的ROC曲线，重复15次AUC的平均值为0.868；图4-154b为二次建模重复运行15次的ROC曲线，AUC平均值为0.885。模型预测效果很好。

图4-155a是用来建模的所有样本共计36条数据的分布图，通过MaxEnt模型运算和ArcGIS操作得到如图4-155b所示的变色白前在河北省的潜在地理分布区，生境适生性概率P取值范围为0～1，图4-155b中颜色越亮代表分布概率越高，蓝色表示几乎没有分布。从图4-155b可知，变色白前的高度适生区主要分布在井陉县、赞皇县、武安市、

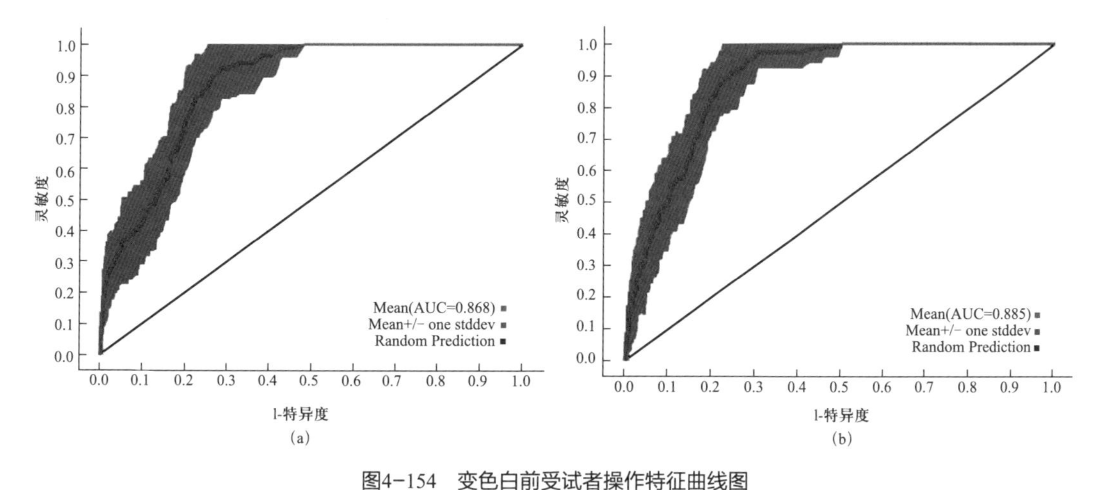

图4-154　变色白前受试者操作特征曲线图
Fig4-154 Receiver operating characteristic curve of *Cynanchum versicolor*

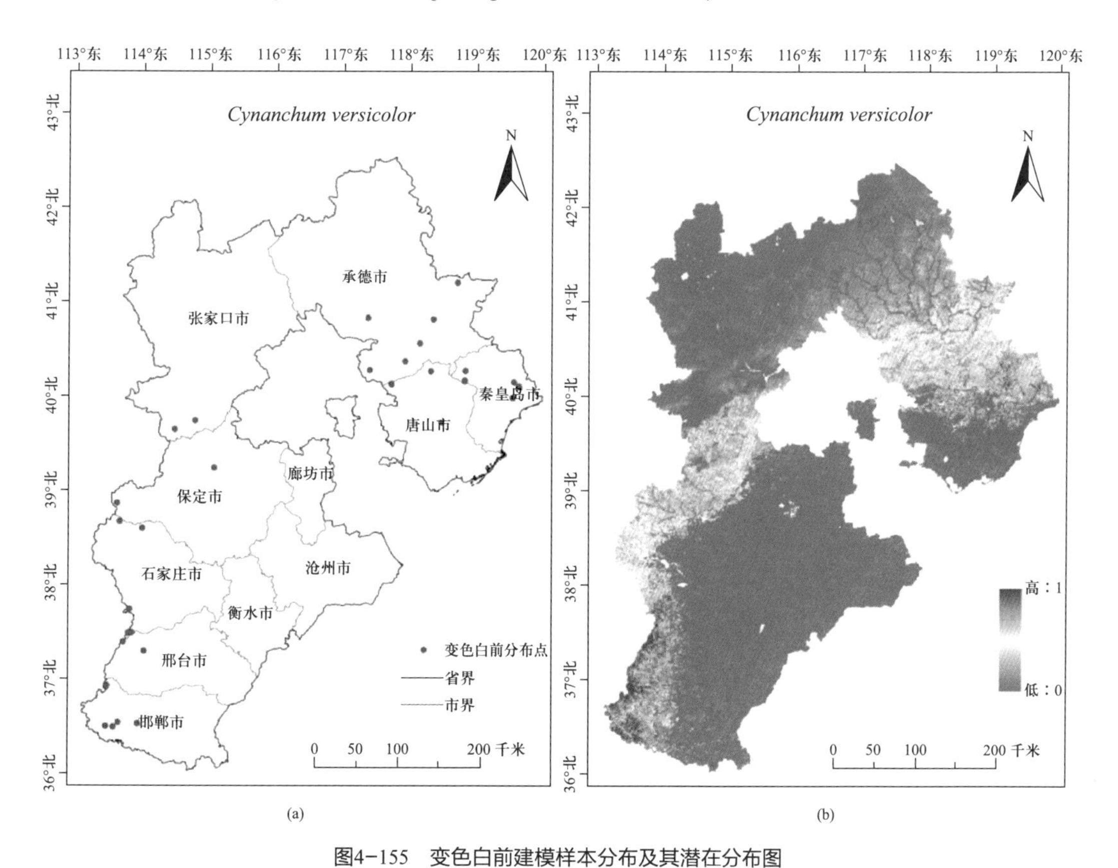

图4-155　变色白前建模样本分布及其潜在分布图
Fig4-155 Specimen Occurrences and potential distribution of *Cynanchum versicolor*

涉县。ArcGIS重分类后分析统计得到变色白前在河北的高度适生区面积为3390.28km²，中度适生区的面积为25 134.03km²，低度适生区的面积为50 844.45km²。

首次建模选取42项环境因子进行模型运算，然后从首次建模的结果分析筛选11项环境因子（slope、bio12、bio4、ele、VC、t-caso4、LC、t-bulk-density、aspect、bio3、bio8）进行二次建模。选取第二次建模累计贡献率大于90%的环境因子和刀切法增益值显著的环境因子的并集共6项环境因子：slope、bio12、bio4、ele、VC、LC，视为变色白前生态适宜性的主导环境因子。

表4-52是利用最大熵模型生成的物种环境变量响应曲线归纳分析得到影响该物种潜在分布的各主导环境变量的取值范围（$P\geqslant0.33$）、最佳取值以及贡献率。由表4-52可知地形因子累计贡献率38.5%，年降水量贡献率21.9%，温度季节性变动系数贡献率20.3%，植被覆盖率贡献率4.8%，表层土壤中硫酸钙含量贡献率4.5%，土地利用类型贡献率3.8%。所以，影响变色白前潜在地理分布的最显著的主导环境因子是地形因子、降水变量、温度变量。

表4-52　影响变色白前潜在地理分布的主导因子、数值范围、最优值及贡献率

Table4-52 Dominant factors affecting potential distribution of *Cynanchum versicolor*, their range,optimal value and percent contribution

变量 Variable	单位 Unit	数值范围 Value range	最优值 Optimal value	贡献率（%） Percent contribution
slope	°	4~55	51	26.9
bio12	mm	525~800	750	21.9
bio4	—	9.5~11.5	9.5~9.8	20.3
ele	m	100~1 250	200	11.6
VC	%	10~250	75	4.8
LC	name	2~8	6.5	3.8

所以slope（坡度）、bio12（年降水量）、bio4（温度季节性变动系数）是影响变色白前潜在地理分布的最重要的主导环境因子。其响应曲线如图4-156所示，坡度的适生取值范围为4°~55°，在51°时适生度最高。年降水量的适生度取值范围为525~800mm，年降水量在750mm时适生度最高。温度季节性变化系数的适生度取值范围为9.5~11.5，系数在9.5~9.8时适生度最高。

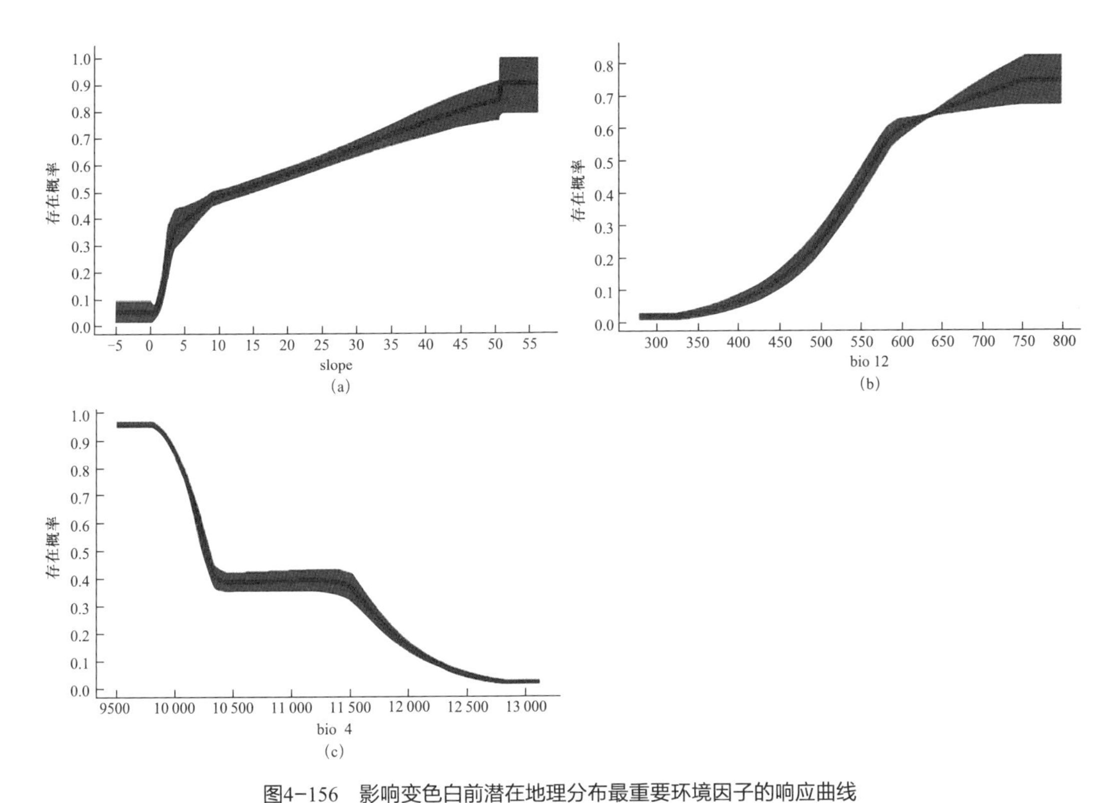

图4-156 影响变色白前潜在地理分布最重要环境因子的响应曲线
Fig4-156 Response curves of the most important environmental variables in modeling habitat distribution for *Cynanchum versicolor*

4.53 杠柳 *Periploca sepium* Bunge

入药称香加皮，始载于《救荒本草》。落叶蔓性灌木，根皮、茎皮可药用，能祛风湿、壮筋骨强腰膝；治风湿关节炎、筋骨痛等。产河北省各区县。分布于吉林、辽宁、内蒙古、山东、山西、河南、江苏、江西、贵州、四川、陕西和甘肃等省区。生平原、低山、林缘、道边或荒废灌丛中。对气候选择不严，宜生长在山坡或河边向阳处。

通过MaxEnt模型运算得到如图4-157所示的ROC曲线。图4-157a是首次运行重复15次的ROC曲线，AUC的平均值为0.932；图4-157b是二次建模重复15次的ROC曲线，AUC平均值为0.935。模型预测效果极好。

图4-158a是用来建模的所有样本共计343条数据的分布图，通过MaxEnt模型运算和ArcGIS处理得到如图4-158b所示杠柳在河北省的潜在地理分布区，生境适生性概率*P*取值范围为0～1，图4-158b中颜色越亮代表分布概率越高，蓝色表示几乎没有分布。从图4-158b可知，杠柳的高度适生区主要分布在平山县、赞皇县武安市。ArcGIS重分类后分析统计得到杠柳高度适生区面积为1990.28km^2，中度适生区的面积为6621.53km^2，低度适生区的面积为30 282.64km^2。

首次建模选取59项环境因子进行模型运算，然后从首次建模的结果分析筛选20项环

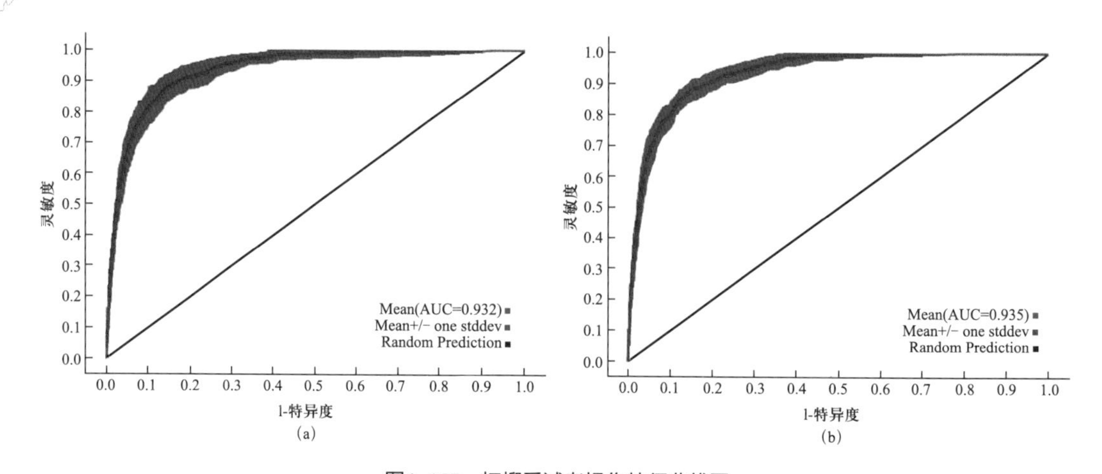

图4-157 杠柳受试者操作特征曲线图

Fig4-157 Receiver operating characteristic curve of *Periploca sepium*

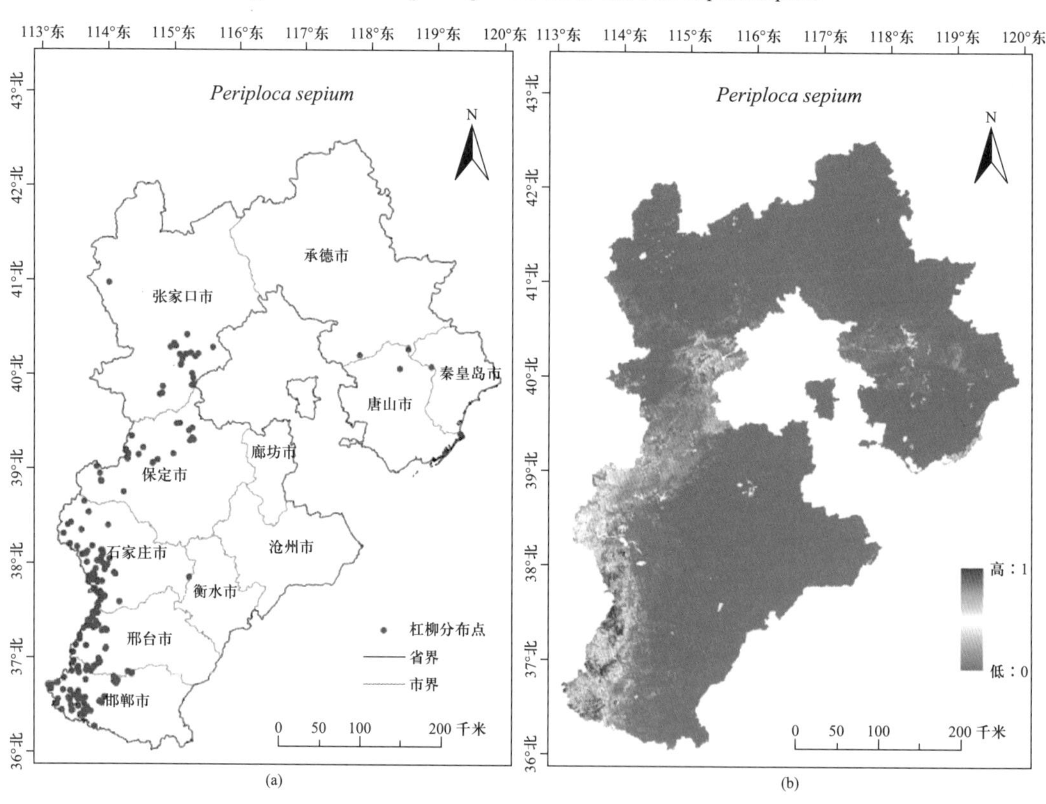

图4-158 杠柳建模样本分布及其潜在分布图

Fig4-158 Specimen Occurrences and potential distribution of *Periploca sepium*

境因子（bio4、bio3、slope、ele、bio2、bio16、bio15、bio5、t-caso4、bio17、VC、aspect、t-caco3、s-gravel、t-sand、s-caco3、s-ece、s-cec-soil、t-oc、LC）进行二次建模。选取第二次建模累计贡献率大于90%的环境因子和刀切法增益值显著的环境因子的并集共8项环境因子：bio4、bio3、slope、ele、bio2、bio16、bio15、bio5，视为杠柳生态适宜性的主导环境因子。表4-53是利用最大熵模型生成的物种环境变量响应曲线归纳分析得到影响该物种潜在分布的各主导环境变量的取值范围（$P \geq 0.33$）、最佳取值以及贡献率。由表4–53可知与温度相关的气候因子累计贡献率为72.4%，地形因子累计贡献率18.1%，降水量累计贡献率3.3%。所以，影响杠柳潜在地理分布的最显著的主导环境因子是温度变量。

表4–53　影响杠柳潜在地理分布的主导因子、数值范围、最优值及贡献率

Table4–53 Dominant factors affecting potential distribution of *Periploca sepium*, their range,optimal value and percent contribution

变量 Variable	单位 Unit	数值范围 Value range	最优值 Optimal value	贡献率（%） Percent contribution
bio4	—	9.5～10.5	9.9	44
bio3	—	0.29～0.31	0.30	23.8
slope	°	4～55	51	14.9
ele	m	50～1250	350	3.2
bio2	℃	12～13	12.25	3.2
bio16	mm	280～300,325～410	410	1.7
bio15	mm	1～1.12	1.05	1.6
bio5	℃	26～32	29.5	1.4

所以bio4（温度季节性变化系数）和bio3（等温性）是决定杠柳潜在地理分布最重要的环境因子。响应曲线如图4–159所示，温度季节性变化系数的适宜性取值范围为9.5 ~ 10.5，适宜性最高的取值为9.9。等温性的适宜性取值范围为0.29 ~ 0.31，适宜性最高的取值为0.3。

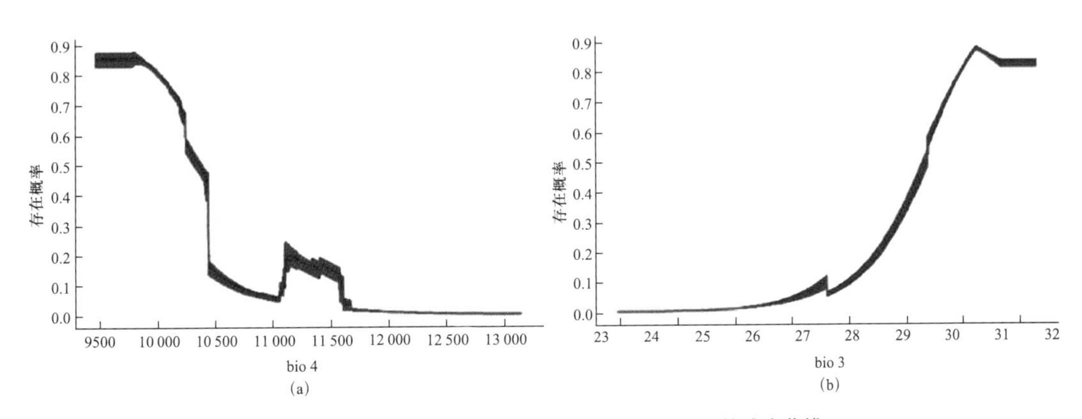

图4–159　影响杠柳潜在地理分布最重要环境因子的响应曲线

Fig4–159 Response curves of the most important environmental variables in modeling habitat distribution for *Periploca sepium*

4.54 薄荷 *Mentha canadensis* L.

薄荷始载于唐代《新修本草》，多年生草本。产河北各区县；北京妙峰山、潭柘寺、金山；天津北郊、蓟县。分布于山西、山东、江西、湖北、甘肃、四川、浙江、福建、广东、云南。俄罗斯远东地区、朝鲜、日本、北美洲也有。野生或栽培。生溪沟旁，路边及山野湿地，海拔可达3500m。喜温暖、湿润气候。根茎在5~6℃可萌发出苗，植株生长适宜温度为20~30℃，根茎具有较强的耐寒力，冬季在−30~−20℃的地区仍可过冬。喜阳光，对土壤要求不严，但土壤pH 5.5~6.5为宜。全草入药，有发汗、解热、祛风、健胃之效。

通过MaxEnt模型运算得到如图4−160所示的ROC曲线。图4−160a是首次运行重复15次的ROC曲线，AUC的平均值为0.882；图4−160b是二次建模重组15次的ROC曲线，AUC平均值为0.885。模型预测效果很好。

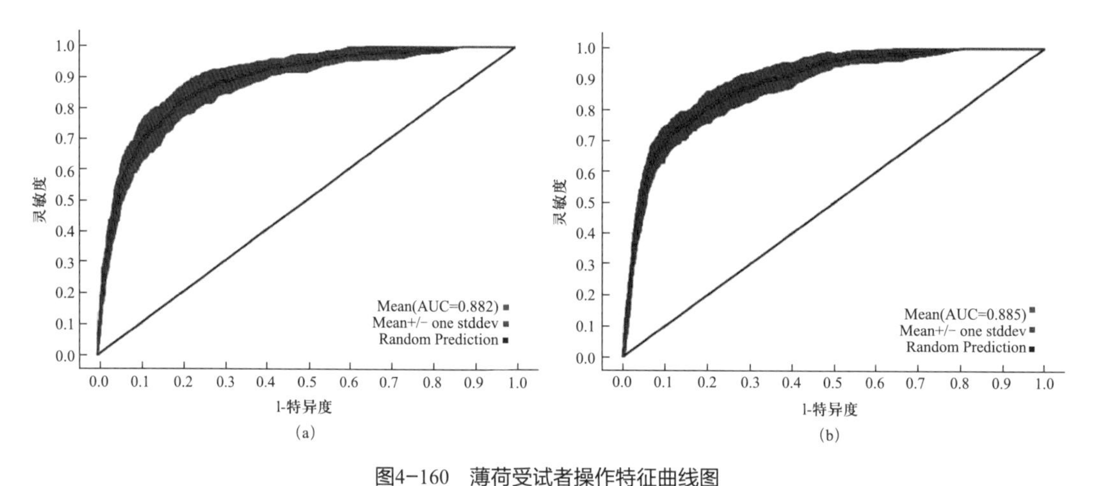

图4−160 薄荷受试者操作特征曲线图
Fig4−160 Receiver operating characteristic curve of *Mentha canadensis*

图4−161a是用来建模的所有样本共计178条数据的分布图，通过MaxEnt模型运算和ArcGIS处理得到如图4−161b所示的薄荷在河北省的潜在地理分布区，生境适生性概率P取值范围为0 ~ 1，图4−161b中颜色越亮代表分布概率越高，蓝色表示几乎没有分布。从图4−161b可知，薄荷的高度适生区主要分布在阜平县、灵寿县、井陉县、赞皇县。ArcGIS重分类后分析统计得到薄荷的高度适生区面积为3533.33km^2，中度适生区的面积为14 525.70km^2，低度适生区的面积为59 472.92km^2。

首次建模选取42项环境因子进行模型运算，然后从首次建模的结果分析筛选16项环境因子（slope、bio3、bio4、VC、ele、bio15、bio5、t-cec-clay、LC、t-caco3、aspect、bio13、bio2、t-esp、t-oc、t-gravel）进行二次建模。选取第二次建模累计贡献率大于90%的环境因子和刀切法增益值显著的环境因子的并集共8项环境因子：slope、bio3、bio4、VC、ele、bio15、bio5、t-cec-clay，视为薄荷生态适宜性的主导环境因

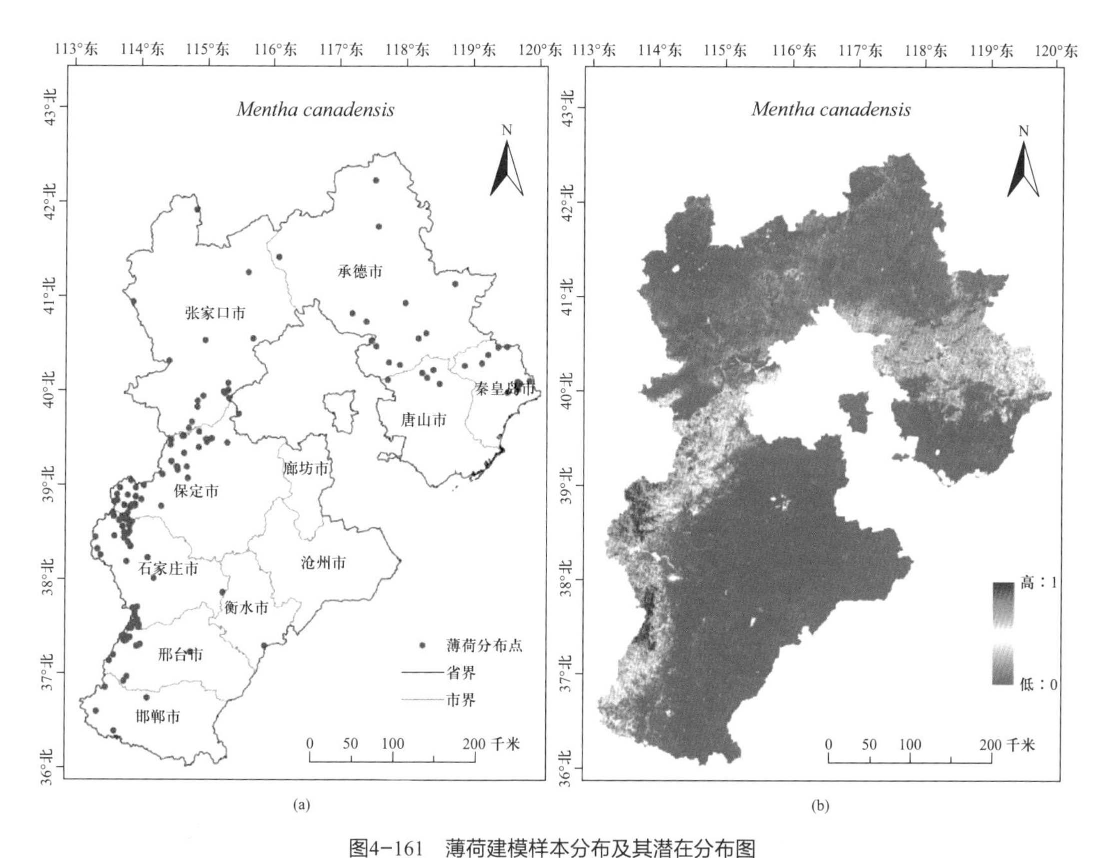

图4-161 薄荷建模样本分布及其潜在分布图

Fig4-161 Specimen Occurrences and potential distribution of *Mentha canadensis*

子。表4-54是利用最大熵模型生成的物种环境变量响应曲线归纳分析得到影响该物种潜在分布的各主导环境变量的取值范围（$P \geq 0.33$）、最佳取值以及贡献率。由表4-54可知与温度相关的气候因子累计贡献率为41.8%，地形因子累计贡献率36.9%，植被覆盖率贡献率6.7%，降水量季节性变化4%，土壤因子贡献率1.5%。所以，影响薄荷潜在地理分布的最显著的主导环境因子是温度变量和地形因子。

表4-54 影响薄荷潜在地理分布的主导因子、数值范围、最优值及贡献率

Table4-54 Dominant factors affecting potential distribution of *Mentha canadensis*, their range,optimal value and percent contribution

变量 Variable	单位 Unit	数值范围 Value range	最优值 Optimal value	贡献率（%）Percent contribution
slope	°	4~51	31	32.3
bio3	—	0.285~0.31	0.305	22
bio4	—	9.5~11.5	10	18.1

续表

变量 Variable	单位 Unit	数值范围 Value range	最优值 Optimal value	贡献率（%） Percent contribution
VC	%	10～100	70	6.7
ele	m	50～2 500	2500	4.6
bio15	—	0.95～1.18	1.05	4
bio5	℃	16～31	29	1.7
t-cec-clay	cmol /kg	20～31,39～52	39	1.5

所以slope（坡度）、bio3（等温性）、bio4（温度季节性变动系数）是影响薄荷潜在地理分布的最重要的环境因子。其响应曲线如图4-162所示，坡度适宜性取值范围为4°～51°，适宜性最高的取值为31°。等温性的适宜性取值范围为0.285～0.31，适宜性最高的取值为0.305。温度季节性变化系数的适宜性取值范围为9.5～11.5，适宜性最高的取值为10。

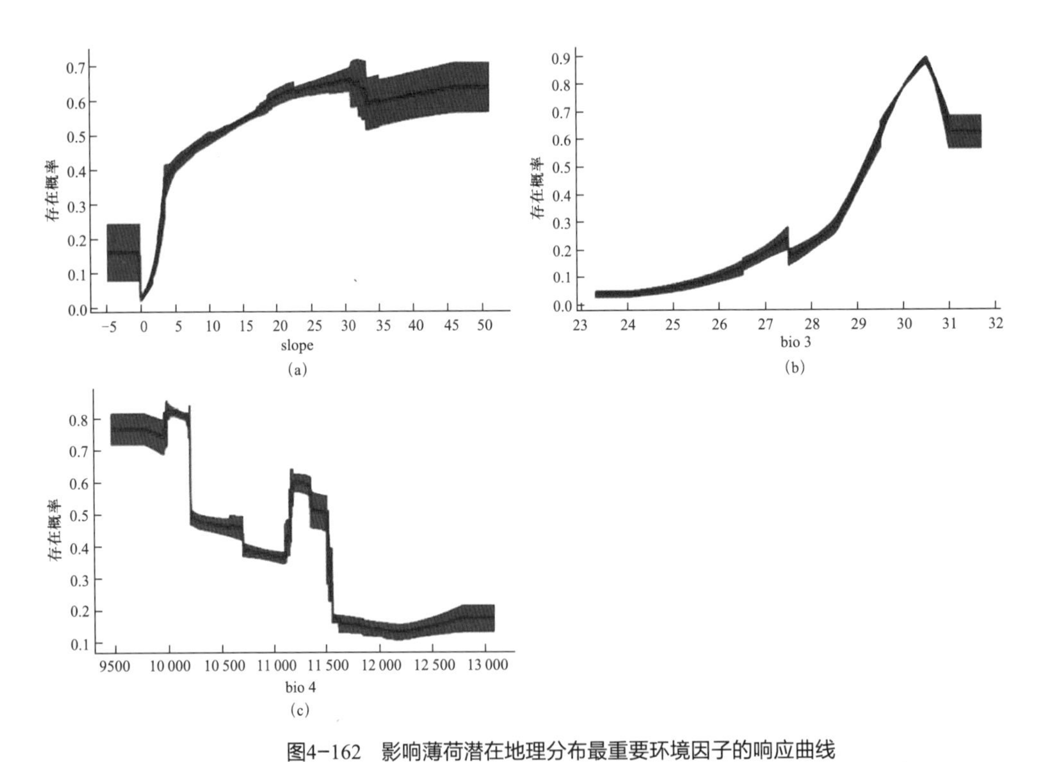

图4-162 影响薄荷潜在地理分布最重要环境因子的响应曲线

Fig4-162 Response curves of the most important environmental variables in modeling habitat distribution for *Mentha canadensis*

4.55 裂叶荆芥 *Nepeta tenuifolia* Benth.

入药称为荆芥，原名假苏，始载于《神农本草经》，列为下品。荆芥之名始见于《吴普本草》。一年生草本植物。生于山坡路边或山谷、林缘，海拔540~2700m。全草及花穗为常用中药，多用于发表，可治风寒感冒、头痛、咽喉肿痛、月经过多、崩漏、小儿发热抽搐、疔疮疥癣、风火赤眼、风火牙痛、湿疹、荨麻疹以及皮肤瘙痒。全草富含芳香油，可提制芳香油。

通过MaxEnt模型运算得到如图4-163所示的ROC曲线。图4-163a是首次运行重复15次的ROC曲线，AUC的平均值为0.871；图4-163b是二次建模重复15次的ROC曲线，AUC平均值为0.857。模型预测效果很好。

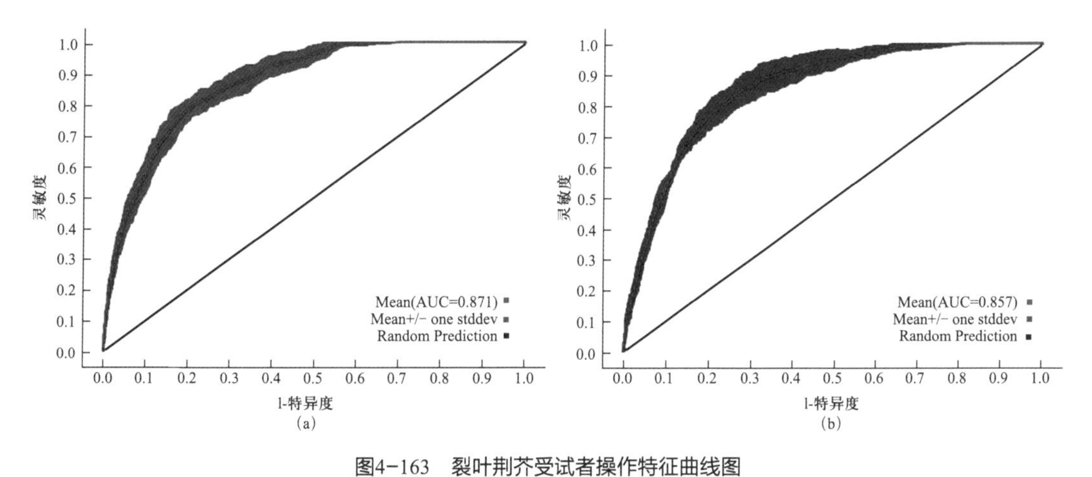

图4-163　裂叶荆芥受试者操作特征曲线图
Fig4-163 Receiver operating characteristic curve of *Nepeta tenuifolia*

图4-164a是用来建模的所有样本共计269条数据的分布图，通过MaxEnt模型运算和ArcGIS处理得到如图4-164b所示的裂叶荆芥在河北省的潜在地理分布区，生境适生性概率*P*取值范围为0～1，图4-164b中颜色越亮代表分布概率越高，蓝色表示几乎没有分布。从图4-164b可知，裂叶荆芥的高度适生区主要分布在围场县、沽源县、内丘县、邢台县。ArcGIS重分类分析统计得到裂叶荆芥的高度适生区面积为5756.95km^2，中度适生区的面积为31 973.62km^2，低度适生区的面积为74 267.37km^2。

首次建模选取42项环境因子进行模型运算，然后从首次建模的结果分析筛选11项环境因子（ele、bio15、bio8、VC、slope、bio4、bio3、bio12、bio2、LC、t-caso4）进行二次建模。选取第二次建模累计贡献率大于90%的环境因子和刀切法增益值显著的环境因子的并集共8项环境因子：ele、bio15、bio8、VC、slope、bio4、bio3、bio12，视为裂叶荆芥生态适宜性的主导环境因子。表4-55是利用最大熵模型生成的物种环境变量响应曲线归纳分析得到影响该物种潜在分布的各主导环境变量的取值范围（*P*≥0.33）、最佳取值以及贡献率。由表4-55可知地形因子累计贡献率34.5%，与降水量相关的气候因子累计贡献

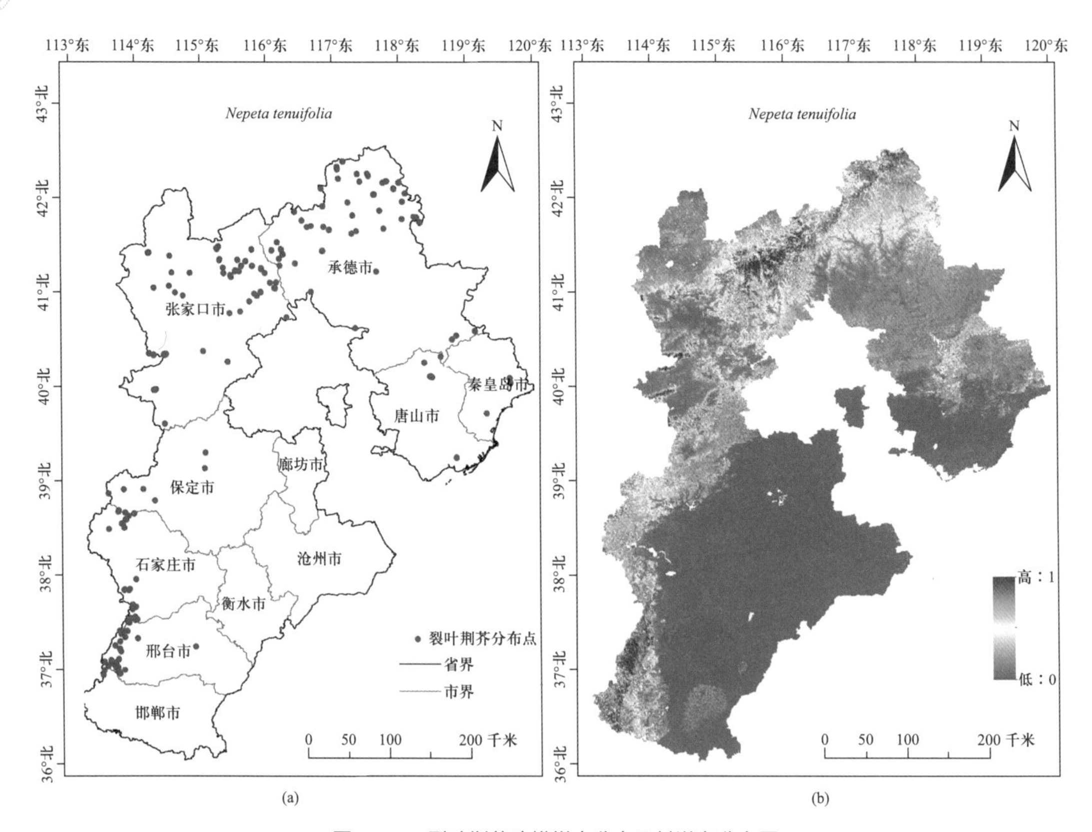

图4-164 裂叶荆芥建模样本分布及其潜在分布图
Fig4-164 Specimen Occurrences and potential distribution of *Nepeta tenuifolia*

率26.8%，与温度相关的气候因子累计贡献率为26%，植被覆盖率贡献率8.8%。所以，影响裂叶荆芥潜在地理分布的最显著的主导环境因子是地形因子、降水变量、温度变量。

表4-55 影响裂叶荆芥潜在地理分布的主导因子、数值范围、最优值及贡献率
Table4-55 Dominant factors affecting potential distribution of *Nepeta tenuifolia*, their range,optimal value and percent contribution

变量 Variable	单位 Unit	数值范围 Value range	最优值 Optimal value	贡献率（%）Percent contribution
ele	m	300～2500	1750	26
bio15	—	0.91～1.11	0.95	22.6
bio8	℃	9～24	15.5	15.5
VC	%	1～100	75	8.8
slope	°	2～26,35～60	24	8.5
bio4	—	9.4～10.25,11.75～12.7	10.1	6.2
bio3	—	0.235～0.275,0.295～0.31	0.31	4.3
bio12	mm	375～675	425	4.2

所以ele（海拔）、bio15（降水量季节性变化系数）是影响裂叶荆芥潜在地理分布最重要的环境因子。响应曲线如图4-165所示，海拔的适宜性取值范围是300～2500m，适宜性最高的海拔为1750m。降水量季节性变化系数适宜取值范围为0.91～1.11，适宜性最高的取值为0.95。

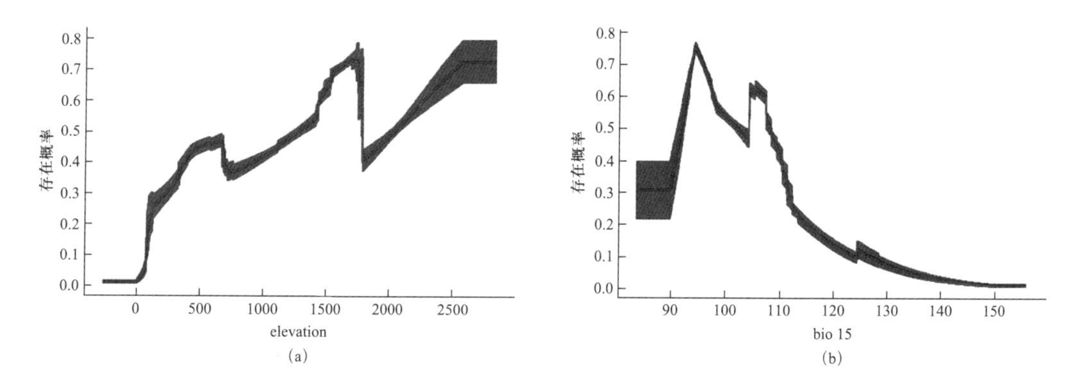

图4-165　影响裂叶荆芥潜在地理分布最重要环境因子的响应曲线
Fig4-165 Response curves of the most important environmental variables in modeling habitat distribution for *Nepeta tenuifolia*

4.56 丹参 *Salvia miltiorrhiza* Bunge

丹参始载于《神农本草经》，列为上品，又称为赤参、木羊乳、逐马。多年生直立草本；根肥厚，肉质，外面朱红色。产河北承德地区南部、唐山、保定、石家庄、邢台、邯郸等地区；北京南口、十三陵、西山、金山、八大处、上方山；天津蓟县。分布于山东、山西、河南、江苏、安徽、湖南、浙江、江西、贵州。日本亦有分布。生山坡、林下、路旁、溪谷等地，海拔120~1300m。根入药。能祛瘀生新、活血调经、清心除烦。

通过MaxEnt模型运算得到如图4-166所示的ROC曲线。图4-166a是首次运行重复15次的ROC曲线，AUC的平均值为0.912；图4-166b是二次建模重复15次的ROC曲线，AUC平均值为0.911。模型预测效果极好。

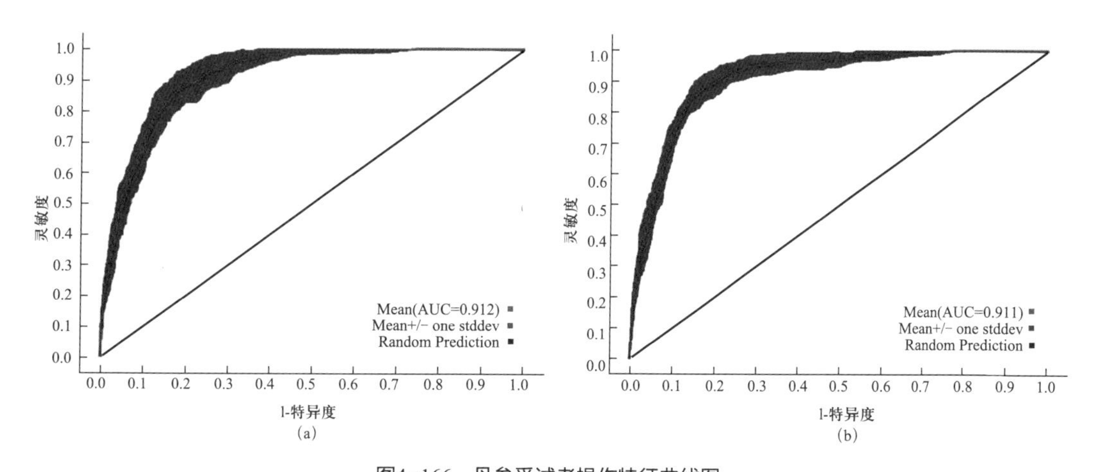

图4-166　丹参受试者操作特征曲线图
Fig4-166 Receiver operating characteristic curve of *Salvia miltiorrhiza*

图4-167a是用来建模的所有样本共计186条数据的分布图，通过MaxEnt模型运算和ArcGIS处理得到如图4-167b所示的丹参在河北省的潜在地理分布区，生境适生性概率*P*取值范围为0～1，图4-167b中颜色越亮代表分布概率越高，蓝色表示几乎没有分布。从图4-167b可知，丹参的高度适生区主要分布在迁西县、迁安市、赞皇县、邢台县、沙河市、武安市。ArcGIS重分类分析统计得到丹参的高度适生区面积为3081.25km^2，中度适生区的面积为14 529.17km^2，低度适生区的面积为35 547.92km^2。

首次建模选取42项环境因子进行模型运算，然后从首次建模的结果分析筛选13项环境因子（bio4、slope、bio3、LC、ele、bio12、VC、bio15、t-caco3、t-oc、bio2、aspect、t-gravel）进行二次建模。选取第二次建模累计贡献率大于90%的环境因子和刀切法增益值显著的环境因子的并集共8项环境因子：bio4、slope、bio3、LC、ele、bio12、VC、bio15，视为丹参生态适宜性的主导环境因子。表4-56是利用最大熵模型生成的物种环境变量响应曲线归纳分析得到影响该物种潜在分布的各主导环境变量的取值范围（*P*≥0.33）、最佳取值以及贡献率。由表4-56可知与温度相关的气候因子累计贡献率为42.6%，地形因子累计贡献率27.4%，土地利用类型和降水量相关的气候因子贡献率均为10.5%，植被覆盖率贡献率5.6%。所以，影响丹参潜在地理分布的最显著的主导环境因子是温度变量。

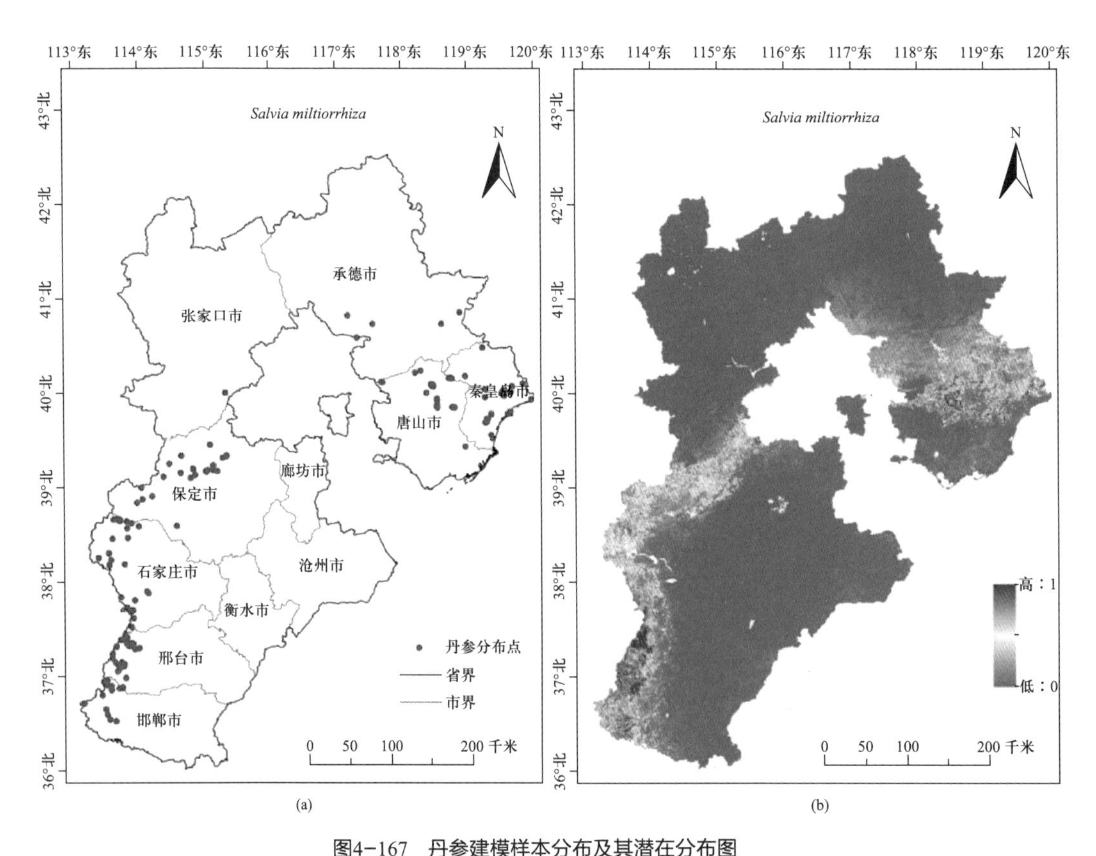

图4-167　丹参建模样本分布及其潜在分布图
Fig4-167 Specimen Occurrences and potential distribution of *Salvia miltiorrhiza*

表4-56　影响丹参潜在地理分布的主导因子、数值范围、最优值及贡献率

Table4-56 Dominant factors affecting potential distribution of *Salvia miltiorrhiza*, their range,optimal value and percent contribution

变量 Variable	单位 Unit	数值范围 Value range	最优值 Optimal value	贡献率（%） Percent contribution
bio4	—	9.45～10.3，10.95～11.2	9.9	30.7
slope	°	2.5～49.5	38～49.5	17.6
bio3	—	0.271～. 0275,0.288～0.316	0.305	11.9
LC	name	4～8	6、7	10.5
ele	m	100～1250	200	9.8
bio12	mm	530～780	680	8.5
VC	%	10～100	100	5.6
bio15	—	1.01～1.35	1.05	2

bio4（温度季节性变化系数）和slope（坡度）的建模贡献率最大，其响应曲线如图4-168所示，温度季节性变化系数适宜取值为9.45～10.3和10.95～11.2，适宜性最高的取值为9.9。坡度的适宜性取值范围为2.5°～49.5°，适宜性最高的取值为38°～49.5°。

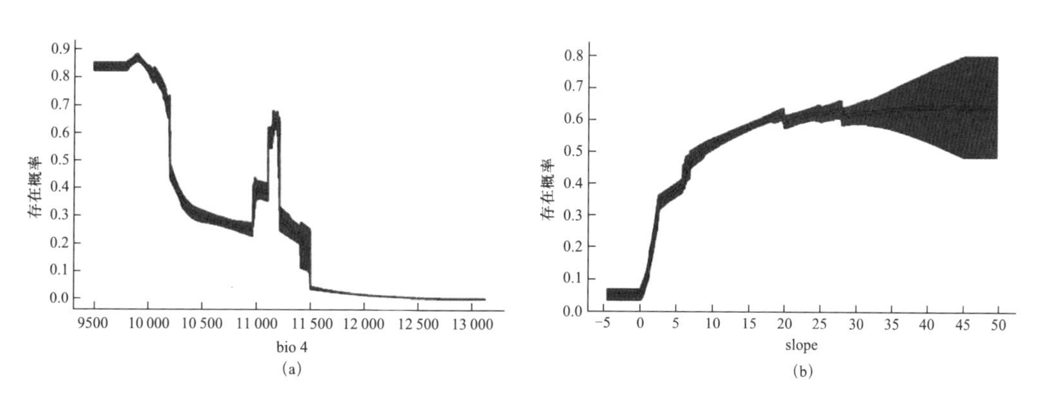

图4-168　影响丹参潜在地理分布最重要环境因子的响应曲线

Fig4-168 Response curves of the most important environmental variables in modeling habitat distribution for *Salvia miltiorrhiza*

4.57 黄芩 *Scutellaria baicalensis* Georgi

黄芩始载于《神农本草经》，又称黄文，黄金条根。多年生草本，根茎肥厚，肉质。产河北承德、张家口、唐山、廊坊、保定、石家庄、邢台、邯郸各地区。本省平原一些县有栽培；北京密云坡头、金山、百花山；天津蓟县。分布于黑龙江、辽宁、内蒙

古、山西、山东、河南、甘肃、四川。俄罗斯、朝鲜、日本、蒙古亦有。生向阳草坡、荒地，海拔60~2000m处。根茎为清凉性解热消炎药。

通过MaxEnt模型运算得到如图4-169所示的ROC曲线。图4-169a是首次运行重复15次的ROC曲线，AUC的平均值为0.840；图4-169b是二次建模的15次的ROC曲线，AUC平均值为0.838。模型预测效果很好。

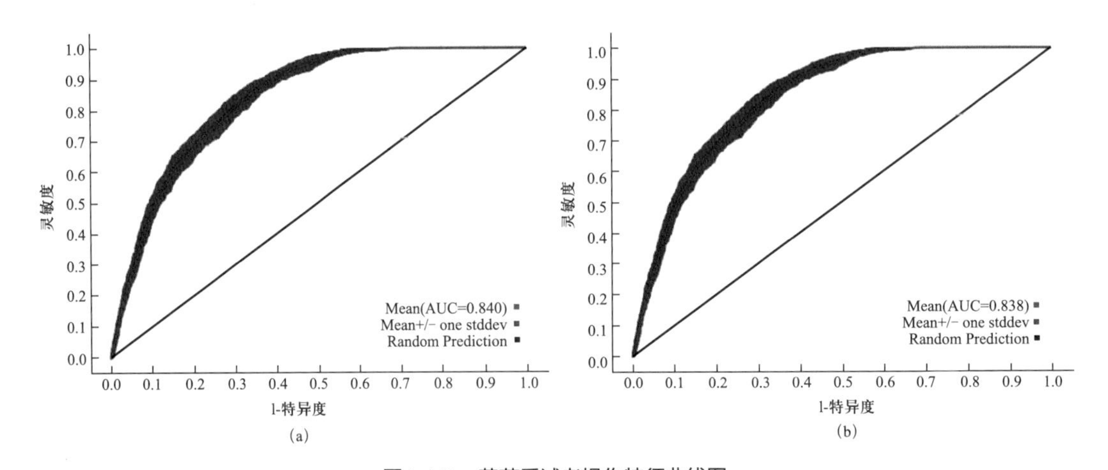

图4-169 黄芩受试者操作特征曲线图

Fig4-169 Receiver operating characteristic curve of *Scutellaria baicalensis*

图4-170a是用来建模的所有样本共计538条数据的分布图，通过MaxEnt模型运算和ArcGIS得到如图4-170b所示的黄芩在河北省的潜在地理分布区，生境适生性概率*P*取值范围为0~1，图4-170b中颜色越亮代表分布概率越高，蓝色表示几乎没有分布。从图4-170b可知，黄芩的高度适生区主要分布在张家口、承德、秦皇岛。ArcGIS重分类后分析统计得到黄芩的高度适生区面积为5890.97km^2，中度适生区的面积为52 682.64km^2，低度适生区的面积为49 346.54km^2。

首次建模选取42项环境因子进行模型运算，然后从首次建模的结果分析筛选14项环境因了（bio10、slope、bio13、bio15、t-ece、bio14、ele、t-caco3、bio2、bio3、VC、t-clay、LC、t-pH-H_2O）进行二次建模。选取第二次建模累计贡献率大于90%的环境因子和刀切法增益值显著的环境因子的并集共10项环境因子：bio10、slope、bio13、bio15、t-ece、bio14、ele、t-caco3、bio2、bio3，视为黄芩生态适宜性的主导环境因子。表4-57是利用最大熵模型生成的物种环境变量响应曲线归纳分析得到影响该物种潜在分布的各主导环境变量的取值范围（$P\geqslant0.33$）、最佳取值以及贡献率。由表4-57可知与温度相关的气候因子累计贡献率为56.4%，地形因子累计贡献率24.1%，与降水量相关的气候因子累计贡献率为10.6%，土壤因子贡献率6.4%。所以，影响黄芩潜在地理分布的最显著的主导环境因子是温度变量。

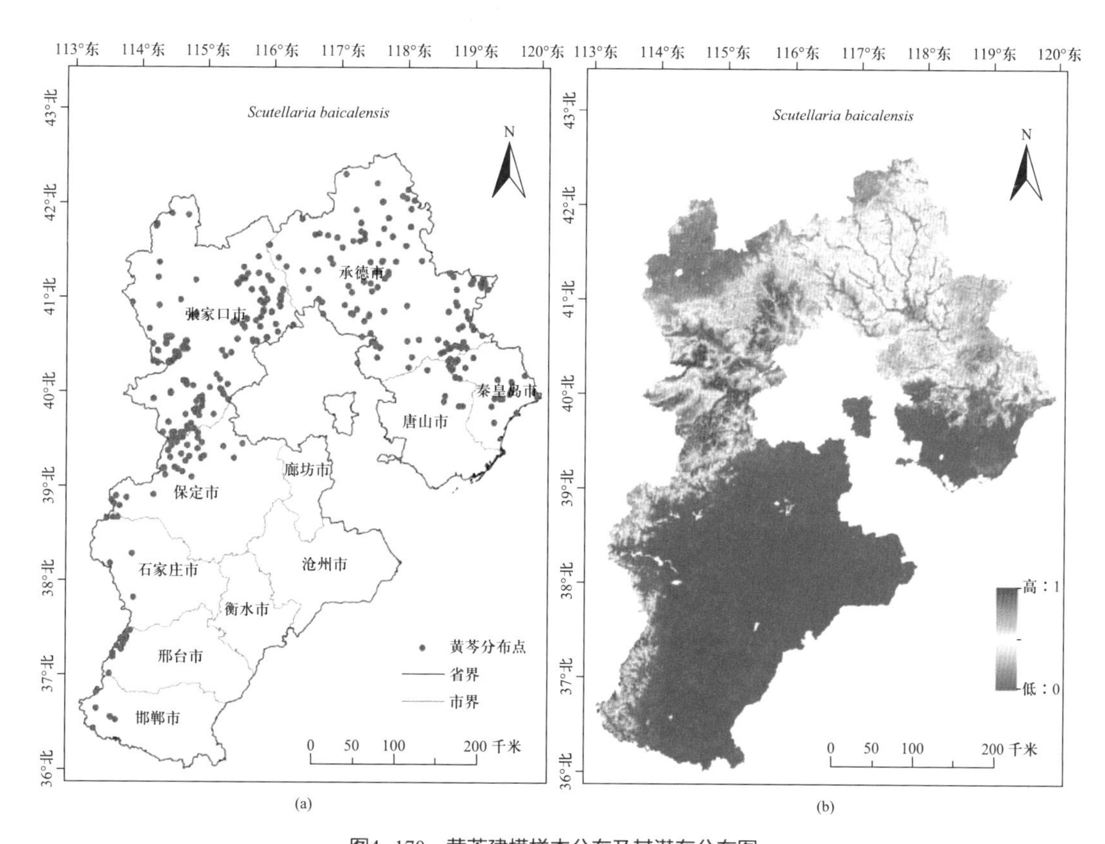

图4-170 黄芩建模样本分布及其潜在分布图
Fig4-170 Specimen Occurrences and potential distribution of *Scutellaria baicalensis*

表4-57 影响黄芩潜在地理分布的主导因子、数值范围、最优值及贡献率
Table4-57 Dominant factors affecting potential distribution of *Scutellaria baicalensis*, their range,optimal value and percent contribution

变量 Variable	单位 Unit	数值范围 Value range	最优值 Optimal value	贡献率（%） Percent contribution
bio10	℃	9.5～23.5	19.5	53.6
slope	°	4～72	22	21.1
bio13	mm	70～90,105～225	115	3.7
bio15	—	0.91～1.2	0.95	3.7
t-ece	dS/m	0～0.5	0.01	3.6
bio14	mm	1.4～6.2	2.5	3.2
ele	m	450～2700	2500～2700	3
t-caco3	%weight	0～7.5	7.5	2.8
bio2	℃	11.6～13.7	12～12.2	1.5
bio3	—	0.23～0.24,0.25～0.31	31～31.8	1.3

bio10（最热季节平均温度）是影响黄芩潜在地理分布的最重要的主导环境因子。响应曲线如图4-171所示，最热季节平均温的适宜取值范围为9.5～23.5℃，适宜度最高的温度为19.5℃。

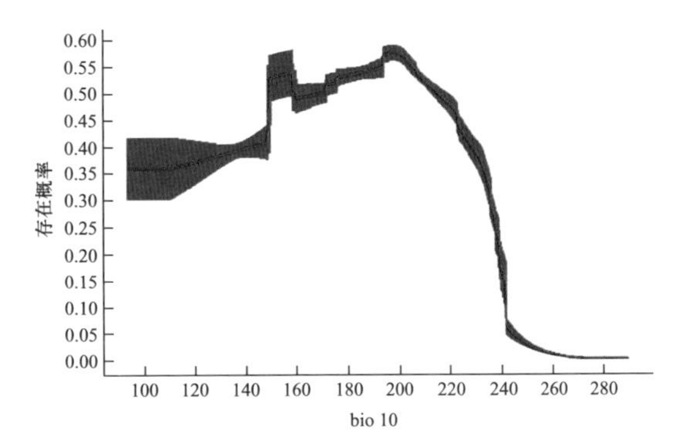

图4-171　影响黄芩潜在地理分布最重要环境因子的响应曲线

Fig4-171 Response curves of the most important environmental variables in modeling habitat distribution for *Scutellaria baicalensis*

4.58 宁夏枸杞 *Lycium barbarum* L.

枸杞入药始载于《神农本草经》，列为上品。灌木，原产我国北部。河北、北京、天津有栽培。内蒙古、山西北部、陕西北部、甘肃、宁夏、青海、新疆有野生。我国中部和南部不少地区也已引种栽培，现在欧洲及地中海沿岸国家普遍栽培。喜光照，对土壤要求不严，耐盐碱、耐肥、耐旱、怕水渍。适宜生长于排水良好的中性或微酸性土壤生长，强碱性土不适宜生长。果实性味甘平，有滋肝补肾，益精明目的作用。

通过MaxEnt模型运算得到如图4-172所示的ROC曲线。图4-172a是首次运行重复15次的ROC曲线，AUC的平均值为0.869；图4-172b是二次建模重复15次的ROC曲线AUC平均值为0.840。模型预测效果很好。

图4-173a是用来建模的所有样本共计37条数据的分布图，通过MaxEnt模型运算和ArcGIS处理得到如图4-173b所示的宁夏枸杞在河北省的潜在地理分布区，生境适生性

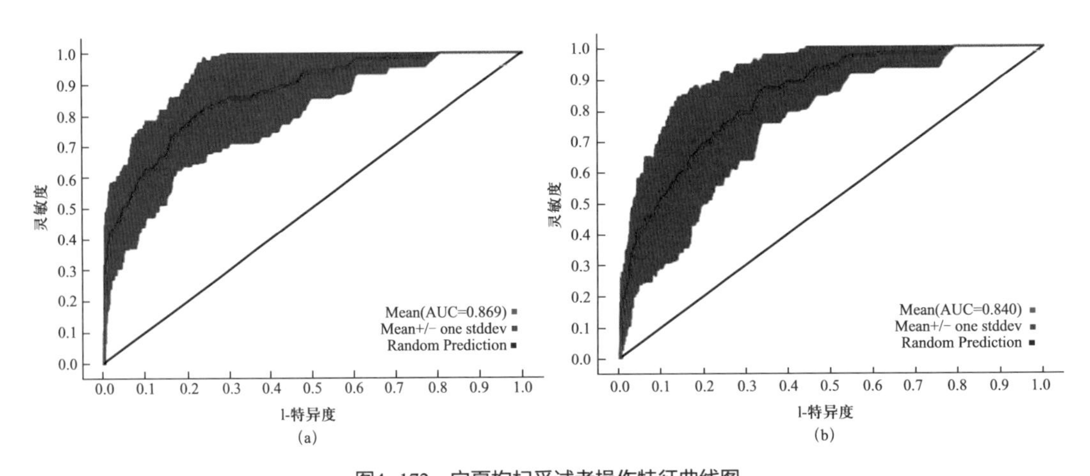

图4-172　宁夏枸杞受试者操作特征曲线图

Fig4-172 Receiver operating characteristic curve of *Lycium barbarum*

概率P取值范围为0～1，图4-173b中颜色越亮代表分布概率越高，蓝色表示几乎没有分布。从图4-173b可知，宁夏枸杞的高度适生区主要分布在邢台邯郸地区。ArcGIS重分类后分析统计得到宁夏枸杞的高度适生区面积为3243.06km^2，中度适生区的面积为20 415.97km^2，低度适生区的面积为89 793.06km^2。

首次建模选取59项环境因子进行模型运算，然后从首次建模的结果分析筛选16项环境因子（bio4、aspect、bio15、bio5、ele、bio12、bio2、t-bs、t-oc、bio17、s-bs、t-caco3、s-esp、LC、t-texture、s-teb）进行二次建模。选取第二次建模累计贡献率大于90%的环境因子和刀切法增益值显著的环境因子的并集共12项环境因子：bio4、aspect、bio15、bio5、ele、bio12、bio2、t-bs、t-oc、bio17、s-bs、t-caco3，视为宁夏枸杞生态适宜性的主导环境因子。表4-58是利用最大熵模型生成的物种环境变量响应曲线归纳分析得到影响该物种潜在分布的各主导环境变量的取值范围（P≥0.33）、最佳取值以及贡献率。由表4-58可知与温度相关的气候因子累计贡献率为39.7%，地形因子累计贡献率21.5%，与降水量相关的气候因子累计贡献率为18.4%，土壤因子累计贡献率13.4%。所以，影响宁夏枸杞潜在地理分布的最显著的主导环境因子是温度变量。

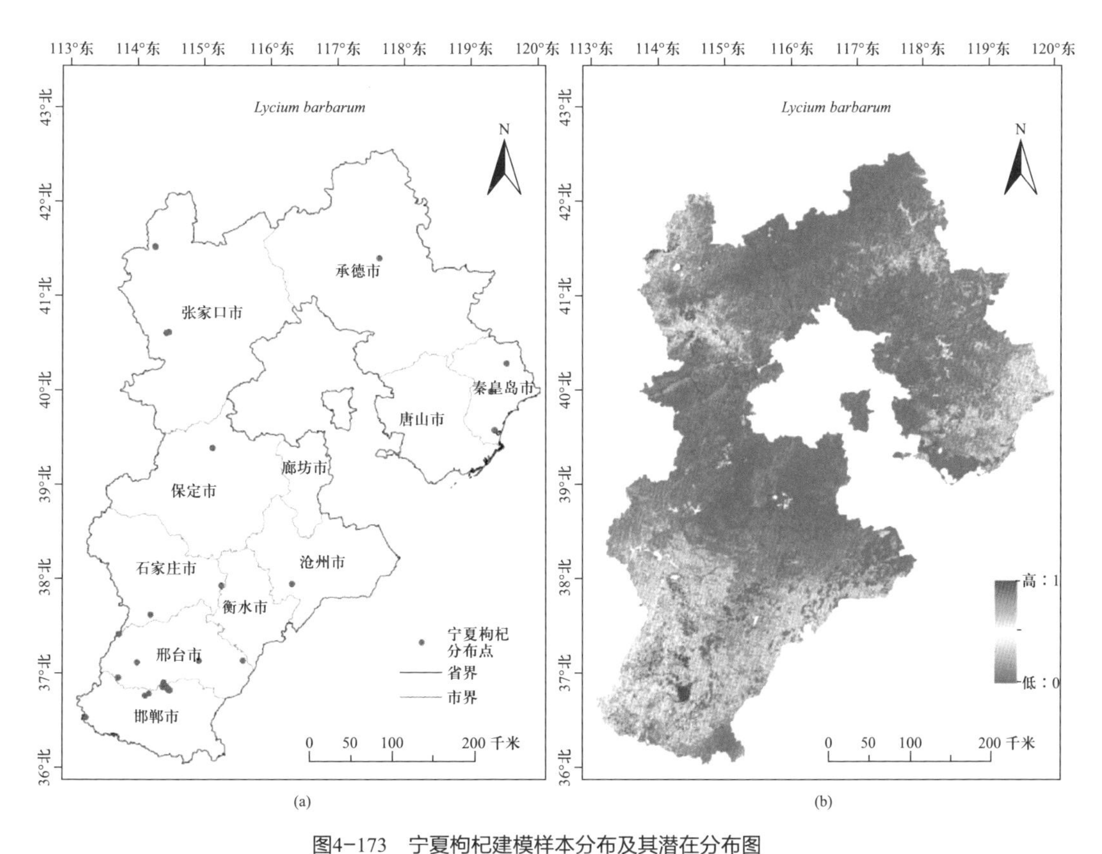

图4-173　宁夏枸杞建模样本分布及其潜在分布图

Fig4-173 Specimen Occurrences and potential distribution of *Lycium barbarum*

表4-58 影响宁夏枸杞潜在地理分布的主导因子、数值范围、最优值及贡献率

Table4-58 Dominant factors affecting potential distribution of *Lycium barbarum*, their range,optimal value and percent contribution

变量 Variable	单位 Unit	数值范围 Value range	最优值 Optimal value	贡献率（%） Percent contribution
bio4	—	9.45~11	9.45~9.8	26.5
aspect	—	0~360	310	14.5
bio15	fraction	1~1.21	1.06	8.4
bio5	℃	25.8~35	32.2	7.5
ele	m	0~1400	50	7
bio12	mm	275~375,450~810	275~325	6.7
bio2	℃	10.5~12.5	11.4~11.6	5.7
t-bs	%	15~108	15~35	4.3
t-oc	%weight	0.4~2.6	0.7	4.1
bio17	mm	3.9~8.5,11.5~26	3.9~6	3.3
s-bs	%	14~10.8	14~21	2.5
t-caco3	%weight	0~17	0.01	2.5

所以，bio4（温度季节性变化系数）宁夏枸杞潜在地理分布最重要的主导环境因子。其响应曲线如图4-174所示，温度季节性变化系数适宜性取值范围为9.45～11，适宜性最高的取值为9.45～9.8。

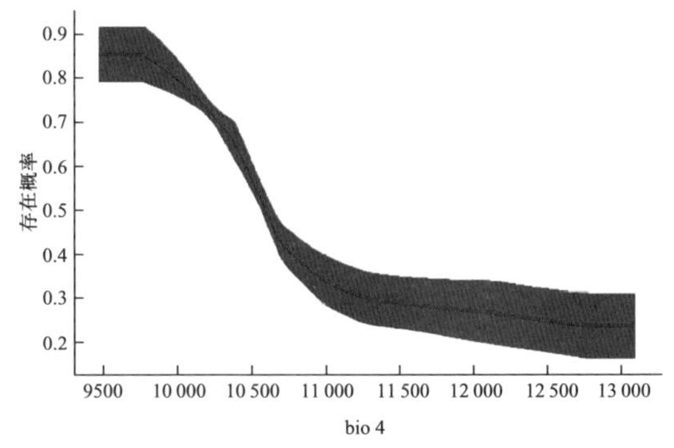

图4-174 影响宁夏枸杞潜在地理分布最重要环境因子的响应曲线

Fig4-174 Response curves of the most important environmental variables in modeling habitat distribution for *Lycium barbarum*

4.59 天仙子 *Hyoscyamus niger* L.

入药称为天仙子，始载于《神农本草经》，列为下品。又名莨菪子。二年生草本，喜温暖湿润气候，生长适宜温度为20~30℃，不耐寒，喜阳，适宜微碱性土壤栽培，忌

连作。产河北蔚县、承德、隆化、张北、任丘等地。分布于我国华北、西北及西南。蒙古、俄罗斯、欧洲、印度亦有分布。生山坡、路旁、宅院。根、叶、花与种子均可入药，为麻醉镇痛剂。

通过MaxEnt模型运算得到如图4-175所示的ROC曲线。图4-175a是首次运行重复15次的ROC曲线，AUC的平均值为0.789；图4-175b是二次建模重复15次的ROC曲线，AUC平均值为0.802。模型预测效果很好。

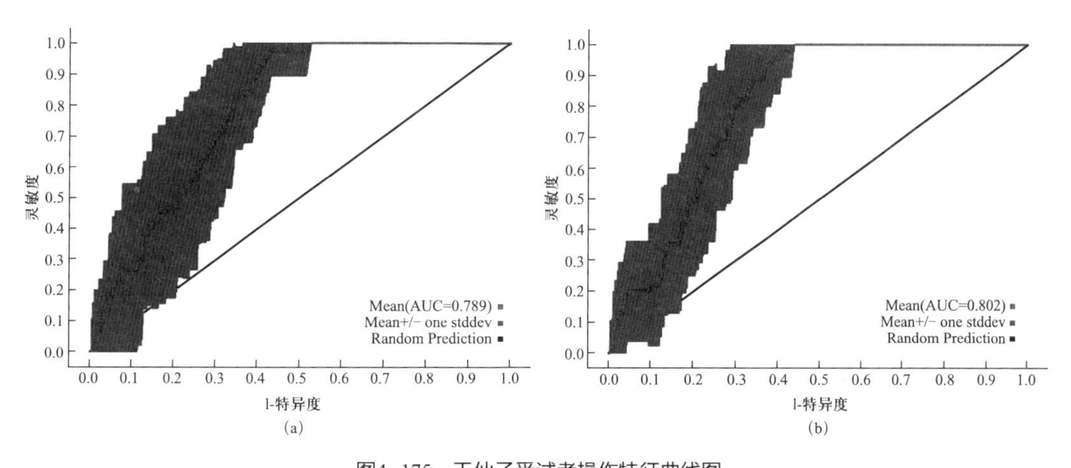

图4-175　天仙子受试者操作特征曲线图

Fig4-175 Receiver operating characteristic curve of *Hyoscyamus niger*

图4-176a是用来建模的所有样本共计15条数据的分布图，通过MaxEnt模型运算和ArcGIS处理得到如图4-176b所示的天仙子在河北省的潜在地理分布区，生境适生性概率P取值范围为0～1，图4-176b中颜色越亮代表分布概率越高，蓝色表示几乎没有分布。从图4-176b可知，天仙子的高度适生区主要分布在围场县、丰宁县、沽源县、涿鹿县、蔚县。重分类后分析统计天仙子的高度适生区面积为4412.5km^2，中度适生区的面积为58 058.34km^2，低度适生区的面积为57 312.51km^2。

首次建模选取42项环境因子进行模型运算，然后从首次建模的结果分析筛选8项环境因子（bio1、t-gravel、t-bs、slope、t-caco3、ele、bio13、bio15）进行二次建模。选取第二次建模累计贡献率大于90%的环境因子和刀切法增益值显著的环境因子的并集共8项环境因子：bio1、t-gravel、t-bs、slope、t-caco3、ele、bio13、bio15，视为天仙子生态适宜性的主导环境因子。表4-59是利用最大熵模型生成的物种环境变量响应曲线归纳分析得到影响该物种潜在分布的各主导环境变量的取值范围（$P\geqslant0.33$）、最佳取值以及贡献率。由表4-59可知年平均气温贡献率72.9%，土壤因子贡献率23%，地形因子贡献率为3%，最湿月降水量贡献率1.1%。所以，影响天仙子潜在地理分布的最显著的主导环境因子是温度变量。

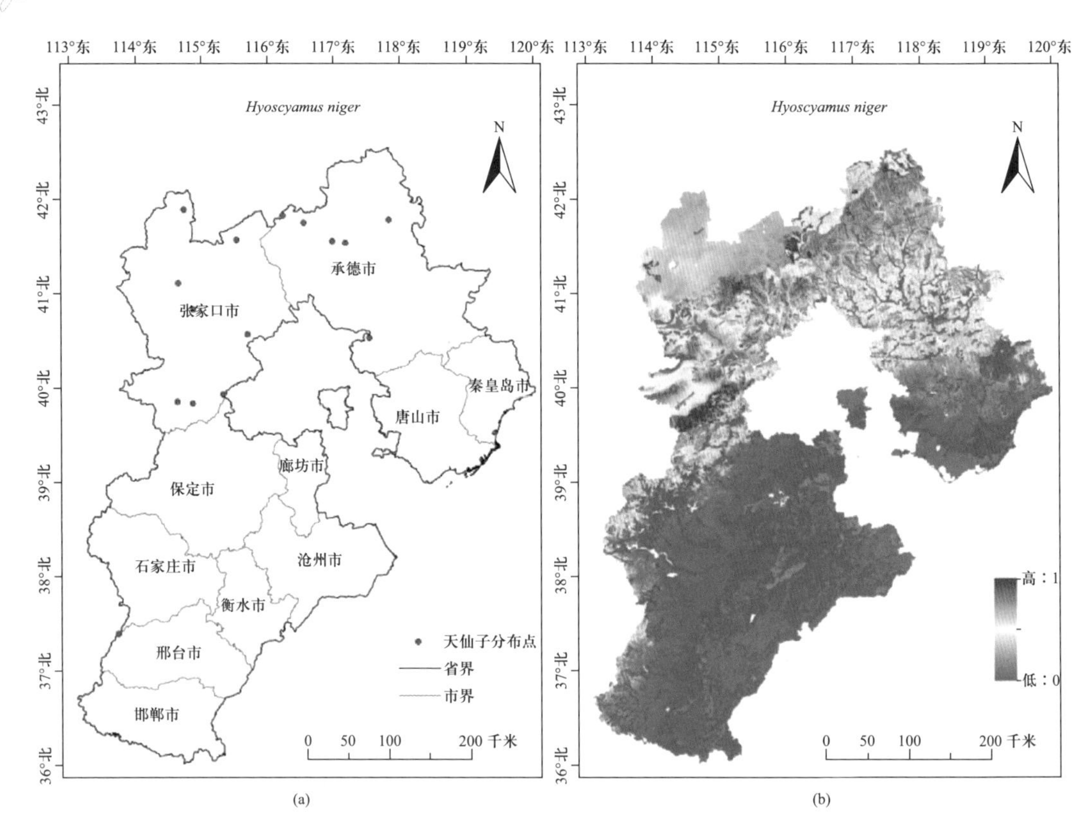

图4-176 天仙子建模样本分布及其潜在分布图

Fig4-176 Specimen Occurrences and potential distribution of *Hyoscyamus niger*

表4-59 影响天仙子潜在地理分布的主导因子、数值范围、最优值及贡献率

Table4-59 Dominant factors affecting potential distribution of *Hyoscyamus niger*, their range,optimal value and percent contribution

变量 Variable	单位 Unit	数值范围 Value range	最优值 Optimal value	贡献率（%） Percent contribution
bio1	℃	-3.9～7.5	0	72.9
t-gravel	%vol	0～9.5	0～1	18.7
t-bs	%	36～109	100～109	2.7
slope	°	0～53	47～53	1.7
t-caco3	%weight	0～12	0.01	1.6
ele	m	800～2900	260～2900	1.3
bio13	mm	70～175	70～90	1.1

所以，天仙子潜在地理分布主要受到bio1（年平均气温）的影响最为关键。其响应曲线如图4-177所示，年平均气温的适宜性取值范围为-3.9~7.5℃，最优值为0℃。

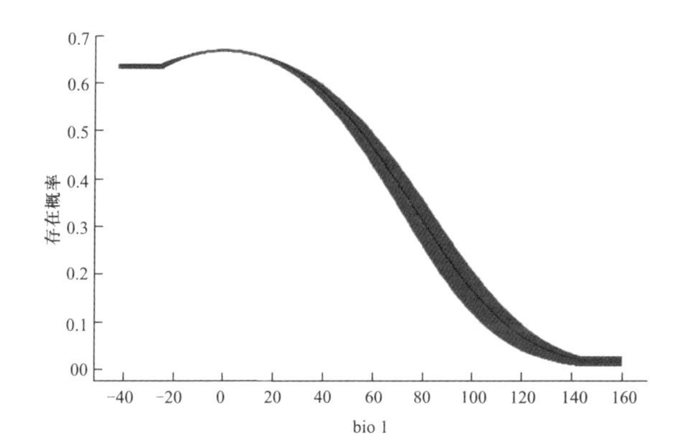

图4-177　影响天仙子潜在地理分布最重要环境因子的响应曲线
Fig4-177 Response curves of the most important environmental variables in modeling habitat distribution for *Lycium barbarum Hyoscyamus niger*

4.60 地黄 *Rehmannia glutinosa*（Gaetn.）Libosch. ex Fisch.et Mey.

地黄始载于《神农本草经》，多年生草本，根茎肉质，鲜黄色。产河北及北京、天津各地，极常见。分布于东北、华北、陕西、甘肃、山东、河南、江苏、湖北、安徽。生道旁，荒地，喜温暖气候，较耐寒。野生或栽培，药用者主要为栽培的。药用根茎部分，鲜地黄能清热、生津、凉血；熟地黄能清热、生津、润燥、凉血、止血；熟地黄能滋阴补肾、补血调经。

通过MaxEnt模型运算得到如图4-178所示的ROC曲线。图4-178a是首次运行重复15次的ROC曲线，AUC的平均值为0.876；图4-178b是二次建模重复15次的ROC曲线，AUC平均值为0.874。模型预测效果很好。

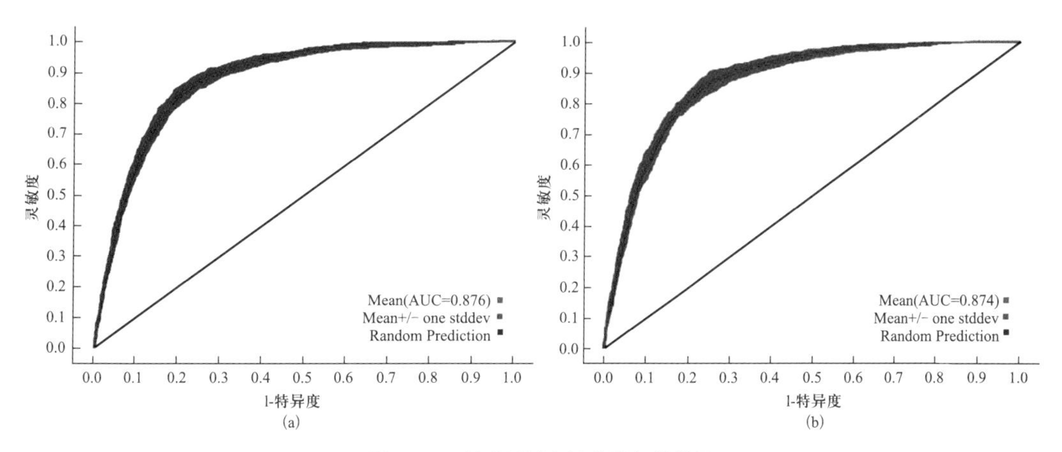

图4-178　地黄受试者操作特征曲线图
Fig4-178 Receiver operating characteristic curve of *Rehmannia glutinosa*

图4–179a是用来建模的样本分布图，通过MaxEnt模型运算和ArcGIS处理得到如图4–179b所示的地黄在河北省的潜在地理分布区，生境适生性概率P取值范围为0~1，图4–179b中颜色越亮代表分布概率越高，蓝色表示几乎没有分布。从图4–179b可知，地黄的高度适生区主要分布在石家庄、邢台、邯郸西部太行山区。ArcGIS重分类后分析统计地黄的高度适生区面积为5956.95km^2，中度适生区的面积为26 071.53km^2，低度适生区的面积为70 059.73km^2。

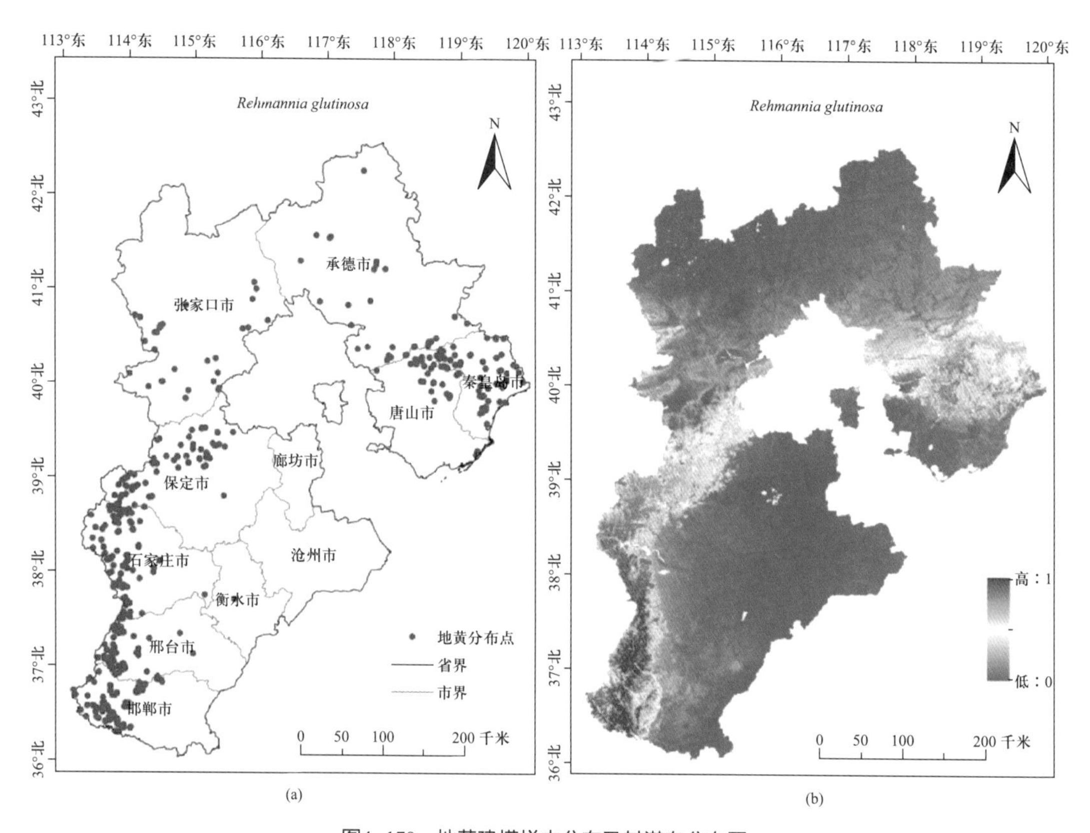

图4–179　地黄建模样本分布及其潜在分布图
Fig4–179 Specimen Occurrences and potential distribution of *Rehmannia glutinosa*

首次建模选取42项环境因子进行模型运算，然后从首次建模的结果分析筛选10项环境因子（bio4、bio3、slope、ele、bio8、bio12、bio17、t–silt、bio15、bio2）进行二次建模。选取第二次建模累计贡献率大于90%的环境因子和刀切法增益值显著的环境因子的并集共10项环境因子：bio4、bio3、slope、ele、bio8、bio12、bio17、t–silt、bio15、bio2，视为地黄生态适宜性的主导环境因子。表4–60是利用最大熵模型生成的物种环境变量响应曲线归纳分析得到影响该物种潜在分布的各主导环境变量的取值范围（$P \geq 0.33$）、最佳取值以及贡献率。由表4–60可知与温度相关的气候因子累计贡献率60.3%，地形因子累计贡献率为32.5%，与降水量相关的气候因子累计贡献率为6%，表层土壤泥沙比例贡献率1.2%。所以，影响地黄潜在地理分布的最显著的主导环境因子是温度变量和地形变量。

表4-60 影响地黄潜在地理分布的主导因子、数值范围、最优值及贡献率

Table4-60 Dominant factors affecting potential distribution of *Rehmannia glutinosa*, their range,optimal value and percent contribution

变量 Variable	单位 Unit	数值范围 Value range	最优值 Optimal value	贡献率（%） Percent contribution
bio4	—	9.55~10.45,11.05~11.4	10.05	27.4
bio3	—	0.288~0.316	0.305	25.2
slope	°	2.5~49	33	23.5
ele	m	50~950	200	9
bio8	℃	20.2~25.2	23.5	7.3
bio12	mm	445~795	690	3.3
bio17	mm	10~16.5	15.5	1.9
t-silt	%wt	0~11,12~37,43~44.5	44	1.2
bio15	—	1.02~1.29	1.06	0.8
bio2	℃	11.6~13.3	12.2	0.4

所以bio4（温度季节性变动系数）、bio3（等温性）、ele（坡度）是影响地黄潜在地理分布的最重要的环境因子。其响应曲线如图4-180所示，温度季节性变化系数的适宜性取值范围为9.55 ~ 10.45和11.05 ~ 11.4，适宜性最高的取值为10.05。等温性的适宜取值范围为0.288 ~ 0.316，最适取值为0.305。坡度的适宜取值为2.5° ~ 49° ，最适取值为33° 。

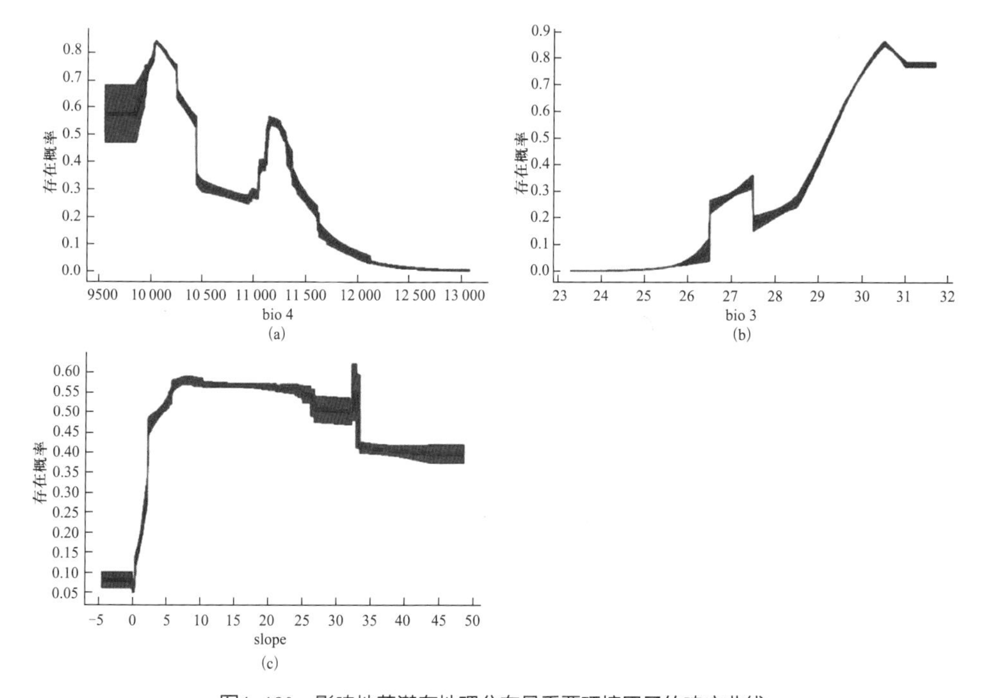

图4-180 影响地黄潜在地理分布最重要环境因子的响应曲线

Fig4-180 Response curves of the most important environmental variables in modeling habitat distribution for *Rehmannia glutinosa*

4.61 玄参 *Scrophularia ningpoensis* Hemsl.

玄参始载于《神农本草经》，列为中品，又称重台、正马。高大草本，根药用，有滋阴降火、消肿解毒等功效。产河北南部。分布于河南、山西、陕西、湖北、安徽、江苏、浙江、福建、江西、湖南、广东、贵州、四川。生山地高草丛中。根药用，能滋阴降火、消肿解毒。

通过MaxEnt模型运算得到如图4-181所示的ROC曲线。图4-181a是首次运行重复15次的ROC曲线，AUC的平均值为0.733；图4-181b是二次建模重复15次的ROC曲线，AUC平均值为0.855。模型预测效果很好。

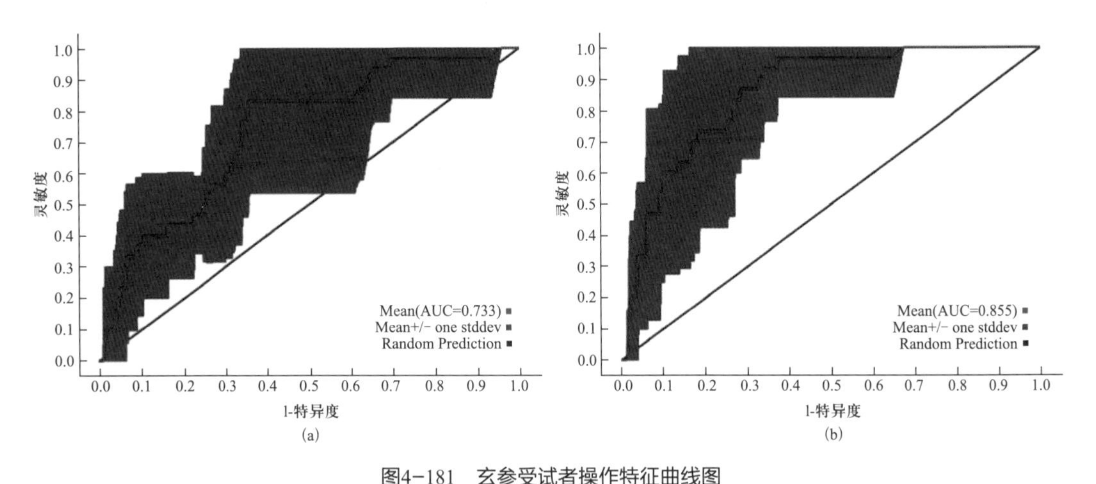

图4-181　玄参受试者操作特征曲线图

Fig4-181 Receiver operating characteristic curve of *Scrophularia ningpoensis*

图4-182a是用来建模的所有样本共计15条数据的分布图，通过MaxEnt模型运算和ArcGIS处理得到如图4-182b所示的玄参在河北省的潜在地理分布区，生境适生性概率P取值范围为0~1，图4-182b中颜色越亮代表分布概率越高，蓝色表示几乎没有分布。从图4-182b可知，玄参的高度适生区主要分布在蔚县、赞皇县、邢台县、武安市、涉县、磁县。ArcGIS重分类后分析统计得到玄参的高度适生区面积为4152.08km^2，中度适生区的面积为84 041.68km^2，低度适生区的面积为77 126.40km^2。

首次建模选取42项环境因子进行模型运算，然后从首次建模的结果分析筛选15项环境因子（LC、t-caso4、bio3、t-gravel、t-esp、bio4、aspect、bio17、t-oc、slope、t-ece、t-teb、bio5、ele、t-texture）进行二次建模。选取第二次建模累计贡献率大于90%的环境因子和刀切法增益值显著的环境因子的并集共8项环境因子：LC、t-caso4、bio3、t-gravel、t-esp、bio4、aspect、bio17，视为玄参生态适宜性的主导环境因子。表4-61是利用最大熵模型生成的物种环境变量响应曲线归纳分析得到影响该物种潜在分布的各主导环境变量的取值范围（$P\geqslant0.33$）、最佳取值以及贡献率。由表4-61可知土地

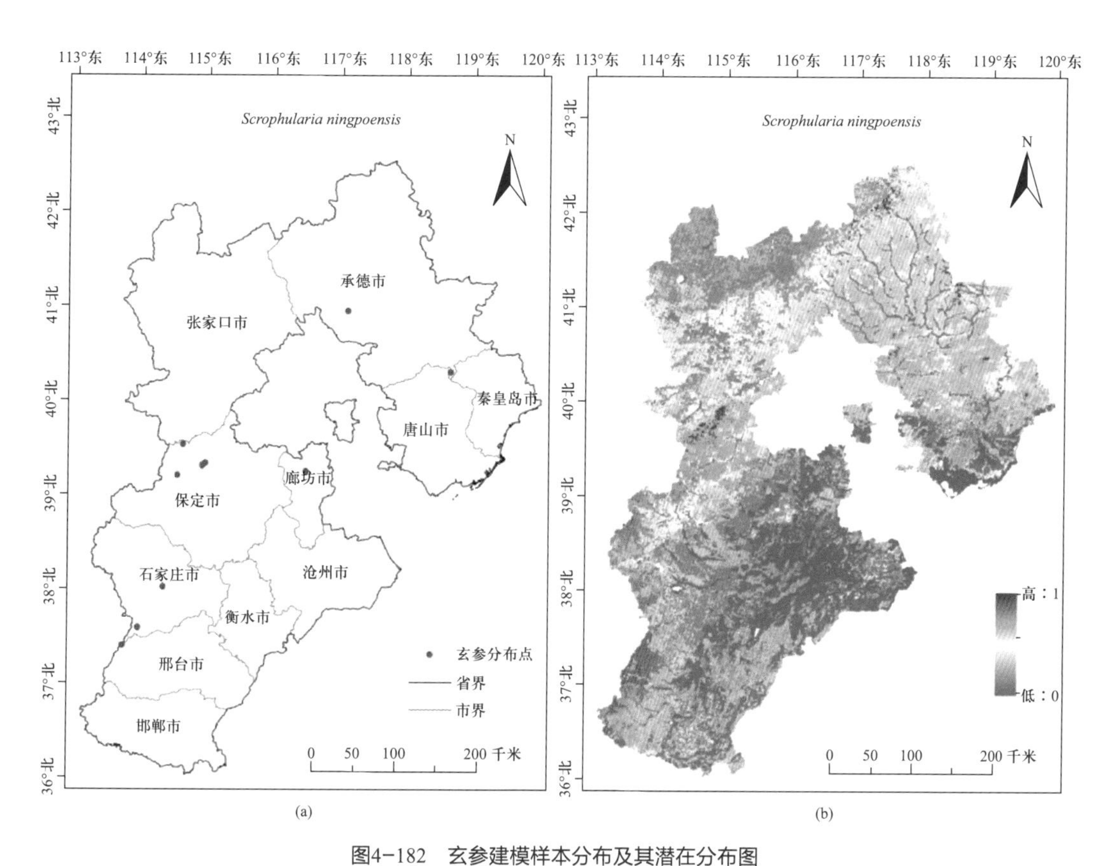

图4-182　玄参建模样本分布及其潜在分布图

Fig4-182 Specimen Occurrences and potential distribution of *Scrophularia ningpoensis*

利用类型贡献率56.2%，土壤因子累计贡献率31.2%，与温度相关的气候因子累计贡献率10.2%，地形因子贡献率1%，降水量贡献率0.7%。所以，影响玄参潜在地理分布的最显著的主导环境因子是土地利用类型和土壤因子。

表4-61　影响玄参潜在地理分布的主导因子、数值范围、最优值及贡献率

Table4-61 Dominant factors affecting potential distribution of *Scrophularia ningpoensis*, their range,optimal value and percent contribution

变量 Variable	单位 Unit	数值范围 Value range	最优值 Optimal value	贡献率（%）Percent contribution
LC	name	2~9	2	56.2
t-caso4	%weight	0~0.1	0.09	21.8
bio3	—	0.26~0.316	31~31.6	8.1
t-gravel	%vol	0~16	0~1	6.7
t-esp	%	0~5	0.1	2.7

续表

变量 Variable	单位 Unit	数值范围 Value range	最优值 Optimal value	贡献率（%） Percent contribution
bio4	—	9.5~13.1	9.5~9.8	2.1
aspect	—	0~360	360	1
bio17	mm	3.8~30.2	28~30.2	0.7

所以LC（土地利用类型）和t-caso4（表层土壤中碳酸钙含量）是影响玄参潜在地理分布的主导环境因子。其响应曲线如图4-183所示，土地利用类型的适宜类型为落叶阔叶林、针叶林、混交林、灌木丛、草丛、草本稀疏乔木或灌木等。在落叶阔叶林的适宜性最高。表层土壤中碳酸钙含量适宜取值为0～0.1，适宜性最高的取值为0.09。

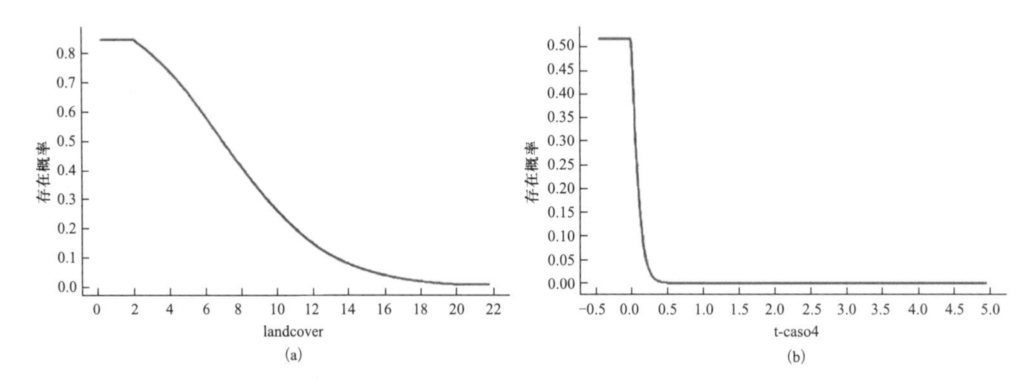

图4-183　影响玄参潜在地理分布最重要环境因子的响应曲线

Fig4-183 Response curves of the most important environmental variables in modeling habitat distribution for *Scrophularia ningpoensis*

4.62 阴行草 *Siphonostegia chinensis* Benth.

本品以“金钟茵陈”之名始见载于《滇南本草》，阴行草始载于《植物名实图考》。又称北刘寄奴。一年生草本，主根不发达或稍稍伸长，木质。河北各地及北京、天津均极常见。分布于全国各省区。日本，朝鲜，俄罗斯亦有。生山坡或草地上。

通过MaxEnt模型运算得到如图4-184所示的ROC曲线。图4-184a是首次运行重复15次的ROC曲线，AUC的平均值为0.861；图4-184b是二次建模重复15次的ROC曲线，AUC平均值为0.869。模型预测效果很好。

图4-185a是用来建模的所有样本共计335条数据的分布图，通过MaxEnt模型运算和ArcGIS处理得到如图4-185b所示的阴行草在河北省的潜在地理分布区，生境适生性概

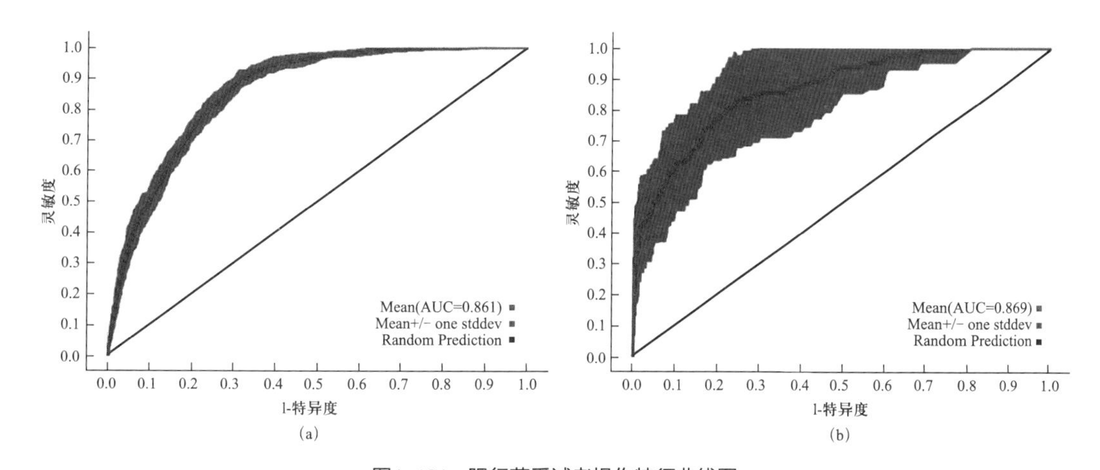

图4-184　阴行草受试者操作特征曲线图
Fig4-184 Receiver operating characteristic curve of *Siphonostegia chinensis*

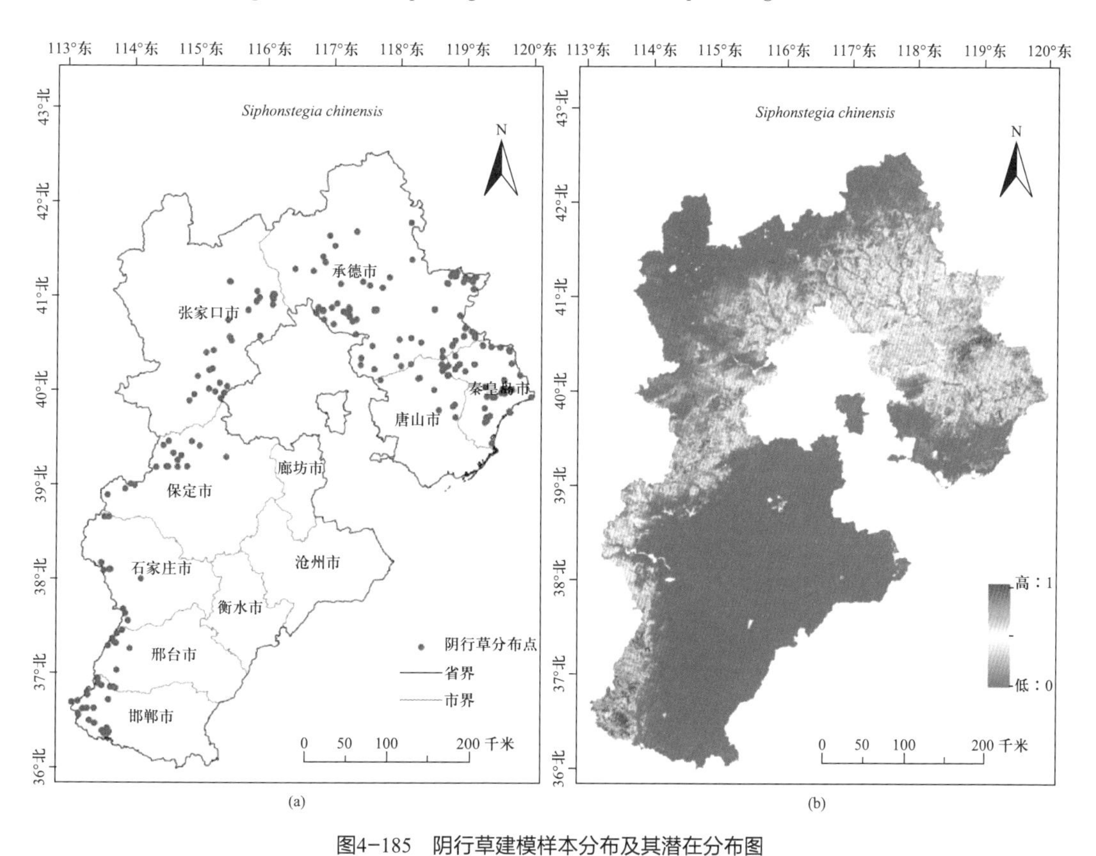

图4-185　阴行草建模样本分布及其潜在分布图
Fig4-185 Specimen Occurrences and potential distribution of *Siphonostegia chinensis*

率*P*取值范围为0～1，图4-185b中颜色越亮代表分布概率越高，蓝色表示几乎没有分布。从图4-185b可知，阴行草的高度适生区主要分布在宽城、青龙、阜宁、昌黎、涿鹿、蔚县、赞皇、武安、磁县。ArcGIS重分类后分析统计阴行草的高度适生区面积为4406.95km^2，中度适生区的面积为30 668.75km^2，低度适生区的面积为51 552.09km^2。

首次建模选取42项环境因子进行模型运算，然后从首次建模的结果分析筛选18项环境因子（bio10、slope、bio12、VC、LC、bio3、bio15、aspect、ele、t-oc、bio2、t-gravel、t-ece、t-caco3、t-sand、t-texture、t-silt、t-caso4）进行二次建模。选取第二次建模累计贡献率大于90%的环境因子和刀切法增益值显著的环境因子的并集共10项环境因子：bio10、slope、bio12、VC、LC、bio3、bio15、aspect、ele、t-oc，视为阴行草生态适宜性的主导环境因子。表4-62是利用最大熵模型生成的物种环境变量响应曲线归纳分析得到影响该物种潜在分布的各主导环境变量的取值范围（$P \geq 0.33$）、最佳取值以及贡献率。由表4-62可知与温度相关的气候因子累计贡献率为33.8%，地形因子累计贡献率为27.8%，与降水量相关的气候因子累计贡献率为20.1%，植被覆盖率、土地利用类型、表层土有机碳比例的贡献率分别为6.1%、4.2%、1.5%。所以，影响阴行草潜在地理分布的最显著的主导环境因子是温度变量、地形变量、降水变量。

表4-62　影响阴行草潜在地理分布的主导因子、数值范围、最优值及贡献率

Table4-62 Dominant factors affecting potential distribution of *Siphonostegia chinensis*, their range,optimal value and percent contribution

变量 Variable	单位 Unit	数值范围 Value range	最优值 Optimal value	贡献率（%） Percent contribution
bio10	℃	18.5～24.5	23.5	31.5
slope	°	3～30	23	24.6
bio12	mm	500～800	670	17.9
VC	%	10～100	80	6.1
LC	name	3~8,17～20	6.5	4.2
bio3	—	0.265～0.317	0.31～0.317	2.3
bio15	—	0.97～1.28	1.2	2.2
aspect	—	0～360	360	1.6
ele	m	150～1300	600	1.6
t-oc	%weight	0.05～0.4,0.5～0.55,0.65～1.05,1.7～2.65	0.05～0.3	1.5

所以，bio10（最热季平均温度）、slope（坡度）和bio12（年降水量）影响阴行草潜在地理分布的最重要的主导环境因子，其响应曲线如图4-186所示，最热季节平均温的适宜性取值范围为18.5～24.5℃，适宜性最高的取值为23.5℃。坡度的适宜性取值范围为3°～30°，适宜性最高取值为23°。年降水量的适宜性取值范围为500～800mm，适宜性最高的取值为670mm。

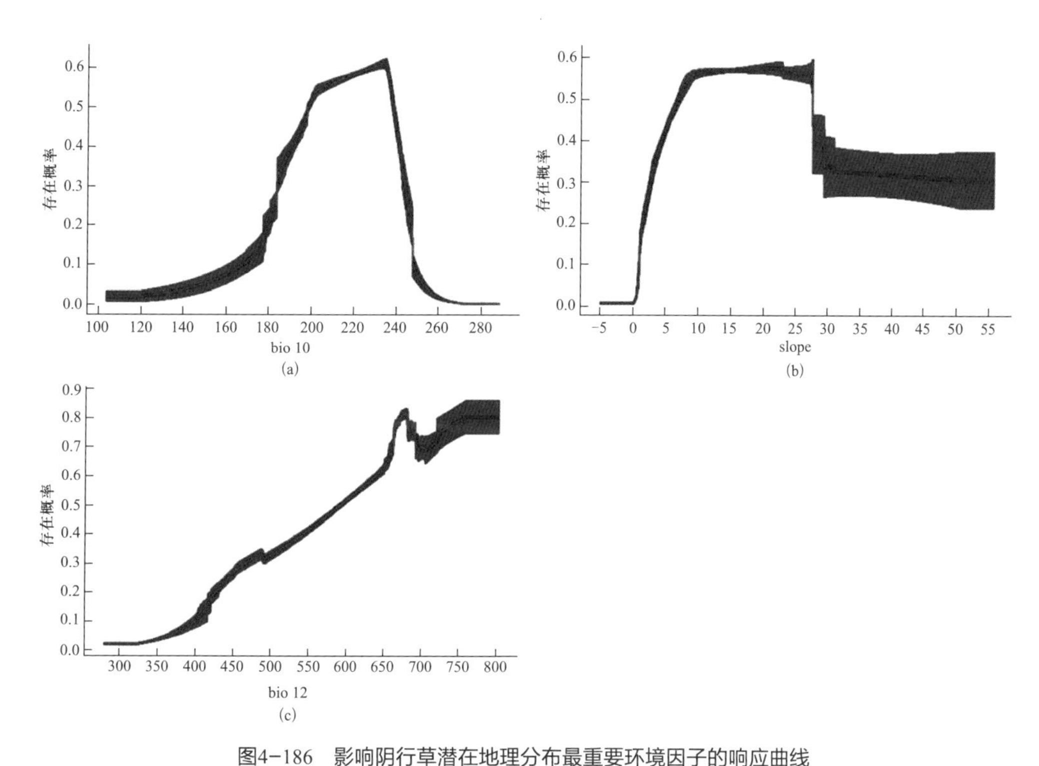

图4-186 影响阴行草潜在地理分布最重要环境因子的响应曲线

Fig4-186 Response curves of the most important environmental variables in modeling habitat distribution for *Siphonostegia chinensis*

4.63 忍冬 *Lonicera japonica* Thunb.

花入药称金银花，忍冬之名始载于《名医别录》，列为上品。半常绿藤本，河北、北京、天津各地广泛栽培，北起辽宁，西至陕西，南达湖南，西南至云南、贵州均有分布。朝鲜、日本也有。花药用，能清热、消炎；又可供观赏。

通过MaxEnt模型运算得到如图4-187所示的ROC曲线。图4-187a是首次运行重复15次的ROC曲线，AUC的平均值为0.831；图4-187b是二次建模重复15次的ROC曲线，AUC平均值为0.867。模型预测效果很好。

图4-188a是用来建模的所有样本共计35条数据的分布图，通过MaxEnt模型运算和ArcGIS处理得到如图4-188b所示的忍冬在河北省的潜在地理分布区，生境适生性概率P取值范围为0～1，图4-188b中颜色越亮代表分布概率越高，蓝色表示几乎没有分布。从图4-188b可知，忍冬的高度适生区主要分布于兴隆县、青龙县、抚宁县、涿鹿县、蔚县、阜平县、平山县、赞皇县、沙河市、武安市。ArcGIS重分类后分析统计得到忍冬的高度适生区面积为3281.25km^2，中度适生区的面积为20 897.92km^2，低度适生区的面积为78 827.79km^2。

首次建模选取59项环境因子进行模型运算，然后从首次建模的结果分析筛选15项环

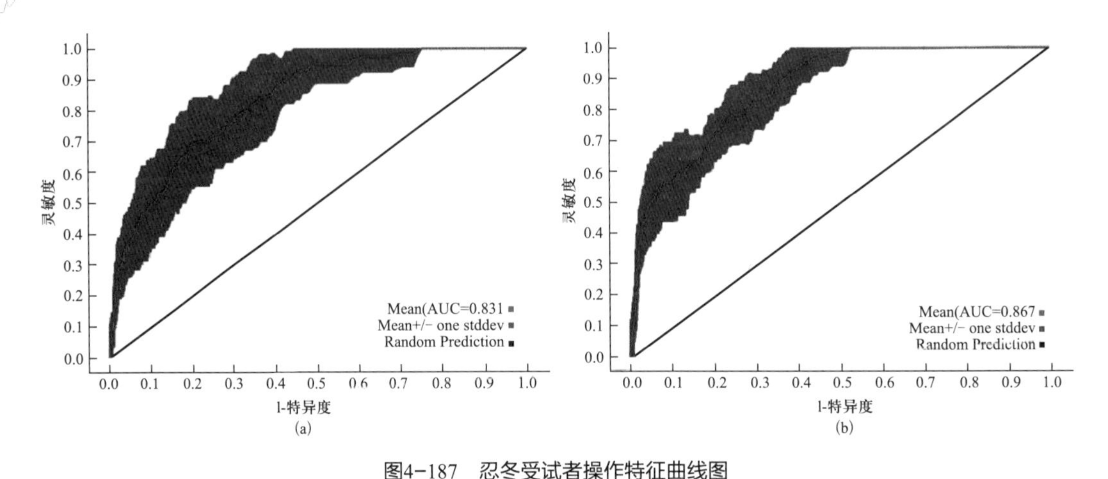

图4-187 忍冬受试者操作特征曲线图

Fig4-187 Receiver operating characteristic curve of *Lonicera japonica*

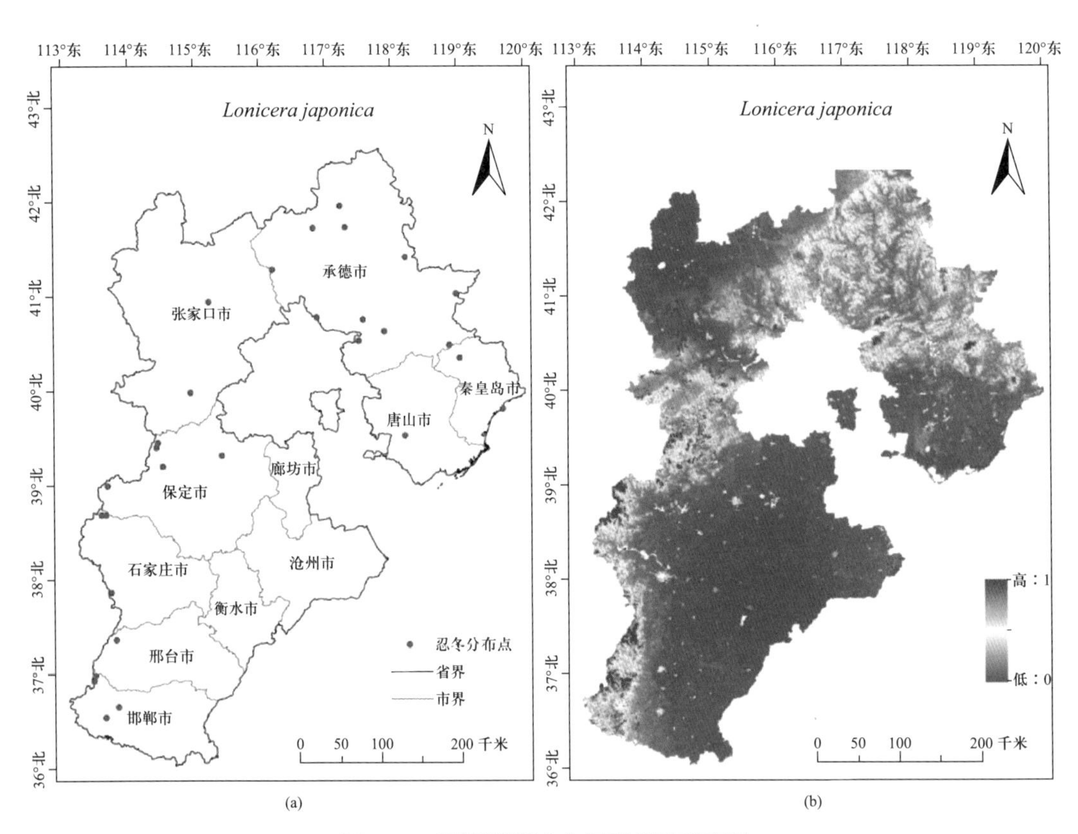

图4-188 忍冬建模样本分布及其潜在分布图

Fig4-188 Specimen Occurrences and potential distribution of *Lonicera japonica*

境因子（VC、ele、bio3、bio4、LC、bio12、bio8、t-bulk-density、bio17、s-ece、s-oc、slope、t-caco3、bio2、t-cec-clay）进行二次建模。选取第二次建模累计贡献率大于90%的环境因子和刀切法增益值显著的环境因子的并集共10项环境因子：VC、ele、bio3、bio4、LC、bio12、bio8、t-bulk-density、bio17、slope，视为忍冬生态适宜性的主导环境

因子。表4-63是利用最大熵模型生成的物种环境变量响应曲线归纳分析得到影响该物种潜在分布的各主导环境变量的取值范围（$P \geq 0.33$）、最佳取值以及贡献率。由表4-63可知植被覆盖率贡献率最高为31.1%，与温度相关的气候因子累计贡献率为24.6%，地形因子累计贡献率21.8%，降水量累计贡献率7.3%，土地利用类型贡献率为7.2%，表层土壤容积密度贡献率3%。所以，影响忍冬潜在地理分布的最显著的主导环境因子是植被覆盖率、温度变量、地形变量。

表4-63　影响忍冬潜在地理分布的主导因子、数值范围、最优值及贡献率

Table4-63 Dominant factors affecting potential distribution of *Lonicera japonica*, their range,optimal value and percent contribution

变量 Variable	单位 Unit	数值范围 Value range	最优值 Optimal value	贡献率（%） Percent contribution
VC	%	25～100	70～100	31.1
ele	m	400～2700	2300～2700	20.2
bio3	—	0.272～0.317	0.305	12.7
bio4	—	9.3～13.2	9.3～9.7	7.8
LC	name	2～9，14.～20	20～22	7.2
bio12	mm	440～780	740～780	4.9
bio8	℃	11～22.5	11～13	4.1
t-bulk-density	kg /dm^3	1.33～1.59	1.43	3
bio17	mm	7～30	17.5～30	2.4
slope	°	3～48	44～48	1.6

所以VC（植被覆盖率）、ele（海拔）是影响忍冬潜在地理分布的最重要的主导环境因子。其响应曲线如图4-189所示，植被覆盖率的适宜性取值范围为25%~100%，适宜性最高的取值为70%~100%。海拔的适宜性取值范围为400~2700m，适宜性最高的取值为2300~2700m。

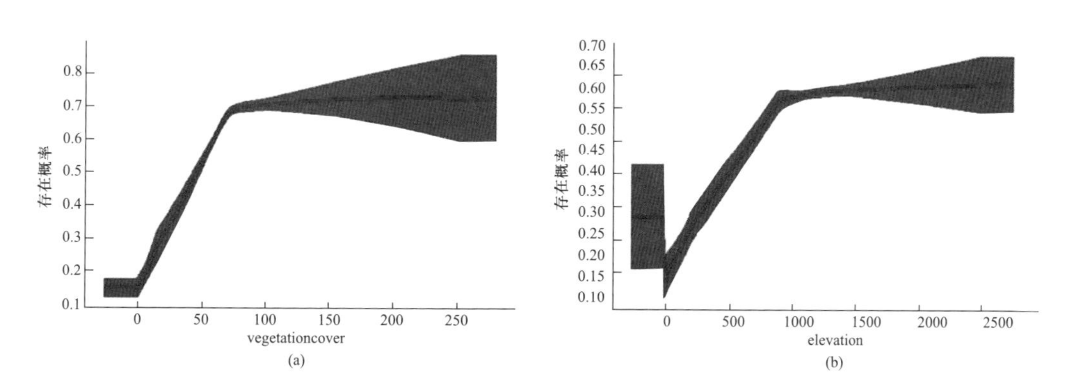

图4-189　影响忍冬潜在地理分布最重要环境因子的响应曲线

Fig4-189 Response curves of the most important environmental variables in modeling habitat distribution for *Lonicera japonica*

4.64 假贝母 *Bolbostemma paniculatum*（Maxim.）Franquet

鳞茎肥厚，肉质。产青龙、张家口地区、平山、武安；天津武清、蓟县。分布于山东、河南、山西、陕西、甘肃。多生于山坡。鳞茎药用，能消肿解毒、化痰、散结、止血。

通过MaxEnt模型运算得到如图4-190所示的ROC曲线。图4-190a是首次运行重复15次的ROC曲线，AUC的平均值为0.856；图4-190b是二次建模重复15次的ROC曲线，AUC平均值为0.759。模型预测效果很好。

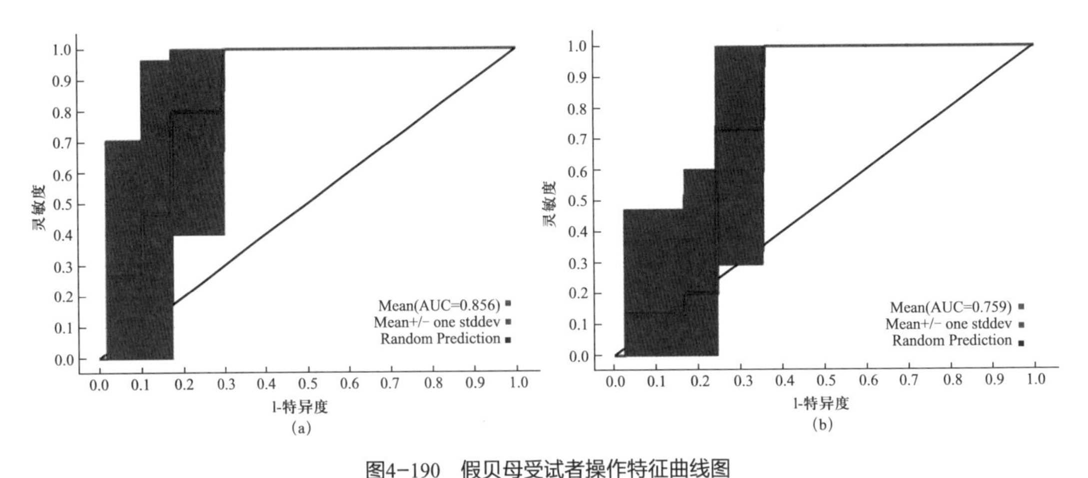

图4-190　假贝母受试者操作特征曲线图

Fig4-190 Receiver operating characteristic curve of *Bolbostemma paniculatum*

图4-191a是用来建模的所有样本共计5条数据的分布图，通过MaxEnt模型运算和ArcGIS处理得到如图4-191b所示的假贝母在河北省的潜在地理分布区，生境适生性概率*P*取值范围为0～1，图4-191b中颜色越亮代表分布概率越高，蓝色表示几乎没有分布。从图4-191b可知，假贝母的高度适生区主要分布在赤城县、涿鹿县、蔚县、平山县。ArcGIS重分类后分析统计得到假贝母的高度适生区面积为2115.97km^2，中度适生区的面积为21 102.78km^2，低度适生区的面积为74 525.01km^2。

首次建模选取42项环境因子进行模型运算，然后从首次建模的结果分析筛选13项环境因子（slope、VC、t-gravel、LC、t-teb、t-caso4、bio15、t-oc、bio4、t-cec-clay、bio8、t-ece、ele）进行二次建模。选取第二次建模累计贡献率大于90%的环境因子和刀切法增益值显著的环境因子的并集共7项环境因子：slope、VC、t-gravel、LC、t-teb、bio15、t-oc，视为假贝母生态适宜性的主导环境因子。表4-64是利用最大熵模型生成的物种环境变量响应曲线归纳分析得到各主导环境变量的取值范围（$P \geq 0.33$）、最佳取值以及贡献率。由表4-64可知地形因子贡献率为35.1%，植被覆盖率贡献率28.9%，土壤因子累计贡献率24.3%，土地利用类型贡献率6.2%，降水量季节性变化贡献率4%。所以，影响假贝母潜在地理分布的最显著的主导环境因子是地形变量、植被覆盖率、土壤因子。

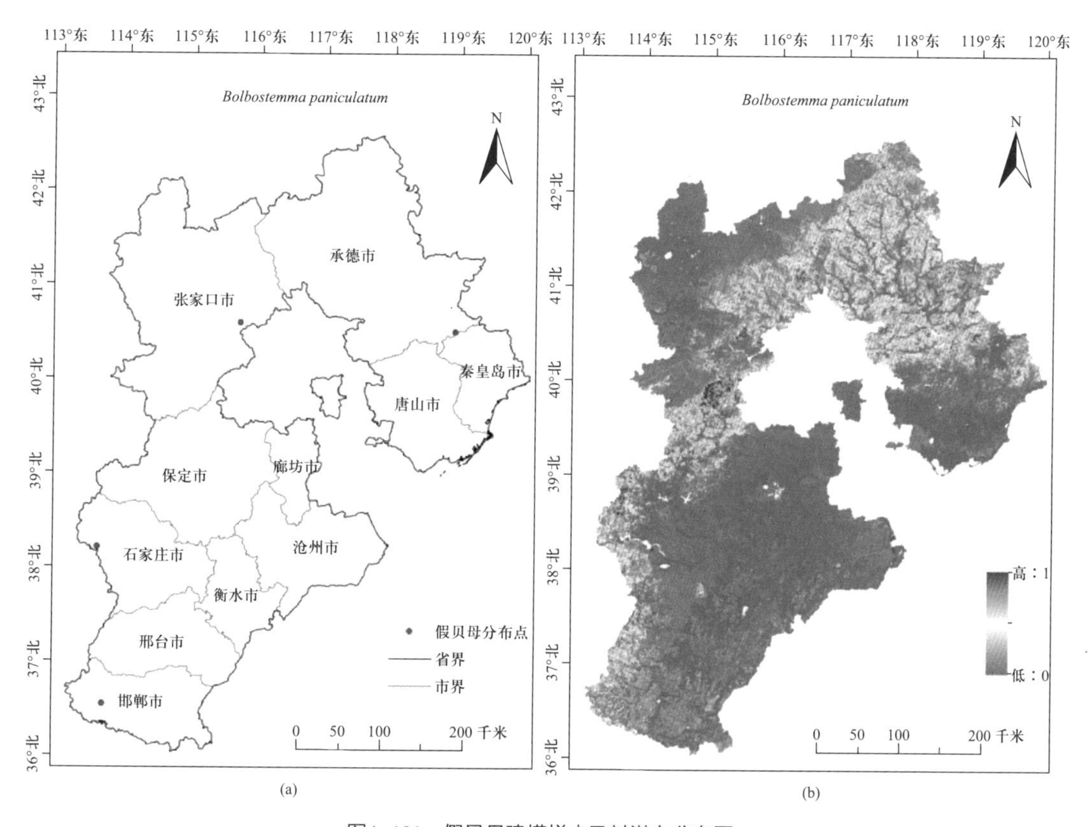

图4-191 假贝母建模样本及其潜在分布图
Fig4-191 Specimen Occurrences and potential distribution of *Bolbostemma paniculatum*

表4-64 影响假贝母潜在地理分布的主导因子、数值范围、最优值及贡献率

Table4-64 Dominant factors affecting potential distribution of *Bolbostemma paniculatum*, their range,optimal value and percent contribution

变量 Variable	单位 Unit	数值范围 Value range	最优值 Optimal value	贡献率（%） Percent contribution
slope	°	10～53	50～53	35.1
VC	%	25～100	100	28.9
t-gravel	%vol	0～7	0～1	12.6
LC	name	2～9	2	6.2
t-teb	cmol /kg	0～60	o～2	5.4
bio15	—	0.82～1.25	0.82～0.90	4
t-oc	%weight	0.1～1.5	0.1～0.3	2

所以slope（坡度）、VC（植被覆盖率）是影响假贝母潜在分布区最重要的环境因子。其响应曲线如图4-192所示，坡度的适宜取值范围为10°～53°，适宜性最高的取值为50°～53°。植被覆盖率的适宜取值范围为25%～100%，适宜性最高的取值范围为100%。

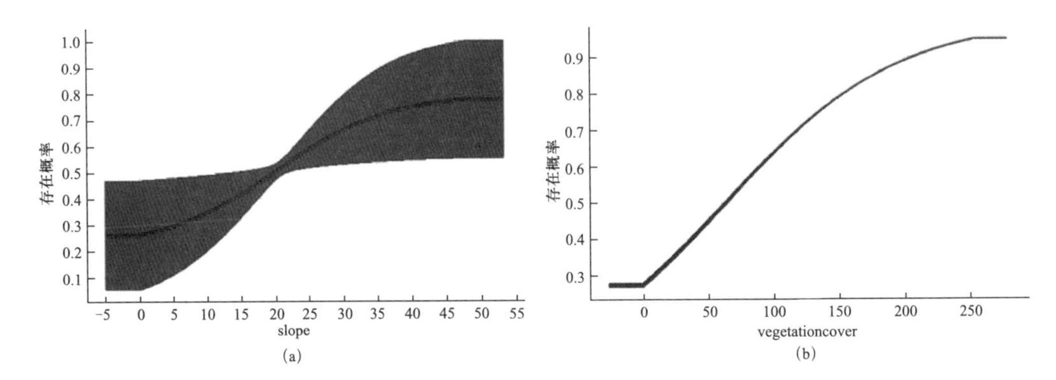

图4-192　影响假贝母潜在地理分布最重要环境因子的响应曲线
Fig4-192 Response curves of the most important environmental variables in modeling habitat distribution for *Bolbostemma paniculatum*

4.65 栝楼 *Trichosanthes kirilowii* Maxim.

攀缘藤本，块根圆柱状，粗大肥厚，富含淀粉。河北、北京、天津野生或栽培。分布于我国北部至长江流域各地。日本、朝鲜亦有。生山坡草丛。根（天花粉）供药用，可涂敷湿疹和其他皮肤病；果实（瓜蒌）煎汁为产妇下乳药；种子（瓜蒌仁）为镇咳祛痰药。

通过MaxEnt模型运算得到如图4-193所示的ROC曲线。图4-193a首次运行重复15次AUC的ROC曲线，平均值为0.880；图4-193b是二次建模重复15次的ROC曲线，AUC平均值为0.905。模型预测效果极好。

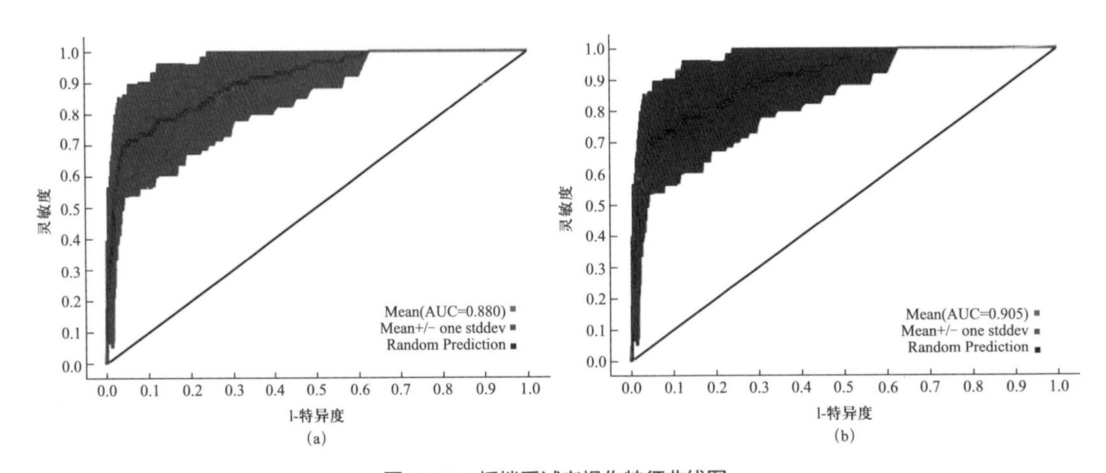

图4-193　栝楼受试者操作特征曲线图
Fig4-193 Receiver operating characteristic curve of *Trichosanthes kirilowii*

图4-194a是用来建模的所有样本共计19条数据的分布图，通过MaxEnt模型运算和ArcGIS处理得到如图4-194b所示的栝楼在河北省的潜在地理分布区，生境适生性概率P取值范围为0～1，图4-194b中颜色越亮代表分布概率越高，蓝色表示几乎没有分布。从图4-194-b可知，栝楼的高度适生区主要分布在邢台、邯郸西部山区。ArcGIS重分类后分析统计得到栝楼的高度适生区面积为3200.70km^2，中度适生区的面积为7287.50km^2，低度适生区的面积为73 318.76km^2。

首次建模选取42项环境因子进行模型运算，然后从首次建模的结果分析筛选8项环境因子（bio4、bio3、bio12、t-teb、aspect、ele、bio5、bio17）进行二次建模。选取第二次建模累计贡献率大于90%的环境因子和刀切法增益值显著的环境因子的并集共8项环境因子：bio4、bio3、bio12、t-teb、aspect、ele、bio5、bio17，视为栝楼生态适宜性的主导环境因子。表4-65是利用最大熵模型生成的物种环境变量响应曲线归纳分析得到影响该物种潜在分布的各主导环境变量的取值范围（$P \geqslant 0.33$）、最佳取值以及贡献率。由表4-65可知与温度相关的气候因子累计贡献率为76.8%，与降水量相关的气候因子累计贡献率为13.8%，地形因子贡献率为5%，表层土壤阳离子交换总量贡献率为4.4%。所以，影响栝楼潜在地理分布的最显著的主导环境因子是温度变量。

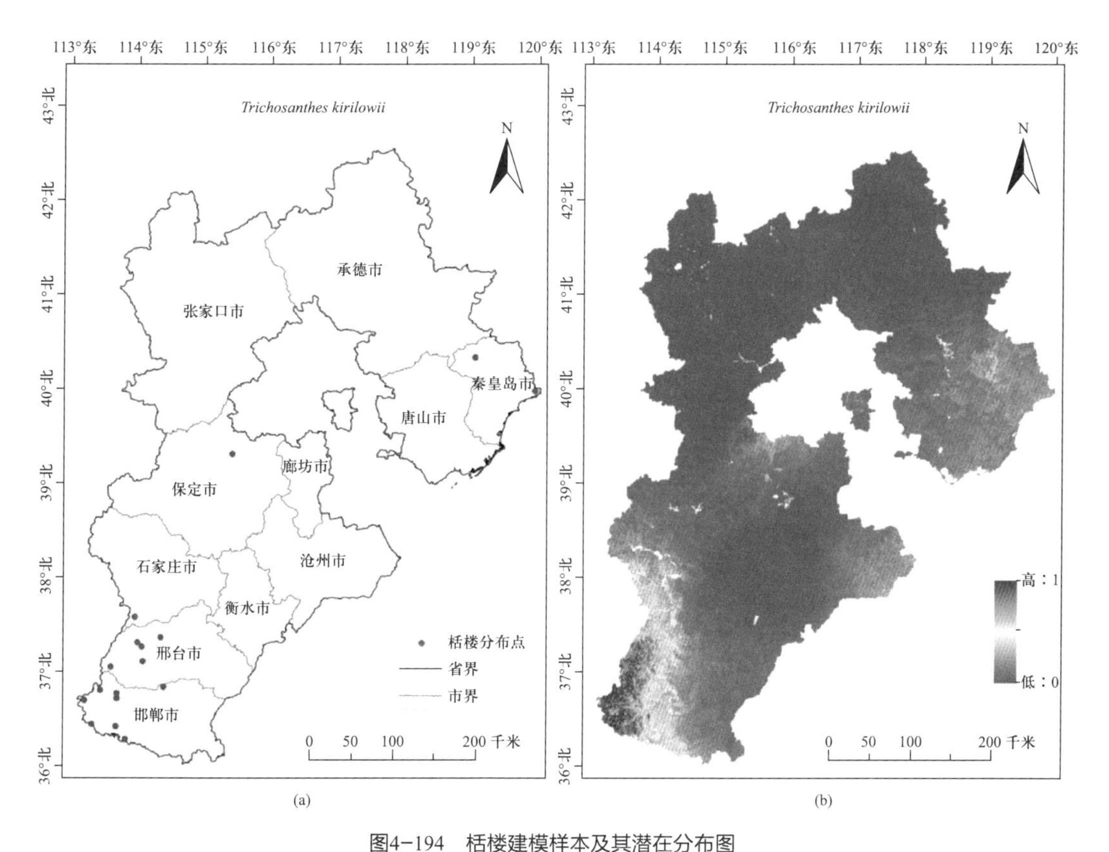

图4-194 栝楼建模样本及其潜在分布图

Fig4-194 Specimen Occurrences and potential distribution of *Trichosanthes kirilowii*

表4-65　影响栝楼潜在地理分布的主导因子、数值范围、最优值及贡献率
Table4-65 Dominant factors affecting potential distribution of *Trichosanthes kirilowii*, their range,optimal value and percent contribution

变量 Variable	单位 Unit	数值范围 Value range	最优值 Optimal value	贡献率（%） Percent contribution
bio4	—	9.4~10.5	9.4~9.7	49.6
bio3	—	0.288~0.318	0.31~0.318	26.9
bio12	mm	520~810	760~810	13.6
t-teb	cmol /kg	14~60	55~60	4.4
aspect	—	0~260	0	4.3
ele	m	100~1100	250	0.7
bio5	℃	26.5~35	33.5~35	0.3
bio17	mm	10~30	28~30	0.2

所以bio4（温度季节性变化系数）和bio3（等温性）是影响栝楼潜在地理分布最重要的环境因子。其响应曲线如图4-195所示，温度季节性变化系数的适宜性取值范围为9.4 ~ 10.5，适宜性最高的取值为9.4 ~ 9.7。等温性的适宜性取值范围为0.288 ~ 0.318，适宜性最高的取值为0.31 ~ 0.318。

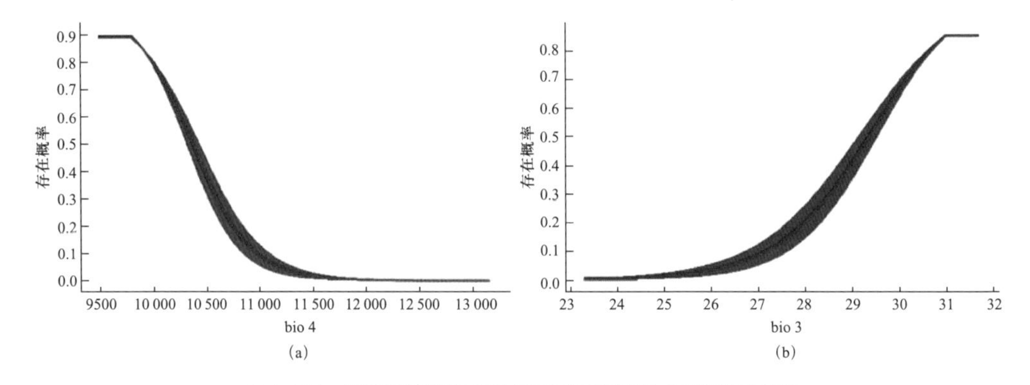

图4-195　影响栝楼潜在地理分布最重要环境因子的响应曲线
Fig4-195 Response curves of the most important environmental variables in modeling habitat distribution for *Trichosanthes kirilowii*

4.66 轮叶沙参 *Adenophora tetraphylla*（Thunb.）Fisch.

入药称为南沙参，本品始载于《神农本草经》，列为上品，又称知母、白沙参。多年生草本，有白色乳汁，根胡萝卜状。产河北迁西县、承德平泉县张家营牧场、张北县花皮

岭。分布于东北、华北、华中、华东至华南以及陕西、贵州、四川等省。日本、俄罗斯远东地区、朝鲜、越南北部也有。生山坡草地或山沟阴湿草地。根入药，称“南沙参”，能润肺、化痰、止咳。

通过MaxEnt模型运算得到如图4-196所示的ROC曲线。图4-196a是首次运行重复15次的ROC曲线，AUC的平均值为0.873；图4-196b是二次建模重复15次的ROC曲线，AUC平均值为0.880。模型预测效果很好。

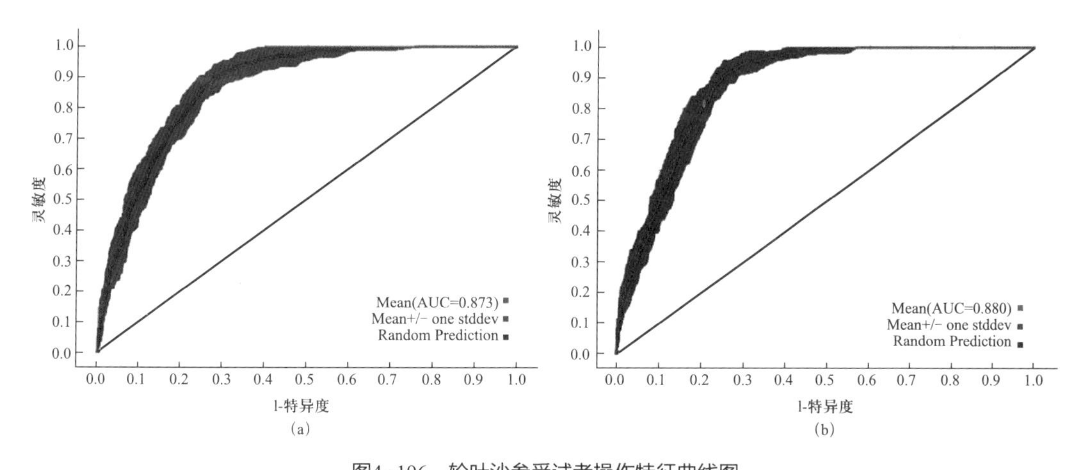

图4-196　轮叶沙参受试者操作特征曲线图
Fig4-196 Receiver operating characteristic curve of *Adenophora tetraphylla*

图4-197a是用来建模的所有样本共计131条数据的分布图，通过MaxEnt模型运算和ArcGIS处理得到如图4-197b所示的轮叶沙参在河北省的潜在地理分布区，生境适生性概率*P*取值范围为0～1，图4-197b中颜色越亮代表分布概率越高，蓝色表示几乎没有分布。从图4-197b可知，轮叶沙参的高度适生区主要分布在围场县、平泉县、兴隆县、赞皇县、武安市。ArcGIS重分类后分析统计得到轮叶沙参的高度适生区面积为3193.06km^2，中度适生区的面积为28 175.00km^2，低度适生区的面积为58 120.84km^2。

首次建模选取42项环境因子进行模型运算，然后从首次建模的结果分析筛选11项环境因子（bio8、slope、VC、t-esp、bio4、bio12、ele、aspect、bio2、t-caco3、LC）进行二次建模。选取第二次建模累计贡献率大于90%的环境因子和刀切法增益值显著的环境因子的并集共8项环境因子：bio8、slope、VC、t-esp、bio4、bio12、ele、aspect，视为轮叶沙参生态适宜性的主导环境因子。表4-66是利用最大熵模型生成的物种环境变量响应曲线归纳分析得到影响该物种潜在分布的各主导环境变量的取值范围（$P \geq 0.33$）、最佳取值以及贡献率。由表4-66可知与温度相关的气候因子累计贡献率为40.2%，地形因子累计贡献率29.9%，植被覆盖率贡献率12.1%，表层土碱度8.1%，年降水量5.9%。所以，影响轮叶沙参潜在地理分布的最显著的主导环境因子是温度变量和地形变量。

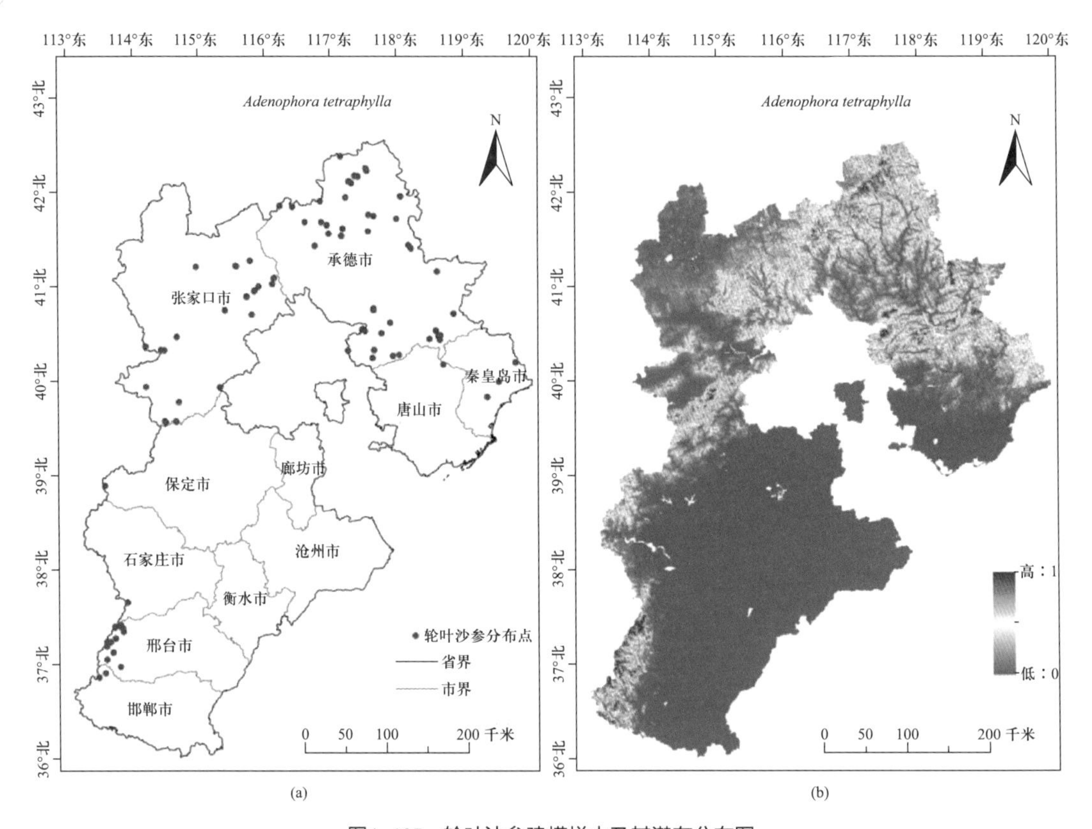

图4-197 轮叶沙参建模样本及其潜在分布图
Fig4-197 Specimen Occurrences and potential distribution of *Trichosanthes kirilowii*

表4-66 影响轮叶沙参潜在地理分布的主导因子、数值范围、最优值及贡献率
Table4-66 Dominant factors affecting potential distribution of *Adenophora tetraphylla*, their range,optimal value and percent contribution

变量 Variable	单位 Unit	数值范围 Value range	最优值 Optimal value	贡献率（%） Percent contribution
bio8	℃	9~22.5	9~11	33
slope	°	5~49	19	24.9
VC	%	25~100	100	12.1
t-esp	%	0~2	1	8.1
bio4	—	9.4~10.211.2~13.2	9.4~9.7	7.2
bio12	mm	410~800	670	5.9
ele	m	400~2800	2600~2800	2.8
aspect	—	5~360	360	2.2

所以bio8（最湿季平均温度）和slope（坡度）是影响轮叶沙参潜在地理分布的最重要的主导环境因子。其响应曲线如图4-198所示，最湿季节平均温的适宜取值范围为9~22.5℃，适宜性最高的取值为9~11℃。坡度的适宜性取值为5°~49°，适宜性最大的取值为19°。

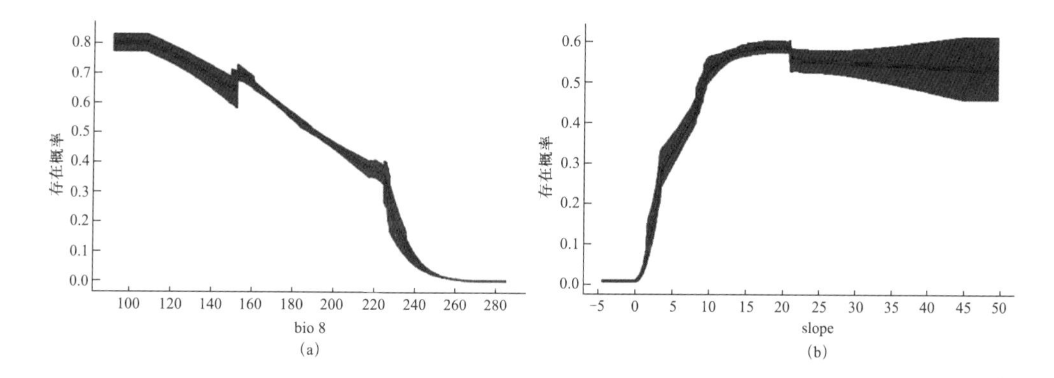

图4-198 影响轮叶沙参潜在地理分布最重要环境因子的响应曲线
Fig4-198 Response curves of the most important environmental variables in modeling habitat distribution for *Adenophora tetraphylla*

4.67 党参 *Codonopsis pilosula*（Franch.）Nannf.

党参之名始见于《本草从新》，又称为防风党参。本品最初用以充山西上党地区所产五加科人参而沿用“上当人参”之名，简称党参。茎基具多数瘤状茎痕，根肥大，呈纺锤状或纺锤状圆柱形。产河北兴隆雾灵山、赤城海坨山、蔚县小五台山及太行山区；北京密云坡头、延庆松山、门头沟百花山、东灵山。分布于东北、华北、西北、河南、四川。朝鲜、蒙古、俄罗斯远东地区亦有。生海拔1000m以上的山沟阴湿处，或生于阔叶林下。常多栽培。

通过MaxEnt模型运算得到如图4-199所示的ROC曲线。图4-199a是首次运行重复15

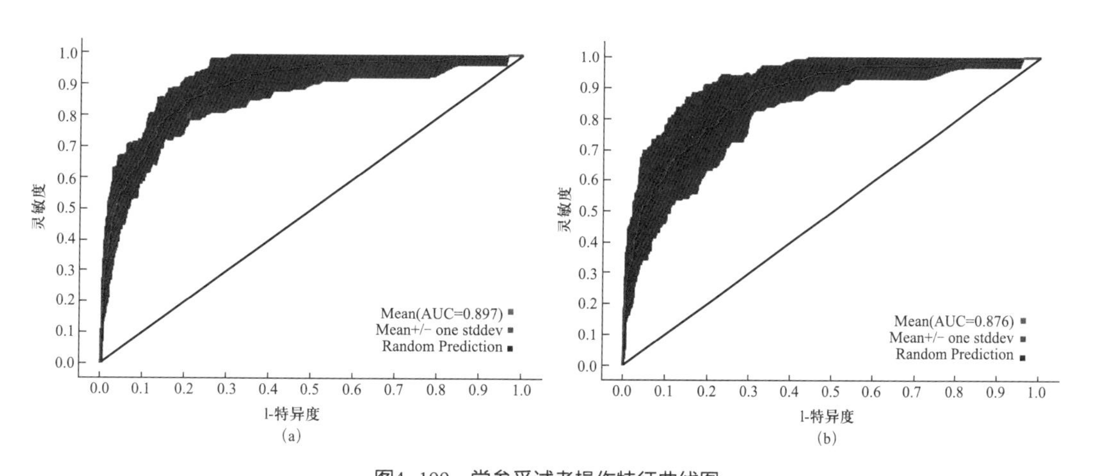

图4-199 党参受试者操作特征曲线图
Fig4-199 Receiver operating characteristic curve of *Codonopsis pilosula*

次的ROC曲线，AUC的平均值为0.897；图4-199b是二次建模重复15次的ROC曲线，AUC平均值为0.876。模型预测效果很好。

图4-200a是用来建模的样本共计50条数据的分布图，通过MaxEnt模型运算和ArcGIS处理得到如图4-200b所示的党参在河北省的潜在地理分布区，生境适生性概率*P*取值范围为0～1，图4-200b中颜色越亮代表分布概率越高，蓝色表示几乎没有分布。从图4-200b可知，党参的高度适生区主要分布在围场县、兴隆县、青龙县、涿鹿县、蔚县、阜平县、平山县、赞皇县、武安市。ArcGIS重分类后分析统计党参的高度适生区面积为2274.31km^2，中度适生区的面积为8822.22km^2，低度适生区的面积为54 067.37km^2。

首次建模选取42项环境因子进行模型运算，然后筛选15项环境因子（VC、ele、bio17、slope、bio4、t-ece、t-bulk-density、bio15、t-gravel、aspect、LC、t-caso4、t-caco3、t-silt、t-cec-clay）进行二次建模。选取第二次建模累计贡献率大于90%的环境因子和刀切法增益值显著的环境因子的并集共8项环境因子：VC、ele、bio17、slope、bio4、t-ece、t-bulk-density、bio15，视为党参生态适宜性的主导环境因子。表4-67是各环境变量响应曲线归纳分析得到各主导环境变量的取值范围（$P \geq 0.33$）、最佳取值以及贡献率。由表4-67可知地形因子累计贡献率为34.9%，植被覆盖率贡献率为

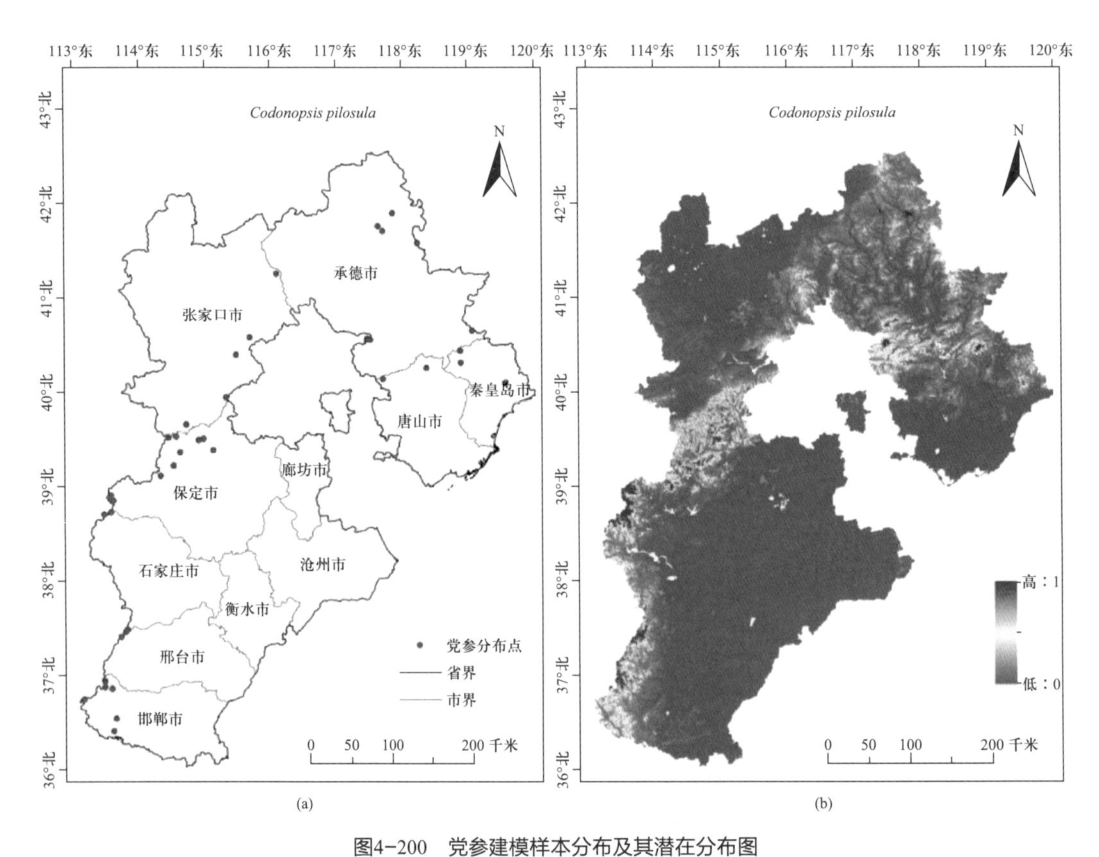

图4-200　党参建模样本分布及其潜在分布图

Fig4-200 Specimen Occurrences and potential distribution of *Codonopsis pilosula*

23.3%，与温度相关的气候因子累计贡献率为18.1%，土壤因子累计贡献率10.7%，温度季节性变动系数贡献率为9.1%。所以，影响党参潜在地理分布的最显著的主导环境因子是地形变量、植被覆盖率、降水变量。

表4-67　影响党参潜在地理分布的主导因子、数值范围、最优值及贡献率

Table4-67 Dominant factors affecting potential distribution of *Codonopsis pilosula*, their range,optimal value and percent contribution

变量 Variable	单位 Unit	数值范围 Value range	最优值 Optimal value	贡献率（%） Percent contribution
VC	%	40～100	100	23.3
ele	m	500～2800	2700～2800	19.9
bio17	mm	12～30	17.5	15.9
slope	°	5～54	50～54	15
bio4	—	9.5～11.8	9.5～9.7	9.1
t-ece	dS/m	37～57	46	6.6
t-bulk-density	kg /dm^3	1.38～1.61	1.57～1.61	4.1
bio15	—	93～115	102	2.2

所以ele（海拔）、VC（植被覆盖率）是党参潜在地理分布的最重要的因子。响应曲线如图4-201所示。植被覆盖率的适宜性取值为40%～100%，适宜性最高值为100%。海拔的适宜性取值范围为500～2800m，适宜性最高值为2700～2800m。

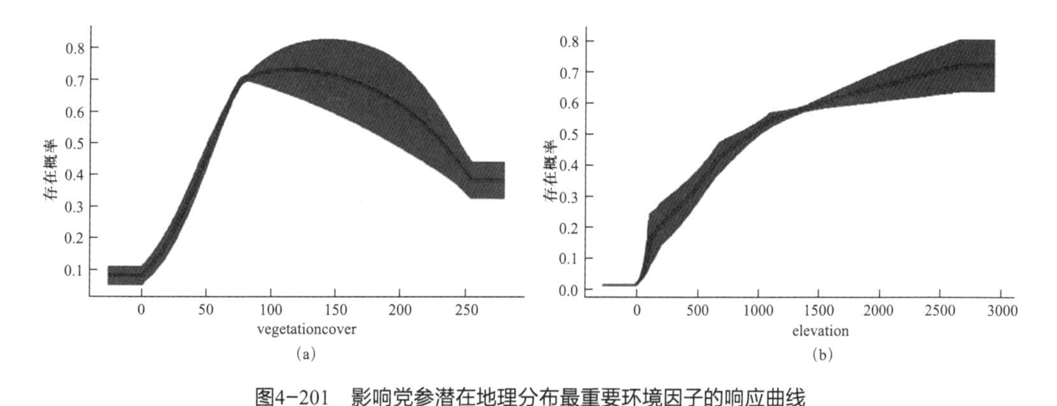

图4-201　影响党参潜在地理分布最重要环境因子的响应曲线

Fig4-201 Response curves of the most important environmental variables in modeling habitat distribution for *Codonopsis pilosula*

4.68 桔梗 *Platycodon grandiflorum*（Jacq.）A. DC.

桔梗入药始载于《神农本草经》，列为下品，又称白药、利如、梗草。多年生草本，有白色乳汁，根胡萝卜状。产河北兴隆雾灵山、蔚县小五台山、井陉、赞皇嶂石岩、内丘小岭底、武安，生海拔300m以上山地的阴坡和山梁，有时成群落，喜凉爽气候，耐寒、喜阳。根入药，含桔梗皂苷等成分，有镇咳、平喘、祛痰之功效。

通过MaxEnt模型运算得到如图4-202所示的ROC曲线。图4-202a是首次运行重复15次的ROC曲线，AUC的平均值为0.848。图4-202b是二次建模重复15次的ROC曲线，AUC平均值为0.850。模型预测效果很好。

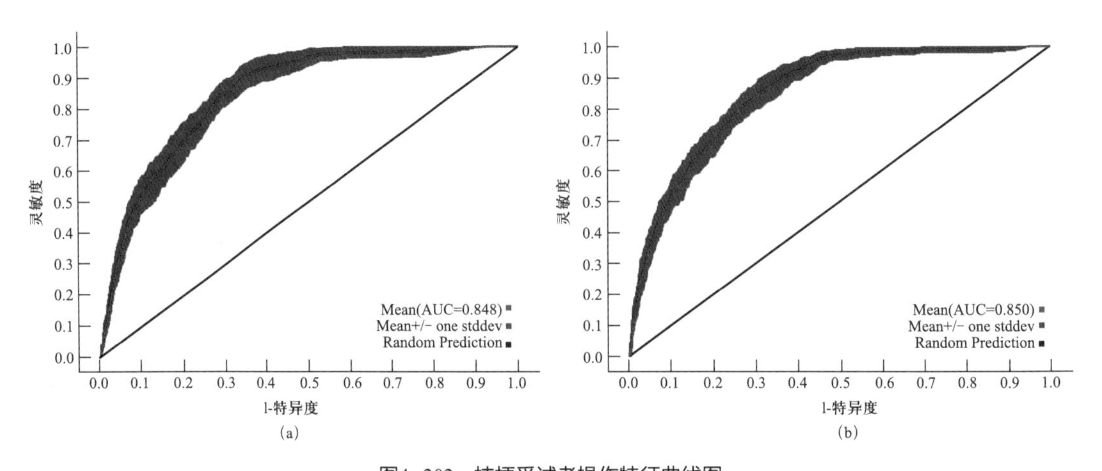

图4-202　桔梗受试者操作特征曲线图

Fig4-202 Receiver operating characteristic curve of *Platycodon grandiflorum*

图4-203a是用来建模的所有样本共计235条数据的分布图，通过MaxEnt模型运算和ArcGIS处理得到如图4-203b所示的桔梗在河北省的潜在地理分布区，生境适生性概率*P*取值范围为0～1，图4-203b中颜色越亮代表分布概率越高，蓝色表示几乎没有分布。从图4-203b可知，桔梗的高度适生区主要分布在平泉县、宽城县、青龙县、抚宁县、昌黎县、涿鹿县、蔚县、赞皇县、武安市。ArcGIS重分类后分析统计得到桔梗的高度适生区面积为4157.64km^2，中度适生区的面积为30 193.06km^2，低度适生区的面积为56 789.59km^2。

首次建模选取42项环境因子进行模型运算，然后从首次建模的结果分析筛选17项环境因子（slope、bio12、bio10、bio5、bio4、LC、t-bulk-density、ele、bio15、VC、t-caco3、bio2、aspect、t-silt、bio13、bio3、t-bs）进行二次建模。选取第二次建模累计贡献率大于90%的环境因子和刀切法增益值显著的环境因子的并集共10项环境因子：slope、bio12、bio10、bio5、bio4、LC、t-bulk-density、ele、bio15、VC，视为桔梗生态适宜性的主导环境因子。表4-68是利用最大熵模型生成的物种环境变量响应曲线归纳

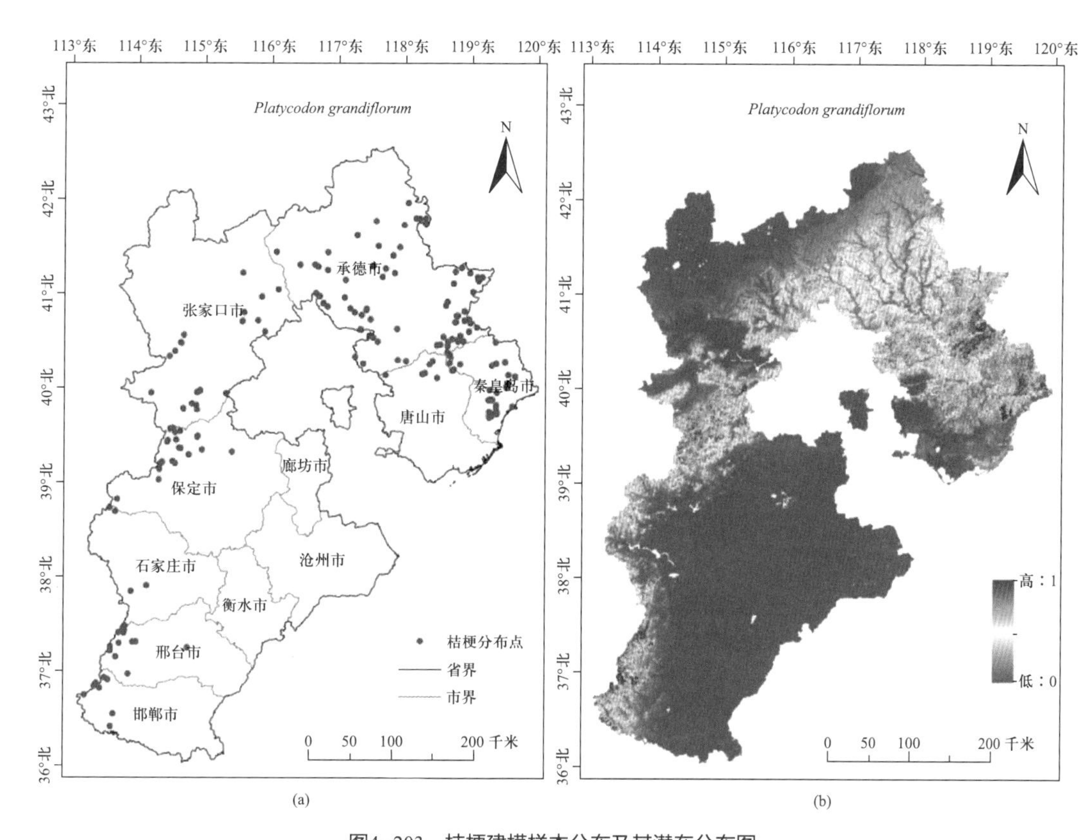

图4-203　桔梗建模样本分布及其潜在分布图
Fig4-203 Specimen Occurrences and potential distribution of *Platycodon grandiflorum*

分析得到影响该物种潜在分布的各主导环境变量的取值范围（$P \geq 0.33$）、最佳取值以及贡献率。由表4-68可知地形因子累计贡献率为32.6%，与温度相关的气候因子累计贡献率为29.5%，年降水量贡献率为20.7%，土地利用类型贡献率4.3%，表层土壤容积密度贡献率2.8%，植被覆盖率贡献率1.9%。所以，影响桔梗潜在地理分布的最显著的主导环境因子是地形因子和温度变量。

表4-68　影响桔梗潜在地理分布的主导因子、数值范围、最优值及贡献率
Table4-68 Dominant factors affecting potential distribution of *Platycodon grandiflorum*, their range,optimal value and percent contribution

变量 Variable	单位 Unit	数值范围 Value range	最优值 Optimal value	贡献率（%） Percent contribution
slope	°	4～60	55～60	29.9
bio12	mm	460～780	740～780	18.5
bio10	℃	16～24.2	20	14.5
bio5	℃	16～30	26	8.2
bio4	—	9.5～10.2,11.1～12	9.5～9.8	6.8

续表

变量 Variable	单位 Unit	数值范围 Value range	最优值 Optimal value	贡献率（%） Percent contribution
LC	name	2～8	6、7	4.3
t-bulk-density	kg /dm3	1.24～1.61	1.57～1.61	2.8
ele	m	100～2700	1300	2.7
bio15	—	0.82～1.28	1.2	2.2
VC	%	20～100	75	1.9

所以slope（坡度）、bio12（年降水量）是影响桔梗潜在地理分布最重要的环境因子。响应曲线如图4-204所示，坡度的适宜性取值范围为4°~60°，适宜度最高的取值为55°~60°。年降水量的适宜性取值范围为460~780mm，适宜度最高的取值为740~780mm。

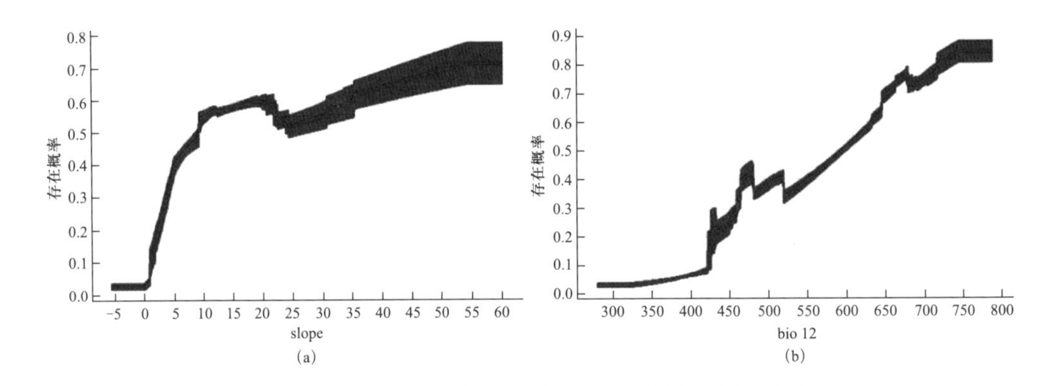

图4-204　影响桔梗潜在地理分布最重要环境因子的响应曲线
Fig4-204 Response curves of the most important environmental variables in modeling habitat distribution for *Platycodon grandiflorum*

4.69 紫菀 *Aster tataricus* L.f.

紫菀始载于《神农本草经》，列为中品。又称青菀、关公须。多年生草本，根状茎斜升。产河北兴隆县雾灵山；北京百花山。分布于我国东北、华北、西北。朝鲜、日本、俄罗斯。生低山阴坡湿地、河边草甸及沼泽地，是温暖湿润气候，耐寒、耐涝、怕干旱。冬季气温在-20℃也可安全越冬，盐碱地不宜栽培，忌连作。根及根状茎入药，有清热解毒、消炎的功效。

通过MaxEnt模型运算得到如图4-205所示的ROC曲线。图4-205a为首次运行重复15次的ROC曲线，AUC的平均值为0.818；图4-205b为二次建模重复15次的ROC曲线，AUC平均值为0.830。模型预测效果很好。

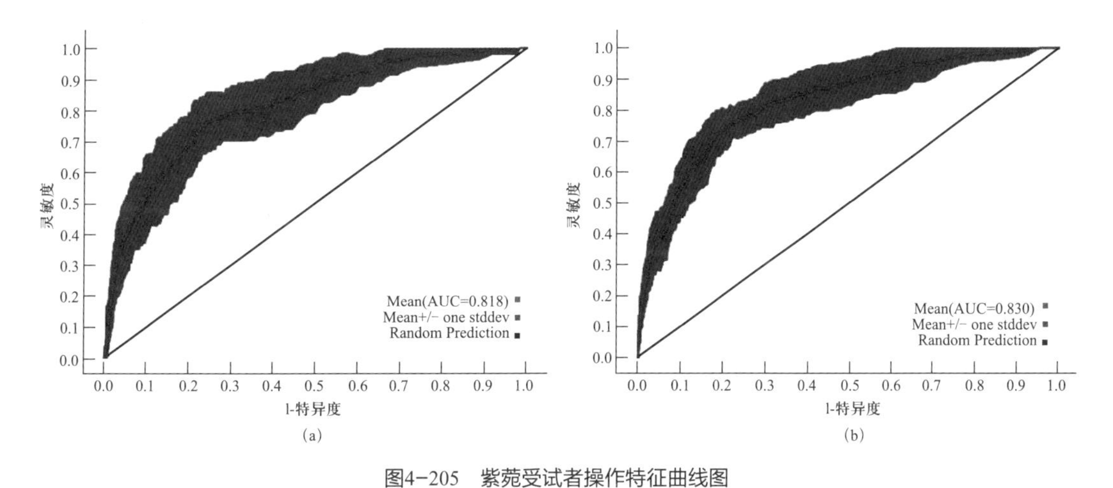

图4-205　紫菀受试者操作特征曲线图

Fig4-205 Receiver operating characteristic curve of *Aster tataricus*

图4-206a是用来建模的所有样本共计86条数据的分布图，通过MaxEnt模型运算和ArcGIS处理得到如图4-206b所示的紫菀在河北省的潜在地理分布区，生境适生性概率P取值范围为0～1，图4-206b中颜色越亮代表分布概率越高，蓝色表示几乎没有分布。从图4-206b可知，紫菀的高度适生区主要分布在涿鹿县、蔚县、阜平县、灵寿县、平山县、武安市。ArcGIS重分类分析统计得到紫菀的高度适生区面积为5185.42km^2，中度适生区的面积为26 864.59km^2，低度适生区的面积为84 761.81km^2。

首次建模选取42项环境因子进行模型运算，然后从首次建模的结果分析筛选18项环境因子（slope、ele、bio17、bio5、bio7、t-ece、t-bulk-density、bio16、t-pH-H_2O、aspect、t-esp、VC、t-clay、t-caco3、bio15、t-gravel、t-silt、LC）进行二次建模。选取第二次建模累计贡献率大于90%的环境因子和刀切法增益值显著的环境因子的并集共10项环境因子：slope、ele、bio17、bio5、bio7、t-ece、t-bulk-density、bio16、t-pH-H_2O、aspect，视为紫菀生态适宜性的主导环境因子。表4-69是利用最大熵模型生成的物种环境变量响应曲线归纳分析得到影响该物种潜在分布的各主导环境变量的取值范围（$P \geq 0.33$）、最佳取值以及贡献率。由表4-69可知地形因子累计贡献率49.4%，与温度相关的气候因子累计贡献率为17.3%，土壤因子累计贡献率为13.7%，与降水量相关从气候因子为11.9%。所以，影响紫菀潜在地理分布的最显著的主导环境因子是地形因子和温度变量。

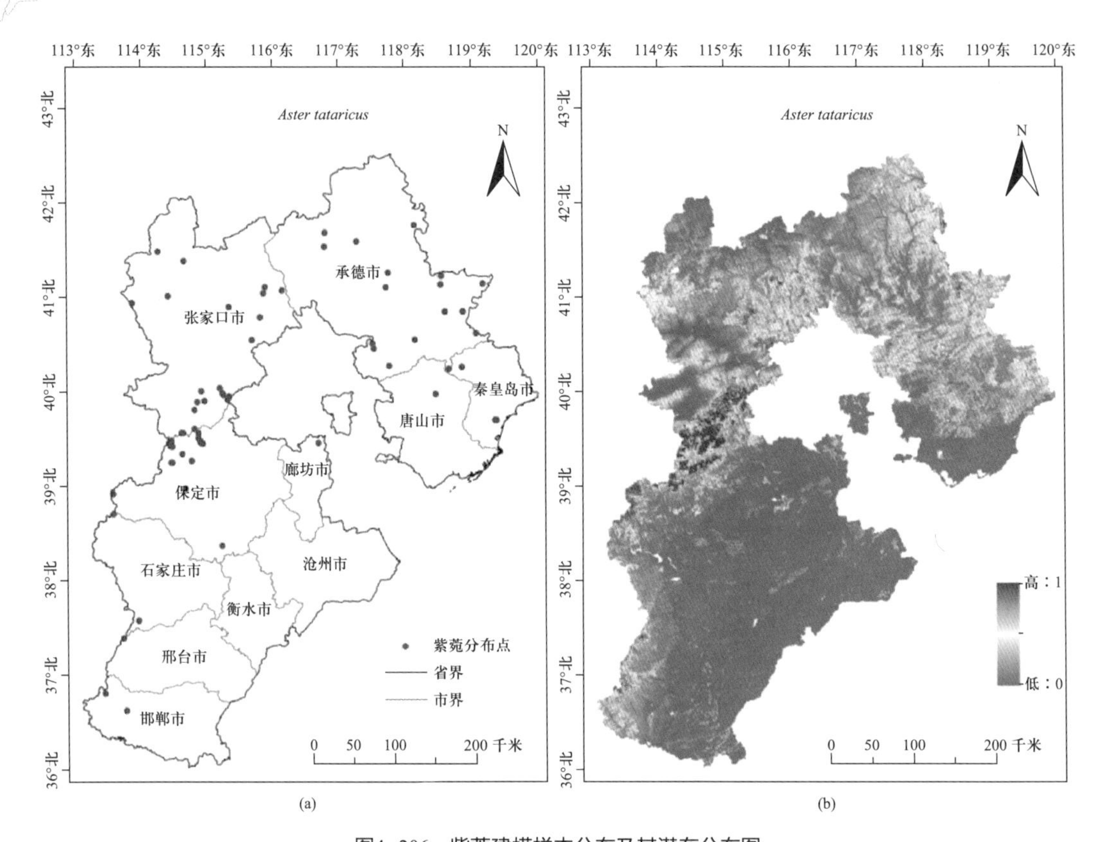

图4-206 紫菀建模样本分布及其潜在分布图

Fig4-206 Specimen Occurrences and potential distribution of *Aster tataricus*

表4-69 影响紫菀潜在地理分布的主导因子、数值范围、最优值及贡献率

Table4-69 Dominant factors affecting potential distribution of *Aster tataricus*, their range,optimal value and percent contribution

变量 Variable	单位 Unit	数值范围 Value range	最优值 Optimal value	贡献率（%）Percent contribution
slope	°	2～56	50～56	29.8
ele	m	350～2800	2600～2800	18
bio17	mm	4～29	20.5	9.3
bio5	℃	15～28.5	15～17	8.9
bio7	℃	41.5～45.5	44.5	8.4
t-ece	dS/m	0～0.1	0	8.3
t-bulk-density	kg /dm^3	1.23～1.61	1.56～1.61	3.4
bio16	mm	230～550	310	2.6
t-pH-H_2O	-lg（H^+）	4.7～7.7	4.7～5.1	2
aspect	—	1～360	50	1.9

所以slope（坡度）和ele（海拔）是影响紫菀潜在分布区最重要的主导环境因子。其响应曲线如图4-207所示。坡度的适宜范围为2°~56°，适宜性最高的取值为50°~56°。海拔的适宜性取值范围为350~2800m，适宜性最高的取值为2600~2800m。

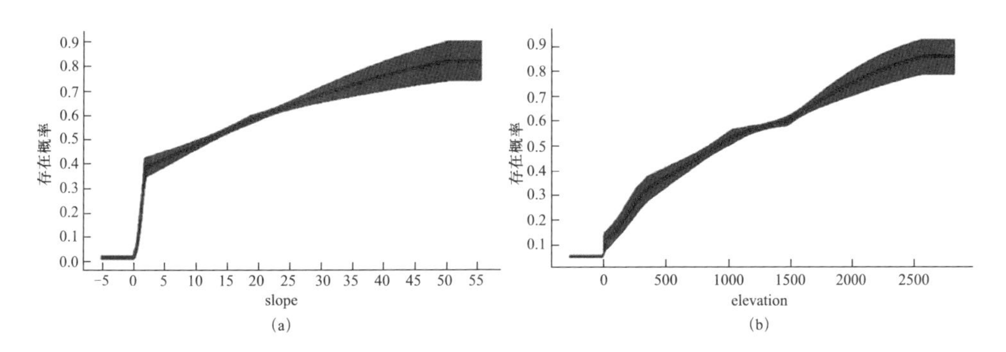

图4-207　影响紫菀潜在地理分布最重要环境因子的响应曲线
Fig4-207 Response curves of the most important environmental variables in modeling habitat distribution for *Aster tataricus*

4.70 苍术 *Atractylodes lancea*（Thunb.）DC.

古本草中苍术与白术常不分，统称为术，始见于《神农本草经》，列为上品。又名山精、赤术、仙术。多年生草本，根状茎平卧或斜升，粗长或通常呈疙瘩状，生多数等粗、等长或近等长的不定根。产河北北戴河、遵化东陵、张家口、蔚县小五台山、涿鹿杨家坪、阜平、平山、赞皇、涉县；北京百花山、上方山、南口、西山。河北、北京、天津各山区均极其普遍。分布于东北、华北、山东、河南、陕西、江苏、浙江、安徽、江西、四川、湖北、湖南。生海拔500~1500m的山坡灌丛或草丛中。喜凉爽气候，耐寒、耐旱、忌积水。最适宜生长温度为15~22℃，幼苗能耐-15℃左右低温。排水良好的砂质土壤适宜栽培。根状茎入药，能燥湿、健脾、祛风、止痛。

通过MaxEnt模型运算得到如图4-208所示的ROC曲线。图4-208a为首次运行重复15次的ROC曲线，AUC的平均值为0.860；图4-208b为二次建模重复15次的ROC曲线，AUC平均值为0.857。模型预测效果很好。

图4-209a是用来建模的所有样本共计405条数据的分布图，通过MaxEnt模型运算和ArcGIS操作得到如图4-209b所示的苍术在河北省的潜在地理分布区，生境适生性概率*P*取值范围为0~1，图4-209b中颜色越亮代表分布概率越高，蓝色表示几乎没有分布。从图4-209b可知，苍术的高度适生区主要分布在赤城县、宽城县、青龙县、昌黎县、涿鹿县、蔚县、阜平县、灵寿县、赞皇县、武安市。ArcGIS重分类后分析统计得到苍术的高度适生区面积为3533.33km^2，中度适生区的面积为44 954.17km^2，低度适生区的面积为45 536.12km^2。

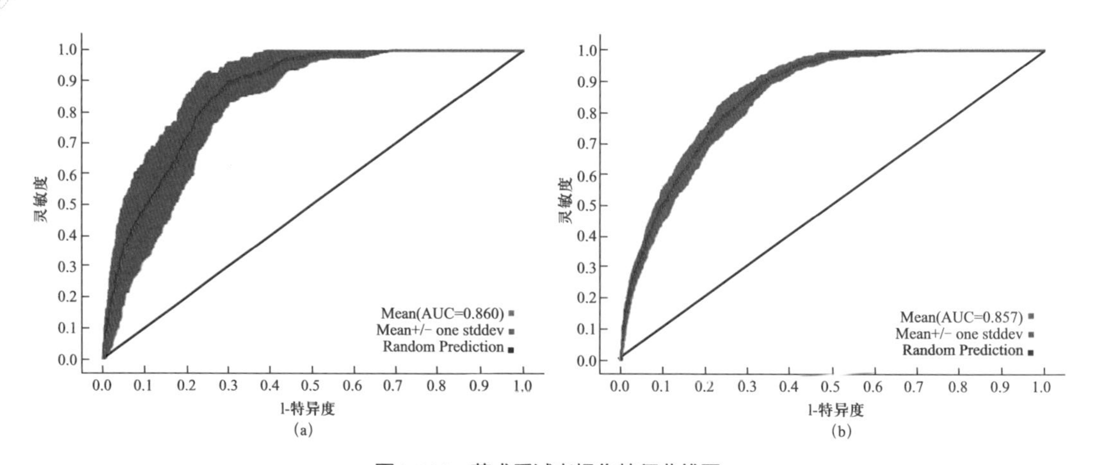

图4-208　苍术受试者操作特征曲线图
Fig4-208 Receiver operating characteristic curve of *Atractylodes lancea*

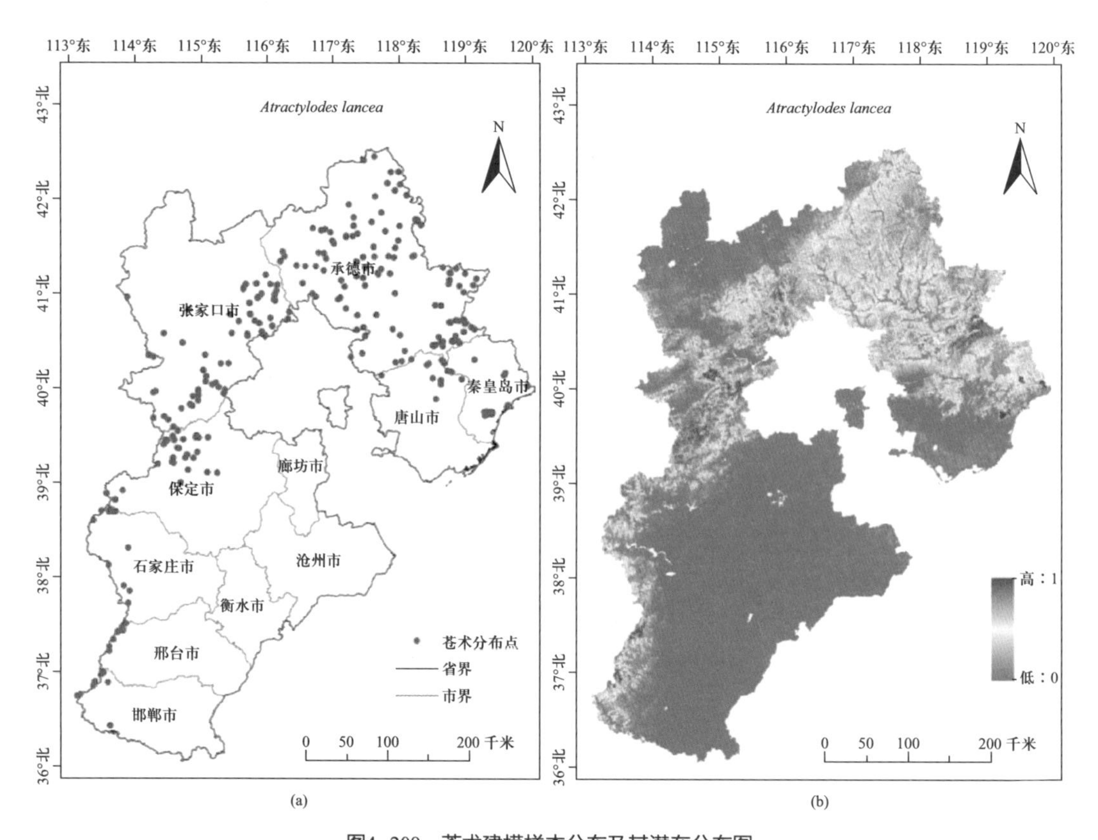

图4-209　苍术建模样本分布及其潜在分布图
Fig4-209 Specimen Occurrences and potential distribution of *Atractylodes lancea*

首次建模选取42项环境因子进行模型运算，然后从首次建模的结果分析筛选13项环境因子（slope、bio5、LC、bio12、t-cec-clay、t-bulk-density、bio2、VC、ele、bio7、bio3、t-oc）进行二次建模。选取第二次建模累计贡献率大于90%的环境因子和刀切法增益值显著的环境因子的并集共9项环境因子：slope、bio5、LC、bio12、t-cec-clay、 t-bulk-density、bio2、VC、ele，视为苍术生态适宜性的主导环境因子。表4-70是用最大熵模型生成的物种环境变量响应曲线归纳分析得到影响该物种潜在分布的各主导环境变量的取值范围（$P \geqslant 0.33$）、最佳取值以及贡献率。由表4-70可知地形相关因子累计贡献率为40.6%，与温度相关的气候因子累计贡献率为27.7%，土壤因子累计贡献率10.6%，土地率贡献率7.5%，年降水量贡献率6.3%，植被覆盖率贡献率3.1%。所以，影响苍术潜在地理分布的最显著的主导环境因子是地形因子和温度变量。

表4-70　影响苍术潜在地理分布的主导因子、数值范围、最优值及贡献率

Table4-70 Dominant factors affecting potential distribution of *Atractylodes lancea*, their range,optimal value and percent contribution

变量 Variable	单位 Unit	数值范围 Value range	最优值 Optimal value	贡献率（%） Percent contribution
slope	°	3~50	45~50	38.3
bio5	℃	17.5~29.5	26	22.8
LC	name	2~8	2	7.5
bio12	mm	440~820	675	6.3
t-cec-clay	cmol /kg	34~35,39~55	49	5.4
t-bulk-density	kg /dm^3	1.36~1.37,1.41~1.61	1.52	5.2
bio2	℃	11~11.2,11.9~13.6	13.4	4.9
VC	%	1~100	70	3.1
ele	m	200~2800	1300	2.3

所以slope（坡度）、bio5（最热月的最高温）是影响苍术潜在分布区最重要的主导环境因子，其响应曲线如图4-210所示。坡度的适宜性取值范围为3°～50°，适宜性最高的取值为45°～50°。最热月最高温适宜性取值范围为17.5～29.5℃，适宜性最高的取值为26℃。

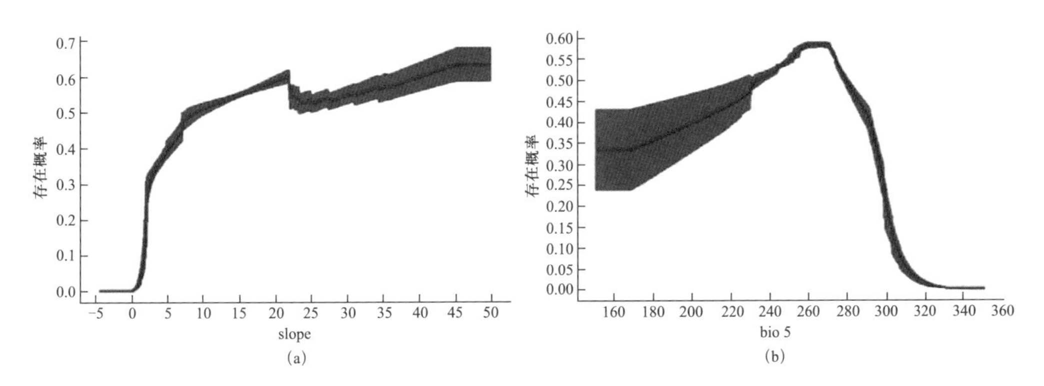

图4-210　影响苍术潜在地理分布最重要环境因子的响应曲线

Fig4-210 Response curves of the most important environmental variables in modeling habitat distribution for *Atractylodes lancea*

4.71 白术 *Atractylodes macrocephala* Koidz.

术，始载于《神农本草经》，列为上品，原无苍术、白术之分。多年生草本，分布于我国浙江、江西、湖南、湖北、陕西。河北、北京有药用栽培。喜凉爽气候，耐寒，怕湿热，能耐-10℃左右的低温，气温超过30℃以上生长受到抑制，24~29℃生长迅速，排水良好的砂质土壤适宜栽培，忌连作。根状茎药用，具健脾、燥湿之效。

通过MaxEnt模型运算得到如图4-211所示的ROC曲线。图4-211a是首次运行重复15次的ROC曲线，AUC的平均值为0.629；图4-211b是二次建模重复15次的ROC曲线，AUC平均值为0.632。模型预测效果一般。

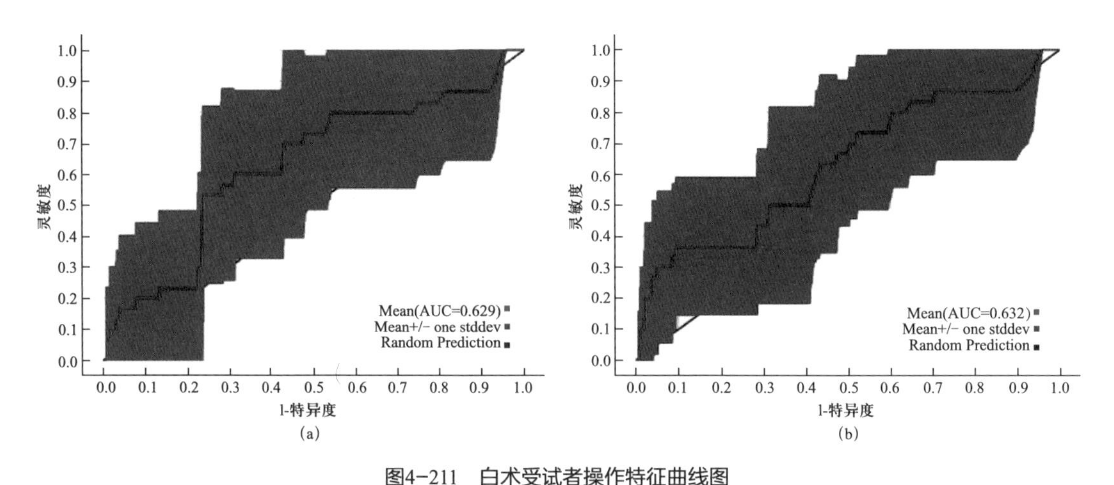

图4-211　白术受试者操作特征曲线图
Fig4-211 Receiver operating characteristic curve of *Atractylodes macrocephala*

图4-212a是用来建模的所有样本共计13条数据的分布图，通过MaxEnt模型运算和ArcGIS操作得到如图4-212b所示的白术在河北省的潜在地理分布区，生境适生性概率*P*取值范围为0～1，图4-212b中颜色越亮代表分布概率越高，蓝色表示几乎没有分布。从图4-212b可知，白术的高度适生区主要分布在丰宁县、滦平县、承德县、宽城县、青龙县。ArcGIS重分类后分析统计得到白术的高度适生区面积为107 103.50km^2，中度适生区的面积为73 422.92km^2，低度适生区的面积为8299.31km^2。

首次建模选取59项环境因子进行模型运算，然后从首次建模的结果分析筛选11项环境因子（bio16、bio14、t-texture、bio2、t-bulk-density、bio3、s-esp、s-cec-soil、t-gravel、t-bs、t-caso4）进行二次建模。选取第二次建模累计贡献率大于90%的环境因子和刀切法增益值显著的环境因子的并集共8项环境因子：bio16、bio14、t-texture、bio2、t-bulk-density、bio3、s-esp、s-cec-soil，视为白术生态适宜性的主导环境因子。表4-71是利用最大熵模型生成的物种环境变量响应曲线归纳分析得到影响该物种潜在分布的各主导环境变量的取值范围（$P \geq 0.33$）、最佳取值以及贡献率。由表4-71可知土

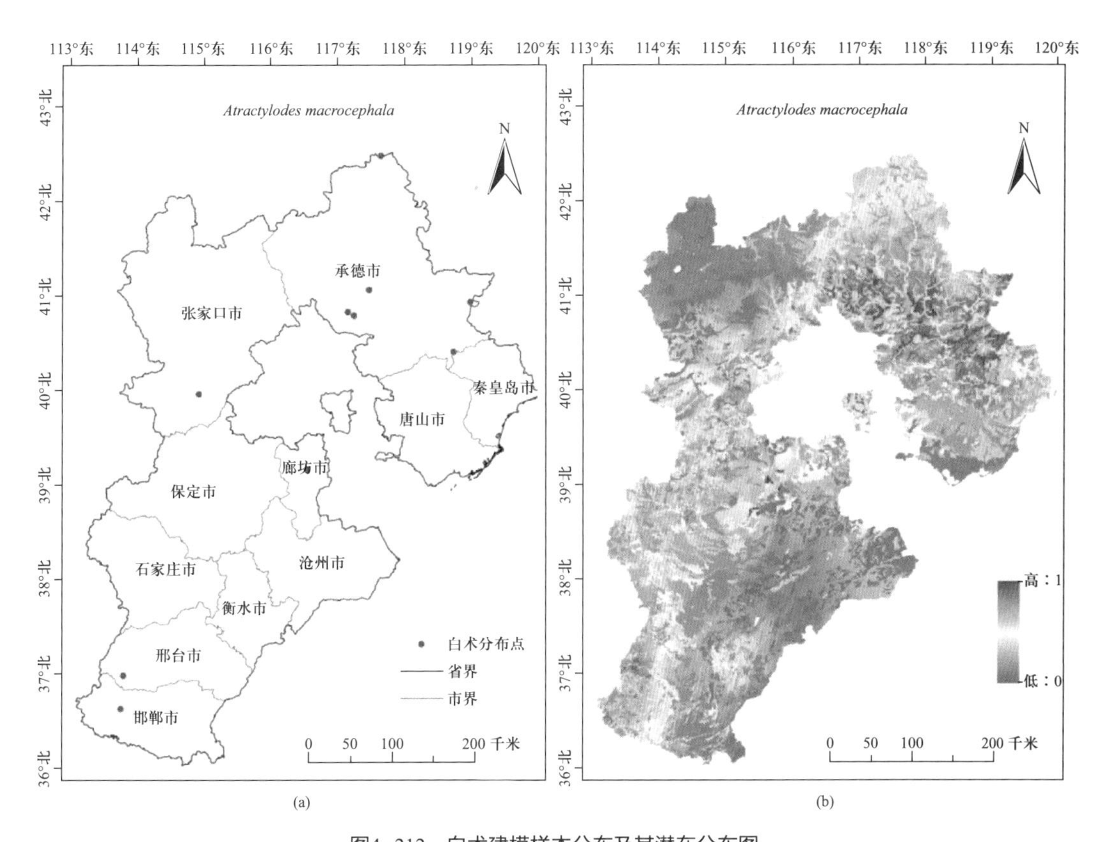

图4-212　白术建模样本分布及其潜在分布图

Fig4-212 Specimen Occurrences and potential distribution of *Atractylodes macrocephala*

壤因子累计贡献率为38.3%，与降水量相关的气候因子累计贡献率为32.4%，与温度相关的气候因子累计贡献率为20.5%。所以，影响白术潜在地理分布的最显著的主导环境因子是土壤因子、降水变量、温度变量。

表4-71　影响白术潜在地理分布的主导因子、数值范围、最优值及贡献率

Table4-71 Dominant factors affecting potential distribution of *Atractylodes macrocephala*, their range,optimal value and percent contribution

变量 Variable	单位 Unit	数值范围 Value range	最优值 Optimal value	贡献率（%） Percent contribution
bio16	mm	260～550	510～550	17.7
bio14	mm	0.3～4.5	0.3～1	14.7
t-texture	code	0.8～3.2	2.95～3.2	13.8
bio2	℃	11～14.5	14.1～14.5	11.4
t-bulk-density	kg /dm^3	1.33～1.61	1.57～1.61	10.4

续表

变量 Variable	单位 Unit	数值范围 Value range	最优值 Optimal value	贡献率（%） Percent contribution
bio3	℃	0.326～0.318	0.31～0.318	9.1
s-esp	%	0～5	0	7.3
s-cec-soil	cmol /kg	5～46	42～46	7.1

所以bio16（最湿季节降雨量）、bio14（最干季节降雨量）、t-texture（表层土壤质地）、bio2（平均日较差）是影响白术潜在地理分布的最重要的环境因子。响应曲线如图4-213所示。

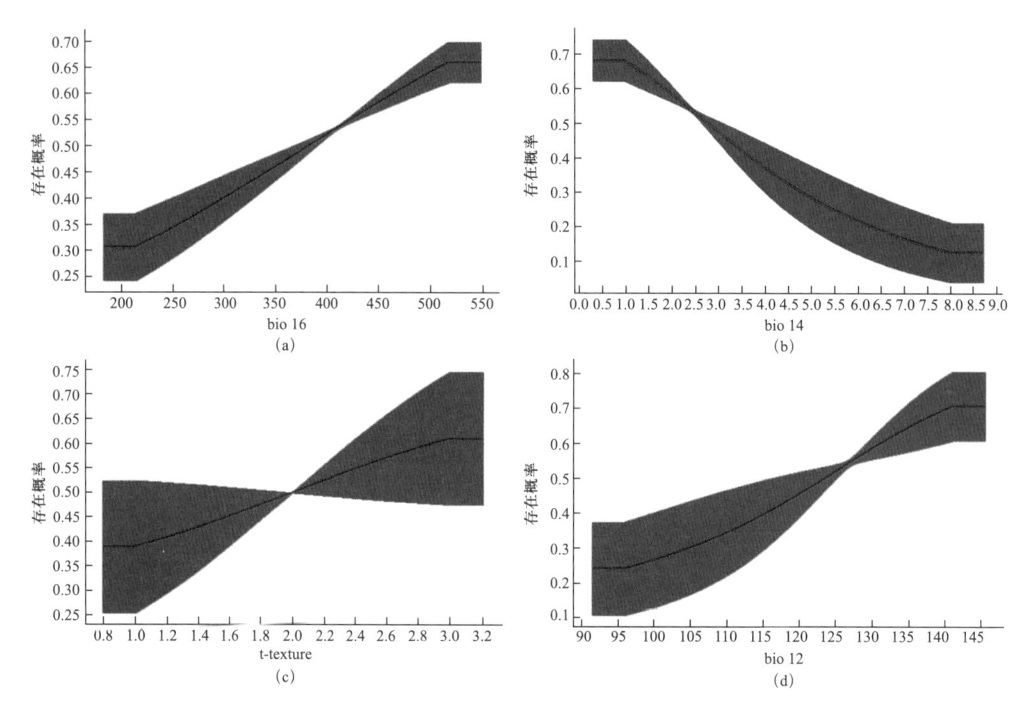

图4-213　影响白术潜在地理分布最重要环境因子的响应曲线

Fig4-213 Response curves of the most important environmental variables in modeling habitat distribution for *Atractylodes macrocephala*

4.72 驴欺口 *Echinops latifolius* Tausch.

漏芦入药始载于《神农本草经》，列为上品，又称禹州漏芦、野兰、鹿骊、禹漏芦。多年生草本，产河北遵化东陵、蔚县小五台山、赤城黑龙山、涞源白石山、平山、赞皇；北京南口、上方山、百花山、东灵山。分布于东北、华北、甘肃、陕西、河南、山东。朝鲜、蒙古、俄罗斯亦有。各山地常见，生林缘、干燥山坡及山地林缘草甸。根入药，名禹州漏芦，能清热解毒。消痈肿、通乳；花序也能入药，能活血、发散。

通过MaxEnt模型运算得到如图4-214所示的ROC曲线。图4-214a为首次运行重复15次的ROC曲线，AUC的平均值为0.904；图4-214b为二次建模重复15次的ROC曲线，AUC平均值为0.928。模型预测效果极好。

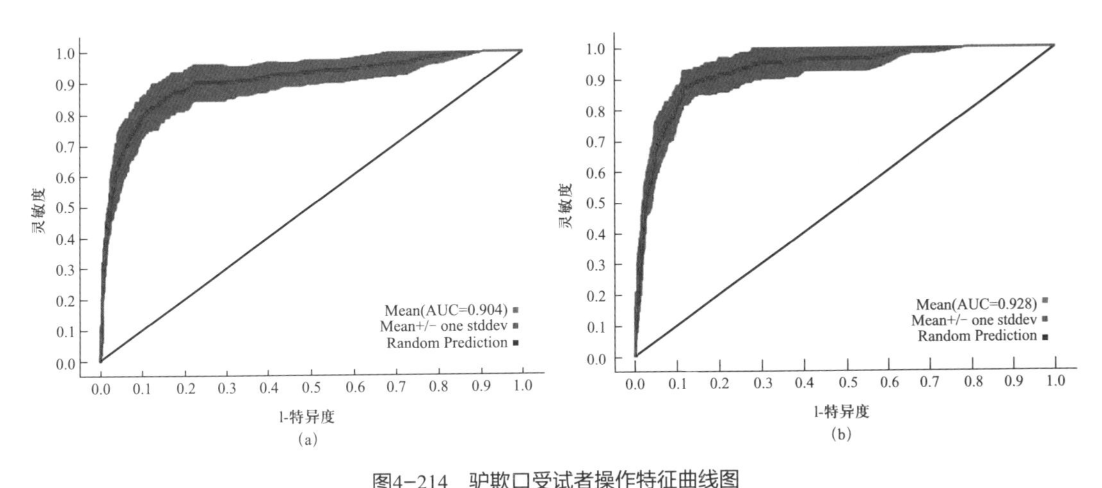

图4-214 驴欺口受试者操作特征曲线图
Fig4-214 Receiver operating characteristic curve of *Echinops latifolius*

图4-215a是用来建模的所有样本共计95条数据的分布图，通过MaxEnt模型运算和ArcGIS得到如图4-215b所示的驴欺口在河北省的潜在地理分布区，生境适生性概率*P*取值范围为0～1，图4-215b中颜色越亮代表分布概率越高，蓝色表示几乎没有分布。从图4-215b可知，驴欺口的高度适生区主要分布在武安市、涉县、磁县。ArcGIS重分类后分析得到驴欺口的高度适生区面积为1818.75km^2，中度适生区的面积为8629.17km^2，低度适生区的面积为40 465.98km^2。

首次建模选取42项环境因子进行模型运算，然后从首次建模的结果分析筛选22项环境因子（ele、bio4、bio17、slope、bio15、t-ece、t-oc、t-silt、bio8、LC、t-gravel、aspect、t-bulk-density、t-texture、VC、t-esp、bio2、bio18、t-sand、bio3、t-bs、t-caso4）进行二次建模。选取第二次建模累计贡献率大于90%的环境因子和刀切法增益值显著的环境因子的并集共9项环境因子：ele、bio4、bio17、slope、bio15、t-ece、t-oc、t-silt、bio8，视为驴欺口生态适宜性的主导环境因子。表4-72是利用最大熵模型生成的物种环境变量响应曲线归纳分析得到影响该物种潜在分布的各主导环境变量的取值范围（P≥0.33）、最佳取值以及贡献率。由表4-72可知地形因子累计贡献率45.4%，与温度相关的气候因子累计贡献率为24.9%，与降水量相关的气候因子累计贡献率为18.2%，土壤因子累计贡献率为5.5%。所以，影响驴欺口潜在地理分布的最显著的主导环境因子是地形因子、温度变量、降水变量。

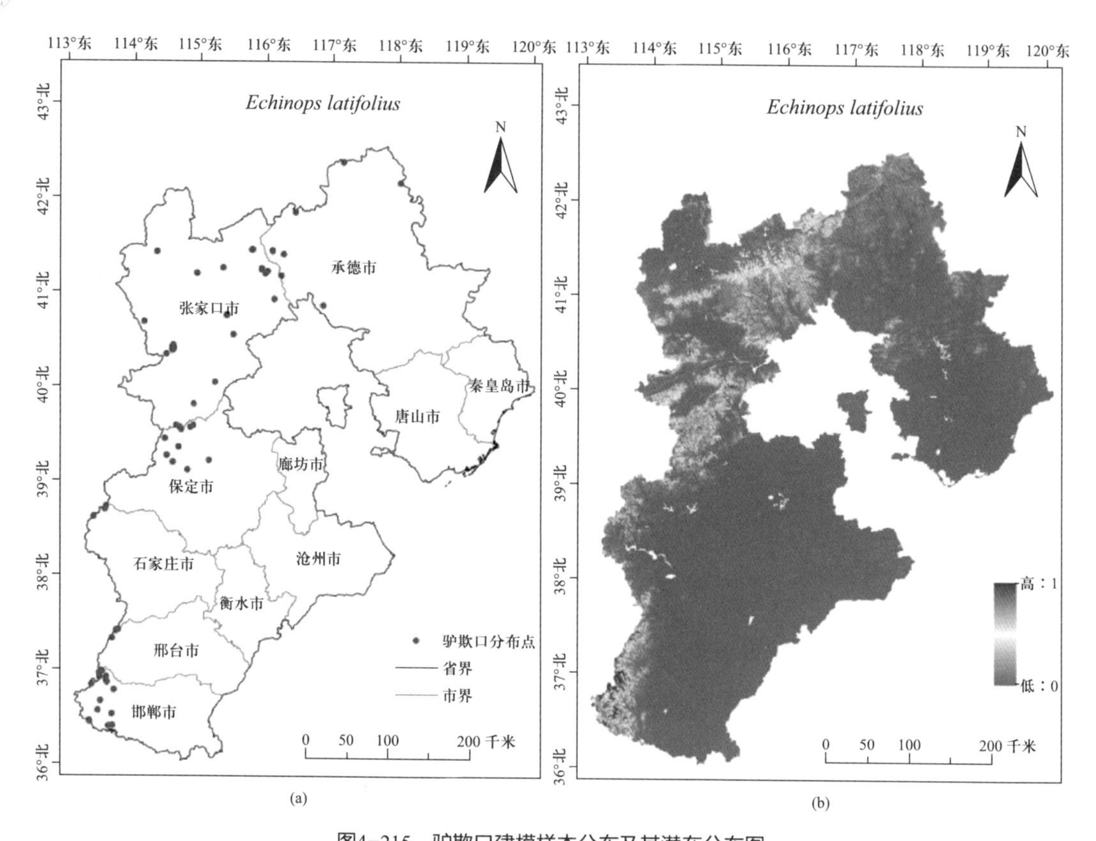

图4-215　驴欺口建模样本分布及其潜在分布图

Fig4-215 Specimen Occurrences and potential distribution of *Echinops latifolius*

表4-72　影响驴欺口潜在地理分布的主导因子、数值范围、最优值及贡献率

Table4-72 Dominant factors affecting potential distribution of *Echinops latifolius*, their range,optimal value and percent contribution

变量 Variable	单位 Unit	数值范围 Value range	最优值 Optimal value	贡献率（%） Percent contribution
ele	m	800～2900	2700～2900	35
bio4	—	9.5～10.2,11.8～12.8	9.5～9.8	23.6
bio17	mm	12～26	19	14.1
slope	°	4～55	20～55	10.4
bio15	—	0.85～1.08	0.85～0.90	4.1
t-ece	dS/m	0～0.5	0.2	2.7
t-oc	%weight	0.4～3.5	2.2	1.5
t-silt	%wt	13～45,50～59	54	1.3
bio8	℃	9～21	9-10	1.3

所以ele（海拔）和bio4（温度季节性变换系数）是影响驴欺口潜在地理分布的最重要的因子。其响应曲线如图4-216所示。

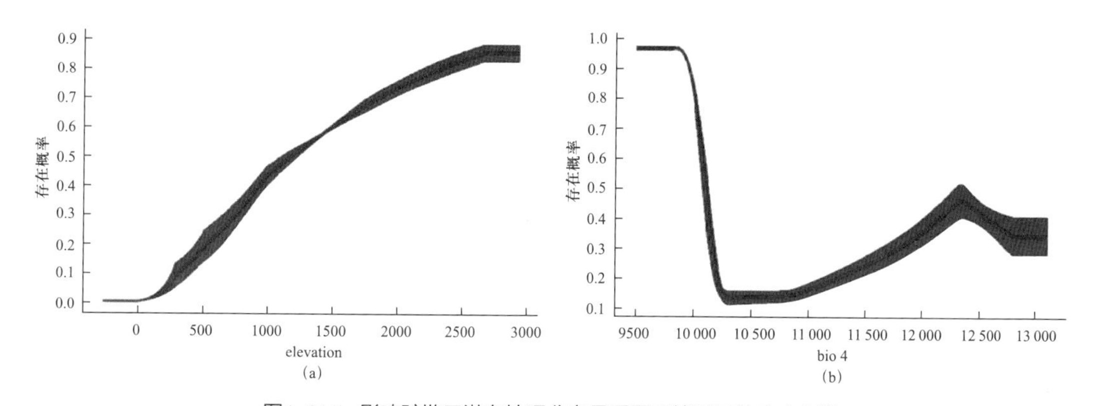

图4-216 影响驴欺口潜在地理分布最重要环境因子的响应曲线

Fig4-216 Response curves of the most important environmental variables in modeling habitat distribution for *Echinops latifolius*

4.73 漏芦 *Stemmacantha uniflora* (L.) Dittrich

漏芦入药始载于《神农本草经》，列为上品，又称野兰、鹿骊。多年生草本，产河北山海关、张家口、蔚县小五台山、易县、逐鹿杨家坪、涞源白石山；北京古北口、西山、卧佛寺。河北、北京、天津各区县山地极普遍。分布于东北、华北、西北及山东、河南、四川。朝鲜、俄罗斯、蒙古亦有。生海拔400~1600m的干山坡、草地、路旁。根入药，有清热解毒、排脓消肿、通乳功效。

通过MaxEnt模型运算得到如图4-217所示的ROC曲线。图4-217a为首次运行重复15次的ROC曲线，AUC的平均值为0.844；图4-217b为二次建模重复15次的ROC曲线，AUC平均值为0.831。模型预测效果很好。

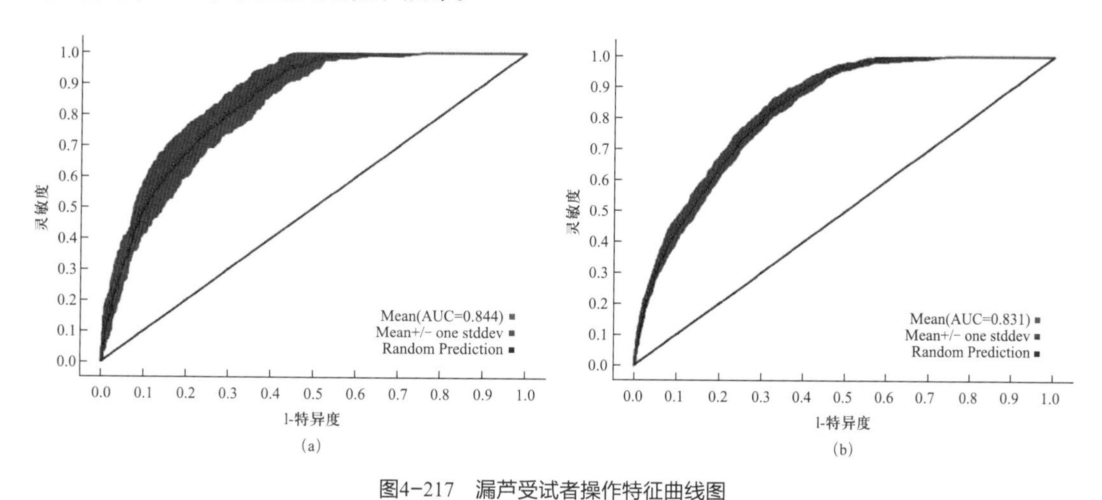

图4-217 漏芦受试者操作特征曲线图

Fig4-217 Receiver operating characteristic curve of *Stemmacantha uniflora*

图4-218a是用来建模的所有样本共计677条数据的分布图，通过MaxEnt模型运算和ArcGIS处理得到如图4-218b所示漏芦在河北省的潜在地理分布区，生境适生性概率*P*取值范围为0~1，图4-218b中颜色越亮代表分布概率越高，蓝色表示几乎没有分布。从图4-218b可知，漏芦的高度适生区主要分布在赤城县、怀安县、涿鹿县、井陉县、赞皇县、内丘县、邢台县、沙河市、武安市、涉县、磁县。ArcGIS重分类后统计分析得到漏芦的高度适生区面积为5327.08km^2，中度适生区的面积为49 718.06km^2，低度适生区的面积为56 309.04km^2。

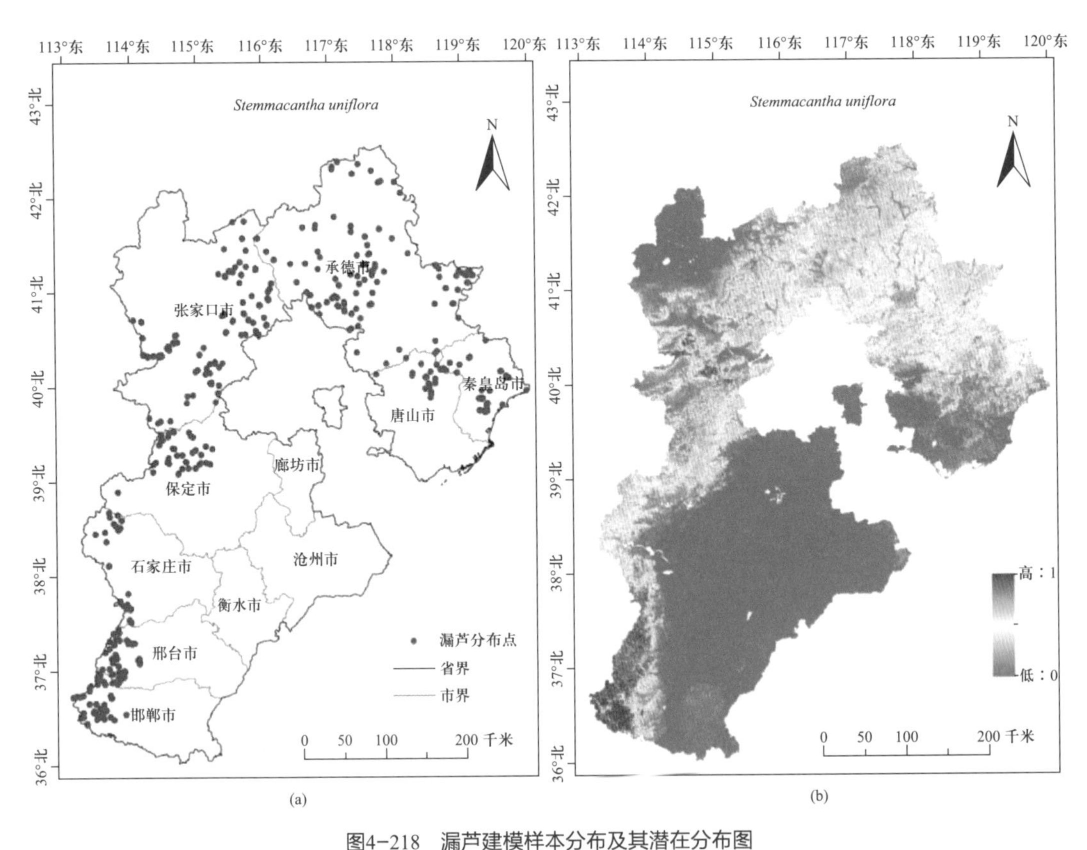

图4-218 漏芦建模样本分布及其潜在分布图
Fig4-218 Specimen Occurrences and potential distribution of *Stemmacantha uniflora*

首次建模选取42项环境因子进行模型运算，然后从首次建模的结果分析筛选13项环境因子（slope、bio4、bio8、LC、bio15、bio13、VC、bio14、t-cec-clay、bio2、ele、bio3、t-cec-soil）进行二次建模。选取第二次建模累计贡献率大于90%的环境因子和刀切法增益值显著的环境因子的并集共9项环境因子：slope、bio4、bio8、LC、bio15、bio13、VC、bio14、ele，视为漏芦生态适宜性的主导环境因子。表4-73是利用最大熵模型生成的物种环境变量响应曲线归纳分析得到影响该物种潜在分布的各主导环境变量的取值范围（$P\geqslant0.33$）、最佳取值以及贡献率。由表4-73可知地形因子累计贡献率为

51.7%，与温度相关的气候因子累计贡献率为30%，与降水量相关的气候因子累计贡献率8.2%，土地利用类型贡献率5.1%，植被覆盖率贡献率2%。所以，影响漏芦潜在地理分布的最显著的主导环境因子是地形因子和温度变量。

表4-73　影响漏芦潜在地理分布的主导因子、数值范围、最优值及贡献率

Table4-73 Dominant factors affecting potential distribution of *Stemmacantha uniflora*, their range,optimal value and percent contribution

变量 Variable	单位 Unit	数值范围 Value range	最优值 Optimal value	贡献率（%） Percent contribution
slope	°	3～40	22	50.7
bio4	—	9.5～10.3， 11.1～12.5， 12.8～13.2	9.5～9.9	18.2
bio8	℃	12～24	23	11.8
LC	name	2～8	6、7	5.1
bio15	—	0.50～1.28	0.95	3.6
bio13	mm	10.5～23	17～18	2.9
VC	%	0～100	40～80	2
bio14	mm	1.5～5.5	2.5～4.5	1.7
ele	m	200～2500	600～800	1

所以slope（坡度）和bio4（温度季节性变动系数）是影响漏芦潜在地理分布最重要的环境因子。其响应曲线如图4-219所示。

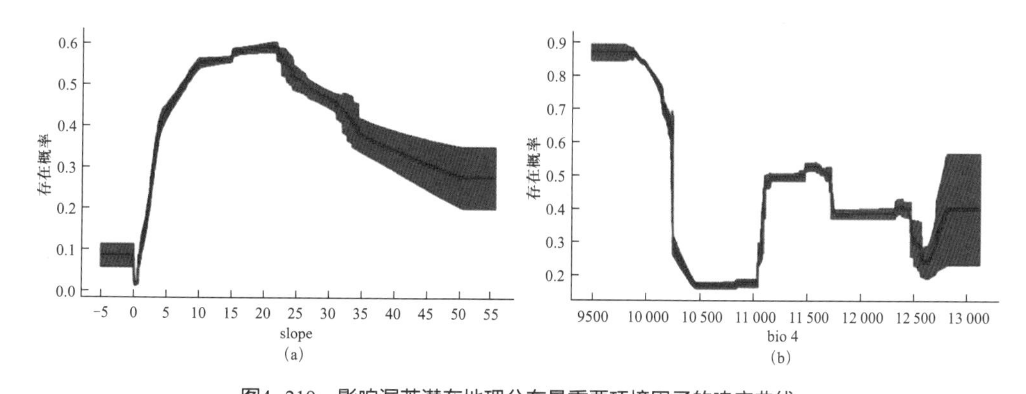

图4-219　影响漏芦潜在地理分布最重要环境因子的响应曲线

Fig4-219 Response curves of the most important environmental variables in modeling habitat distribution for *Stemmacantha uniflora*

4.74 款冬 *Tussilago farfara* L.

款冬之名见于《楚辞》，款冬花入药始载于《神农本草经》，又名冬花，款花。多年生草本。根状茎横生地下，褐色。产河北易县西陵、武安市列江乡、灵寿漫山、平山木厂；北京延庆海坨山下、门头沟区龙门涧。分布于东北、华北、西北、湖北、湖南、江西。印度、伊朗、俄罗斯及西欧、北非亦有。生海拔100~700m间的山涧、河堤、水沟旁。花蕾和叶入药，能润肺止咳、化痰平喘。

通过MaxEnt模型运算得到如图4-220所示的ROC曲线。图4-220a为首次运行重复15次的ROC曲线，AUC的平均值为0.624；图4-220b为二次建模重复15次的ROC曲线，AUC平均值为0.633。模型预测效果一般。

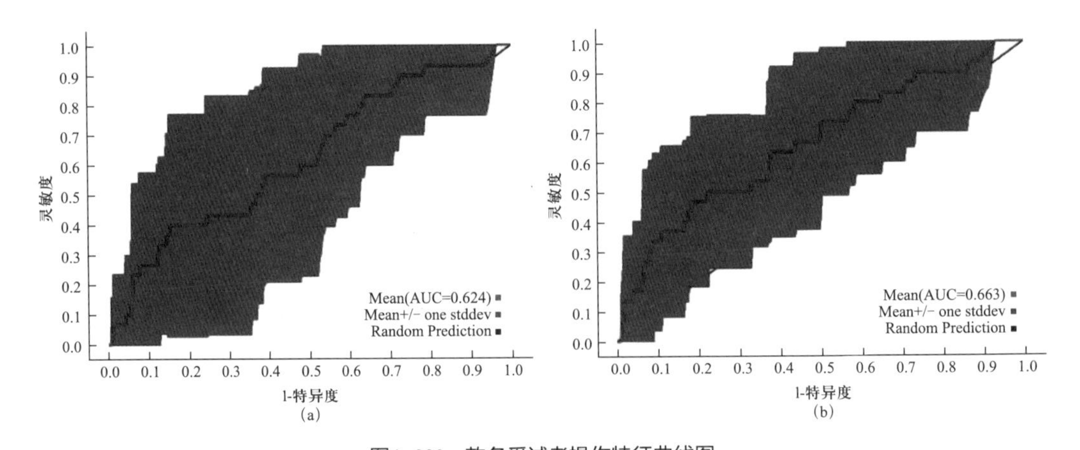

图4-220 款冬受试者操作特征曲线图
Fig4-220 Receiver operating characteristic curve of *Tussilago farfara*

图4-221a是用来建模的所有样本共计11条数据的分布图，通过MaxEnt模型运算和ArcGIS处理得到如图4-221b所示的款冬在河北省的潜在地理分布区，生境适生性概率P取值范围为0~1，图4-221b中颜色越亮代表分布概率越高，蓝色表示几乎没有分布。从图4-221b可知，款冬的高度适生区主要分布在蔚县、阜平县、灵寿县、平山县、赞皇县、临城县、内丘县、邢台县、沙河市、武安市、涉县。ArcGIS重分类后统计分析得到款冬的高度适生区面积为6676.39km^2，中度适生区的面积为104 868.10km^2，低度适生区的面积为83 554.87km^2。

首次建模选取42项环境因子进行模型运算，然后从首次建模的结果分析筛选9项环境因子（bio3、bio4、t-cec-clay、slope、t-bulk-density、LC、bio5、VC、t-ece）进行二次建模。选取第二次建模累计贡献率大于90%的环境因子和刀切法增益值显著的环境因子的并集共9项环境因子：bio3、bio4、t-cec-clay、slope、t-bulk-density、LC、bio5、VC、t-ece，视为款冬生态适宜性的主导环境因子。表4-74是利用最大熵模型生成的物种环境变量响应

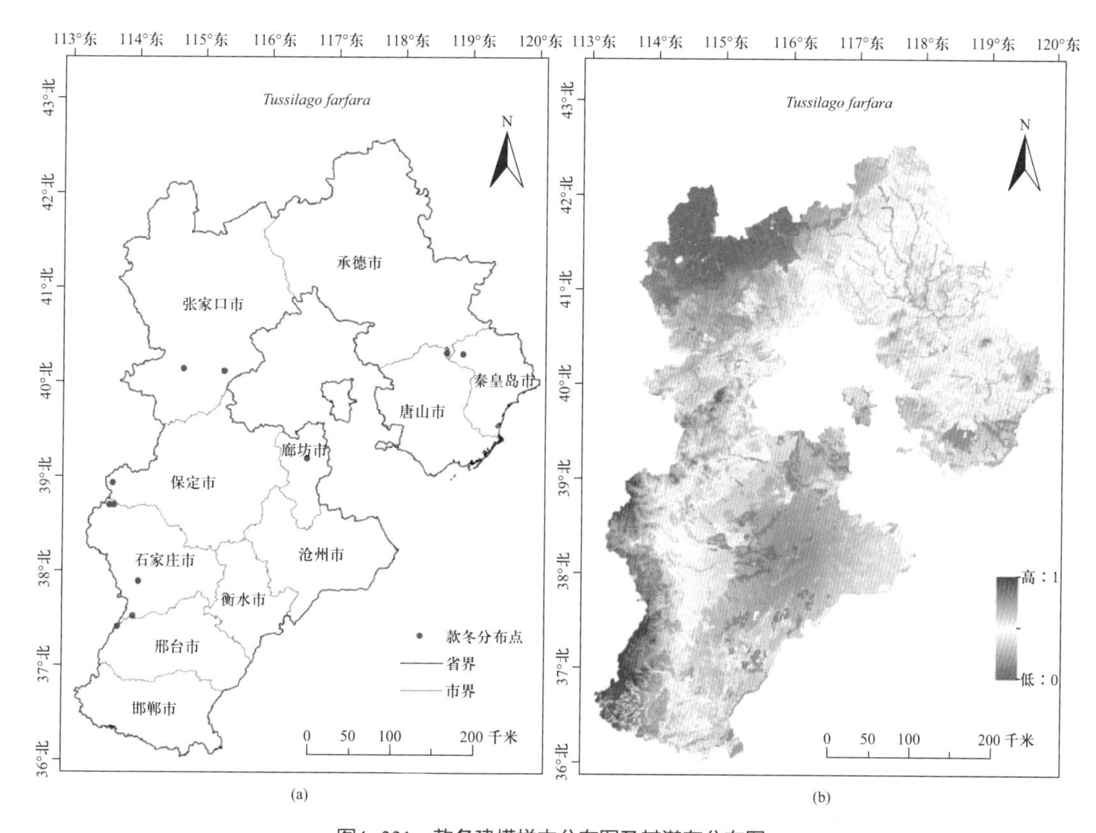

图4-221 款冬建模样本分布图及其潜在分布图

Fig4-221 Specimen Occurrences and potential distribution of *Tussilago farfara*

曲线归纳分析得到影响该物种潜在分布的各主导环境变量的取值范围（$P \geq 0.33$）、最佳取值以及贡献率。由表4-74可知与温度相关的气候因子累计贡献率为55.8%，土壤因子累计贡献率24.8%，地形因子坡度贡献率为12.7%，土地利用类型贡献率4.1%，植被覆盖率贡献率2.7%。所以，影响款冬潜在地理分布的最显著的主导环境因子是温度变量。

表4-74 影响款冬潜在地理分布的主导因子、数值范围、最优值及贡献率

Table4-74 Dominant factors affecting potential distribution of *Tussilago farfara*, their range,optimal value and percent contribution

变量 Variable	单位 Unit	数值范围 Value range	最优值 Optimal value	贡献率（%） Percent contribution
bio3	—	0.265～0.316	0.31～0.316	26.5
bio4	—	9.4～11.8	9.4～9.75	25.4
t-cec-clay	cmol /kg	15～72	15～25	13.1
slope	°	0～59	53～59	12.7

续表

变量 Variable	单位 Unit	数值范围 Value range	最优值 Optimal value	贡献率（%）Percent contribution
t-bulk-density	kg /dm3	1.17～1.62	1.57～1.62	11.1
LC	name	2～14	2	4.1
bio5	℃	15～35	15～17	3.9
VC	%	0～100	100	2.7
t-ece	dS/m	0～2	0	0.6

所以bio3（等温性）和bio4（温度季节性变动系数）是影响款冬潜在地理分布的最重要的环境因子。其响应曲线如图4–222所示。

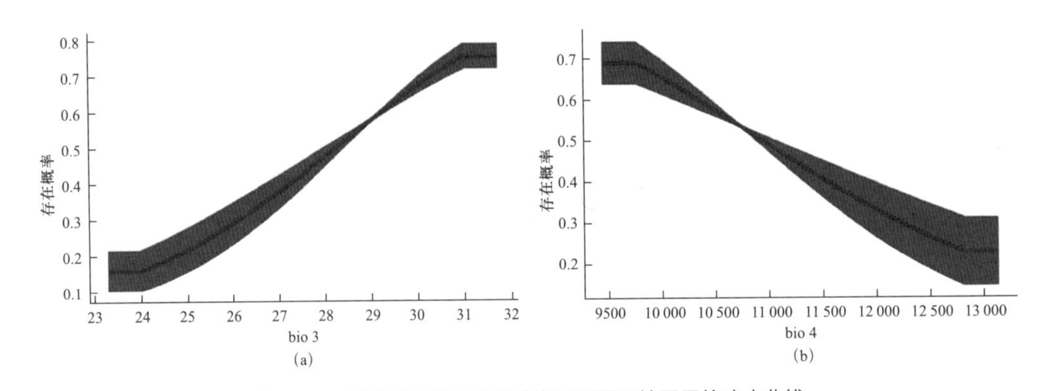

图4–222　影响款冬潜在地理分布最重要环境因子的响应曲线

Fig4–222 Response curves of the most important environmental variables in modeling habitat distribution for *Tussilago farfara*

4.75 东方泽泻 *Alisma orientale*（Samuel.）Juz.

泽泻入药始于《神农本草经》，列为上品，又名鹄泻、泽芝、禹孙。多年生水生或沼生草本。产河北秦皇岛、北戴河、宽城、围场、隆化、兴隆、青龙、唐山、乐亭、迁安、唐海、沽源、康保、赤城、怀来、宣化、涿鹿、怀安、阳原、蔚县、安次、固安、易县、顺平县、涞源、曲阳、衡水、行唐、灵寿、石家庄、鹿泉、井陉、元氏、赞皇、临城、内丘、邢台、永年、武安、临漳、磁县、涉县；北京圆明园、颐和园、动物园；天津蓟县、武清。分布于我国各省。俄罗斯、蒙古、日本及印度北部亦有。生浅水池塘、沟渠或沼泽中。本种花较大，花期较长，用于花卉观赏。主治肾炎水肿、肾盂肾炎、肠炎泄泻、小便不利等症。

通过MaxEnt模型运算得到如图4-223所示的ROC曲线。图4-223a首次运行重复15次的ROC曲线，AUC的平均值为0.865；图4-223b为二次建模重复15次的ROC曲线，AUC平均值为0.767。模型预测效果较好。

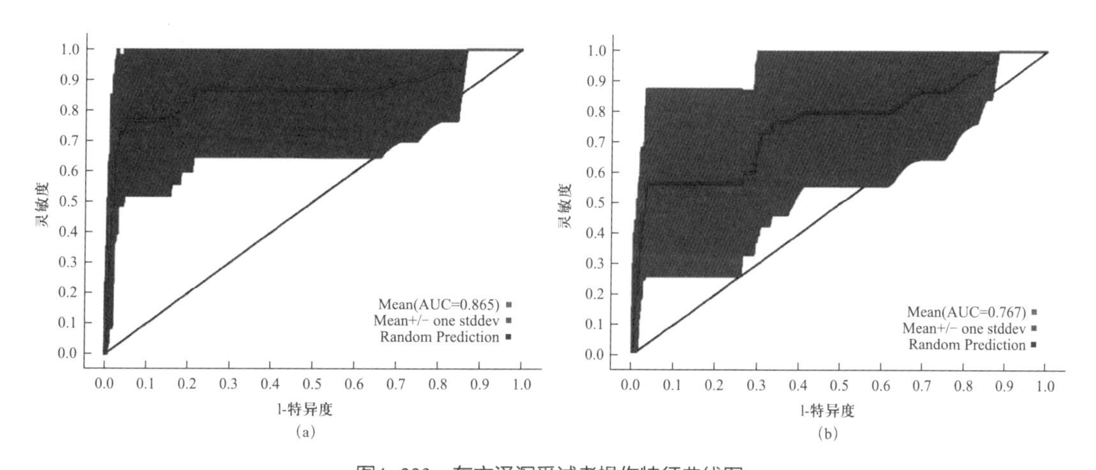

图4-223　东方泽泻受试者操作特征曲线图

Fig4-223 Receiver operating characteristic curve of *Alisma orientale*

图4-224a是用来建模的所有样本共计11个数据的分布图，通过MaxEnt模型运算和ArcGIS处理得到如图4-224b所示的东方泽泻在河北省的潜在分布区，生境适生性概率*P*取值范围为0～1，图4-224b中颜色越亮代表分布概率越高，蓝色表示几乎没有分布。从图4-224b可知，东方泽泻的高度适生区主要分布在阜平县、灵寿县、平山县。ArcGIS重分类后分析统计得到东方泽泻的高度适生区面积为2956.95km^2，中度适生区的面积为21 006.25km^2，低度适生区的面积为86 179.87km^2。

首次建模选取42项环境因子进行模型运算，然后从首次建模的结果分析筛选19项环境因子（bio3、bio13、t-texture、LC、t-silt、t-bs、bio14、t-gravel、t-caco3、t-usda-tex-class、aspect、bio2、t-clay、VC、t-teb、t-ece、t-bulk-density、t-ref-bulk-density、t-sand）进行二次建模。选取第二次建模累计贡献率大于90%的环境因子和刀切法增益值显著的环境因子的并集共8项环境因子：bio3、bio13、t-texture、LC、t-silt、t-bs、bio14、t-gravel，视为东方泽泻生态适宜性的主导环境因子。表4-75是利用最大熵模型生成的物种环境变量响应曲线归纳分析得到影响该物种潜在分布的各主导环境变量的取值范围（$P \geq 0.33$）、最佳取值以及贡献率。由表4-75可知与温度相关的气候因子和与降水量相关的气候因子累计贡献率均为35.5%，土壤因子累计贡献率21.2%，土地利用类型贡献率5.6%。所以，影响东方泽泻潜在地理分布的最显著的主导环境因子是温度变量、降水变量。

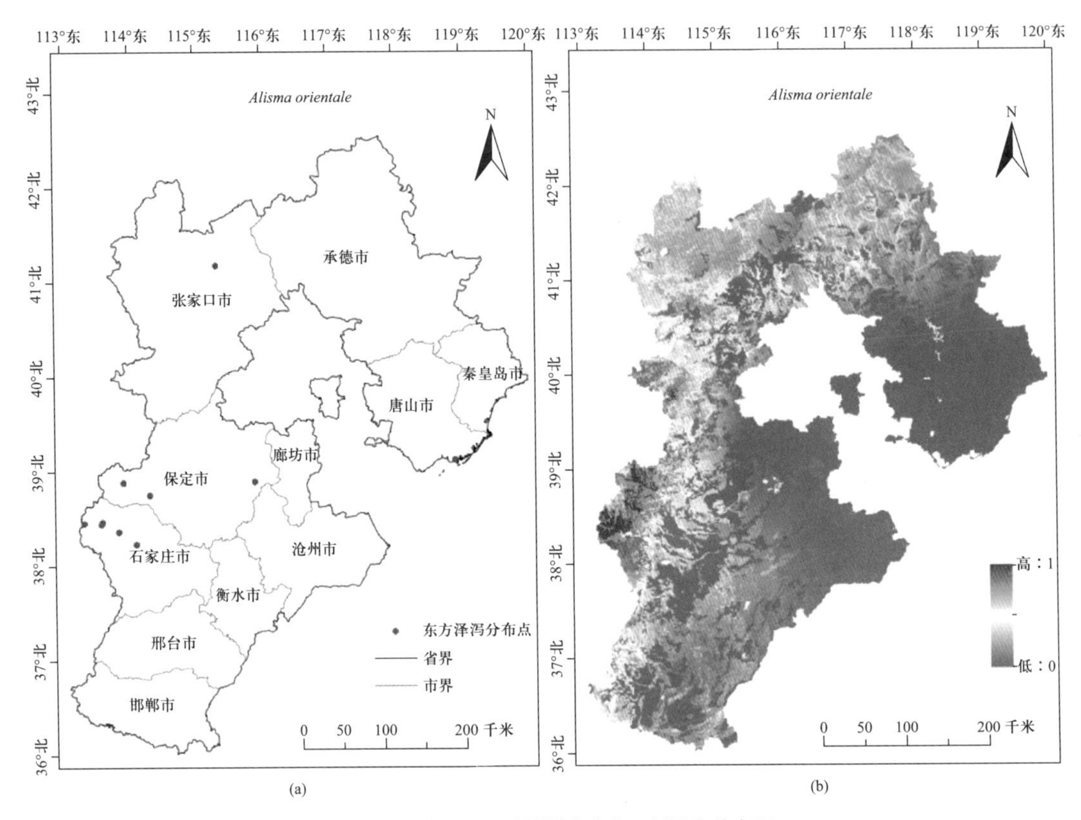

图4-224　东方泽泻建模样本分布及其潜在分布图

Fig4-224 Specimen Occurrences and potential distribution of *Alisma orientale*

表4-75　影响东方泽泻潜在地理分布的主导因子、数值范围、最优值及贡献率

Table4-75 Dominant factors affecting potential distribution of *Alisma orientale*, their range,optimal value and percent contribution

变量 Variable	单位 Unit	数值范围 Value range	最优值 Optimal value	贡献率（%） Percent contribution
bio3	—	0.275～0.318	0.31～0.318	35.5
bio13	mm	70～160	70～90	33.6
t-texture	code	1.3～3.2	3.0～3.2	11
LC	name	2～12	2	5.6
t-silt	%wt	17～59	54～59	4.4
t-bs	%	15～107	100～107	4.3
bio14	mm	0.25～4.0	0.25～1	1.9
t-gravel	%vol	2～28	25～28	1.5

所以bio3（等温性）和bio13（最湿月降水量）是影响东方泽泻潜在地理分布的最重要的环境因子。其响应曲线如图4-225所示。

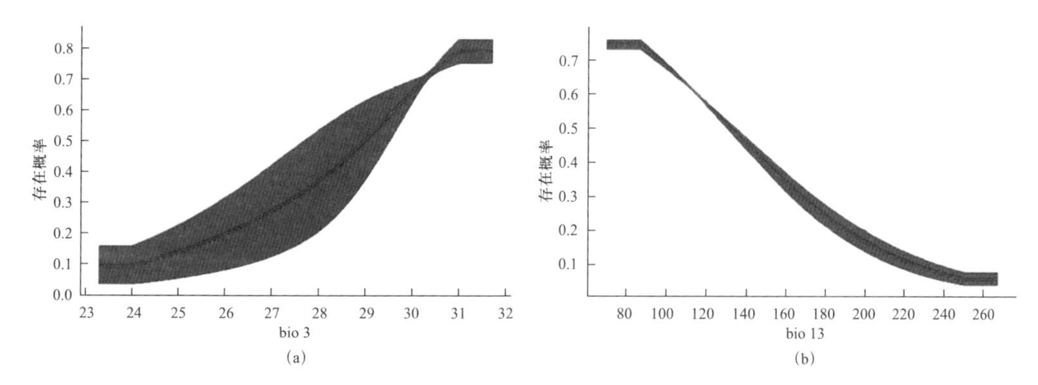

图4-225　影响东方泽泻潜在地理分布最重要环境因子的响应曲线
Fig4-225 Response curves of the most important environmental variables in modeling habitat distribution for *Alisma orientale*

4.76 薏苡 *Coix lacryma-jobi* L.

薏苡仁，首载于《神农本草经》，列为上品，又名起实、感米。一年生粗壮草本，须根黄白色，海绵质。河北、北京、天津各地均常见栽培。喜生于湿润地区，但能耐旱耐涝，对盐碱地、沼泽地的盐害和潮湿的耐受性较强。长江以南有野生。颖果含丰富的淀粉和脂肪，可供食用或酿酒，并可入药，称薏苡仁，有利尿、滋补之功效；茎叶可造纸；坚硬的总苞可制作美工用品，亦可作精饲料。

通过MaxEnt模型运算得到如图4-226所示的ROC曲线。图4-226a为首次运行重复15次的ROC曲线，AUC的平均值为0.866；图4-226b为二次建模重复15次的ROC曲线，AUC

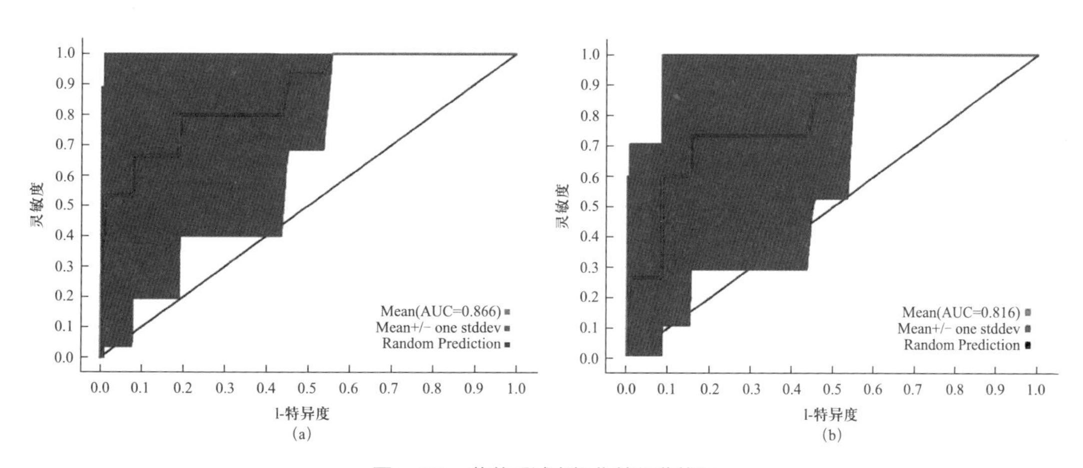

图4-226　薏苡受试者操作特征曲线图
Fig4-226 Receiver operating characteristic curve of *Coix lacryma-jobi*

平均值为0.816。模型预测效果很好。

图4-227a是用来建模的所有样本共计7个数据的分布图，通过MaxEnt模型运算和ArcGIS处理得到如图4-227b所示的薏苡在河北省的潜在地理分布区，生境适生性概率P取值范围为0～1，图4-227b中颜色越亮代表分布概率越高，蓝色表示几乎没有分布。从图4-227b可知，薏苡的高度适生区主要分布在赞皇县、临城县、内丘县、邢台县、沙河市、武安市、涉县。重分类后统计分析得到薏苡的高度适生区面积为4084.03km^2，中度适生区的面积为22 322.22km^2，低度适生区的面积为98 005.57km^2。

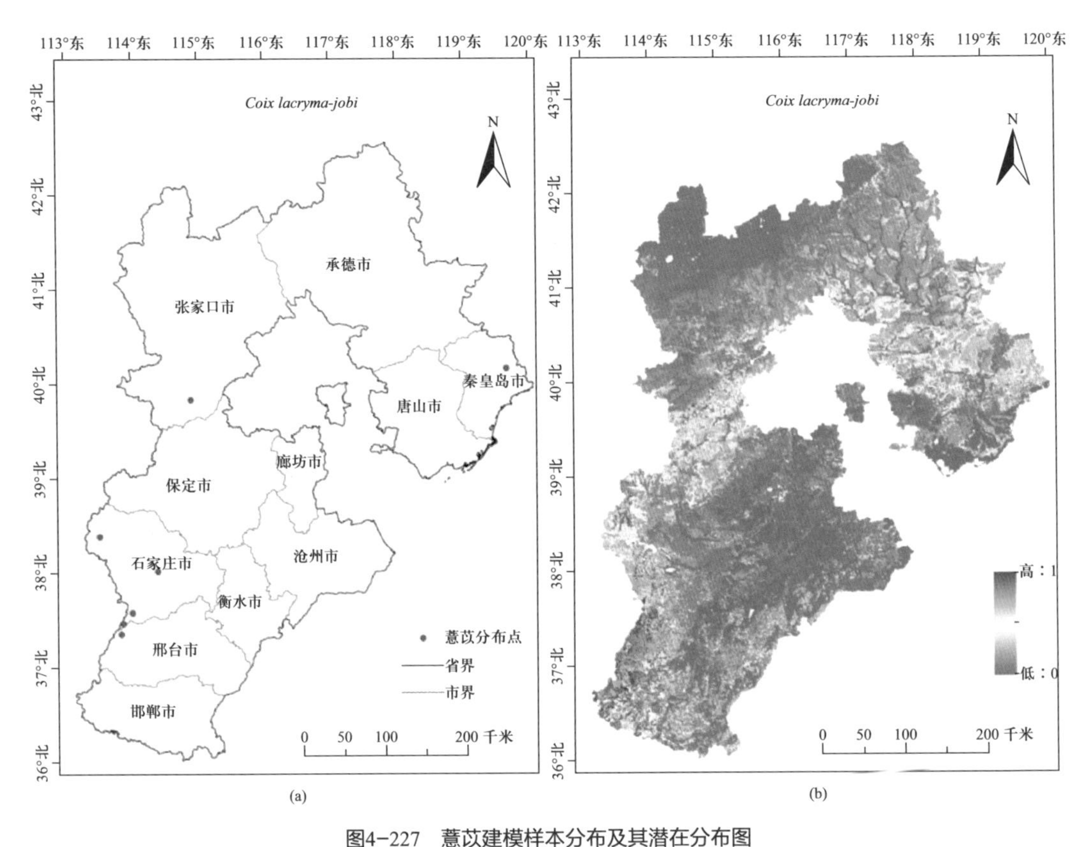

图4-227　薏苡建模样本分布及其潜在分布图

Fig4-227 Specimen Occurrences and potential distribution of *Coix lacryma-jobi*

首次建模选取42项环境因子进行模型运算，然后从首次建模的结果分析筛选18个环境因子（bio4、LC、t-caso4、t-bulk-density、t-texture、t-silt、bio15、aspect、bio3、t-gravel、slope、t-bs、t-esp、bio12、t-oc、VC、t-clay、t-cec-clay）进行二次建模。选取第二次建模累计贡献率大于90%的环境因子和刀切法增益值显著的环境因子的并集共11项环境因子：bio4、LC、t-caso4、t-bulk-density、t-texture、t-silt、bio15、aspect、bio3、t-gravel、slope，视为薏苡生态适宜性的主导环境因子。表4-76是利用最大熵模型生成的环境变量响应曲线归纳分析得到影响该物种潜在分布的各主导环境变量的取值范围（$P\geqslant0.33$）、最佳取值以及贡献率。由表4-76可知土壤因子累计贡献率31.5%，温度因子累计贡献率29.8%，土地利用类型贡献率24.9%，地形因子累计贡献率5.5%，降水量贡献率3.5%。所以，影响薏苡潜在地理分布的最显著的主导环境因子是温度变量和土地利用类型。

表4-76 影响薏苡潜在地理分布的主导因子、数值范围、最优值及贡献率
Table4-76 Dominant factors affecting potential distribution of *Coix lacryma-jobi*, their range,optimal value and percent contribution

变量 Variable	单位 Unit	数值范围 Value range	最优值 Optimal value	贡献率（%） Percent contribution
bio4	—	9.6~11.2	9.6~9.8	27.1
LC	name	2~9	2	24.9
t-caso4	%weight	0~0.2	0.05	12.4
t-bulk-density	kg /dm^3	1.38~1.62	1.57~1.62	7.4
t-texture	code	0.~2.2	0.8~1	5.5
t-silt	%wt	0~53	0~5	4
bio15	—	0.85~1.30	0.85~0.91	3.5
aspect	—	0~360	0	3.2
bio3	—	0.27~0.317	0.31~0.317	2.7
t-gravel	%vol	0~17	0~2	2.2
slope	°	0~53	48~53	2

bio4（温度季节性变动系数）、LC（土地利用类型）是影响薏苡潜在地理分布的最重要的环境因子。其响应曲线如图4-228所示。

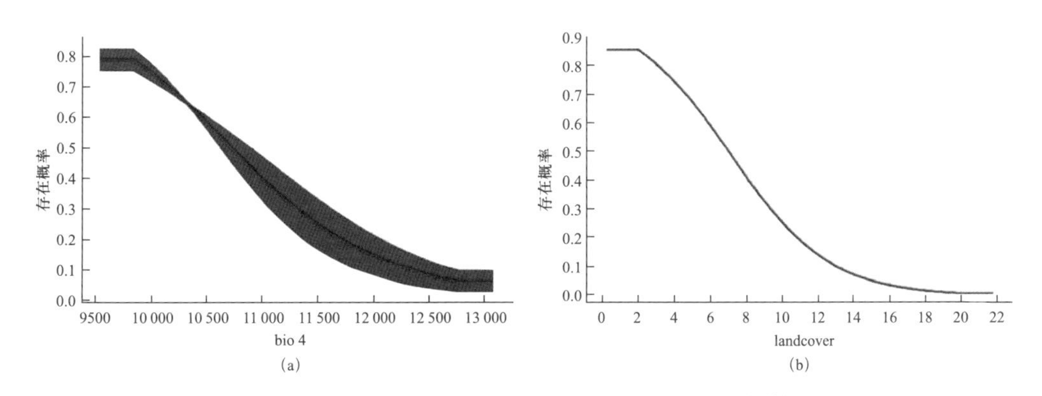

图4-228 影响薏苡潜在地理分布最重要环境因子的响应曲线
Fig4-228 Response curves of the most important environmental variables in modeling habitat distribution for *Coix lacryma-jobi*

4.77 白茅 *Imperata cylindrica*（L.）Beauv.

根入药，称白茅根，始载于《神农本草经》，又称兰根、地菅、丝茅。多年生，具粗壮的长根状茎。河北各地广布。常见农田杂草之一。生田野、田埂、路边、草地上。分布几遍全国。喜温暖湿润气候，喜阳耐旱。根状茎含果糖、葡萄糖等，味甜可食。根药用为清凉利尿剂；茅花有止血功效。茎叶可做饲料和造纸原料。也是保堤固沙植物。

通过MaxEnt模型运算得到如图4-229所示的ROC曲线。图4-229a为首次运行重复15次的ROC曲线，AUC的平均值为0.829；图4-229b为第二次建模重复15次的ROC曲线，AUC平均值为0.843。模型预测效果很好。

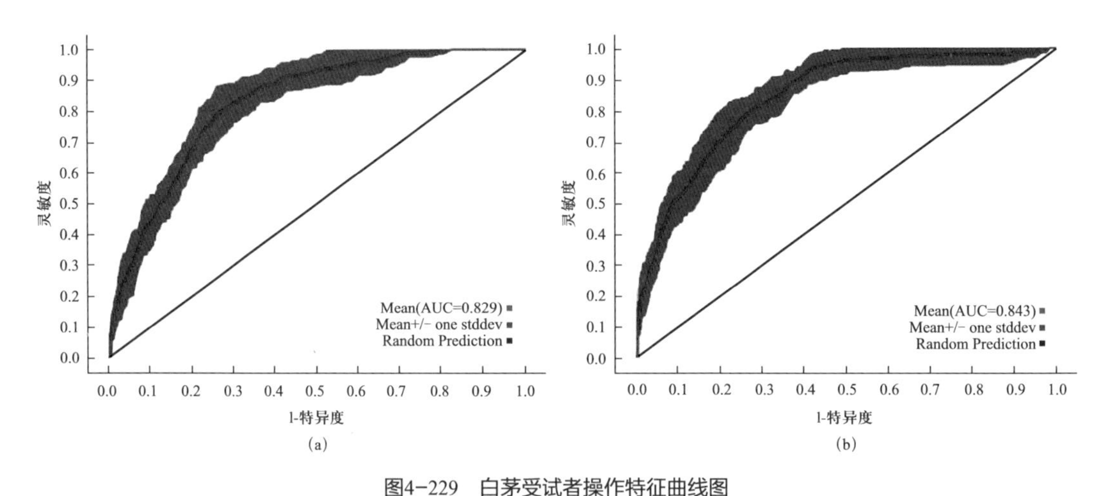

图4-229 白茅受试者操作特征曲线图

Fig4-229 Receiver operating characteristic curve of *Imperata cylindrical*

图4-230a是用来建模的所有样本共计112条数据的分布图，通过MaxEnt模型运算和ArcGIS操作得到如图4-230b所示的白茅在河北省的潜在分布区，生境适生性概率*P*取值范围为0～1，图4-230b中颜色越亮代表分布概率越高，蓝色表示几乎没有分布。从图4-230b可知，白茅的高度适生区主要分布在秦皇岛和唐山的沿海地区。ArcGIS重分类后分析统计得到白茅的高度适生区面积为3983.33km^2，中度适生区的面积为38 561.81km^2，低度适生区的面积为95 586.13km^2。

首次建模选取42项环境因子进行模型运算，然后从首次建模的结果分析筛选18项环境因子（bio8、bio17、t-caso4、bio15、ele、bio4、t-ece、bio13、t-silt、LC、slope、bio19、t-texture、bio2、VC、t-esp、t-cec-soil、t-caco3）进行二次建模。选取第二次建模累计贡献率大于90%的环境因子和刀切法增益值显著的环境因子的并集共10项环境因子：bio8、bio17、t-caso4、bio15、ele、bio4、t-ece、bio13、t-silt、LC，视为白茅生态适宜性的主导环境因子。表4-77是利用最大熵模型生成的物种环境变量响应曲线归纳分析得到

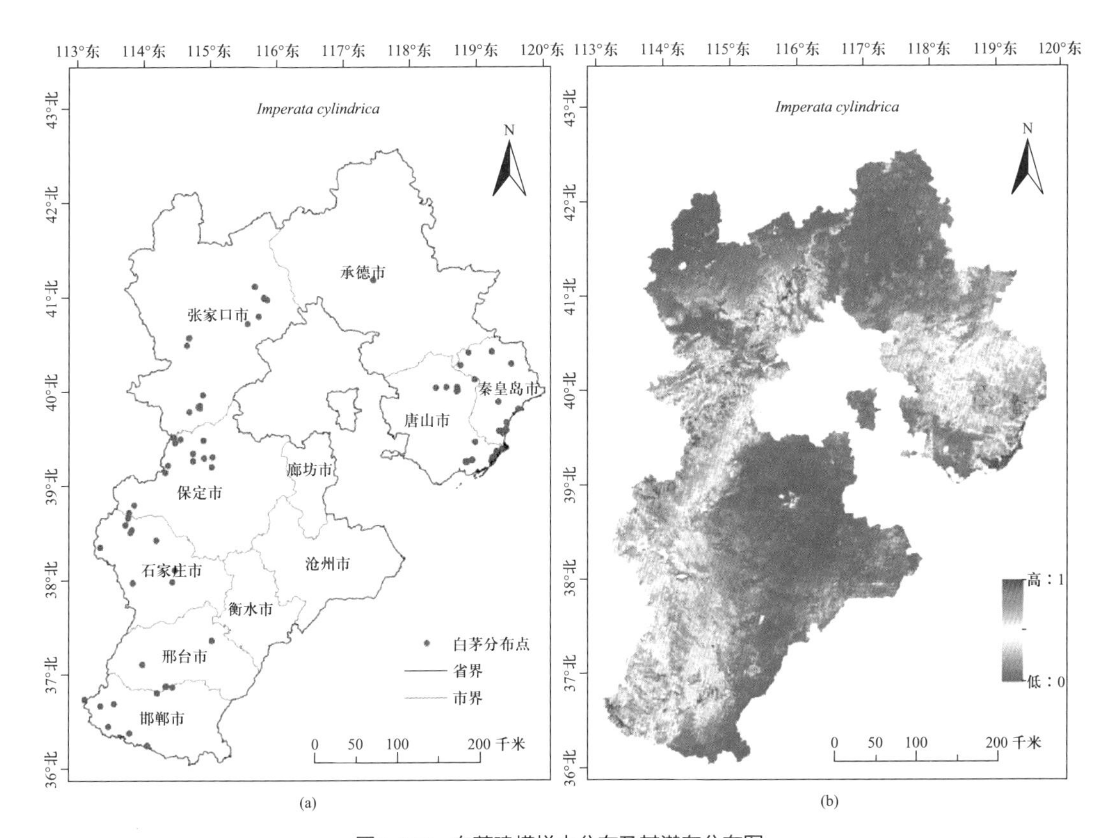

图4-230　白茅建模样本分布及其潜在分布图

Fig4-230 Specimen Occurrences and potential distribution of *Imperata cylindrical*

影响该物种潜在分布的各主导环境变量的取值范围（$P \geq 0.33$）、最佳取值以及贡献率。由表4-77可知与降水量相关的气候因子累计贡献率为33.5%，与温度相关的气候因子累计贡献率为29.7%，土壤因子累计贡献率为18.4%，海拔因子贡献率8.9%，土地利用类型贡献率2.3%。所以，影响白茅潜在地理分布的最显著的主导环境因子是降水变量和温度变量。

表4-77　影响白茅潜在地理分布的主导因子、数值范围、最优值及贡献率

Table 4-77 Dominant factors affecting potential distribution of *Imperata cylindrica*, their range,optimal value and percent contribution

变量 Variable	单位 Unit	数值范围 Value range	最优值 Optimal value	贡献率（%）Percent contribution
bio8	℃	17.5～25.5	24	22.9
bio17	mm	10～17.8	12.5	20.6
t-caso4	%weight	0～5.0	4.5～5.0	10.5
bio15	—	0.85～1.3	1	9.2

续表

变量 Variable	单位 Unit	数值范围 Value range	最优值 Optimal value	贡献率（%）Percent contribution
ele	m	0～2250	50	8.9
bio4	—	9.5～12.2	9.5～9.75	6.8
t-ece	dS/m	2～32	7	4.2
bio13	mm	110～270	225	3.7
t-silt	%wt	0～59	53	3.7
LC	name	2～11	2	2.3

所以，bio8（最湿季节平均温）、bio17（最干季节降水量）是影响白茅潜在地理分布的最重要的主导环境因子。其响应曲线如图4-231所示。

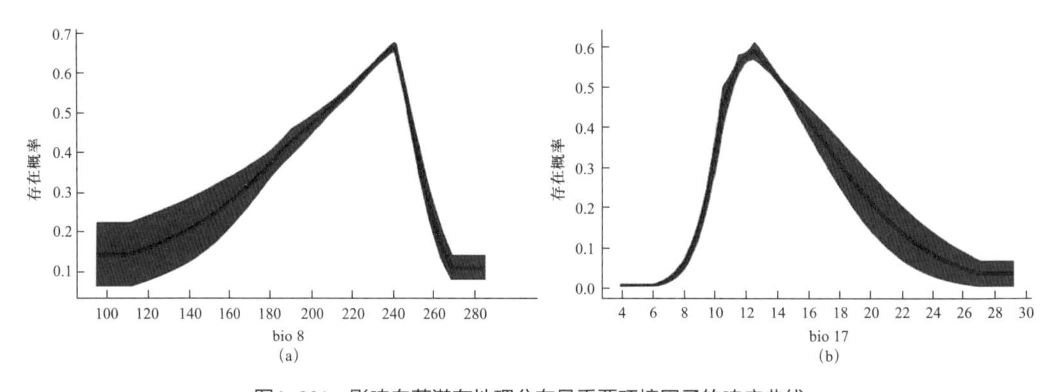

图4-231　影响白茅潜在地理分布最重要环境因子的响应曲线

Fig4-231 Response curves of the most important environmental variables in modeling habitat distribution for *Imperata cylindrical*

4.78 香附子 *Cyperus rotundus* L.

根入药称香附，始载于《名医别录》，列为中品。匐根状茎长，具椭圆形块茎。河北、北京广布。分布于陕西、甘肃、山西、河南、华东、西南。广布于世界各地。生山坡草地或水边湿地。喜温暖湿润气候和潮湿环境，耐寒。适宜生长于疏松的砂壤土。根茎药用。除能作健胃药外，还可以治疗妇科各症。

通过MaxEnt模型运算得到如图4-232所示的ROC曲线。图4-232a为首次运行重复15次的ROC曲线，AUC的平均值为0.837；图4-232b为二次建模重复15次的ROC曲线，AUC平均值为0.821。模型预测效果很好。

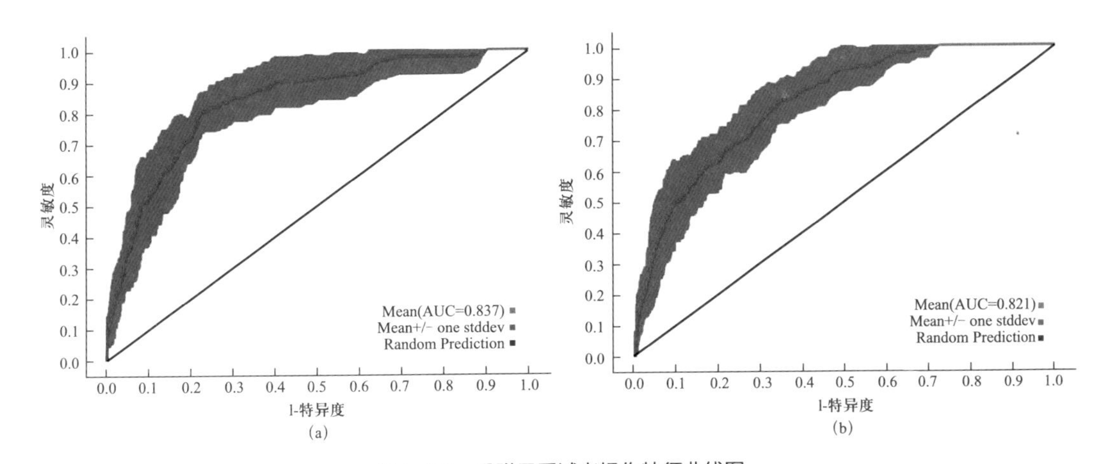

图4-232　香附子受试者操作特征曲线图

Fig4-232 Receiver operating characteristic curve of *Cyperus rotundus*

图4-233a是用来建模的所有样本共计63条数据的分布图，通过MaxEnt模型运算和ArcGIS处理得到如图4-233b所示的香附子在河北省的潜在地理分布区，生境适生性概率P取值范围为0～1，图4-233b中颜色越亮代表分布概率越高，蓝色表示几乎没有分布。从图4-233b可知，香附子的高度适生区主要分布在抚宁县、昌黎县、乐亭县、

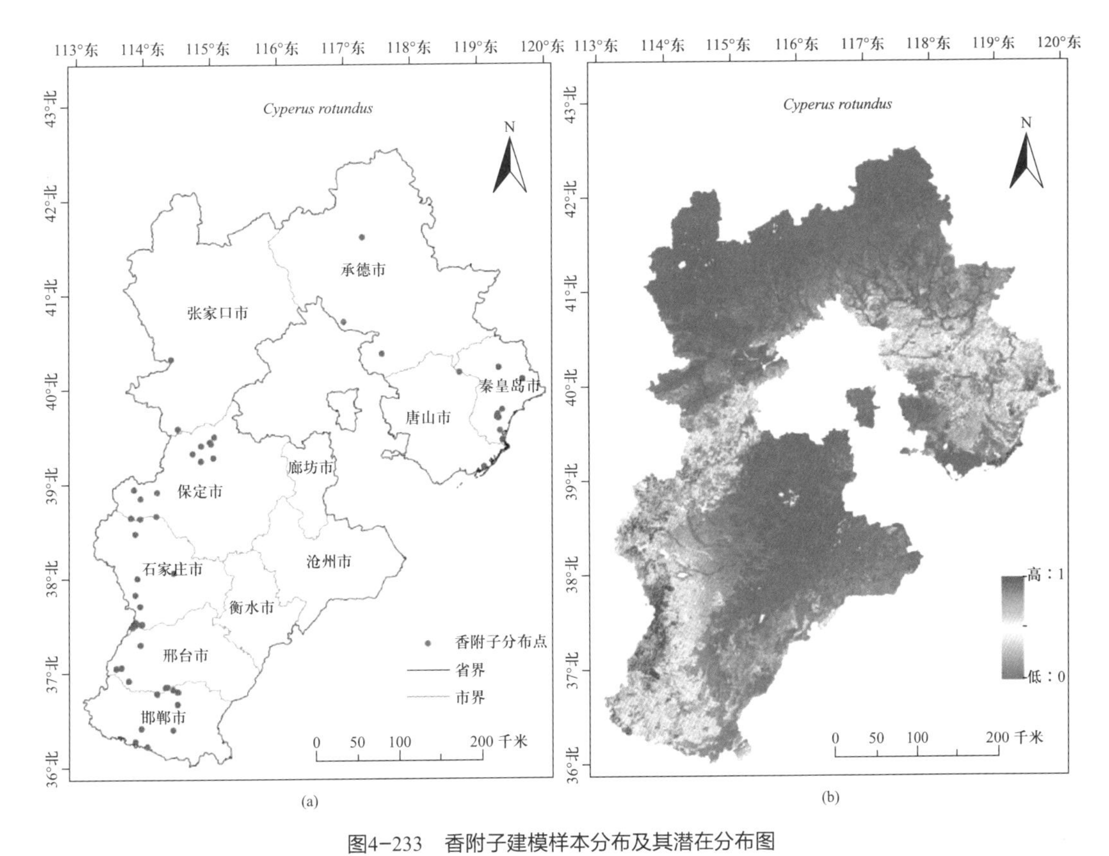

图4-233　香附子建模样本分布及其潜在分布图

Fig4-233 Specimen Occurrences and potential distribution of *Cyperus rotundus*

井陉县、赞皇县、沙河市。ArcGIS重分类后分析统计得到香附子的高度适生区面积为5318.75km^2，中度适生区的面积为26 853.47km^2，低度适生区的面积为80 924.31km^2。

首次建模选取42项环境因子进行模型运算，然后从首次建模的结果分析筛选19项环境因子（bio4、slope、bio3、ele、bio15、t-caco3、bio17、t-caso4、t-silt、t-oc、VC、t-gravel、aspect、bio8、t-esp、LC、bio2、bio12、t-ece）进行二次建模。选取第二次建模累计贡献率大于90%的环境因子和刀切法增益值显著的环境因子的并集共13项环境因子：bio4、slope、bio3、ele、bio15、t-caco3、bio17、t-caso4、t-silt、t-oc、VC、t-gravel、bio8，视为香附子生态适宜性的主导环境因子。表4-78是利用最大熵模型生成的环境变量响应曲线归纳分析得到影响该物种潜在分布的各主导环境变量的取值范围（$P \geq 0.33$）、最佳取值以及贡献率。由表4-78可知与温度相关的气候因子累计贡献率为45.1%，地形因子累计贡献率为19.6%，土壤因子累计贡献率为15.8%，降水量累计贡献率为8.9%，植被覆盖率贡献率2.5%。所以，影响香附子潜在地理分布的最显著的主导环境因子是温度变量和地形变量。

表4-78 影响香附子潜在地理分布的主导因子、数值范围、最优值及贡献率

Table4-78 Dominant factors affecting potential distribution of *Cyperus rotundus*, their range,optimal value and percent contribution

变量 Variable	单位 Unit	数值范围 Value range	最优值 Optimal value	贡献率（%） Percent contribution
bio4	—	9.3~11.3	9.3~9.7	32.5
slope	°	2~57	57	13.5
bio3	—	0.275~0.318	0.305	10.7
ele	m	50~1 200	200	6.1
bio15	—	1~1.25	1.07	5.4
t-caco3	%weight	0~10	0	4.8
bio17	mm	10~30	15.3	3.5
t-caso4	%weight	0~0.2,1.8~4.9	4.5~4.9	3.2
t-silt	%wt	0~44	0~5	2.7
t-oc	%weight	0.1~2.3	0.1~0.3	2.7
VC	%	0~100	100	2.5
t-gravel	%vol	0~28	25~28	2.4
bio8	℃	19~26	23.5	1.9

bio4（温度季节性变化系数）、slope（坡度）是影响香附子的潜在地理分布最大的环境因子。其响应曲线如图4-234所示。

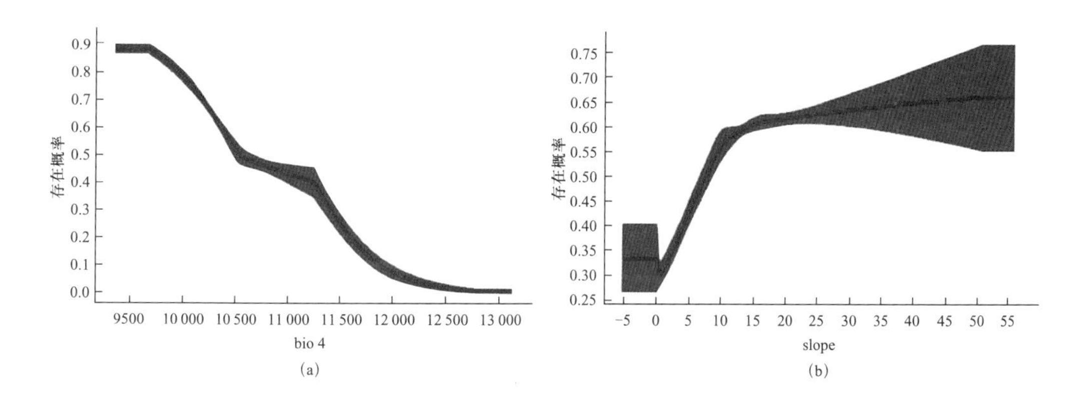

图4-234　影响香附子潜在地理分布最重要环境因子的响应曲线
Fig4-234 Response curves of the most important environmental variables in modeling habitat distribution for *Cyperus rotundus*

4.79 东北南星 *Arisaema amurense* Maxim.

块茎小，近球形。分布于黑龙江、吉林、辽宁、河南、山东、山西等省。朝鲜和俄罗斯西伯利亚亦有。生矮林草丛中。球茎入药称天南星，能解毒消肿、祛风定惊、化痰散结；主治面神经麻痹、半身不遂、小儿惊风、破伤风、癫痫；外用治疗疮肿毒、毒蛇咬伤、灭蝇蛆。用胆汁处理过的称胆南星，主治小儿痰热、惊风抽搐。

通过MaxEnt模型运算得到如图4-235所示的ROC曲线。图4-235a为首次运行重复15次的ROC曲线，AUC的平均值为0.881；图4-235b为二次建模重复15次的ROC曲线，AUC平均值为0.928。模型预测效果极好。

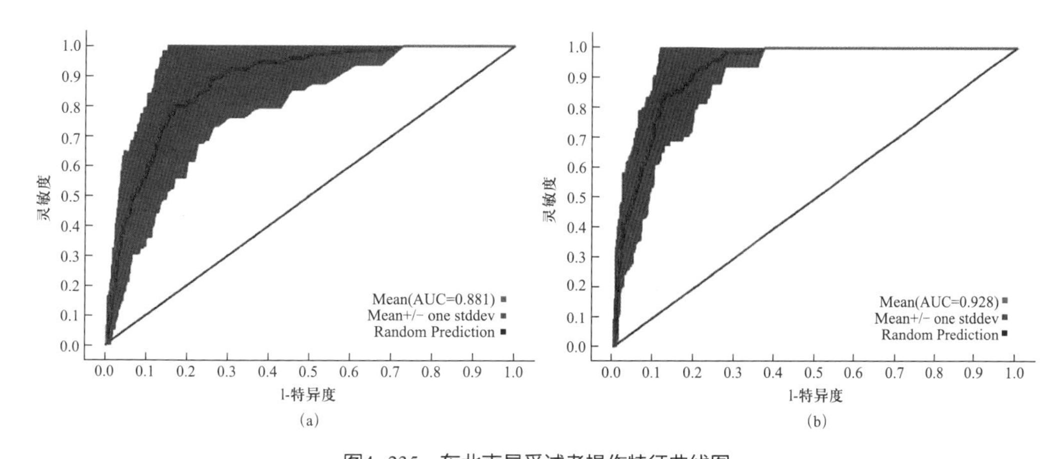

图4-235　东北南星受试者操作特征曲线图
Fig4-235 Receiver operating characteristic curve of *Arisaema amurense*

图4-236a是用来建模的所有样本共计25条数据的分布图，通过MaxEnt模型运算和ArcGIS处理得到如图4-236b所示的东北南星在河北省的潜在地理分布区，生境适生性概率*P*取值范围为0～1，图4-236b中颜色越亮代表分布概率越高，蓝色表示几乎没有分布。从图4-236b可知，东北南星的高度适生区主要分布在阜平县、灵寿县、平山县、赞皇县、邢台县、武安市。ArcGIS重分类后分析统计得到东北南星的高度适生区面积为3606.95km^2，中度适生区的面积为18 377.78km^2，低度适生区的面积为48 502.79km^2。

首次建模选取42项环境因子进行模型运算，然后从首次建模的结果分析筛选11项环境因子（VC、slope、bio4、bio3、bio15、bio8、ele、LC、t-caso4、bio2、bio12）进行二次建模。选取第二次建模累计贡献率大于90%的环境因子和刀切法增益值显著的环境因子的并集共8项环境因子：VC、slope、bio4、bio3、bio15、bio8、ele、LC，视为东北南星生态适宜性的主导环境因子。表4-79是利用最大熵模型生成的环境变量响应曲线归纳分析得到影响该物种潜在分布的各主导环境变量的取值范围（$P\geqslant0.33$）、最佳取值以及贡献率。由表4-79可知植被覆盖率贡献率36.7%，地形因子累计贡献率36.1%，温度累计贡献率23.9%，降水量贡献率1.5%，土地利用类型贡献率0.8%。所以，影响东北南星潜在地理分布的最显著的主导环境因子是植被覆盖率、地形因子、温度变量。

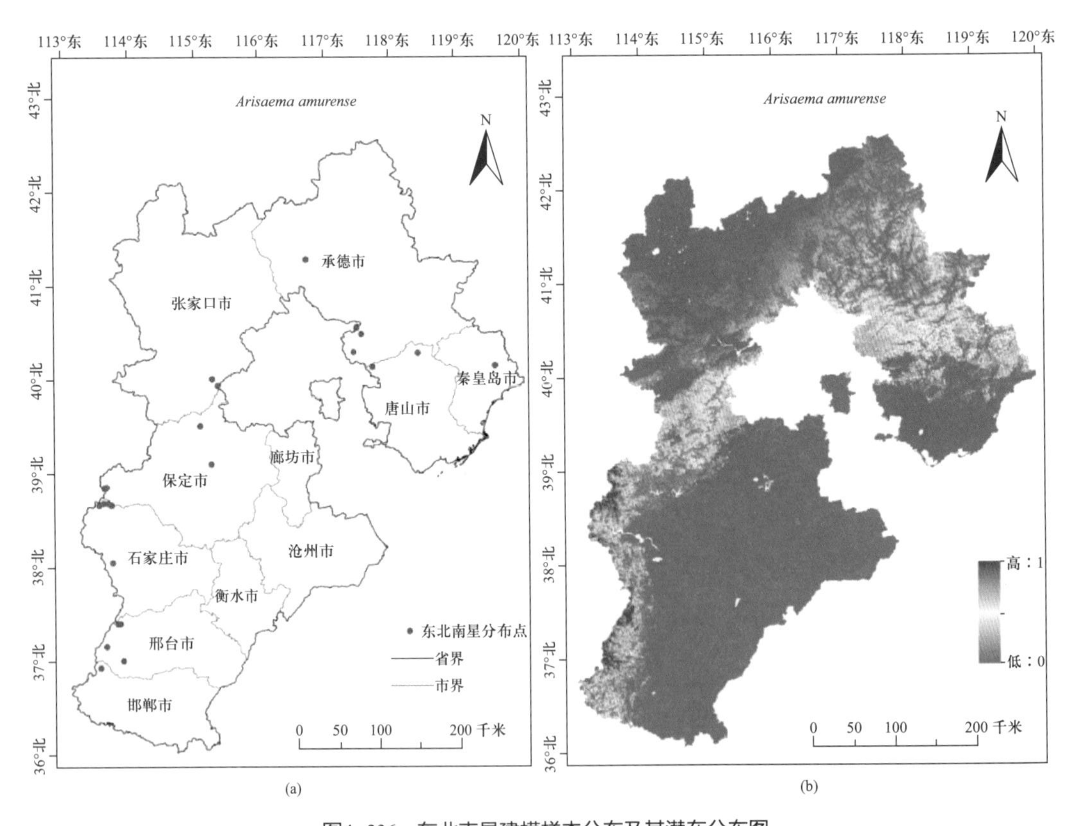

图4-236　东北南星建模样本分布及其潜在分布图

Fig4-236 Specimen Occurrences and potential distribution of *Arisaema amurense*

表4-79 影响东北南星潜在地理分布的主导因子、数值范围、最优值及贡献率
Table4-79 Dominant factors affecting potential distribution of *Arisaema amurense*, their range,optimal value and percent contribution

变量 Variable	单位 Unit	数值范围 Value range	最优值 Optimal value	贡献率（%） Percent contribution
VC	%	45~100	70	36.7
slope	°	6~58	53~58	35.1
bio4	—	9.4~11.5	9.4~9.8	13.2
bio3	—	0.28~0.317	0.31~0.317	9.5
bio15	—	0.94~1.56	1.05	1.5
bio8	℃	9~24	20	1.2
ele	m	200~2800	800	1
LC	name	4~9	6、7	0.8

所以VC（植被覆盖率）、slope（坡度）是影响东北天南星的潜在地理分布最重要的环境因子。其响应曲线如图4-237所示。

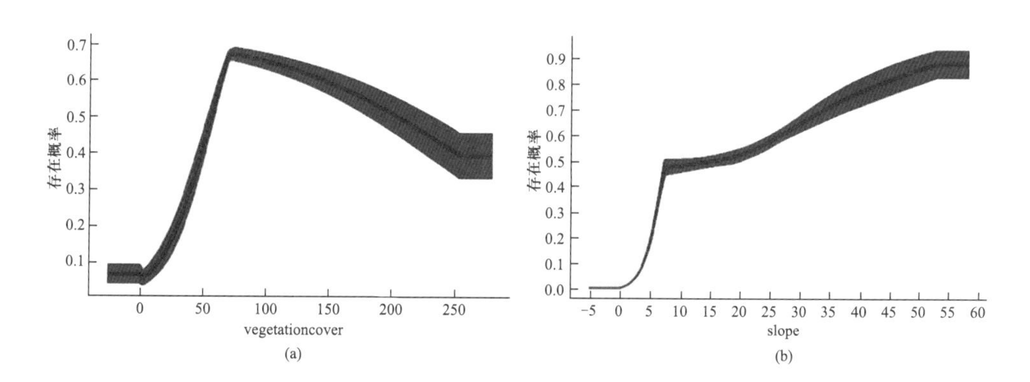

图4-237 影响东北南星潜在地理分布最重要环境因子的响应曲线
Fig4-237 Response curves of the most important environmental variables in modeling habitat distribution for *Arisaema amurense*

4.80 天南星 *Arisaema heterophyllum* Blume

块茎扁球形，周围生根，常有若干侧生芽眼。产河北燕山、太行山区各县及北京山区。分布于全国各地。不丹、泰国也有。生林下阴地。球茎入药称天南星，能解毒消肿、祛风定惊、化痰散结；主治面神经麻痹、半身不遂、小儿惊风、破伤风、癫痫；外用治疗疮肿毒、毒蛇咬伤、灭蝇蛆。用胆汁处理过的称胆南星，主治小儿痰热、惊风抽搐。

通过MaxEnt模型运算得到如图4-238所示的ROC曲线。图4-238a为首次运行重复15次的ROC曲线，AUC的平均值为0.959；图4-238b为二次建模重复15次的ROC曲线，AUC平均值为0.881。模型预测效果极好。

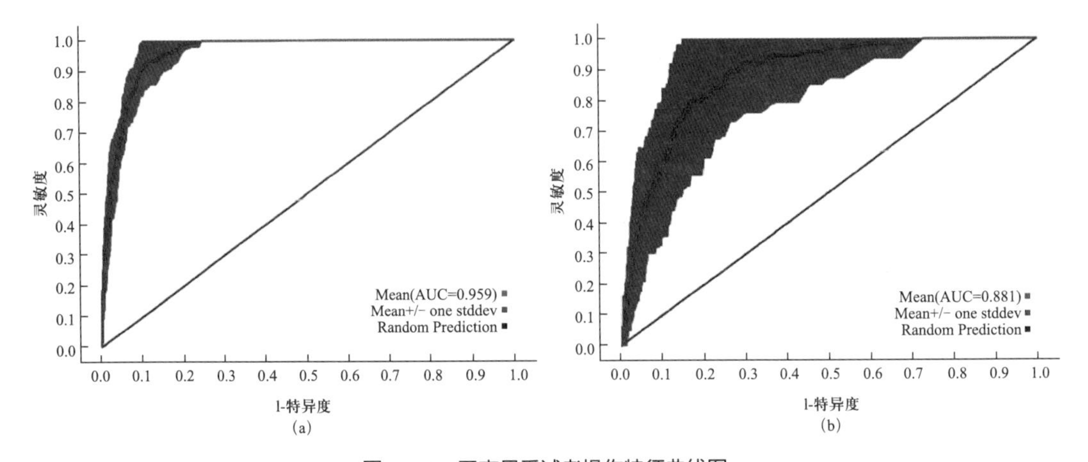

图4-238　天南星受试者操作特征曲线图
Fig4-238 Receiver operating characteristic curve of *Arisaema heterophyllum*

图4-239a是用来建模的所有样本共计92条数据的分布图，通过MaxEnt模型运算和ArcGIS得到如图4-239b所示的天南星在河北省的潜在地理分布区，生境适生性概率*P*取值范围为0～1，图4-239b中颜色越亮代表分布概率越高，蓝色表示几乎没有分布。从图4-239b可知，天南星的高度适生区主要分布在平山县、赞皇县、沙河市、武安市。ArcGIS重分类后分析统计得到天南星的高度适生区面积为1517.36km^2，中度适生区的面积为4495.83km^2，低度适生区的面积为18 070.84km^2。

首次建模选取42项环境因子进行模型运算，然后从首次建模的结果分析筛选20项环境因子（bio3、VC、slope、bio4、bio17、ele、t-bulk-density、bio15、bio12、t-cec-clay、aspect、t-bs、bio5、t-gravel、t-esp、t-caco3、t-silt、LC、t-ece、t-caso4）进行二次建模。选取第二次建模累计贡献率大于90%的环境因子和刀切法增益值显著的环境因子的并集共10项环境因子：bio3、VC、slope、bio4、bio17、ele、t-bulk-density、bio15、bio12、t-cec-clay，视为天南星生态适宜性的主导环境因子。表4-80是利用最大熵模型生成的物种环境变量响应曲线归纳分析得到影响该物种潜在分布的各主导环境变量的取值范围（$P \geq 0.33$）、最佳取值以及贡献率。由表4-80可知与温度相关的气候因子累计贡献率为45.4%，植被覆盖率贡献率22.7%，地形因子累计贡献率19.9%，降水量累计贡献率7.4%，土壤因子累计贡献率3.1%。所以，影响天南星潜在地理分布的最显著的主导环境因子是温度变量和植被覆盖率。

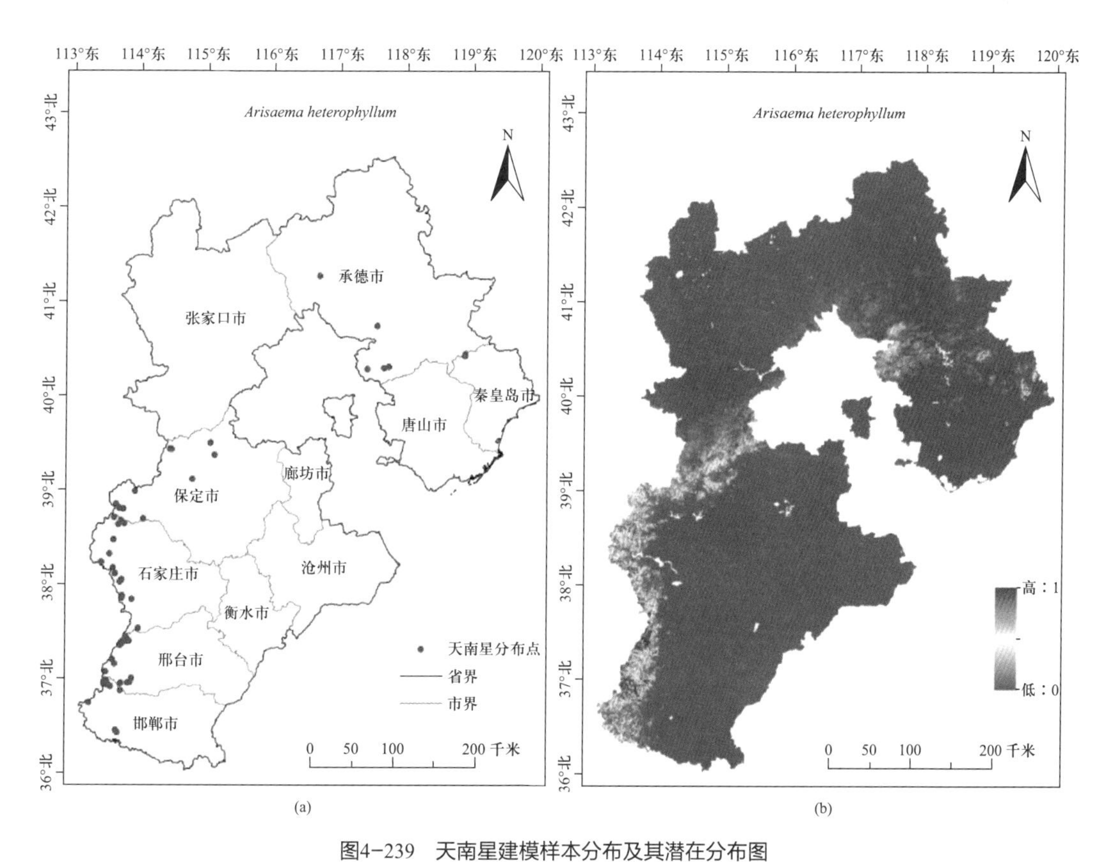

图4-239　天南星建模样本分布及其潜在分布图

Fig4-239 Specimen Occurrences and potential distribution of *Arisaema heterophyllum*

表4-80　影响天南星潜在地理分布的主导因子、数值范围、最优值及贡献率

Table4-80 Dominant factors affecting potential distribution of *Arisaema heterophyllum*, their range,optimal value and percent contribution

变量 Variable	单位 Unit	数值范围 Value range	最优值 Optimal value	贡献率（%） Percent contribution
bio3	—	0.294～0.318	0.305	34.9
VC	%	45～100	70	22.7
slope	°	8～59	54～59	15.7
bio4	—	9.4～10.4	9.4～9.8	10.5
bio17	mm	12.5～24	17.3	5.4
ele	m	300～1300	750	4.2
t-bulk-density	kg /dm^3	1.32～1.61	1.48	2.6
bio15	—	1～1.15	1.05	1.1
bio12	mm	460～755	730～775	0.9
t-cec-clay	cmol /kg	15～55	44	0.5

所以，bio3（等温性）和VC（植被覆盖率）是影响天南星的潜在地理分布的最重要的环境因子。其响应曲线如图4-240所示。

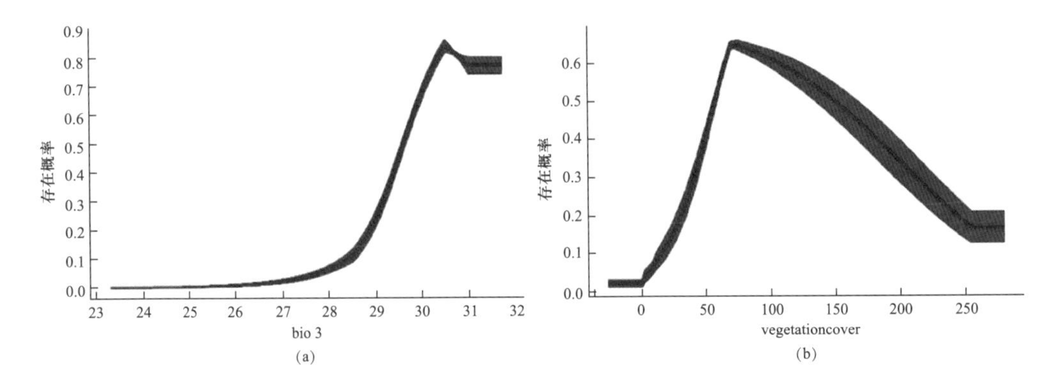

图4-240　影响天南星潜在地理分布最重要环境因子的响应曲线
Fig4-240 Response curves of the most important environmental variables in modeling habitat distribution for *Arisaema heterophyllum*

4.81 半夏 *Pinellia ternata*（Thunb.）Breit.

半夏，始载于《神农本草经》，列为下品。又称水玉、地文、和姑、守田、示姑。块茎圆球形，具须根。产河北、北京、天津各地。分布于全国。生草坡、田间，为常见杂草。球茎有毒，入药为半夏。能燥湿化痰，降逆止呕，生用消疖肿；主治咳嗽痰多、恶心呕吐；外用治急性乳腺炎、急慢性化浓性中耳炎。兽医用以治锁喉癀。

通过MaxEnt模型运算得到如图4-241所示的ROC曲线。图4-241a为首次运行重复15次的ROC曲线，AUC的平均值为0.925；图4-241b为二次建模重复15次的ROC曲线，AUC平均值为0.927。模型预测效果极好。

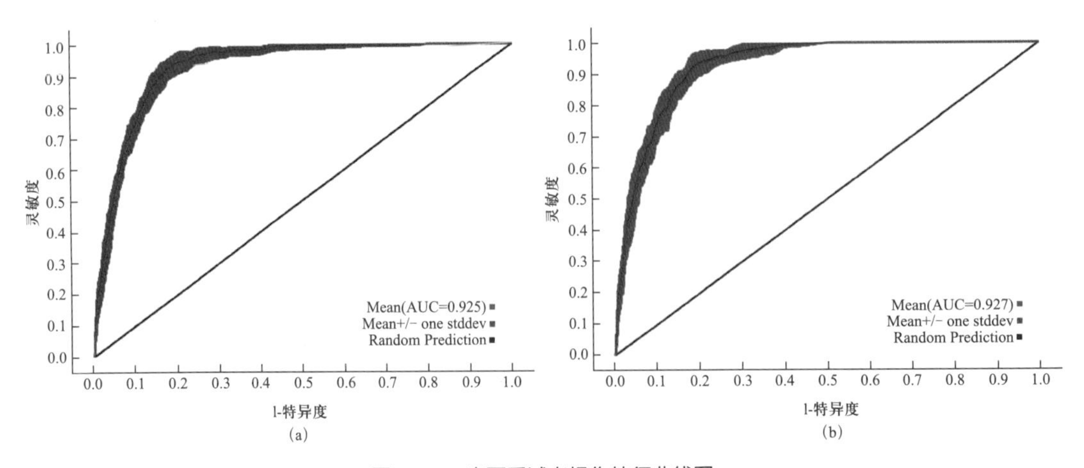

图4-241　半夏受试者操作特征曲线图
Fig4-241 Receiver operating characteristic curve of *Pinellia ternata*

图4-242a是用来建模的所有样本共计203条数据的分布图，通过MaxEnt模型运算和ArcGIS处理得到如图4-242b所示的半夏在河北省的潜在地理分布区，生境适生性概率*P*取值范围为0～1，图4-242b中颜色越亮代表分布概率越高，蓝色表示几乎没有分布。从图4-242b可知，半夏的高度适生区主要分布在井陉县、赞皇县、临城县、内丘县、邢台县、沙河市、武安市。ArcGIS重分类后分析统计得到半夏的高度适生区面积为2365.97km^2，中度适生区的面积为11 657.64km^2，低度适生区的面积为28 929.17km^2。

首次建模选取42项环境因子进行模型运算，然后从首次建模的结果分析筛选13项环境因子（bio4、slope、ele、bio5、VC、LC、aspect、bio15、bio17、t-cec-clay、t-caco3、t-teb、t-ece）进行二次建模。选取第二次建模累计贡献率大于90%的环境因子和刀切法增益值显著的环境因子的并集共8项环境因子：bio4、slope、ele、bio5、VC、LC、aspect、bio15，视为半夏生态适宜性的主导环境因子。表4-81是利用最大熵模型生成的环境变量响应曲线归纳分析得到影响该物种潜在分布的各主导环境变量的取值范围（$P\geq0.33$）、最佳取值以及贡献率。由表4-81可知与温度相关的气候因子累计贡献率49.9%，地形因子累计贡献率37.1%，植被覆盖率贡献率5.4%，土地利用类型贡献率4.1%，降水量季节性变化贡献率1.2%。所以，影响半夏潜在地理分布的最显著的主导环境因子是温度变量和地形因子。

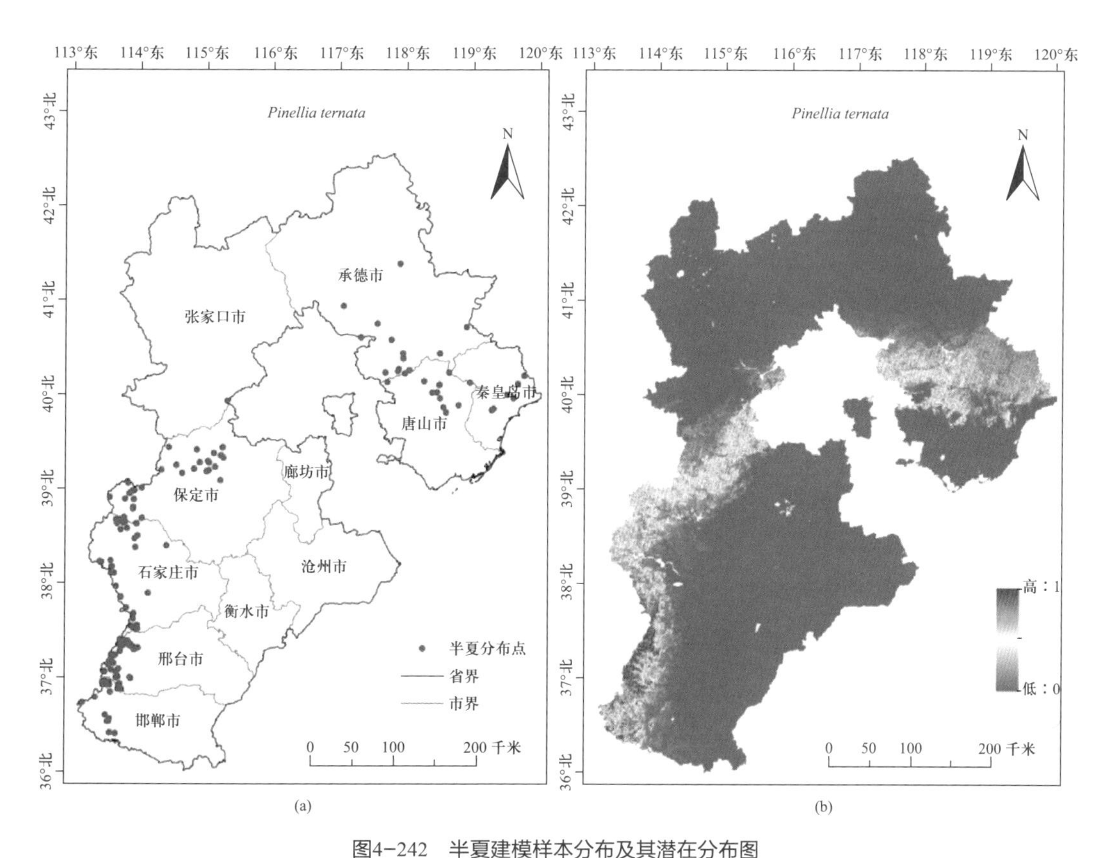

图4-242 半夏建模样本分布及其潜在分布图

Fig4-242 Specimen Occurrences and potential distribution of *Pinellia ternata*

表4-81　影响半夏潜在地理分布的主导因子、数值范围、最优值及贡献率

Table4-81 Dominant factors affecting potential distribution of *Pinellia ternata*, their range,optimal value and percent contribution

变量 Variable	单位 Unit	数值范围 Value range	最优值 Optimal value	贡献率（%） Percent contribution
bio4	—	9.5～10.3,11.2～11.3	9.5～9.8	44.2
slope	°	4～56	33	26.4
ele	m	100～1100	500	9.4
bio5	℃	26.8～31	29	5.7
VC	%	25～100	100	5.4
LC	name	5～7	7	4.1
aspect	—	0～360	50	1.3
bio15	—	1.03～1.2,1.25～1.32	1.05	1.2

所以bio4（温度季节性变动系数）是影响半夏潜在地理分布的最重要的环境因子。其响应曲线如图4-243所示。

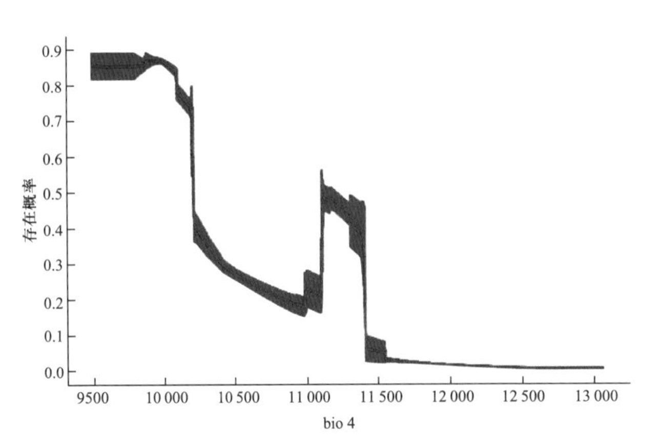

图4-243　影响半夏潜在地理分布最重要环境因子的响应曲线

Fig4-243 Response curves of the most important environmental variables in modeling habitat distribution for *Pinellia ternata*

4.82 知母 *Anemarrhena asphodeloides* Bunge

知母始载于《神农本草经》，列为中品。又称连母、穿地龙。根状茎横走，具较粗的根。产河北、北京、天津大部分地区。主产河北省。分布于黑龙江、吉林、辽宁、山东、山西、陕西、内蒙古、甘肃等省及自治区。朝鲜和蒙古亦有分布。喜温暖湿润气

候，耐寒，耐干旱，适应强，对土壤要求不严。在阴坡、黏土以及低洼地生长不良，根茎易腐烂。生山坡、草地或路旁较干燥或向阳的地方。根茎入药，性苦寒，有滋阴降火、润燥滑肠、利大小便之效。

通过MaxEnt模型运算得到如图4-244所示的ROC曲线。图4-244a为首次运行重复15次的ROC曲线，AUC的平均值为0.837；图4-244b为二次建模重复15次的ROC曲线，AUC平均值为0.840。模型预测效果很好。

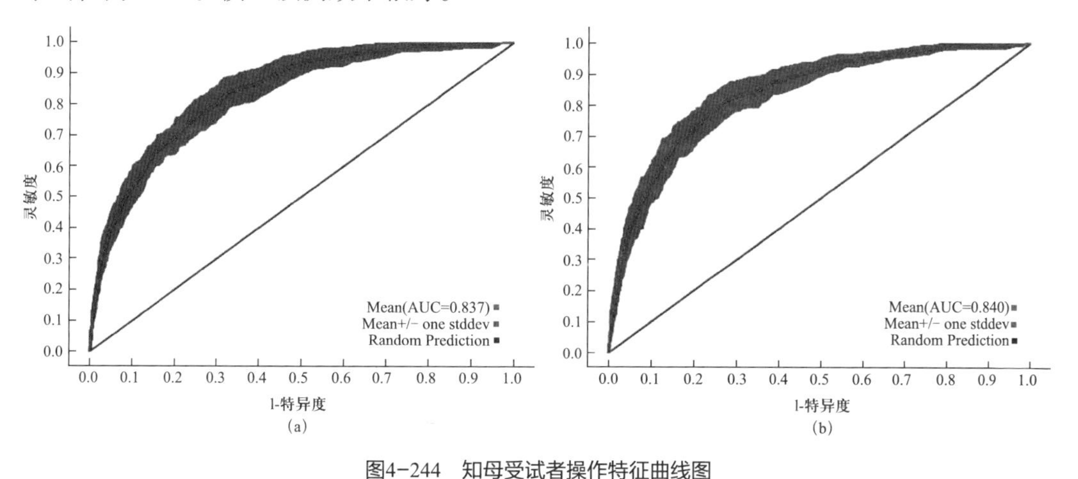

图4-244 知母受试者操作特征曲线图
Fig4-244 Receiver operating characteristic curve of *Anemarrhena asphodeloides*

图4-245a是用来建模的所有样本共计187条数据的分布图，通过MaxEnt模型运算和ArcGIS处理得到如图4-245b所示的知母在河北省的潜在地理分布区，生境适生性概率*P*取值范围为0～1，图4-245b中颜色越亮代表分布概率越高，蓝色表示几乎没有分布。从图4-245b可知，知母的高度适生区主要分布在怀安县、宣化县、涿鹿县。ArcGIS重分类后分析统计得到知母的高度适生区面积为3703.47km^2，中度适生区的面积为23 093.06km^2，低度适生区的面积为70 179.17km^2。

首次建模选取42项环境因子进行模型运算，然后从首次建模的结果分析筛选18项环境因子（slope、bio7、bio12、VC、bio3、bio15、bio2、ele、t-gravel、t-caco3、t-bulk-density、t-caso4、t-teb、aspect、LC、bio14、t-silt、t-oc）进行二次建模。选取第二次建模累计贡献率大于90%的环境因子和刀切法增益值显著的环境因子的并集共11项环境因子：slope、bio7、bio12、VC、bio3、bio15、bio2、ele、t-gravel、t-caco3、t-bulk-density，视为知母生态适宜性的主导环境因子。表4-82是利用最大熵模型生成的物种环境变量响应曲线归纳分析得到影响该物种潜在分布的各主导环境变量的取值范围（$P\geq 0.33$）、最佳取值以及贡献率。由表4-82可知地形因子累计贡献率45.4%，与温度相关的气候因子累计贡献率为19.8%，与降水量相关的气候因子累计贡献率为12%，土壤因子累计贡献率为9.7%，植被覆盖率贡献率4.7%。所以，影响知母潜在地理分布的最显著的主导环境因子是地形变量、温度变量、降水变量。

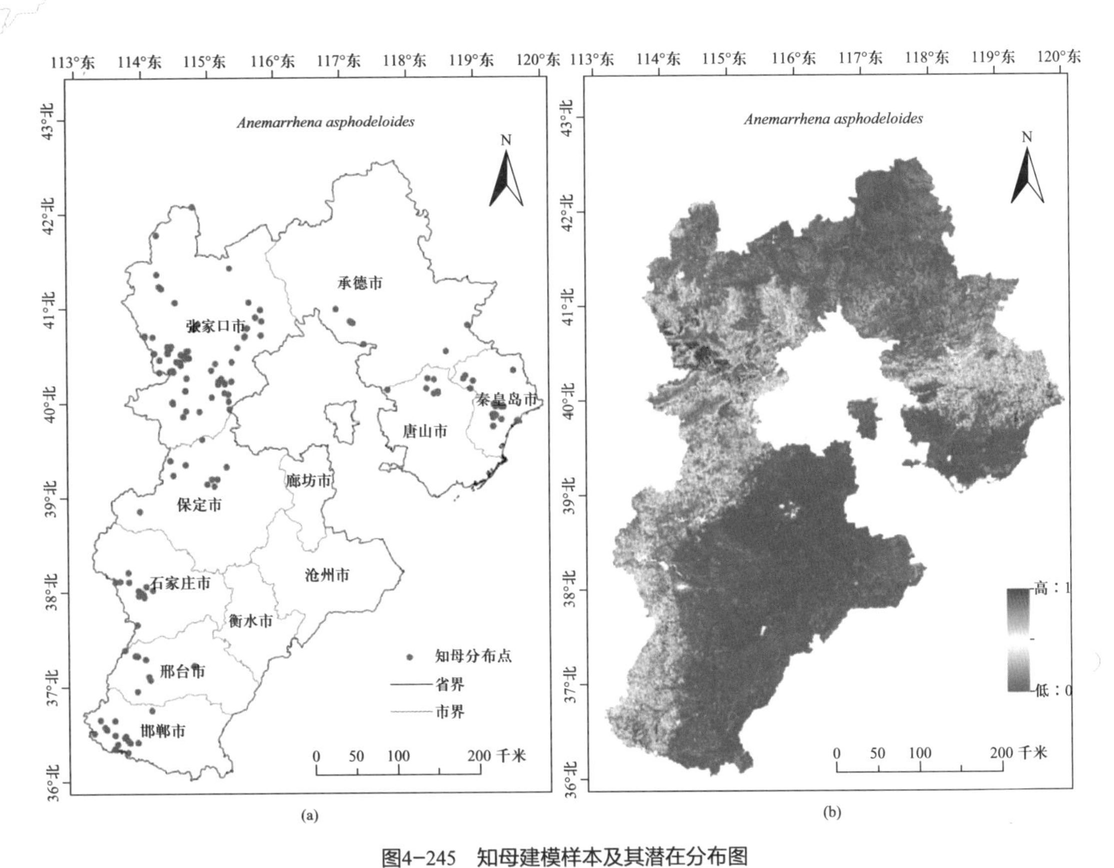

图4-245 知母建模样本及其潜在分布图

Fig4-245 Specimen Occurrences and potential distribution of *Anemarrhena asphodeloides*

表4-82 影响知母潜在地理分布的主导因子、数值范围、最优值及贡献率

Table4-82 Dominant factors affecting potential distribution of *Anemarrhena asphodeloides*, their range,optimal value and percent contribution

变量 Variable	单位 Unit	数值范围 Value range	最优值 Optimal value	贡献率（%） Percent contribution
slope	°	3~35	10	42.5
bio7	℃	39.8~44.8	43.8	13.3
bio12	mm	280~430,500~810	770~810	8.7
VC	%	0~100	10	4.7
bio3	—	0.263~0.275,0.278~0.319	0.31~0.319	3.5
bio15	—	0.93~1.25	0.98	3.3
bio2	℃	11.3~14.6	12	3
ele	m	100~2000	100~2000	2.9
t-gravel	%vol	4~12,15.5~28	15.5	2.8
t-caco3	%weight	0~9,14.7~16.3	7	2.4
t-bulk-density	kg /dm^3	1.21~1.37,1.41~1.61	1.22	2.4

所以slope（坡度）和bio7（温度年较差）是影响知母潜在地理分布的最重要环境因子。其响应曲线如图4-246所示。

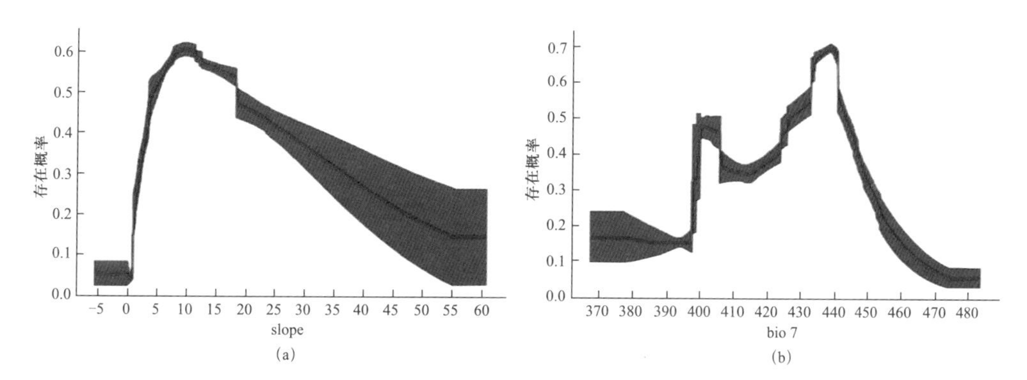

图4-246 影响知母潜在地理分布最重要环境因子的响应曲线

Fig4-246 Response curves of the most important environmental variables in modeling habitat distribution for *Anemarrhena asphodeloides*

4.83 山丹 *Lilium pumilum* DC.

入药称百合，始载于《神农本草经》，又称重迈、中庭。鳞茎卵形或圆锥形，产河北燕山和太行山区各县；北京怀柔喇叭沟门、密云坡头、南口、金山、上方山、潭柘寺；天津蓟县盘山。分布于东北、内蒙古、山东、河南、山西、陕西、宁夏、青海、甘肃。朝鲜、蒙古、俄罗斯亦有。生海拔400～2600m的向阳山坡草地或林缘。鳞茎含淀粉，可食用，也可药用。花大美丽，可栽培供观赏，也含芳香油，可提取香料。

通过MaxEnt模型运算得到如图4-247所示的ROC曲线。图4-247a为首次运行重复15次的ROC曲线，AUC的平均值为0.823；图4-247b为二次建模重复15次的ROC曲线，AUC平均值为0.817。模型预测效果很好。

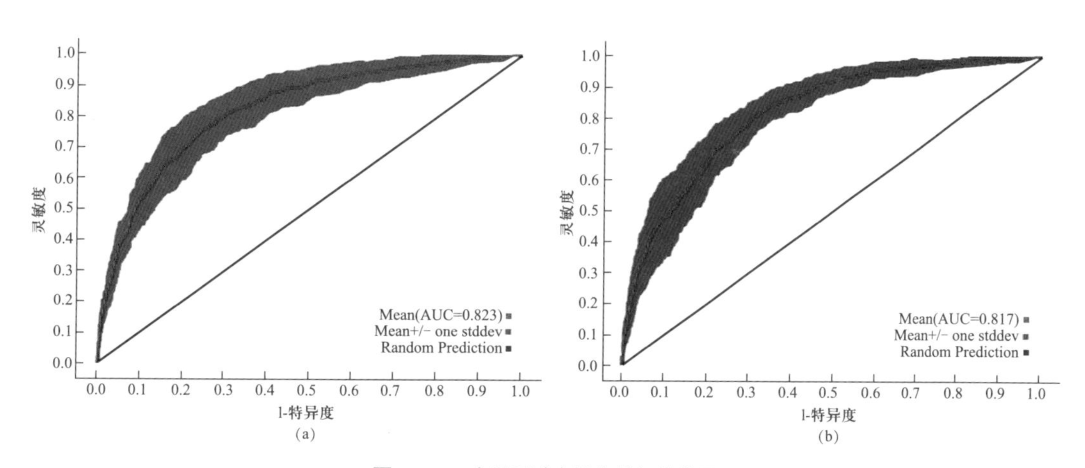

图4-247 山丹受试者操作特征曲线图

Fig4-247 Receiver operating characteristic curve of *Lilium pumilum*

图4-248a是用来建模的所有样本共计140条数据的分布图，通过MaxEnt模型运算和ArcGIS处理得到如图4-248b所示的山丹在河北省的潜在地理分布区，生境适生性概率P取值范围为0~1，图4-248b中颜色越亮代表分布概率越高，蓝色表示几乎没有分布。从图4-248b可知，山丹的高度适生区主要分布在赤城县、兴隆县、宽城县、怀来县、蔚县、赞皇县、武安市、磁县。ArcGIS重分类后分析统计得到山丹的高度适生区面积为3701.39km^2，中度适生区的面积为33 527.09km^2，低度适生区的面积为71 618.76km^2。

首次建模选取42项环境因子进行模型运算，然后从首次建模的结果分析筛选16项环境因子（slope、LC、bio2、bio8、t-caco3、ele、bio4、bio13、VC、bio14、bio15、t-ece、bio3、t-caso4、aspect、t-sand）进行二次建模。选取第二次建模累计贡献率大于90%的环境因子和刀切法增益值显著的环境因子的并集共10项环境因子：slope、LC、bio2、bio8、t-caco3、ele、bio4、bio13、VC、bio14，视为山丹生态适宜性的主导环境因子。表4-83是利用最大熵模型生成的物种环境变量响应曲线归纳分析得到影响该物种潜在分布的各主导环境变量的取值范围（$P \geqslant 0.33$）、最佳取值以及贡献率。由表4-83可知地形因子累计贡献率为44.3%，温度相关的气候因子累计贡献率20.9%，土地利用类型贡献率9.3%，表层土壤中碳酸钙含量贡献率7.1%，降水量贡献率6.9%，植被覆盖率贡献率3.3%。所以，影响山丹潜在地理分布的最显著的主导环境因子是地形变量、温度变量。

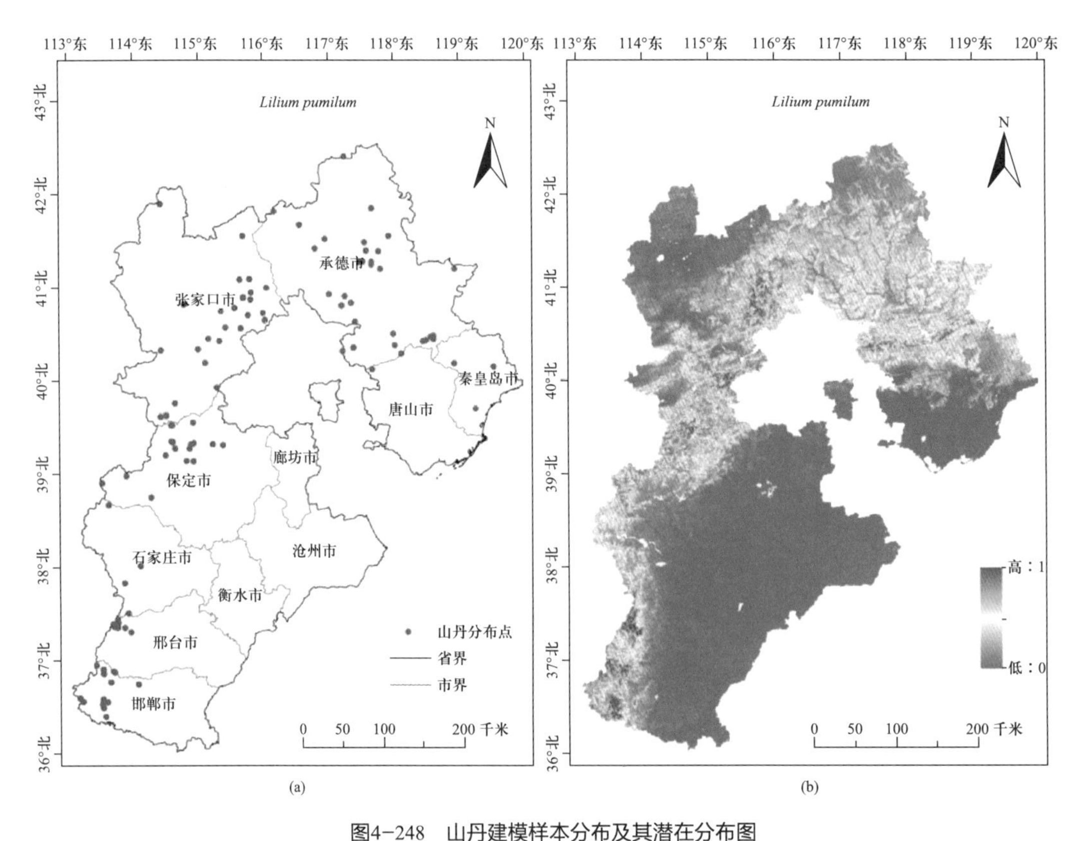

图4-248　山丹建模样本分布及其潜在分布图

Fig4-248 Specimen Occurrences and potential distribution of *Lilium pumilum*

表4-83　影响山丹潜在地理分布的主导因子、数值范围、最优值及贡献率

Table4-83 Dominant factors affecting potential distribution of *Lilium pumilum*, their range,optimal value and percent contribution

变量 Variable	单位 Unit	数值范围 Value range	最优值 Optimal value	贡献率（%） Percent contribution
slope	°	4～55	22.5	37.2
LC	name	2～7	6、7	9.3
bio2	℃	11.8～13.6	12.2	8
bio8	℃	16.5～23.8	20.5	7.1
t-caco3	%weight	0～7.4,14.5～16.5	15～16.5	7.1
ele	m	200～2800	700～1100	7.1
bio4	—	9.25～10.25,11.1～12.7	9.25～9.75	5.8
bio13	mm	110～270	118	4.4
VC	%	5～100	100	3.3
bio14	mm	1.5～6.3	2.5	2.5

由表4-83可知坡度在山丹潜在地理分布建模中贡献率最大。其相应曲线如图4-249所示。

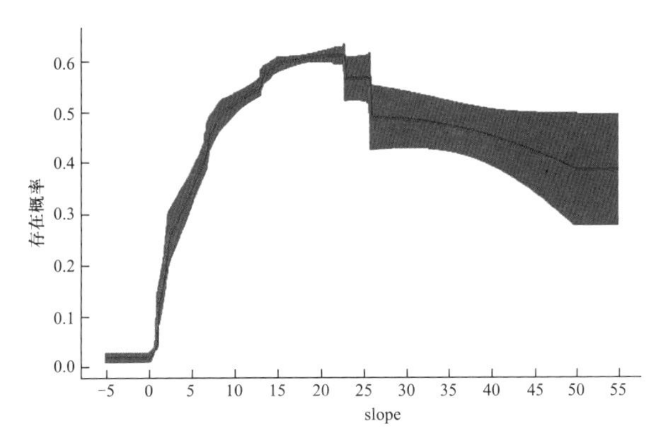

图4-249　影响山丹潜在地理分布最重要环境因子的响应曲线

Fig4-249 Response curves of the most important environmental variables in modeling habitat distribution for *Lilium pumilum*

4.84 玉竹 *Polygonatum odoratum*（Mill.）Druce

玉竹始见于《神农本草经》，原名女萎，列为上品。根状茎圆柱形。产河北南北山区；北京密云坡头、十三陵，西山、百花山、上方山；天津蓟县。分布于黑龙江、吉林、辽宁、内蒙古、山西、山东、河南、湖北、安徽、湖南、江西、江苏、台湾等地区。欧亚大陆温带地区广布。生林下、山野阴坡，海拔500～3000m。适宜温暖湿润气候，喜阴湿环境，较耐寒。根茎药用，名为"玉竹"，有养阴润燥，生津止渴之效。

通过MaxEnt模型运算得到如图4-250所示的ROC曲线。图4-250a为首次运行重复15次的ROC曲线，AUC的平均值为0.858；图4-250b为二次建模重复15次的ROC曲线，AUC平均值为0.862。模型预测效果很好。

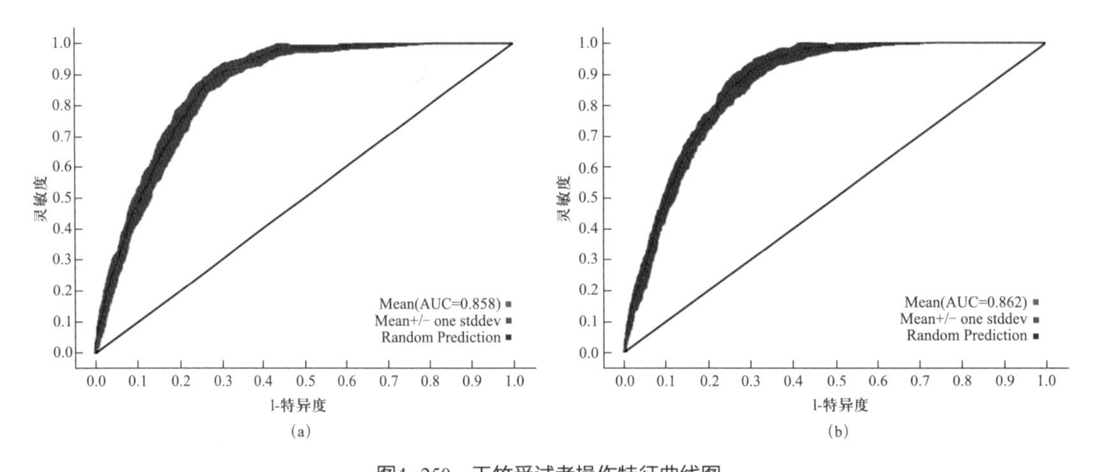

图4-250 玉竹受试者操作特征曲线图
Fig4-250 Receiver operating characteristic curve of *Polygonatum odoratum*

图4-251a是用来建模的所有样本共计305条数据的分布图，通过MaxEnt模型运算和ArcGIS处理得到如图4-251b所示的玉竹在河北省的潜在地理分布区，生境适生性概率*P*取值范围为0～1，图4-251b中颜色越亮代表分布概率越高，蓝色表示几乎没有分布。从图4-251b可知，玉竹的高度适生区主要分布在平泉县、兴隆县、宽城县、涿鹿县、蔚县阜平县、平山县、赞皇县。ArcGIS重分类后分析统计得到玉竹的高度适生区面积为3084.72km^2，中度适生区的面积为38 577.09km^2，低度适生区的面积为39 673.62km^2。

首次建模选取42项环境因子进行模型运算，然后从首次建模的结果分析筛选15项环境因子（slope、bio1、VC、bio12、LC、ele、bio2、t-caco3、t-gravel、bio14、t-bulk-density、aspect、bio3、t-oc、t-esp）进行二次建模。选取第二次建模累计贡献率大于90%的环境因子和刀切法增益值显著的环境因子的并集共8项环境因子：slope、bio1、VC、bio12、LC、ele、bio2、t-caco3，视为玉竹生态适宜性的主导环境因子。表4-84是利用最大熵模型生成的物种环境变量响应曲线归纳分析得到影响该物种潜在分布的各主导环境变量的取值范围

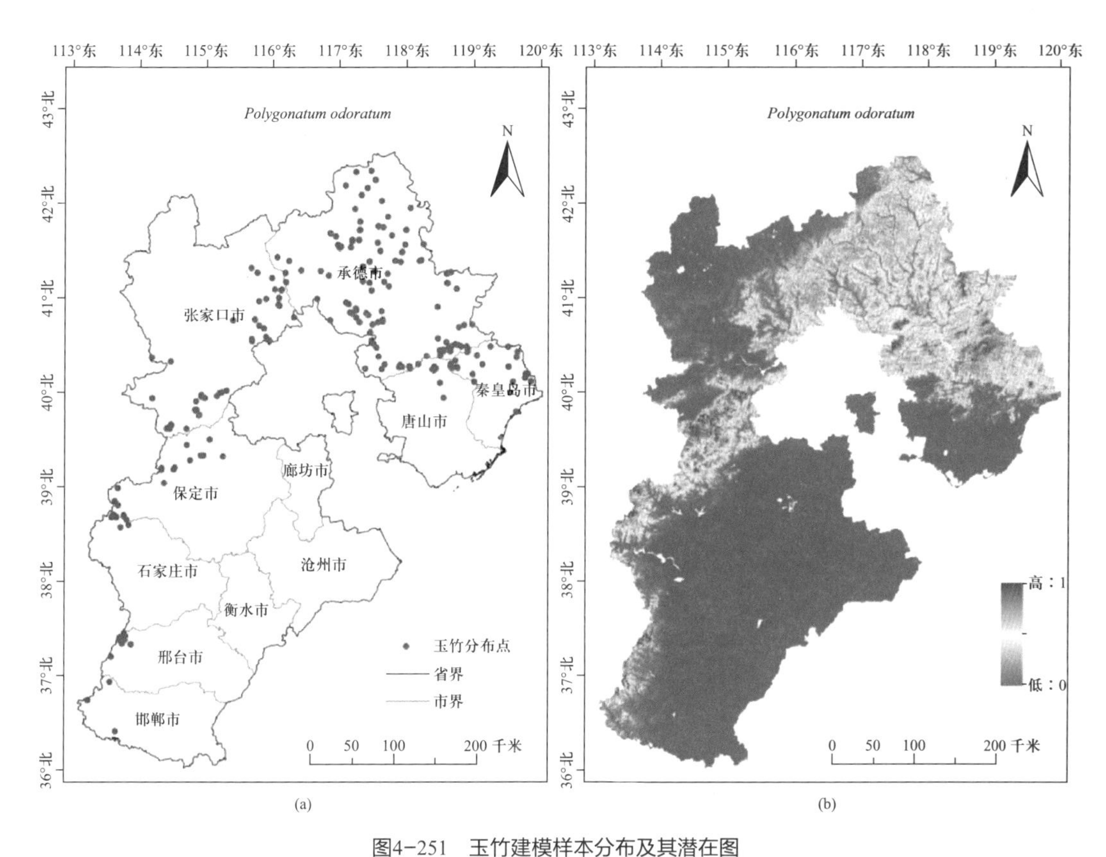

图4-251 玉竹建模样本分布及其潜在图
Fig4-251 Specimen Occurrences and potential distribution of *Polygonatum odoratum*

（$P \geqslant 0.33$）、最佳取值以及贡献率。由表4-84可知地形因子累计贡献率33.8%，与温度相关的气候因子累计贡献率26.4%，植被覆盖率贡献率14.1%，年降水量贡献率13.8%，土地利用类型贡献率4.8%，表层土壤中碳酸钙含量贡献率1.2%。所以，影响玉竹潜在地理分布的最显著的主导环境因子是地形变量、温度变量、植被覆盖率、降水变量。

表4-84 影响玉竹潜在地理分布的主导因子、数值范围、最优值及贡献率
Table4-84 Dominant factors affecting potential distribution of *Polygonatum odoratum*, their range,optimal value and percent contribution

变量 Variable	单位 Unit	数值范围 Value range	最优值 Optimal value	贡献率（%） Percent contribution
slope	°	5～52	47～52	31.9
bio1	℃	-3～10	4～6	25
VC	%	20～100	80	14.1
bio12	mm	450～800	750～800	13.8
LC	name	2～8	8	4.8
ele	m	300～3000	2700-3000	1.9

续表

变量 Variable	单位 Unit	数值范围 Value range	最优值 Optimal value	贡献率（%） Percent contribution
bio2	℃	11.8～13.3	12.8	1.4
t-caco3	%weight	5～7.5，15～16	5	1.2

所以slope（坡度）、bio1（年平均气温）、VC（植被覆盖率）、bio12（年降水量）是影响玉竹潜在地理分布的最重要的环境因子。其响应曲线如图4-252所示。

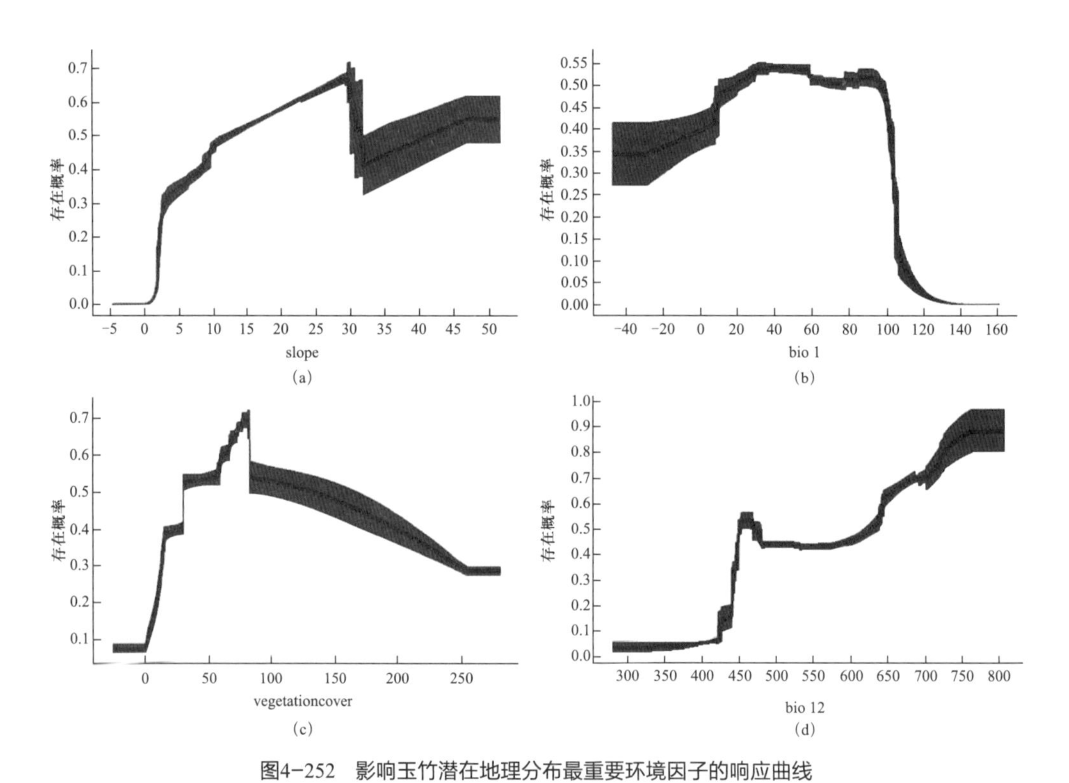

图4-252 影响玉竹潜在地理分布最重要环境因子的响应曲线

Fig4-252 Response curves of the most important environmental variables in modeling habitat distribution for *Polygonatum odoratum*

4.85 黄精 *Polygonatum sibiricum* Red.

黄精始载于《雷公炮炙论》，又称垂珠，菟竹。根状茎圆柱状，产河北南北山区；北京昌平、十三陵、杨家坪、妙峰山、南口、百花山、上方山；天津蓟县。分布于黑龙江、吉林、辽宁、内蒙古、山西、陕西、宁夏、甘肃、山东、河南、安徽、浙江。朝鲜、蒙古、俄罗斯西伯利亚东部也有。生林下、灌丛或山坡阴处，海拔800～2800m。

通过MaxEnt模型运算得到如图4-253所示的ROC曲线。图4-253a为首次运行重复15次的ROC曲线，AUC的平均值为0.857；图4-253b为二次建模重复15次的ROC曲线，AUC平均值为0.839。模型预测效果很好。

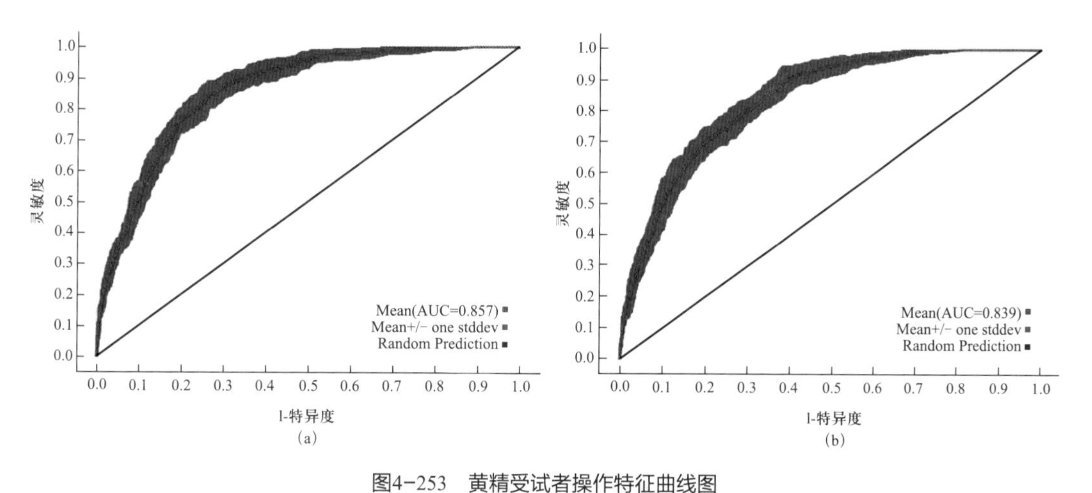

图4-253　黄精受试者操作特征曲线图

Fig4-253 Receiver operating characteristic curve of *Polygonatum sibiricum*

图4-254a是用来建模的所有样本共计157条数据的分布图，通过MaxEnt模型运算和ArcGIS处理得到如图4-254b所示的黄精在河北省的潜在分布区，生境适生性概率*P*取值范围为0～1，图4-254b中颜色越亮代表分布概率越高，蓝色表示几乎没有分布。从图4-254b可知，黄精的高度适生区主要分布在兴隆县、涿鹿县、蔚县、赞皇县、武安市。ArcGIS重分类后分析统计得到黄精的高度适生区面积为3187.50km^2，中度适生区的面积为23 062.50km^2，低度适生区的面积为64 576.39km^2。

首次建模选取42项环境因子进行模型运算，然后从首次建模的结果分析筛选14项环境因子（bio10、slope、VC、bio17、LC、bio12、ele、t-silt、aspect、t-caco3、bio15、bio3、bio2、t-pH-H_2O）进行二次建模。选取第二次建模累计贡献率大于90%的环境因子和刀切法增益值显著的环境因子的并集共10项环境因子：bio10、slope、VC、bio17、LC、bio12、ele、t-silt、aspect、t-caco3，视为黄精生态适宜性的主导环境因子。表4-85是利用最大熵模型生成的物种环境变量响应曲线归纳分析得到影响该物种潜在分布的各主导环境变量的取值范围（$P\geq0.33$）、最佳取值以及贡献率。由表4-85可知地形因子累计贡献率为25.3%，与温度相关的气候因子累计贡献率为23.9%，植被覆盖率贡献率16.1%。降水量累计贡献率16%，土地利用类型贡献率7.3%，土壤因子累计贡献率5.1%。所以，影响黄精潜在地理分布的最显著的主导环境因子是地形变量、温度变量、植被覆盖率、降水变量。

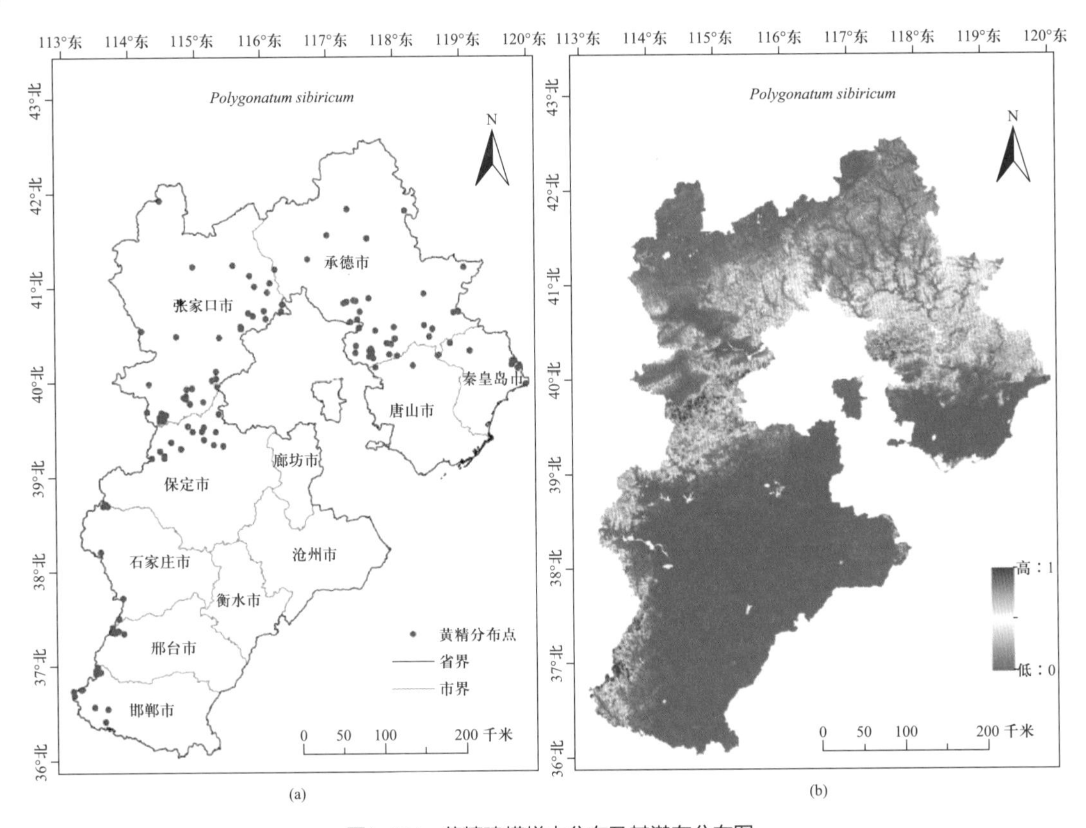

图4-254　黄精建模样本分布及其潜在分布图
Fig4-254 Specimen Occurrences and potential distribution of *Polygonatum sibiricum*

表4-85　影响黄精潜在地理分布的主导因子、数值范围、最优值及贡献率
Table4-85 Dominant factors affecting potential distribution of *Polygonatum sibiricum*, their range,optimal value and percent contribution

变量 Variable	单位 Unit	数值范围 Value range	最优值 Optimal value	贡献率（%） Percent contribution
bio10	℃	0～23	22	23.9
slope	°	7～59	59	18.8
VC	%	4～100	100	16.1
bio17	mm	9～28	18	10.3
LC	name	2～8	6、7	7.3
bio12	mm	450～800	680	5.7
ele	m	200～2800	2500～2800	3.9
t-silt	%wt	0～44	0	2.7
aspect	—	20～360	310～360	2.6
t-caco3	%weight	0～7.5，14.5～16.5	15～16.5	2.4

所以bio10（最热季平均温）、slope（坡度）、VC（植被覆盖率）、bio17（最干季降水量）是影响黄精潜在地理分布的最重要的环境因子。响应曲线如图4-255所示。

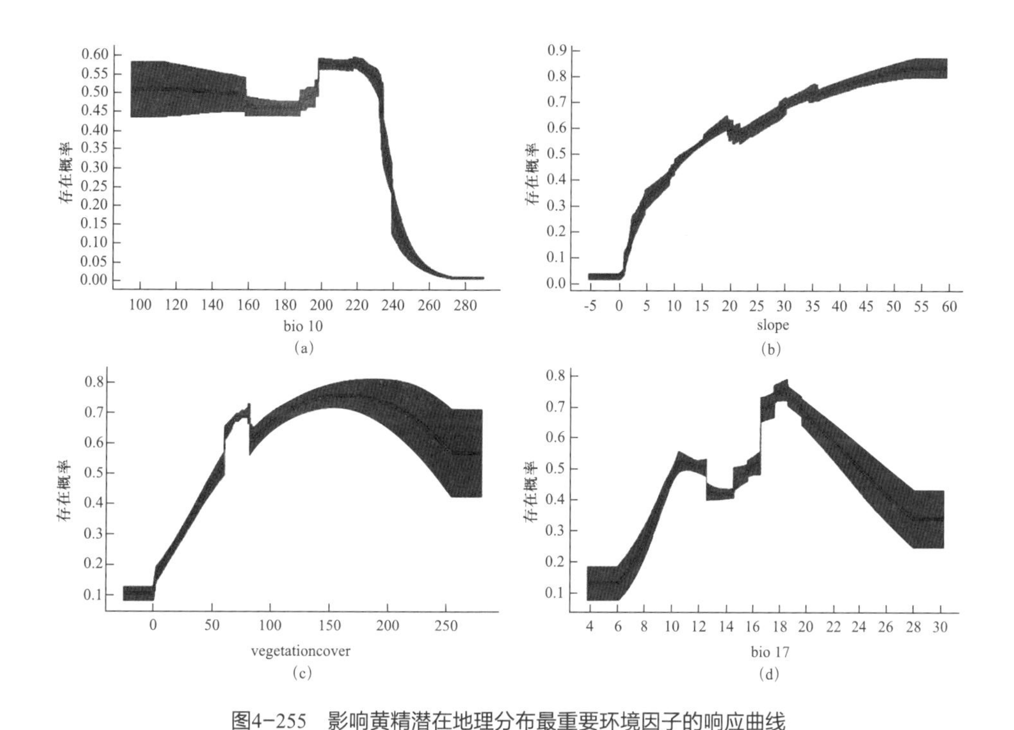

图4-255 影响黄精潜在地理分布最重要环境因子的响应曲线
Fig4-255 Response curves of the most important environmental variables in modeling habitat distribution for *Polygonatum sibiricum*

4.86 穿龙薯蓣 *Dioscorea nipponica* Makino

别名穿山龙、穿地龙、山常山。根状茎横生，圆柱形，多分枝，产河北、北京、天津山区各县。分布于我国东北、华北、西北、华东及河南。朝鲜、俄罗斯、日本亦有分布。生海拔300～2000m的林缘或灌木丛中。根状茎入药，含薯蓣皂苷配基，能舒筋活血、祛风止痛、化痰止咳。

通过MaxEnt模型运算得到如图4-256所示的ROC曲线。图4-256a为首次运行重复15次的ROC曲线，AUC的平均值为0.861；图4-256b为二次建模重复15次的ROC曲线，AUC平均值为0.864。模型预测效果很好。

图4-257a是用来建模的所有样本共计543条数据的分布图，通过MaxEnt模型运算和ArcGIS处理得到如图4-257b所示穿龙薯蓣在河北省的潜在地理分布区，生境适生性概率*P*取值范围为0～1，图4-257b中颜色越亮代表分布概率越高，蓝色表示几乎没有分布。从图4-257b可知，穿龙薯蓣的高度适生区主要分布在兴隆县、宽城县、抚宁县、涿鹿县、阜平县、灵寿县、平山县、赞皇县、武安市。ArcGIS重分类后分析统计得到穿龙薯蓣的高度适生区面积为3959.03km^2，中度适生区的面积为34 615.28km^2，低度适生区的面积为48 072.23km^2。

首次建模选取42项环境因子进行模型运算，然后从首次建模的结果分析筛选15项

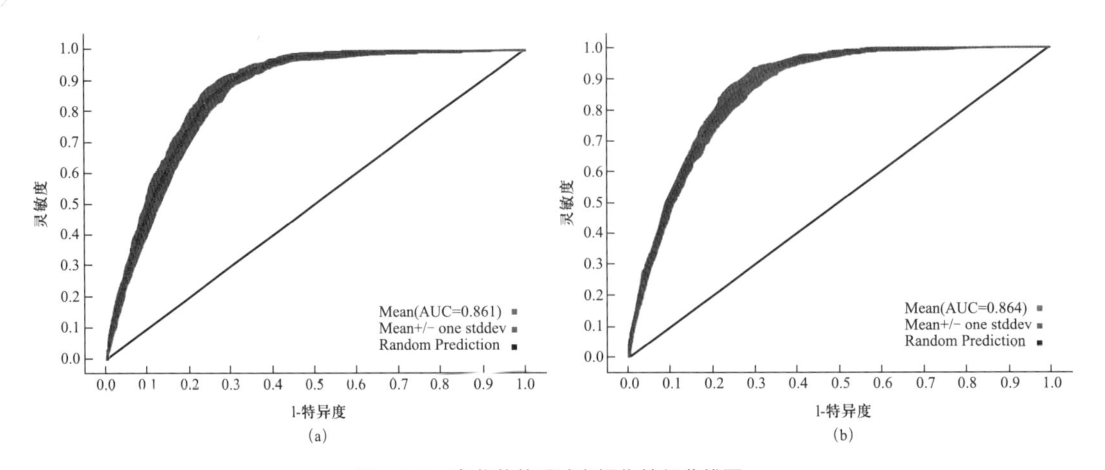

图4-256　穿龙薯蓣受试者操作特征曲线图
Fig4-256 Receiver operating characteristic curve of *Dioscorea nipponica*

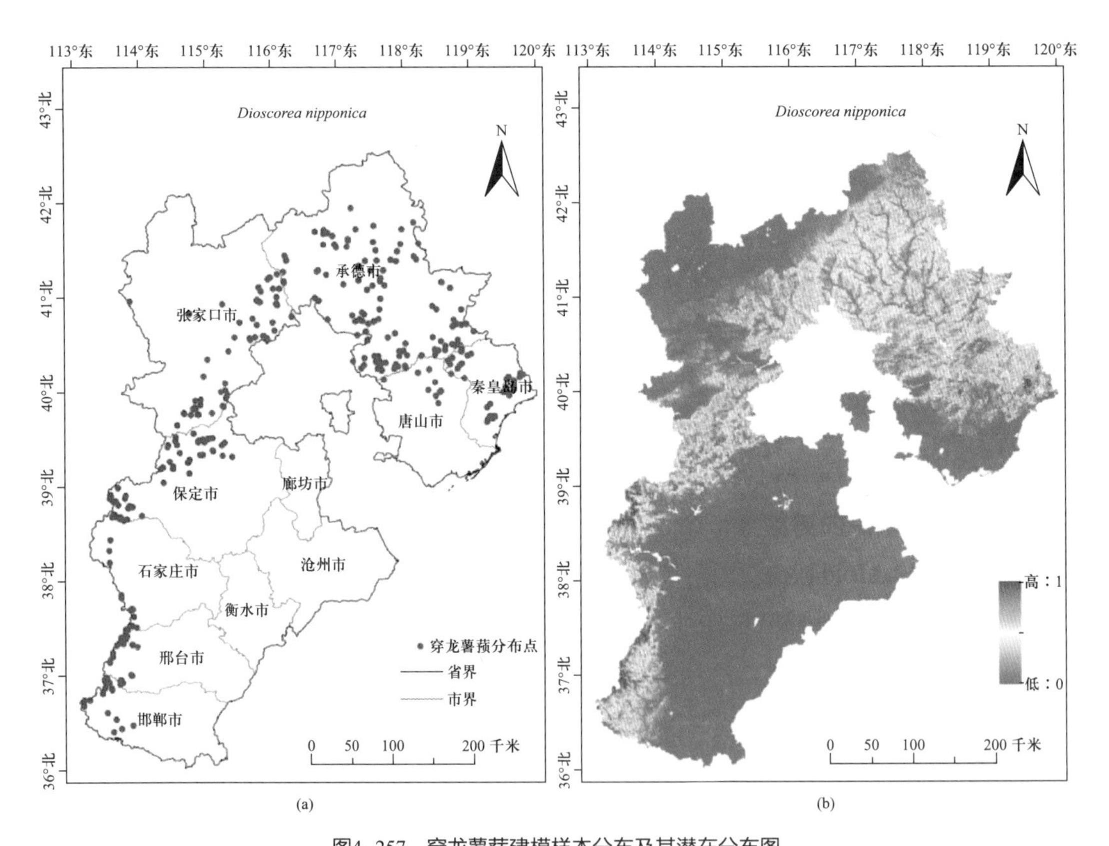

图4-257　穿龙薯蓣建模样本分布及其潜在分布图
Fig4-257 Specimen Occurrences and potential distribution of *Dioscorea nipponica*

环境因子（slope、VC、bio8、bio12、bio4、LC、t-bulk-density、ele、t-caco3、bio17、bio15、aspect、t-silt、t-cec-clay、t-oc）进行二次建模。选取第二次建模累计贡献率大于90%的环境因子和刀切法增益值显著的环境因子的并集共8项环境因子：slope、VC、bio8、bio12、bio4、LC、t-bulk-density、ele，视为其生态适宜性的主导环境因子。表

4-86是利用最大熵模型生成的物种环境变量响应曲线归纳分析得到影响该物种潜在分布的各主导环境变量的取值范围（$P \geqslant 0.33$）、最佳取值以及贡献率。由表4-86可知地形因子累计贡献率42.4%，植被覆盖率贡献率20.6%，与温度相关的气候因子累计贡献率为19.3%，降水量贡献率5.7%，土地利用类型贡献率4.2%，表层土壤容积密度贡献率2.1%。所以，影响穿龙薯蓣潜在地理分布的最显著的主导环境因子是地形变量、植被覆盖率、温度变量、降水变量。

所以slope（坡度）、VC（植被覆盖率）、bio8（最湿季节平均温）、bio12（年降水量）是影响穿龙薯蓣潜在地理分布最重要的环境因子。其响应曲线如图4-258所示。

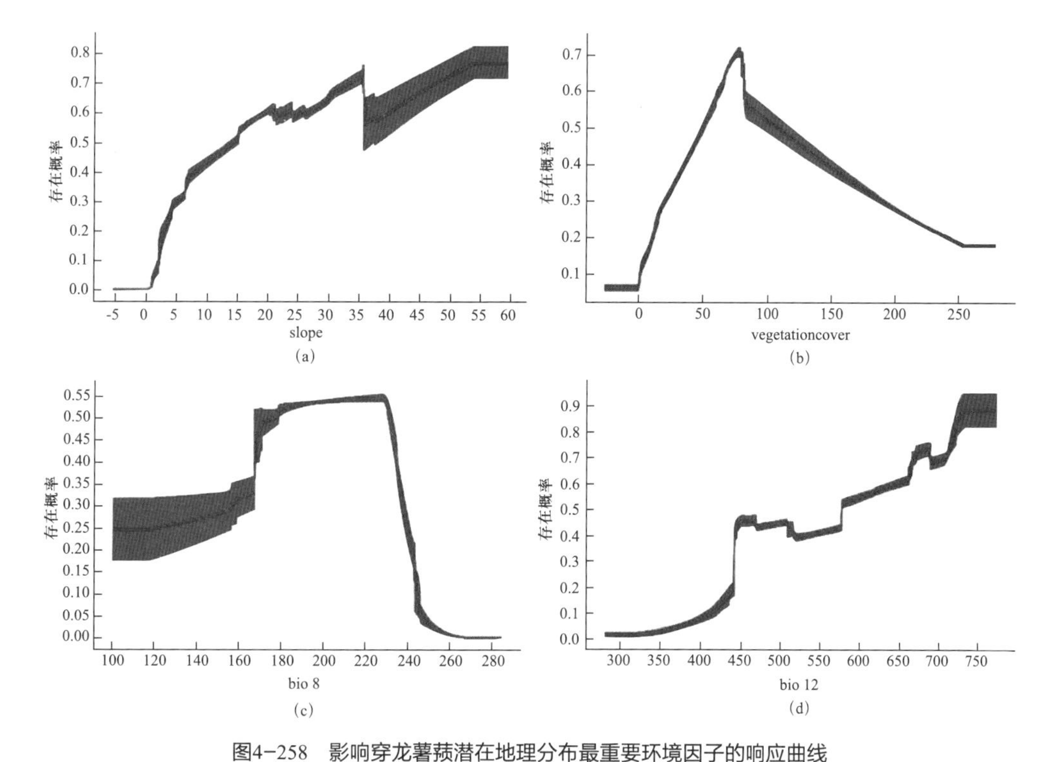

图4-258 影响穿龙薯蓣潜在地理分布最重要环境因子的响应曲线

Fig4-258 Response curves of the most important environmental variables in modeling habitat distribution for *Dioscorea nipponica*

表4-86 影响穿龙薯蓣潜在地理分布的主导因子、数值范围、最优值及贡献率

Table4-86 Dominant factors affecting potential distribution of *Dioscorea nipponica*, their range,optimal value and percent contribution

变量 Variable	单位 Unit	数值范围 Value range	最优值 Optimal value	贡献率（%） Percent contribution
slope	°	6~60	59	40.8
VC	%	40~100	75	20.6

续表

变量 Variable	单位 Unit	数值范围 Value range	最优值 Optimal value	贡献率（%） Percent contribution
bio8	℃	16.5～23.5	23	13.9
bio12	mm	440～780	780	5.7
bio4	—	9.5～10.2，11.1～12.3	9.8	5.4
LC	name	2～8	6、7	4.2
t-bulk-density	kg /dm^3	1.21～1.24，1.37～1.38，1.41～1.6	1.43	2.1
ele	m	200～2500	1300	1.6

4.87 射干 *Belamcanda chinensis*（L.）DC.

射干始载于《神农本草经》，列为下品。又称乌扇、黄远。多年生草本。根状茎为不规则的块状，斜伸，须根多数。产河北、北京、天津大部分地区。分布几遍全国。印度、日本、朝鲜、俄罗斯亦有。喜温暖干燥气候，耐寒、耐旱、喜阳。生山坡草地、田埂。沟边等处。根茎供药用，能清热解毒、祛痰利咽、活血祛瘀。

通过MaxEnt模型运算得到如图4-259所示的ROC曲线。图4-259a为首次运行重复15次的ROC曲线，AUC的平均值为0.871；图4-259b为二次建模重复15次的ROC曲线，AUC平均值为0.871。模型预测效果很好。

图4-260a是用来建模的所有样本共计264条数据的分布图，通过MaxEnt模型运算

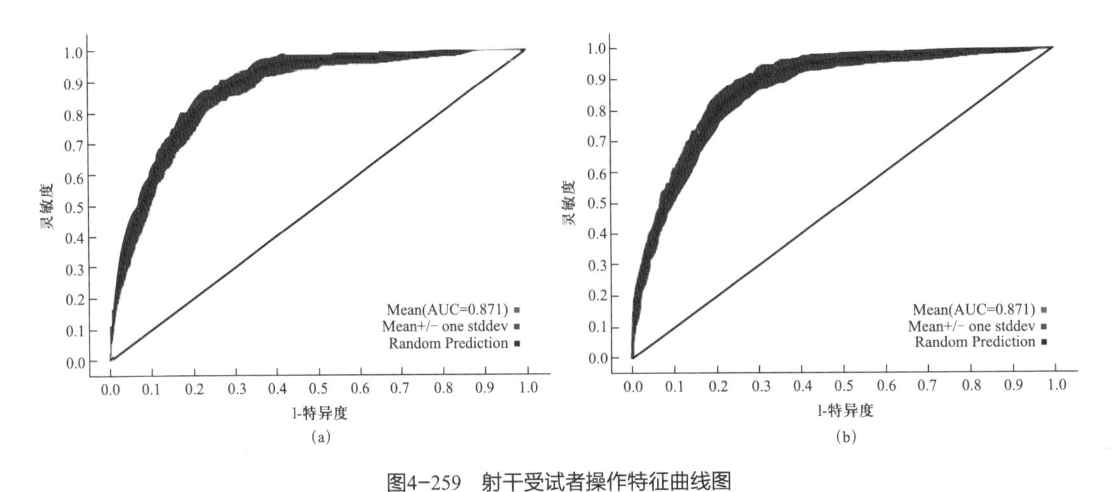

图4-259　射干受试者操作特征曲线图

Fig4-259 Receiver operating characteristic curve of *Belamcanda chinensis*

和ArcGIS处理得到如图4-260b所示的射干在河北省的潜在地理分布区，生境适生性概率P取值范围为0～1，图4-260b中颜色越亮代表分布概率越高，蓝色表示几乎没有分布。从图4-260b可知，射干的高度适生区主要分布在抚宁县、赤城县、赞皇县、沙河市、武安市、涉县、磁县。ArcGIS重分类后统计分析得到射干的高度适生区面积为3168.75km^2，中度适生区的面积为26 082.64km^2，低度适生区的面积为63 000.70km^2。

首次建模选取42项环境因子进行模型运算，然后从首次建模的结果分析筛选18项环境因子（bio1、slope、bio17、bio3、bio12、LC、bio2、bio15、ele、t-bs、t-gravel、t-caco3、t-bulk-density、t-oc、VC、t-silt、aspect、t-sand）进行二次建模。选取第二次建模累计贡献率大于90%的环境因子和刀切法增益值显著的环境因子的并集共10项环境因子：bio1、slope、bio17、bio3、bio12、LC、bio2、bio15、ele、t-bs，视为射干生态适宜性的主导环境因子。表4-87是利用最大熵模型生成的物种环境变量响应曲线归纳分析得到影响该物种潜在分布的各主导环境变量的取值范围（$P \geq 0.33$）、最佳取值以及贡献率。由表4-87可知与温度相关的气候因子累计贡献率为44.8%，与降水量相关的气候因子累计贡献率为22.9%，地形因子累计贡献率16.7%，土地利用类型贡献率5.9%，表层土壤基础饱和度贡献率1.6%。所以，影响射干潜在地理分布的最显著的主导环境因子是温度变量、降水变量、地形变量。

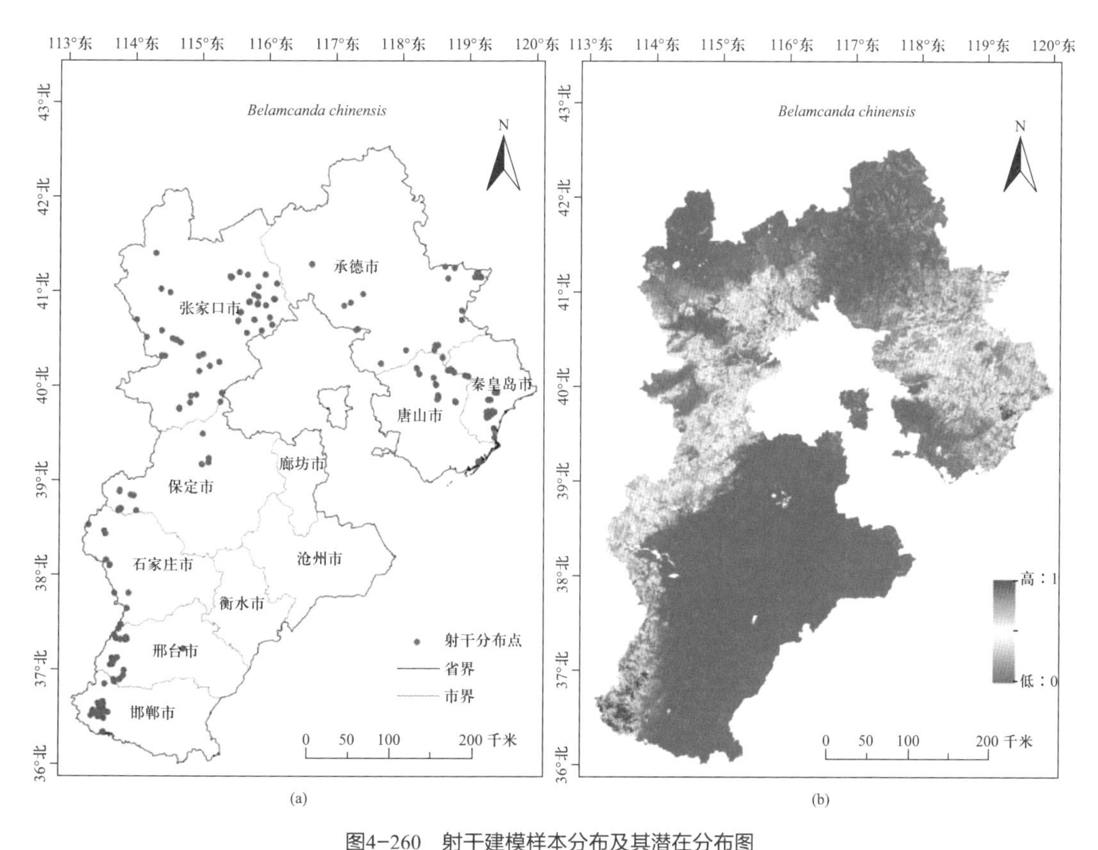

图4-260 射干建模样本分布及其潜在分布图
Fig4-260 Specimen Occurrences and potential distribution of *Belamcanda chinensis*

表4-87 影响射干潜在地理分布的主导因子、数值范围、最优值及贡献率

Table4-87 Dominant factors affecting potential distribution of *Belamcanda chinensis*, their range,optimal value and percent contribution

变量 Variable	单位 Unit	数值范围 Value range	最优值 Optimal value	贡献率（%） Percent contribution
bio1	℃	2.8~12	10.2	30.8
slope	°	2.5~55	50	15
bio17	mm	9.5~18.5	10.5	11.7
bio3	—	0.264~0.275，0.295~0.316	0.316	8.3
bio12	mm	400~460，540~800	680	6.7
LC	name	2~8	6	5.9
bio2	℃	11~13.1	11.1	5.7
bio15	—	0~1.28	1.05	4.5
ele	m	100~3 000	250	1.7
t-bs	%	15~108	92	1.6

所以bio1（年平均温度）、slope（坡度）、bio17（最干季节降水量）、bio3（等温性）是影响射干潜在地理分布的最重要的环境因子。其响应曲线如图4-261所示。

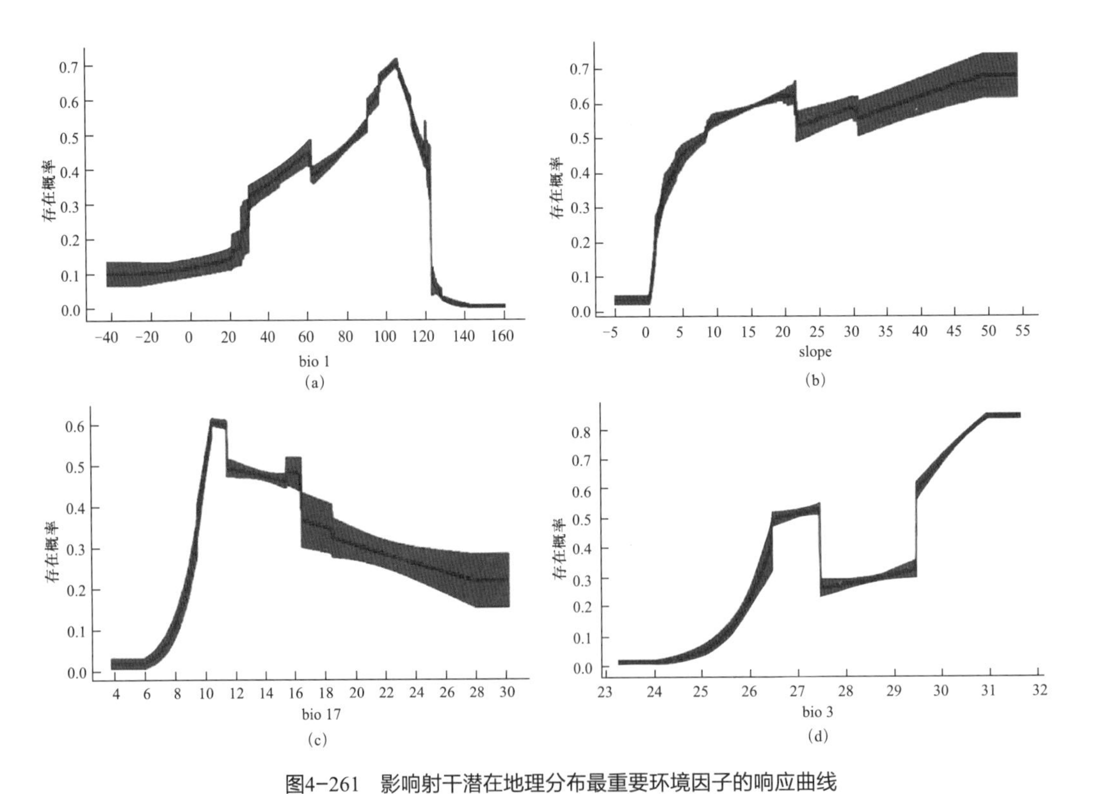

图4-261 影响射干潜在地理分布最重要环境因子的响应曲线

Fig4-261 Response curves of the most important environmental variables in modeling habitat distribution for *Belamcanda chinensis*

第五章

河北省野生重点药用植物保护和开发利用策略

河北省植物资源种类十分丰富。据统计，河北省境内分布高等植物有3071种（含种下等级），隶属于213科、1002属[30, 36, 37]。近六年中药资源普查工作的初步统计结果显示，河北省药用植物资源多达1400种，可谓是一个药用植物资源大省。但是，随着人们对中药材需求量的增加，野生药用植物资源的过度利用和无序的滥采滥挖，导致野生药用植物资源栖息地遭到破坏，药用植物资源种类和储量锐减。与此同时，人工栽培药材也存在一定的盲目种植和药材资源品种选育滞后等问题。因此，对野生药用植物资源进行保护和合理利用是一项重要而长期的工作和任务。

5.1 野生重点药用植物资源在河北省的潜在分布

本书通过综合运用最大熵模型（MaxEnt）和地理信息系统（ArcGIS）的技术手段，绘制和预测了87种野生重点药用植物在河北省的现状分布和潜在分布，并将潜在分布按照适生度分为四种，即不适生区、低适生区、中适生区和高适生区，然后分别统计四种适生区的分布面积。由分类后的适生区可以看出药用植物分布区有明显的的地域性差异。总体而言，物种的高适生区主要分布在冀西太行山区、冀西北山区、冀北山区和冀北坝上高原区。各种类高适生区的分布与野生样本采集地的地理分布基本一致，说明本研究的预测结果具有科学性、精确性和合理性。对每个重点种的高适生区预测，可为该区域规划重点品种的药材基地建设和布局，野生药用植物资源的保护和研究提供科学依据。

5.2 影响野生重点药用植物资源分布的主导环境因子统计

在本书中，我们把影响药用植物分布的主导环境因子分为气候主导型因子和非气候主导型因子。气候主导型因子分为温度和降水两种类型。非气候主导型因子分为地形因子、土壤因子和其他因子。五大类型环境因子按贡献率之和的大小确定其是否为相应物种的主导环境因子。统计结果显示，某些物种的生态适宜性受到单一环境变量的影响比较大，而另一些物种则受到多种环境因子的综合作用的影响。因此，建议在引种栽培时应综合考虑各物种的主导环境因子。各物种的主导环境因子汇总如表5-1所示。

表5-1　药用植物主导环境因子统计表

Table 5-1 Statistical table of dominant environmental factors of medicinal plants

主导因子	药用植物
温度	卷柏、侧柏、北马兜铃、萹蓄、拳参、牛膝、麦蓝菜、北乌头、白头翁、芥菜、播娘蒿、菘蓝、葛、苦参、亚麻、榛、大戟、狼毒、漆树、酸枣、白蔹、苘麻、红柴胡、连翘、杠柳、丹参、黄芩、宁夏枸杞、天仙子、地黄、阴行草、栝楼、轮叶沙参、款冬、薏苡、香附子、天南星、半夏、黄精、射干

续表

主导因子	药用植物
降水	红蓼、独行菜、珊瑚菜、蛇床、白薇、徐长卿、白术、泽泻、白茅
地形	有柄石韦、草麻黄、石竹、芍药、兴安升麻、蝙蝠葛、甘草、背扁黄耆、远志、西伯利亚远志、沙棘、刺五加、白芷、北柴胡、防风、辽藁本、瘤毛獐牙菜、变色白前、薄荷、裂叶荆芥、假贝母、党参、桔梗、紫菀、苍术、驴欺口、漏芦、知母、山丹、玉竹、穿龙薯蓣、五味子
土地利用类型	木贼、玄参
植被覆盖率	白屈菜、花曲柳、忍冬、东北南星、五味子

5.3 野生重点药用植物资源保护和开发利用策略

5.3.1 加强对野生重点药用植物资源保护的法规建设和宣传

长期以来，野生药用植物资源被过度利用，滥采滥挖的现象屡禁不止，造成野生药用植物资源的生物量不断减少，药材质量也在逐渐下降。为了减少人们过度采挖野生药用植物资源，国家制定了一系列相关的法律法规，以便能够合理有效地保护药用植物资源。1987年10月30日国务院发布《野生药材资源保护管理条例》，其主要目的就是保护野生药材资源，创造条件开展人工种养[133]。目前，我国在相关野生生物资源保护及利用方面的法规逐步健全和不断完善，管理工作正在逐步走向法制化的轨道。

除了一些相关的法律外，国家还公布了一些保护野生植物名录，如《中国珍稀濒危保护植物名录》《中国物种红色名录》《国家重点保护野生植物名录（第一批）》和《国家重点保护野生植物名录（第二批）》等[131,132]。河北省人民政府办公厅于2010年发布了《河北省重点保护野生植物名录（第一批）》，旨在科学合理地保护包括药用植物在内的珍稀濒危野生植物资源[134,135]。

保护野生药用植物资源，制定相关的法律法规非常重要。在此基础上，充分发挥各种行之有效的宣传手段，开展科学普及工作，大力宣传和强调保护野生药用植物资源的重要意义，提高公众对保护工作的理解和保护意识，唤起公众的广泛关注，使人们对保护野生药用植物资源的工作获得更为深刻的认识，从而做到知法懂法，自觉守法，从而积极地投身到保护野生药用植物资源的工作中去。

5.3.2 加强对野生重点药用植物资源的科学研究

为了满足人们对野生药用植物资源的需求，同时保护和扩大野生药用植物资源，实现可持续利用和发展，这就需要我们对野生药用植物的生物学特性进行更为深入的科学研究。通过植物学、生态学、植物生理学、植物地理学等方面的研究，对其地理分布、生境特点、生长发育和繁殖特性、遗传多样性、种群动态等方面进行深入的研究分析，对进一步加强保护和开发利用野生药用植物资源具有重要的科学指导作用。此外，加强野生药用植物种质资源的系统收集、评价、保存和鉴定等研究，建立河北省药用植物种质资源库，系统收集各类药材种质资源，建立不同种类的种质资源圃[136]，对于推进药用植物资源的保护具有重要作用。进一步的工作则是加强对中药材品种选优、提纯、新品种培育以及开发等系统性研究。加强对新型绿色农药的研究，着力研发无污染的植物源农药、动物源农药和微生物源农药，研究利用生物防治技术和农残降解技术，这是保证中药材质量的重要环节。夯实中药材标准化技术和生产是重要的基础性工作，在生产过程中对栽培方式、采收年限、采收时期等制定标准进行研究，建立统一的规范，确定完整的操作规程，根据规程进行规范化生产，以减少对野生药用植物资源的利用和破坏。

当前，大量的野生药用植物的人工栽培技术还不够成熟，存在很多亟待解决的难题有待探索实验。加大力度对野生药用植物资源的人工栽培技术研究，从而有效降低和消除目前野生药用植物所面临的直接威胁，这是该研究领域科技工作者的一项重要使命。

5.3.3 制定野生重点药用植物资源保护和开发利用规划

保护和开发利用野生药用植物资源直接关系到人民身体健康和中医药事业的继承和发展，也关系到子孙后代的切身利益，是一项需要长期坚持的工作和任务。因此，这就需要一个长远的科学发展规划。2015年4月国务院发布《中药材保护和发展规划纲要（2015—2020年）》，指出加强对濒危野生药用动植物的保护工作，实施优质中药材生产工程和中药材技术创新行动。2016年2月国务院发布《中医药发展战略规划纲要（2016—2030年）》，指出要全面提升中药产业发展水平，加强中药资源的保护利用，推进中药材规范化种植养殖[137,138]。同时，我国加大投入建立了各类自然保护区、保护小区、保护点以及生态廊道等，对珍稀濒危物种进行就地保护或迁地保护，对药用植物资源的保护起到了积极的作用。

当前，国内外针对野生药用植物资源保护和开发利用的方法和技术不断更新和进步。我们应该以河北特色道地药材和野生重点保护药用植物资源为基础，结合省情实际，科学地制定保护和开发利用的近期和远期规划，各科研院所的科研人员积极参与开展科学规划的编制，为保护和开发利用提供理论支持。政府有关部门组织引导，借助全省药材市场的贸易和信息优势，不断加速推进中药材种植规范化、规模化、基地化、产业化的形成与发展，使野生药用植物资源保护达到“绿色，安全、有效、稳定、可控”的目标，实现濒危稀缺药材和常用大宗药材的基地化供应[139]。

5.3.4 加强合作交流，提高保护和开发利用野生药用植物资源的水平

目前，河北省在野生药用植物资源方面的研究仍较为落后，主要是专业科研团队和科研条件相对薄弱，科研成果滞后于市场发展的现象明显，不能满足当今中医药事业快速发展和人们对中药材日益增加的需求。因此，在保护野生药用植物资源的工作中，各科研机构、科研人员应该进一步加强国内外学术交流，发挥各自优势和特长，协同攻关，加快科研成果的转化工作，才能不断提高保护和开发利用药用植物资源的能力和水平。

生物多样性是人类生存和发展的重要源泉。药用植物资源多样性的不断丧失，严重阻碍中医药事业的可持续发展产生。如上所述，保护野生药用植物资源是一项任重道远的艰巨任务和系统工程。因此，保护和开发利用野生药用植物资源应得到全社会的共同关注。广大群众取得共识，科研、管理部门积极行动，才能科学有效地保护和更大限度地开发利用好我们共享的野生药用植物资源。

参考文献

[1] Gurib-Fakim A. Medicinal plants:Traditions of yesterday and drugs of tomorrow [J]. Molecular Aspects of Medicine, 2006, 27 (27): 1-93.

[2] 张田勘. 拯救濒危药用植物资源 [N]. 中国中医药报, 2004, 21-24.

[3] 郭巧生. 药用植物资源学 [M]. 北京: 高等教育出版社, 2007.

[4] 郭兰萍, 黄璐琦, 蒋有绪. "3S" 技术在中药资源可持续利用中的应用 [J]. 中国中药杂志, 2005, 30 (18): 1397-1400.

[5] 丁常宏, 孙海峰, 马微微, 等. 3S技术在药用植物资源调查中的应用 [J]. 牡丹江师范学院学报 (自然科学版), 2011, (1): 13-15.

[6] 李越, 姚霞, 李振华, 等. 3S技术在药用植物资源领域中的应用现状 [J]. 中国实验方剂学杂志, 2014, 20 (5): 228-233.

[7] 黄璐琦, 陆建伟, 郭兰萍, 等. 第四次全国中药资源普查方案设计与实施 [J]. 中国中药杂志, 2013, 38 (5): 625-628.

[8] 周应群, 陈士林, 张本刚, 等. 中药资源调查方法研究 [J]. 世界科学技术-中医药现代化, 2005, 7 (6): 130-136.

[9] 刘金欣, 潘敏, 李耿, 等. 3S技术在药用植物资源调查研究中的应用 [J]. 中草药, 2016, 47 (4): 695-700.

[10] 曹洪欣. 中医药是中国的也是世界的 [J]. 人民论坛, 2016 (23): 29.

[11] 李红珠, 郑军. 欧美植物药市场给中药走出国门的启示 [J]. 中国医药情报, 2002 (2): 48-51.

[12] 董丽丽. 国外天然药物发展概况及其对我国中药现代化的借鉴意义 [D]. 沈阳: 沈阳药科大学, 2005.

[13] 那湧, 杨福荣. 国外药用植物资源开发利用研究概述 [J]. 林业勘查设计, 2002 (3): 70.

[14] 赵润年, 杨勇. 韩国草药产品的规范化管理和质量控制 [J]. 中国现代中药, 2005, 7 (7): 42-44.

[15] 袁昌齐, 冯煦, 陈雨, 等. 北美洲药用植物 [J]. 中国野生植物资源, 2009, 28 (5): 29-32.

[16] 袁昌齐, 张卫明, 冯煦, 等. 拉丁美洲药用植物 [J]. 中国野生植物资源, 2012, 31 (4): 54-57.

[17] 夏林军. 匈牙利中医概况和中医立法后的思考 (一) [J]. 中医药导报, 2016 (8): 1-4.

[18] 方嘉禾. 世界生物资源概况 [J]. 植物遗传资源学报, 2010, 11 (2): 121-126.

[19] 马小军, 肖培根. 种质资源遗传多样性在药用植物开发中的重要意义 [J]. 中国中药杂志, 1998, 23 (10): 579-581.

[20] 董静洲, 易自力, 蒋建雄. 我国药用植物资源研究概况 [J]. 医学研究杂志, 2006, 35 (1): 67-69.

[21] 中国药材公司. 中国中药区划 [M]. 北京: 科学出版社, 1995.

[22] 丁建, 夏燕莉. 中国药用植物资源现状 [J]. 资源开发与市场, 2005, 21 (5): 453-454.

[23] 黄璐琦. 中国珍稀濒危药用植物资源调查 [M]. 上海: 上海科学技术出版社, 2012.

[24] 黄璐琦，杨滨．当前我国药用植物资源开发利用研究中几个问题的探讨［J］．中国中药杂志，1999, 24（2）：70.

[25] 王年鹤，袁昌齐．药用植物稀有濒危程度评价标准的讨论［J］．中国中药杂志，1992（2）：67–70.

[26] 贾敏如．关于保护珍稀濒危中药的等级标准和种类的建议［J］．中国中药杂志，1995, 20（2）：67.

[27] 庄兆祥，李宁汉．香港中草药［M］．北京：商务印书馆，1991.

[28] 王添敏，陈虎彪，康廷国，等．港澳地区中草药资源特色及现状［J］．时珍国医国药，2010, 21（12）：3375–3377.

[29] 周易．台湾特有药用种子植物资源调查［D］．山东中医药大学，2011.

[30] 赵建成．河北高等植物名录［M］．北京：科学出版社，2005.

[31] 尹秀玲，温静，张斌，等．秦皇岛市野生药用植物资源的调查研究［J］．农家之友，2008（10）：19–23.

[32] 徐景贤，张玉芹．河北菩提岛植物资源调查［J］．安徽农业科学，2009, 37（23）：11062–11063.

[33] 包雪英．承德市中草药资源调查与开发利用［J］．农村经济与科技，2015（9）：151–153.

[34] 王浩，张晟，郑倩，等．河北平山县药用植物资源调查研究与评价［J］．中国现代中药，2015, 17（10）：1051–1056.

[35] 孔增科，贺伟丽，王亮，等．河北青崖寨自然保护区中药资源普查情况报告［J］．中药材，2015, 38（12）：2497–2501.

[36] 刘代媛．阜平县药用植物资源调查与分析［D］．河北农业大学，2015.

[37] 常辉．河北省药用植物应用基础研究［D］．河北大学，2015.

[38] 彭献军，赵建成，孙永珍，等．河北省珍稀濒危植物优先保护顺序评价［C］．世界植物园大会，2007.

[39] 郭晓莉，赵建成，彭献军．河北珍稀濒危药用植物资源研究［J］．干旱区资源与环境，2010, 24（4）：144–149.

[40] 米凤贤．河北珍稀濒危药用植物资源研究［D］．石家庄：河北师范大学，2011.

[41] 李潇潇．河北省萝藦科（Asclepiadaceae）药用植物的分类学研究［D］．石家庄：河北师范大学，2016.

[42] 张乐．河北省伞形科（Umbelliferae）药用植物的分类学研究［D］．石家庄：河北师范大学，2015.

[43] 蔡百惠．河北省委陵菜属（*Potentilla* L.）植物分类学研究［D］．石家庄：河北师范大学，2015.

[44] 鲍远毅．河北省狗尾草属（*Setaria Beauv.*）植物分类学研究［D］．石家庄：河北师范大学，2015.

[45] 李倩云．河北省蓼属（*Polygonum* L.）植物分类学研究［D］．石家庄：河北师范大学，2015.

[46] 武美杰. 河北省风毛菊属（*Saussurea* DC.）植物分类学研究［D］. 石家庄：河北师范大学，2015.

[47] 赵耀. 河北省药用植物远志属（*Polygala* L.）植物分类学研究［D］. 石家庄：河北师范大学，2015.

[48] 陈士林，谢彩香，姚辉，等. 中药资源创新方法研究［J］. 世界科学技术-中医药现代化，2008, 10（5）：1-9.

[49] 孙宇章，黄璐琦，郭兰萍，等. 遥感技术在中药资源调查中的应用［J］. 中国现代中药，2006, 8（9）：7-10.

[50] Guo Lan-ping, Huang Lu-qi, Yan Hong, et al. Study on the habitat characteristics of the geoherbs of Atractylodes lancea based on geograrhic information systems（GIS）［J］. US-China MedSci, 2005, 2（1）：46.

[51] 汤国安，杨昕. ArcGIS地理信息系统空间分析实验教程［M］. 北京：科学出版社，2006.

[52] 孙浩，黄璐明，黄璐琦，等. 基于生态位理论的药用植物化感作用与连作障碍的探讨［J］. 中国中药杂志，2008, 33（17）：2197-2200.

[53] 乔慧捷，胡军华，黄继红. 生态位模型的理论基础、发展方向与挑战［J］. 中国科学：生命科学，2013, 43（11）：915-927.

[54] 朱耿平，刘国卿，卜文俊，等. 生态位模型的基本原理及其在生物多样性保护中的应用［J］. 生物多样性，2013, 21（1）：90-98.

[55] 蔡静芸，张明明，粟海军，等. 生态位模型在物种生境选择中的应用研究［J］. 经济动物学报，2014, 18（1）：47-52.

[56] Pearson R G. Species' Distribution Modeling for Conservation Educators and Practitioners［J］. Lessons Conserv, 2010.

[57] 张海龙. 基于生态位模型的传统中药秦艽潜在地理分布研究［D］. 西安：陕西师范大学，2014.

[58] Banavar J R, Maritan A, Volkov I. Applications of the principle of maximum entropy:from physics to ecology［J］. Journal of Physics Condensed Matter, 2010, 22（6）：063101.

[59] Phillips S J, Anderson R P, Schapire R E. Maximum entropy modeling of species geographic distributions［J］. Ecological Modelling, 2013, 190（3 - 4）：231-259.

[60] Shannon C E. A mathematical theory of communication［J］. Bell System Technical Journal, 1948, 5（1）：3-55.

[61] Elith J, Graham C H , Anderson R P, et al. Novel methods improve prediction of species' distributions from occurrence data［J］. Ecography, 2006, 29（2）：129-151

[62] Hernandez P A, Graham C H, Master L L, et al. The effect of sample size and species characteristics on performance of different species distribution modeling methods［J］. Ecography, 2006, 29（5）：773-785.

[63] 曹向锋，钱国良，胡白石，等. 采用生态位模型预测黄顶菊在中国的潜在适生区［J］.

应用生态学报，2010, 21（12）：3063-3069.

[64] Phillips S J, Dudík M, Schapire R E. A maximum entropy approach to species distribution modeling [C] //International Conference on Machine Learning. ACM, 2004：83.

[65] 徐军，曹博，白成科．基于MaxEnt濒危植物独叶草的中国潜在适生分布区预测 [J]．生态学杂志，2015, 34（12）：3354-3359.

[66] 王雷宏，杨俊仙，徐小牛．基于MaxEnt分析金钱松适生的生物气候特征 [J]．林业科学，2015, 51（1）：127-131.

[67] 高蓓，卫海燕，郭彦龙，等．应用GIS和最大熵模型分析秦岭冷杉潜在地理分布 [J]．生态学杂志，2015, 34（3）：843-852.

[68] 王瑞，冼晓青，万方浩．北美刺龙葵在中国的适生区预测 [J]．生物安全学报，2016, 25（2）：106-113.

[69] 白艺珍，曹向锋，陈晨，等．黄顶菊在中国的潜在适生区 [J]．应用生态学报，2009, 20（10）：2377-2383.

[70] 张熙骜，隋晓云，吕植，等．基于MaxEnt的两种入侵性鱼类（麦穗鱼和鲫）的全球适生区预测 [J]．生物多样性，2014, 22（2）：182-188.[71]

[71] 岳茂峰，冯莉，田兴山，等．基于MaxEnt的入侵植物刺轴含羞草的适生分布区预测 [J]．生物安全学报，2013, 22（3）：173-180.

[72] 岳茂峰，冯莉，田兴山，等．基于MaxEnt的五爪金龙在中国的适生分布区预测 [C] //农田杂草与防控.

[73] 岳茂峰，冯莉，崔烨，等．基于MaxEnt模型的入侵植物白花鬼针草的分布预测及适生性分析 [J]．生物安全学报，2016, 25（3）：222-228.

[74] 柳晓燕，李俊生，赵彩云，等．基于MaxEnt模型和ArcGIS预测豚草在中国的潜在适生区 [J]．植物保护学报，2016, 43（6）.

[75] 张路．基于MaxEnt模型预测齿裂大戟在中国的潜在分布区 [J]．生物安全学报，2015, 24（3）：194-200.

[76] 张颖，李君，林蔚，等．基于最大熵生态位元模型的入侵杂草春飞蓬在中国潜在分布区的预测 [J]．应用生态学报，2011, 22（11）：2970-2976.

[77] 田忠赛，徐琳，程丹丹．新疆千里光*Senecio jacobaea*在中国的适生区预测 [J]．生物安全学报，2016, 25（2）：114-122.

[78] 郭水良，高平磊，娄玉霞．应用MaxEnt模型预测检疫性杂草毒莴苣在我国的潜分布范围 [J]．上海交通大学学报（农业科学版），2011, 29（5）：15-19.

[79] 崔麟，魏洪义．基于MaxEnt和DIVA-GIS的亮壮异蝽潜在地理分布预测 [J]．植物保护学报，2016, 43（3）：362-368.

[80] 李伟伟，季英超，安广池，等．危害青檀的新物种——青檀绵叶蚜在中国的潜在地理分

布［J］. 生物安全学报，2013, 22（4）：265–270.
［81］李猷，郭建军，季英超，等. 花生豆象的潜在威胁和检疫地位［J］. 生物安全学报，2013, 22（2）：86–90.
［82］刘静远，陈林，宋绍祎，等. 基于MaxEnt的维氏粒线虫（*Anguina wevelli*）在我国的潜在分布研究［J］. 植物保护，2016, 42（6）：86–89.
［83］宋雄刚，王鸿斌，张真，等. 应用最大熵模型模拟预测大尺度范围油松毛虫灾害［J］. 林业科学，2016, 52（6）：66–75.
［84］马望. 基于最大熵模型的神农架林区华山松大小蠹灾害遥感监测［D］. 中国科学院大学，2016.
［85］齐国君，陈婷，高燕，等. 基于MaxEnt的大洋臀纹粉蚧和南洋臀纹粉蚧在中国的适生区分析［J］. 环境昆虫学报，2015, 37（2）：219–223.
［86］赵文娟，陈林，丁克坚，等. 利用MaxEnt预测玉米霜霉病在中国的适生区［J］. 植物保护，2009, 35（2）：32–38.
［87］常志隆，周益林，赵遵田，等. 基于MaxEnt模型的小麦印度腥黑穗病在中国的适生性分析［J］. 植物保护，2010, 36（3）：110–112.
［88］徐进，陈林，许景生，等. 香蕉细菌性枯萎病菌在中国的潜在适生区域［J］. 植物保护学报，2008, 35（3）：233–238.
［89］曲伟伟，李志红，黄贵修，等. 利用MaxEnt预测橡胶树棒孢霉落叶病在中国的适生区［J］. 植物保护，2011, 37（4）：52–57.
［90］曾辉，黄冠胜，林伟，等. 利用MaxEnt预测橡胶南美叶疫病菌在全球的潜在地理分布［J］. 植物保护，2008, 34（3）：88–92.
［91］孙颖，周国梁，Ma（l）gorzata Jedryczka, 等. 油菜茎基溃疡病菌在中国定殖的可能性评估［J］. 植物保护学报，2015, 42（4）：523–530.
［92］吴庆明，王磊，朱瑞萍，等. 基于MaxEnt模型的丹顶鹤营巢生境适宜性分析——以扎龙保护区为例［J］. 生态学报，2016, 36（12）：3758–3764.
［93］刘振生，高惠，滕丽微，等. 基于MaxEnt模型的贺兰山岩羊生境适宜性评价［J］. 生态学报，2013, 33（22）：7243–7249.
［94］齐增湘，徐卫华，熊兴耀，等. 基于MaxEnt模型的秦岭山系黑熊潜在生境评价［J］. 生物多样性，2011, 19（3）：343–352.
［95］吴文，李月辉，胡远满，等. 小兴安岭南麓马鹿冬季适宜生境评价［J］. 生物多样性，2016, 24（1）：20–29.
［96］徐卫华，罗翀. MaxEnt模型在秦岭川金丝猴生境评价中的应用［J］. 森林工程，2010, 26（2）：1–3.
［97］孙瑜，史明昌，彭欢，等. 基于MaxEnt模型的黑龙江大兴安岭森林雷击火火险预测［J］. 应用生态学报，2014, 25（4）：1100–1106.

[98] 肖小河，陈士林．四川乌头和附子气候生态适宜性研究[J]．资源开发与市场，1990(3)：25-27.

[99] 郝朝运，谭乐和，范睿，等．利用最大熵模型预测药用植物海南蒟的潜在地理布局[J]．热带作物学报，2011, 32(8)：1561-1566.

[100] 龚晔，景鹏飞，魏宇昆，等．中国珍稀药用植物白及的潜在分布与其气候特征[J]．植物分类与资源学报，2014, 36(2)：2 37-244.

[101] 车乐，曹博，白成科，等．基于MaxEnt和ArcGIS对太白米的潜在分布预测及适宜性评价[J]．生态学杂志，2014, 33(6)：1623-1628.

[102] 张琳琳．黄芩属药用植物资源适宜性评价及基因组大小测定[D]．西安：陕西师范大学，2014.

[103] 景鹏飞，武坤毅，龚晔，等．药用植物细辛在中国的潜在适生区分布[J]．植物分类与资源学报，2015, 37(3)：349-356.

[104] 刘蒙蒙，邢咏梅，郭顺星，等．基于MaxEnt生态位模型预测药用真菌猪苓在中国潜在适生区[J]．中国中药杂志，2015, 40(14)：2792-2795.

[105] 白成科，吴永梅，曹博，等．基于MaxEnt和GIS的陕西省山茱萸气候适宜性种植区划研究[J]．中药材，2016, 39(2)：289-294.

[106] 杨超．蒙古高原和青藏高原针茅属植物适宜分布区及其与气候因子的相关性[D]．内蒙古大学，2016.

[107] 应凌霄，刘晔，陈绍田，等．气候变化情景下基于最大熵模型的中国西南地区清香木潜在分布格局模拟[J]．生物多样性，2016, 24(4)：453-461.

[108] Jiang H, Liu T, Li L, et al. Predicting the Potential Distribution of Polygala tenuifolia Willd. under Climate Change in China[J]. Plos One, 2016, 11(9)：e0163718.

[109] 胡忠俊，张镱锂，于海彬．基于MaxEnt模型和GIS的青藏高原紫花针茅分布格局模拟[J]．应用生态学报，2015, 26(2)：505-511.

[110] 陈丽娜，王声晓，郑若兰，等．基于MaxEnt模型的野生樱浙江适生区研究[J]．浙江理工大学学报，2016,35(1)：122-128.

[111] 赵建成，吴跃峰．生物资源学[M]．北京：科学出版社，2008.

[112] 赵建成，谢晓亮．河北珍稀濒危药用植物资源[M]．北京：科学出版社，2015.

[113] 黄璐琦，陆建伟，郭兰萍．第四次全国中药资源普查试点外业调查情况简报[J]．中国现代中药，2013，15(7)：535-537.

[114] 陈士林，张本刚，杨智．全国中药资源普查方案设计[J]．中国中药杂志，2005，30(16)：1229-1232.

[115] 中国科学院中国植物志编辑委员会．中国植物志(1~80卷)[M]．北京：科学出版社，1959-2004.

[116] Flora of China Editorial Committee. Flora of China[M]. Beijing：Science Press，2004.

[117] 河北植物志编辑委员会. 河北植物志（1~3卷）[M]. 石家庄：河北科学技术出版社，1986-1991.

[118] 刘濂. 河北植被 [M]. 北京：科学出版社，1996.

[119] 赵建成，王振杰，李琳. 河北高等植物名录 [M]. 北京：科学出版社，2005.

[120] 李世，杨福林，苏淑欣. 滦平县中药资源研究与图谱 [M]. 北京：九州出版社，2016.

[121] 赵建成，吴跃峰，李盼威. 温带暖温带交接带生物多样性研究：木兰围场自然保护区科学考察集 [M]. 北京：科学出版社，2005.

[122] 吴跃峰，赵建成，程俊. 河北茅荆坝自然保护区科学考察与生物多样性研究 [M]. 北京：科学出版社，2006.

[123] 吴跃峰，赵建成，刘宝忠. 河北辽河源自然保护区科学考察与生物多样性研究 [M]. 北京：科学出版社，2007.

[124] 李凤岚. 滦河上游自然保护区种子植物物种多样性及其保护研究 [D]. 石家庄：河北师范大学，2004.

[125] 赵建成. 河北驼梁自然保护区科学考察与生物多样性研究 [M]. 北京：科学出版社，2008.

[126] 赵建成，马清温，郭晓莉. 北京地区珍稀濒危植物资源 [M]. 北京：北京科学技术出版社，2009.

[127] 赵建成，郭书彬，李盼威. 小五台山植物志（上、下卷）[M]. 北京：科学出版社，2011.

[128] 王振杰，赵建成. 河北山地高等植物区系与珍稀濒危植物资源 [M]. 北京：科学出版社，2010.

[129] 国家中医药管理局《中华本草》编委会. 中华本草 [M]. 上海：上海科学技术出版社，1999.

[130] 国家药典委员会. 中华人民共和国药典 [M]. 一部. 北京：中国医药科技出版社，2015.

[131] 中国科学院植物研究所. 中国珍稀濒危植物 [M]. 上海：上海教育出版社，1989.

[132] 汪松，解焱. 中国物种红色名录 [M]. 北京：高等教育出版社，2009.

[133] 国务院. 野生药材资源保护管理条例 [J]. 中国药学杂志，1988（4）：80-81.

[134] 国务院. 国家重点保护野生植物名录（第一批）[J]. 中华人民共和国国务院公报, 2000（13）：39-47.

[135] 河北省人民政府办公厅. 河北省重点保护野生植物名录（第一批）[J]. 河北林业，2010（6）：46-48.

[136] 曹珍. 不同种质丹参生物学性状调查与栽培技术研究 [D]. 石家庄：河北师范大学，2007.

[137] 胡彬. 首个国家级中药材保护发展规划发布 [J]. 中医药管理杂志，2015（9）：173.

[138] 国务院. 国务院关于印发中医药发展战略规划纲要（2016-2030年）的通知 国发 [2016] 15号 [J]. 中华人民共和国国务院公报，2016（8）：21-29.

[139] 谢晓亮，温春秀. 河北省中药材生产存在的问题及对策 [J]. 河北农业科学，2003，7（b09）：131-135.

附
录

附录一　两次建模样本量和ROC曲线AUC值统计

Appendix Ⅰ Two modeling sample size and ROC cueve AUC value statistics

中文名 Species	拉丁学名 Scientific name	样本量 sample size	第一次建模 First modeling			第二次建模 Second modeling		
			训练AUC Training AUC	测试AUC Test AUC	AUC标准偏差 AUC Standard Deviation	训练AUC Training AUC	测试AUC Test AUC	AUC标准偏差 AUC Standard Deviation
卷柏	*Selaginella tamariscina*	371	0.96	0.93	0.01	0.95	0.93	0.01
木贼	*Equisetum hyemale*	13	0.88	0.73	0.11	0.85	0.74	0.11
有柄石韦	*Pyrrosia petiolosa*	36	0.97	0.89	0.03	0.96	0.91	0.03
侧柏	*Platycladus orientalis*	139	0.94	0.85	0.05	0.91	0.89	0.04
草麻黄	*Ephedra sinica Stapf*	65	0.98	0.94	0.02	0.97	0.94	0.02
北马兜铃	*Aristolochia contorta*	164	0.97	0.89	0.03	0.95	0.93	0.02
萹蓄	*Polygonum aviculare*	354	0.86	0.78	0.02	0.85	0.77	0.03
拳参	*Polygonum bistorta*	167	0.96	0.92	0.02	0.95	0.93	0.02
红蓼	*Polygonum orientale*	45	0.92	0.76	0.07	0.91	0.80	0.06
牛膝	*Achyranthes bidentata*	23	0.95	0.94	0.04	0.94	0.95	0.03
石竹	*Dianthus chinensis*	822	0.86	0.82	0.01	0.85	0.82	0.01
麦蓝菜	*Vaccaria hispanica*	29	0.94	0.74	0.11	0.89	0.72	0.12
芍药	*Paeonia lactiflora*	26	0.96	0.76	0.08	0.95	0.79	0.06
北乌头	*Aconitum kusnezoffii*	243	0.95	0.89	0.02	0.93	0.89	0.02
兴安升麻	*Cimicifuga dahurica*	80	0.95	0.89	0.03	0.94	0.90	0.03
白头翁	*Pulsatilla chinensis*	750	0.90	0.86	0.01	0.89	0.86	0.01
蝙蝠葛	*Menispermum dauricum*	378	0.94	0.90	0.02	0.93	0.90	0.01

续表

中文名 Species	拉丁学名 Scientific name	样本量 sample size	第一次建模 First modeling			第二次建模 Second modeling		
			训练AUC Training AUC	测试AUC Test AUC	AUC标准偏差 AUC Standard Deviation	训练AUC Training AUC	测试AUC Test AUC	AUC标准偏差 AUC Standard Deviation
五味子	*Schisandra chinensis*	42	0.95	0.86	0.05	0.94	0.86	0.05
白屈菜	*Chelidonium majus*	208	0.96	0.90	0.02	0.94	0.90	0.02
芥菜	*Brassica juncea*	27	0.97	0.82	0.05	0.97	0.83	0.06
播娘蒿	*Descurainia sophia*	31	0.95	0.83	0.07	0.93	0.82	0.08
菘蓝	*Isatis tinctoria*	7	0.97	0.85	-1.00	0.98	0.81	-1.00
独行菜	*Lepidium apetalum*	164	0.92	0.75	0.05	0.90	0.77	0.04
背扁黄耆	*Astragalus complanatus*	21	0.98	0.92	0.03	0.98	0.95	0.02
甘草	*Glycyrrhiza uralensis*	56	0.97	0.91	0.05	0.97	0.94	0.03
葛	*Pueraria montana* var. *lobata*	109	0.97	0.95	0.01	0.97	0.96	0.01
苦参	*Sophora flavescens*	255	0.94	0.84	0.02	0.90	0.83	0.02
亚麻	*Sophora flavescens*	22	0.89	0.78	0.04	0.88	0.78	0.04
楝	*Melia azedarach*	33	0.95	0.80	0.07	0.93	0.85	0.05
远志	*Polygala tenuifolia*	691	0.88	0.84	0.01	0.88	0.83	0.01
西伯利亚远志	*Polygala sibirica*	175	0.94	0.84	0.02	0.93	0.84	0.02
大戟	*Euphorbia pekinensis*	110	0.94	0.87	0.03	0.91	0.86	0.03
狼毒	*Euphorbia fischeriana*	7	0.98	0.85	-1.00	0.98	0.91	-1.00
漆	*Toxicodendron vernicifluum*	43	0.99	0.92	0.06	0.98	0.97	0.02
酸枣	*Ziziphus jujube* Mill. var. *spinosa*	1293	0.92	0.89	0.01	0.91	0.89	0.01
白蔹	*Ampelopsis japonica*	63	0.96	0.89	0.03	0.95	0.88	0.04

续表

中文名 Species	拉丁学名 Scientific name	样本量 sample size	第一次建模 First modeling			第二次建模 Second modeling		
			训练AUC Training AUC	测试AUC Test AUC	AUC标准偏差 AUC Standard Deviation	训练AUC Training AUC	测试AUC Test AUC	AUC标准偏差 AUC Standard Deviation
苘麻	*Abutilon theophrasti*	107	0.90	0.81	0.05	0.89	0.82	0.05
沙棘	*Hippophae rhamnoides*	101	0.95	0.91	0.03	0.94	0.91	0.03
刺五加	*Eleutherococcus senticosus*	56	0.96	0.91	0.03	0.95	0.93	0.03
白芷	*Angelica dahurica*	119	0.92	0.85	0.03	0.91	0.87	0.03
北柴胡	*Bupleurum chinense*	1380	0.86	0.83	0.01	0.85	0.83	0.01
红柴胡	*Bupleurum scorzonerifolium*	175	0.94	0.85	0.05	0.92	0.87	0.03
蛇床	*Cnidium monnieri*	77	0.85	0.66	0.07	0.85	0.69	0.07
珊瑚菜	*Glehnia littoralis*	12	0.90	0.83	0.10	0.88	0.85	0.08
防风	*Saposhnikovia divaricata*	376	0.90	0.81	0.02	0.86	0.81	0.02
辽藁本	*Ligusticum jeholense*	161	0.96	0.90	0.02	0.95	0.91	0.02
连翘	*Forsythia suspense*	52	0.98	0.94	0.03	0.98	0.95	0.03
花曲柳	*Fraxinus chinensis* subsp. *rhynchophylla*	105	0.94	0.87	0.03	0.93	0.89	0.03
瘤毛獐牙菜	*Swertia pseudochinensis*	26	0.97	0.85	0.05	0.95	0.90	0.03
白薇	*Cynanchum atratum*	35	0.97	0.88	0.05	0.96	0.92	0.03
变色白前	*Cynanchum versicolor*	36	0.95	0.87	0.04	0.94	0.88	0.03
徐长卿	*Cynanchum paniculatum*	203	0.94	0.85	0.02	0.92	0.86	0.02
杠柳	*Periploca sepium*	343	0.97	0.93	0.01	0.97	0.93	0.01

续表

中文名 Species	拉丁学名 Scientific name	样本量 sample size	第一次建模 First modeling			第二次建模 Second modeling		
			训练AUC Training AUC	测试AUC Test AUC	AUC标准偏差 AUC Standard Deviation	训练AUC Training AUC	测试AUC Test AUC	AUC标准偏差 AUC Standard Deviation
薄荷	*Mentha canadensis*	178	0.95	0.88	0.03	0.94	0.89	0.03
裂叶荆芥	*Nepeta tenuifolia*	269	0.93	0.87	0.02	0.90	0.86	0.02
丹参	*Salvia miltiorrhiza*	186	0.97	0.91	0.02	0.95	0.91	0.02
黄芩	*Scutellaria baicalensis*	538	0.89	0.84	0.01	0.87	0.84	0.01
宁夏枸杞	*Lycium barbarum*	37	0.94	0.87	0.06	0.93	0.84	0.06
天仙子	*Hyoscyamus niger*	15	0.90	0.79	0.06	0.88	0.80	0.05
地黄	*Rehmannia glutinosa*	757	0.91	0.88	0.01	0.90	0.87	0.01
玄参	*Scrophularia ningpoensis*	15	0.90	0.73	0.11	0.87	0.86	0.06
阴行草	*Siphonostegia chinensis*	335	0.93	0.86	0.02	0.92	0.86	0.02
忍冬	*Lonicera japonica*	35	0.94	0.83	0.06	0.93	0.87	0.05
假贝母	*Bolbostemma paniculatum*	5	0.98	0.86	-1.00	0.97	0.76	-1.00
栝楼	*Trichosanthes kirilowii*	19	0.97	0.88	0.06	0.96	0.91	0.06
轮叶沙参	*Adenophora tetraphylla*	131	0.96	0.87	0.02	0.93	0.88	0.02
党参	*Codonopsis pilosula*	50	0.96	0.90	0.04	0.95	0.88	0.05
桔梗	*Platycodon grandiflorum*	235	0.93	0.85	0.02	0.91	0.85	0.02
紫菀	*Aster tataricus*	86	0.91	0.82	0.05	0.90	0.83	0.05
苍术	*Atractylodes lancea*	405	0.90	0.86	0.03	0.89	0.86	0.02

续表

中文名 Species	拉丁学名 Scientific name	样本量 sample size	第一次建模 First modeling			第二次建模 Second modeling		
			训练AUC Training AUC	测试AUC Test AUC	AUC标准偏差 AUC Standard Deviation	训练AUC Training AUC	测试AUC Test AUC	AUC标准偏差 AUC Standard Deviation
白术	*Atractylodes macrocephala*	13	0.90	0.63	0.14	0.89	0.63	0.17
驴欺口	*Echinops latifolias*	95	0.96	0.90	0.04	0.96	0.93	0.03
漏芦	*Stemmacantha uniflora*	677	0.89	0.84	0.03	0.88	0.83	0.01
款冬	*Tussilago farfara*	11	0.83	0.62	0.11	0.81	0.66	0.15
东方泽泻	*Alisma orientale*	11	0.93	0.86	0.09	0.94	0.77	0.13
薏苡	*Coix lacryma-jobi*	7	0.96	0.87	-1.00	0.96	0.82	-1.00
白茅	*Imperata cylindrical*	112	0.92	0.83	0.04	0.90	0.84	0.04
香附子	*Cyperus rotundus*	63	0.93	0.84	0.05	0.92	0.82	0.05
东北南星	*Arisaema amurense*	25	0.97	0.88	0.04	0.96	0.93	0.03
天南星	*Arisaema heterophyllum*	92	0.98	0.96	0.01	0.98	0.96	0.01
半夏	*Pinellia ternata*	203	0.97	0.92	0.01	0.96	0.93	0.01
知母	*Anemarrhena asphodeloides*	187	0.94	0.84	0.03	0.93	0.84	0.03
山丹	*Lilium pumilum*	140	0.93	0.82	0.04	0.91	0.82	0.04
玉竹	*Polygonatum odoratum*	305	0.92	0.86	0.02	0.91	0.86	0.02
黄精	*Polygonatum sibiricum*	157	0.95	0.86	0.03	0.93	0.84	0.03
穿龙薯蓣	*Dioscorea nipponica*	543	0.91	0.86	0.01	0.90	0.86	0.01
射干	*Belamcanda chinensis*	264	0.94	0.87	0.02	0.92	0.87	0.02

附录二　bio1～bio19多重共线性检验相关性

Appendix Ⅱ Multi-conllinearity test by using cross-correlations among bio1–bio19 variables

	1	2	3	4	5	6	7	8	9	10	11	12	13	14	15	16	17	18	19
1	1.00	-0.47	0.23	-0.86	0.99	0.99	-0.87	0.98	1.00	0.99	1.00	0.31	0.45	0.42	0.62	0.41	0.54	0.40	0.54
2	-0.47	1.00	0.65	0.36	-0.39	-0.55	0.70	-0.49	-0.47	-0.48	-0.47	-0.14	-0.26	-0.52	-0.36	-0.21	-0.47	-0.22	-0.47
3	0.23	0.65	1.00	-0.43	0.24	0.18	-0.06	0.13	0.26	0.18	0.26	0.22	0.12	-0.10	-0.03	0.14	0.08	0.13	0.08
4	-0.86	0.36	-0.43	1.00	-0.79	-0.89	0.91	-0.77	-0.90	-0.81	-0.91	-0.49	-0.51	-0.48	-0.44	-0.49	-0.65	-0.48	-0.65
5	0.99	-0.39	0.24	-0.79	1.00	0.96	-0.78	0.98	0.97	0.99	0.97	0.21	0.37	0.35	0.60	0.32	0.47	0.32	0.47
6	0.99	-0.55	0.18	-0.89	0.96	1.00	-0.92	0.96	0.99	0.98	0.99	0.31	0.44	0.48	0.58	0.39	0.60	0.39	0.60
7	-0.87	0.70	-0.06	0.91	-0.78	-0.92	1.00	-0.81	-0.89	-0.83	-0.89	-0.41	-0.48	-0.60	-0.47	-0.44	-0.71	-0.43	-0.71
8	0.98	-0.49	0.13	-0.77	0.98	0.96	-0.81	1.00	0.96	0.99	0.96	0.23	0.41	0.36	0.67	0.37	0.46	0.37	0.46
9	1.00	-0.47	0.26	-0.90	0.97	0.99	-0.89	0.96	1.00	0.98	1.00	0.34	0.47	0.44	0.60	0.43	0.57	0.42	0.57
10	0.99	-0.48	0.18	-0.81	0.99	0.98	-0.83	0.99	0.98	1.00	0.98	0.26	0.42	0.39	0.63	0.37	0.50	0.37	0.50
11	1.00	-0.47	0.26	-0.91	0.97	0.99	-0.89	0.96	1.00	0.98	1.00	0.34	0.47	0.44	0.60	0.43	0.57	0.42	0.57
12	0.31	-0.14	0.22	-0.49	0.21	0.31	-0.41	0.23	0.34	0.26	0.34	1.00	0.92	0.25	0.45	0.95	0.23	0.95	0.23
13	0.45	-0.26	0.12	-0.51	0.37	0.44	-0.48	0.41	0.47	0.42	0.47	0.92	1.00	0.18	0.73	0.98	0.18	0.98	0.18
14	0.42	-0.52	-0.10	-0.48	0.35	0.48	-0.60	0.36	0.44	0.39	0.44	0.25	0.18	1.00	-0.04	0.15	0.88	0.14	0.88
15	0.62	-0.36	-0.03	-0.44	0.60	0.58	-0.47	0.67	0.60	0.63	0.60	0.45	0.73	-0.04	1.00	0.69	0.00	0.70	0.00
16	0.41	-0.21	0.14	-0.49	0.32	0.39	-0.44	0.37	0.43	0.37	0.43	0.95	0.98	0.15	0.69	1.00	0.13	1.00	0.13
17	0.54	-0.47	0.08	-0.65	0.47	0.60	-0.71	0.46	0.57	0.50	0.57	0.23	0.18	0.88	0.00	0.13	1.00	0.13	1.00
18	0.40	-0.22	0.13	-0.48	0.32	0.39	-0.43	0.37	0.42	0.37	0.42	0.95	0.98	0.14	0.70	1.00	0.13	1.00	0.13
19	0.54	-0.47	0.08	-0.65	0.47	0.60	-0.71	0.46	0.57	0.50	0.57	0.23	0.18	0.88	0.00	0.13	1.00	0.13	1.00

附录三　87种药用植物在河北省适生区的面积统计

Appendix Ⅲ Area statistics of 87 medicinal plants in Hebei

物种名 Species	拉丁学名 Scientific name	非适生区面积 Non suitable area (km^2)	低适生区面积 Low suitable area (km^2)	中适生区面积 Middle suitable area (km^2)	高适生区面积 Highly suitable area (km^2)	总适生区面积 Total suitable area (km^2)	适生区比例 Suitable proportion (%)
漆	*Toxicodendron vernicifluum*	169 670.90	17 689.59	3512.50	1084.72	4597.22	2.36%
连翘	*Forsythia suspense*	160 679.20	25 561.11	4352.08	1365.28	5717.36	2.93%
天南星	*Arisaema heterophyllum*	171 016.70	18 070.84	4495.83	1517.36	6013.20	3.08%
甘草	*Glycyrrhiza uralensis*	160 060.40	24 514.59	5949.31	1433.33	7382.64	3.78%
牛膝	*Achyranthes bidentata*	141 835.40	45 265.28	5447.22	2552.78	8000.00	4.10%
杠柳	*Periploca sepium*	153 063.20	30 282.64	6621.53	1990.28	8611.81	4.41%
草麻黄	*Ephedra sinica Stapf*	152 962.50	32 532.64	6747.22	2858.33	9605.56	4.92%
驴欺口	*Echinops latifolias*	144 186.80	40 465.98	8629.17	1818.75	10 447.92	5.36%
栝楼	*Trichosanthes kirilowii*	111 293.80	73 318.76	7287.50	3200.70	10 488.20	5.38%
葛	*Pueraria montana* var. *lobata*	156 471.50	24 649.31	8989.58	1847.22	10 836.81	5.55%
拳参	*Polygonum bistorta*	140 866.70	43 387.50	8870.14	1976.39	10 846.53	5.56%
刺五加	*Eleutherococcus senticosus*	141 516.70	39 509.73	9187.50	1743.75	10 931.25	5.60%
辽藁本	*Ligusticum jeholense*	126 772.90	57 286.12	8674.31	2367.36	11 041.67	5.66%
党参	*Codonopsis pilosula*	129 936.80	54 067.37	8822.22	2274.31	11 096.53	5.69%
背扁黄耆	*Astragalus complanatus*	141 522.20	42 429.17	8406.25	2743.06	11 149.31	5.71%
沙棘	*Hippophae rhamnoides*	132 416.00	49 438.89	10 376.39	2869.45	13 245.84	6.79%

续表

物种名 Species	拉丁学名 Scientific name	非适生区面积 Non suitable area (km^2)	低适生区面积 Low suitable area (km^2)	中适生区面积 Middle suitable area (km^2)	高适生区面积 Highly suitable area (km^2)	总适生区面积 Total suitable area (km^2)	适生区比例 Suitable proportion (%)
兴安升麻	*Cimicifuga dahurica*	125 622.20	56 140.29	11 443.06	1895.14	13 338.20	6.84%
半夏	*Pinellia ternata*	149 004.90	28 929.17	11 657.64	2365.97	14 023.61	7.19%
北马兜铃	*Aristolochia contorta*	142 974.30	37 836.81	11 874.31	2415.28	14 289.59	7.32%
侧柏	*Platycladus orientalis*	105 852.80	69 825.01	11 804.86	4475.00	16 279.86	8.34%
菘蓝	*Isatis tinctoria*	111 608.30	65 906.26	14 876.39	2709.72	17 586.11	9.01%
丹参	*Salvia miltiorrhiza*	141 942.40	35 547.92	14 529.17	3081.25	17 610.42	9.03%
白薇	*Cynanchum atratum*	138 468.80	38 823.62	15 015.28	2793.06	17 808.34	9.13%
薄荷	*Mentha canadensis*	117 568.80	59 472.92	14 525.70	3533.33	18 059.03	9.26%
卷柏	*Selaginella tamariscina*	139 099.30	37 924.31	15 356.25	2720.83	18 077.08	9.27%
白蔹	*Ampelopsis japonica*	115 125.00	58 547.23	15 447.22	2838.20	18 285.42	9.37%
五味子	*Schisandra chinensis*	111 836.10	61 002.79	16 472.22	2646.53	19 118.75	9.80%
有柄石韦	*Pyrrosia petiolosa*	127 789.60	47 110.42	17 395.84	2804.86	20 200.70	10.35%
狼毒	*Euphorbia fischeriana*	108 040.30	65 621.53	18 979.17	2459.72	21 438.89	10.99%
东北南星	*Arisaema amurense*	124 613.20	48 502.79	18 377.78	3606.95	21 984.73	11.27%
麦蓝菜	*Vaccaria hispanica*	27 144.45	145 404.20	17 847.22	4704.86	22 552.08	11.56%
白屈菜	*Chelidonium majus*	120 793.80	51 555.56	19 002.09	3749.31	22 751.40	11.66%
假贝母	*Bolbostemma paniculatum*	97 356.95	74 525.01	21 102.78	2115.97	23 218.75	11.90%

续表

物种名 Species	拉丁学名 Scientific name	非适生区面积 Non suitable area（km^2）	低适生区面积 Low suitable area（km^2）	中适生区面积 Middle suitable area（km^2）	高适生区面积 Highly suitable area（km^2）	总适生区面积 Total suitable area（km^2）	适生区比例 Suitable proportion（%）
花曲柳	*Fraxinus chinensis* subsp. *rhynchophylla*	114 528.50	54 022.23	18 877.78	4529.17	23 406.95	12.00%
宁夏枸杞	*Lycium barbarum*	78 505.56	89 793.06	20 415.97	3243.06	23 659.03	12.13%
东方泽泻	*Alisma orientale*	84 957.65	86 179.87	21 006.25	2956.95	23 963.20	12.28%
忍冬	*Lonicera japonica*	88 950.70	78 827.79	20 897.92	3281.25	24 179.17	12.39%
蝙蝠葛	*Menispermum dauricum*	128 767.40	38 036.12	22 325.00	2829.17	25 154.17	12.89%
芥菜	*Brassica juncea*	60 356.26	109 248.60	22 331.95	3163.89	25 495.84	13.07%
黄精	*Polygonatum sibiricum*	104 274.30	64 576.39	23 062.50	3187.50	26 250.00	13.45%
薏苡	*Coix lacryma-jobi*	70 688.90	98 005.57	22 322.22	4084.03	26 406.25	13.53%
酸枣	*Ziziphus jujube* Mill. var. *spinosa*	112 278.50	53 043.76	22 765.28	3870.14	26 635.42	13.65%
播娘蒿	*Descurainia sophia*	67 090.98	101 332.60	21 822.92	4854.17	26 677.09	13.67%
知母	*Anemarrhena asphodeloides*	98 125.01	70 179.17	23 093.06	3703.47	26 796.53	13.73%
瘤毛獐牙菜	*Swertia pseudochinensis*	114 471.50	53 468.06	23 298.61	3862.50	27 161.11	13.92%
白芷	*Angelica dahurica*	103 344.50	64 450.70	23 965.97	3339.58	27 305.55	14.00%
北乌头	*Aconitum kusnezoffii*	124 322.20	42 802.09	24 915.28	3061.11	27 976.39	14.34%
变色白前	*Cynanchum versicolor*	115 732.00	50 844.45	25 134.03	3390.28	28 524.31	14.62%
射干	*Belamcanda chinensis*	102 848.60	63 000.70	26 082.64	3168.75	29 251.39	14.99%

续表

物种名 Species	拉丁学名 Scientific name	非适生区面积 Non suitable area (km^2)	低适生区面积 Low suitable area (km^2)	中适生区面积 Middle suitable area (km^2)	高适生区面积 Highly suitable area (km^2)	总适生区面积 Total suitable area (km^2)	适生区比例 Suitable proportion (%)
苘麻	*Abutilon theophrasti*	73 818.06	90 538.20	24 986.81	5757.64	30 744.45	15.76%
楝	*Melia azedarach*	73 481.95	90 812.51	25 109.72	5696.53	30 806.25	15.79%
轮叶沙参	*Adenophora tetraphylla*	105 611.80	58 120.84	28 175.00	3193.06	31 368.06	16.08%
西伯利亚远志	*Polygala sibirica*	107 284.70	55 967.37	28 077.78	3770.83	31 848.61	16.32%
地黄	*Rehmannia glutinosa*	93 012.51	70 059.73	26 071.53	5956.95	32 028.48	16.42%
紫菀	*Aster tataricus*	78 288.90	84 761.81	26 864.59	5185.42	32 050.01	16.43%
香附子	*Cyperus rotundus*	82 004.18	80 924.31	26 853.47	5318.75	32 172.22	16.49%
独行菜	*Lepidium apetalum*	47 041.67	115 854.20	26 488.89	5715.97	32 204.86	16.51%
大戟	*Euphorbia pekinensis*	81 415.29	80 788.90	28 613.89	4282.64	32 896.53	16.86%
红柴胡	*Bupleurum scorzonerifolium*	95 442.38	66 593.76	29 187.50	3877.08	33 064.58	16.95%
徐长卿	*Cynanchum paniculatum*	104 901.40	56 387.51	30 085.42	3726.39	33 811.81	17.33%
桔梗	*Platycodon grandiflorum*	103 960.40	56 789.59	30 193.06	4157.64	34 350.70	17.61%
阴行草	*Siphonostegia chinensis*	108 472.90	51 552.09	30 668.75	4406.95	35 075.70	17.98%
芍药	*Paeonia lactiflora*	73 675.01	81 643.76	33 004.17	3634.72	36 638.89	18.78%
山丹	*Lilium pumilum*	86 253.48	71 618.76	33 527.09	3701.39	37 228.48	19.08%
裂叶荆芥	*Nepeta tenuifolia*	83 102.79	74 267.37	31 973.62	5756.95	37 730.57	19.34%
红蓼	*Polygonum orientale*	60 492.37	96 561.81	33 515.28	4531.25	38 046.53	19.50%

续表

物种名 Species	拉丁学名 Scientific name	非适生区面积 Non suitable area（km²）	低适生区面积 Low suitable area（km²）	中适生区面积 Middle suitable area（km²）	高适生区面积 Highly suitable area（km²）	总适生区面积 Total suitable area（km²）	适生区比例 Suitable proportion（%）
穿龙薯蓣	*Dioscorea nipponica*	108 454.20	48 072.23	34 615.28	3959.03	38 574.31	19.77%
玉竹	*Polygonatum odoratum*	113 765.30	39 673.62	38 577.09	3084.72	41 661.81	21.35%
白茅	*Imperata cylindrical*	56 969.45	95 586.13	38 561.81	3983.33	42 545.14	21.81%
苦参	*Sophora flavescens*	91 217.38	54 775.01	42 075.00	3890.28	45 965.28	23.56%
白头翁	*Pulsatilla chinensis*	104 579.90	42 491.67	44 242.37	3786.81	48 029.18	24.62%
苍术	*Atractylodes lancea*	101 077.10	45 536.12	44 954.17	3533.33	48 487.50	24.85%
蛇床	*Cnidium monnieri*	13 225.70	132 715.30	43 954.87	5204.86	49 159.73	25.20%
远志	*Polygala tenuifolia*	86 407.65	59 226.39	44 602.09	4864.58	49 466.67	25.35%
漏芦	*Stemmacantha uniflora*	83 746.54	56 309.04	49 718.06	5327.08	55 045.14	28.21%
亚麻	*Sophora flavescens*	74 978.48	62 061.12	53 106.26	4954.86	58 061.12	29.76%
黄芩	*Scutellaria baicalensis*	87 180.56	49 346.54	52 682.64	5890.97	58 573.61	30.02%
北柴胡	*Bupleurum chinense*	77 020.15	59 352.09	53 505.56	5222.92	58 728.48	30.10%
萹蓄	*Polygonum aviculare*	45 996.53	88 861.81	52 834.73	7407.64	60 242.37	30.88%
天仙子	*Hyoscyamus niger*	75 317.37	57 312.51	58 058.34	4412.50	62 470.84	32.02%
珊瑚菜	*Glehnia littoralis*	10 091.67	122 156.30	54 697.23	8156.95	62 854.18	32.22%
防风	*Saposhnikovia divaricata*	67 760.42	62 411.81	58 972.92	5955.56	64 928.48	33.28%

续表

物种名 Species	拉丁学名 Scientific name	非适生区面积 Non suitable area（km²）	低适生区面积 Low suitable area（km²）	中适生区面积 Middle suitable area（km²）	高适生区面积 Highly suitable area（km²）	总适生区面积 Total suitable area（km²）	适生区比例 Suitable proportion（%）
石竹	*Dianthus chinensis*	75 303.48	52 900.01	62 734.04	4163.20	66 897.24	34.29%
木贼	*Equisetum hyemale*	55 361.81	72 246.54	65 390.29	2103.47	67 493.76	34.59%
白术	*Atractylodes macrocephala*	107 103.50	8299.31	73 422.92	3133.33	76 556.25	39.24%
玄参	*Scrophularia ningpoensis*	29 780.56	77 126.40	84 041.68	4152.08	88 193.76	45.20%
款冬	*Tussilago farfara*	1.39	83 554.87	104 868.10	6676.39	111 544.49	57.17%

致谢

本书的出版要感谢以下项目的支持：

中医药公共卫生专项“国家基本药物所需中药原料资源调查和监测项目”（财社［2011］76号）中医药行业科研专项“我国代表性区域特色中药资源保护利用”（201207002）

国家林业局“第二次全国重点保护野生植物资源调查”

河北省林业厅“河北省珍稀濒危植物资源调查”（004069），“河北梨（*Pyrus hopeiensis*）等重点保护野生植物资源调查”

河北省环境保护公益性行业科研专项“河北省生物多样性保护优先区域的调查与评估”（15gy07）